普通高等教育计算机类特色专业系列教材

离散数学

(第二版)

黄亚群 蒋慕蓉 赵春娜 编著

科学出版社

北京

内 容 简 介

“离散数学”是研究离散结构及其相互关系的学科，是计算机科学与技术专业的核心基础课程。本书共五篇九章，系统介绍数理逻辑、集合论、图论、代数系统、组合与计数的基本概念和基本原理。本书内容符合新工科教育的要求，满足计算机科学与技术等专业的教学需求，内容体系严谨，叙述深入浅出，证明推演详尽。同时，本书详细介绍相关知识在计算机科学中的应用实例及算法分析，紧密结合实际应用，对每章知识进行归纳总结，对典型例题进行详细分析解答，并配有大量习题及上机实验。

本书可作为高等院校计算机科学与技术专业的“离散数学”课程教材，也可作为其他相关专业的教学用书，并可供计算机科研和工程技术人员参考。

图书在版编目(CIP)数据

离散数学/黄亚群，蒋慕蓉，赵春娜编著. —2版. —北京：科学出版社，2020.6

(普通高等教育计算机类特色专业系列教材)

ISBN 978-7-03-065460-1

Ⅰ. ①离… Ⅱ. ①黄…②蒋…③赵… Ⅲ. ①离散数学-高等学校-教材 Ⅳ. O158

中国版本图书馆 CIP 数据核字(2020)第 098943 号

责任编辑：于海云 / 责任校对：王 瑞

责任印制：张 伟 / 封面设计：迷底书装

科 学 出 版 社 出版

北京东黄城根北街 16 号

邮政编码：100717

http://www.sciencep.com

固安县铭成印刷有限公司 印刷

科学出版社发行 各地新华书店经销

*

2012 年 5 月第 一 版 开本：787×1092 1/16

2020 年 6 月第 二 版 印张：18 1/2

2022 年12月第八次印刷 字数：474 000

定价：69.00 元

(如有印装质量问题，我社负责调换)

前　言

本书是在第一版的基础上，根据新工科教育的要求，适应工程教育的不断发展，为满足计算机专业教学改革的需求，吸取国内外同类教材的优秀成果，结合编者多年的教学实践和经验修订完成的。

"离散数学"是计算机科学与技术专业及其他相关专业的核心课程，以离散量为研究对象，讨论离散量的结构和相互间的关系，反映了计算机科学中对象及研究方法离散性的特点，为后续专业课程的学习及实际问题的解决，提供必不可少的数学理论基础及常用的数学方法，在计算机相关专业的人才培养过程中，对思维培养和应用实践能力的训练起着重要作用。

本书根据知识的内在逻辑联系，将各章内容按模块化组织，共分为五篇九章：第一篇数理逻辑，包括命题逻辑和谓词逻辑；第二篇集合论，包括集合论基础、二元关系、函数；第三篇图论，包括图的基本知识、若干特殊图及网络优化；第四篇代数系统，包括代数结构和格与布尔代数；第五篇组合与计数，包括基本计数法则、排列与组合、鸽巢原理、递推关系。

本书是编者参考了国内外同类教材并吸收其优秀成果，同时结合对 CDIO 教学模式的认识，在多年的教学实践和经验的基础上编写完成的。根据专业培养定位及课程体系的调整，针对教学课时少、内容抽象繁重的特点，兼顾教学内容的深度、广度和难度，优化课程结构，精炼教学内容，对定理证明、集合基数的比较和代数系统等内容进行适当删减，增加二部图与匹配、网络优化、组合与计数和应用实例等章节内容，为"数据结构""算法分析与设计"等专业课程的学习打下基础，符合专业培养要求。离散数学包括多个独立的数学分支，本书涵盖离散数学的所有知识要点，结构体系严谨，叙述循序渐进、深入浅出。各章内容按模块化组织，重视各章节的内在逻辑联系，有机地组合各部分内容，构建合理完善的知识体系。

本书根据工程教育培养应用型人才的要求，系统阐述理论知识的同时，增加丰富的面向计算机科学技术发展的应用实例、相关算法介绍及课后实践环节，突出离散数学的核心地位，注重理论与实践的结合及与后续专业课程的联系，努力构建理论联系实际的桥梁，激发学生学习本课程及后续专业课程的兴趣，提高程序设计能力及构建和解决实际问题的数学建模思想与应用能力。

精选多层次的例题及考研试题，增加典型例题分析，深入细致地分析问题的特点、解题思路及方法，并做详细解答。同时，调整和完善习题，有助于基本概念的理解和掌握，提高学生的解题能力和技巧，期望对读者学习、理解和应用离散数学理论有所帮助。

本书由黄亚群、蒋慕蓉、赵春娜共同编著，黄亚群负责全书的统稿工作，并编著第 1、2、7、8 章，蒋慕蓉编著第 6、9 章，赵春娜编著第 3～5 章。云南大学信息学院郝林教授对本书的内容、组织提出了宝贵的建设性意见和悉心帮助，他的指导使本书能够顺利完成，对他表示衷心感谢!

本书编著过程中，参考了大量离散数学的教材及文献资料，得到了云南大学国家级和省级特色专业“计算机科学与技术”建设项目及云南大学本科教材建设项目的大力资助，更得到了科学出版社的支持，在此表示最诚挚的谢意!

限于编者的水平，书中难免有不当和疏漏之处，诚恳地期待各位专家和读者批评指正，以改进不足。

编　者

2019 年 12 月

目　录

第一篇　数理逻辑

第二篇　集　合　论

第三篇　图　论

第四篇　代 数 系 统

第五篇 组合与计数

第一篇 数理逻辑

逻辑学是研究思维规律的科学，关注推理的正确性，重点研究命题之间的关系，而不是命题的具体内容。数理逻辑是用数学方法研究思维规律及推理的一门学科，即用一套符号体系的形式化方法研究推理规律，也称为符号逻辑，既是数学的一个分支，又是逻辑学的一个分支，是计算机科学的重要基础理论之一。

古希腊哲学家亚里士多德(Aristotle)被认为是古希腊逻辑学的创始人，在其著作*ORGANON*中，第一次全面、系统地论述了传统形式逻辑，提出了有关范畴、命题、三段证明和谬误等一系列重要论述与思想。德国数学家、哲学家莱布尼茨(Gottfried Wilhelm Leibniz)于17世纪中叶提出用数学方法研究逻辑，即建立一套符号体系，把推理过程像数学一样利用公式进行计算，从而得出正确结论，因此他被认为是数理逻辑的创始人。真正使逻辑代数化的是英国数学家、逻辑学家布尔(George Boole)，他创造了逻辑代数系统，基本完成了逻辑的演算工作。19世纪末20世纪初，数理逻辑有了比较大的发展，德国逻辑学家、数学家弗雷格(Gottlob Frege)首先引入和使用量词与约束变元，构造了一阶谓词演算系统。意大利数学家佩亚诺(Giuseppe Peano)以简明的符号及公理体系为数理逻辑和数学基础的研究开创了新局面。数理逻辑近年来发展迅速，主要原因是这门学科对于数学其他分支如集合论、数论、代数、拓扑学等的发展有重大的影响，特别是对计算机科学的发展起到了推动作用；反过来，其他学科的发展也推动了数理逻辑的发展。

数理逻辑的内容非常丰富，包含五大分支：逻辑演算、公理集合论、递归论、证明论和模型论，而逻辑演算(命题逻辑和谓词逻辑)是其共同基础。

第1章 命题逻辑

命题逻辑也称为命题演算，研究以命题为基本单位构成的前提和结论之间的可推导关系。自然语言是人类高级思维的重要表达形式，其对现实世界的描述是通过一个或多个句子完成的。计算机的计算过程实质上是推理过程，每一步推理都离不开判断，而判断的对象就是命题。

本章主要讨论命题联结词、命题的数学表示、命题公式间的关系、命题公式的规范形式以及逻辑推理理论等。

1.1 命题及命题联结词

在日常生活中，人们需要进行会话交流，根据双方的会话进行推理判断，判断总是用陈述句表示。例如，以下几个句子。

(1)草地湿了。

(2)“离散数学”是计算机科学与技术专业的专业必修课。

(3)这个小孩有5岁，他上了幼儿园。

以上这些都是完整的句子，具有以下共同特点：

(1)都是陈述句。

(2)所讲述的内容能够进行判断，其判断结果或真或假，但不能同时为真又为假。

这样的句子称为命题，是推理的基础，也是命题逻辑的基本组成部分。

1.1.1　命题的基本概念

1. 命题的定义

定义 1.1.1　能够判断真假意义的陈述句称为命题。命题的判断结果即真假意义称为命题的真值。判断结果为正确的命题称为真命题，其真值为真，用T或1表示；判断结果为错误的命题称为假命题，其真值为假，用F或0表示。

【例 1.1.1】　判断下列句子是否是命题？如果是命题，试确定其真值。

(1) $\sqrt{2}$ 是无理数。

(2)自然能源日益匮乏，所以我们要开发新型能源。

(3)海王星是一颗美丽的蓝色星球。

(4) $1+1=10$。

(5)人类会生活在地球之外的星球上。

(6) $3<2$。

(7) $3-x=5$。

(8)王刚选修“离散数学”了吗?

(9)年轻真好啊!

(10)请勿吸烟!

(11)我正在说谎话。

解　(1)～(6)是命题，(1)～(3)是真命题，(6)是假命题，(7)～(11)不是命题。

(4)与整数的进制系统有关，在二进制中其为真，在十进制中其为假。因此，需根据具体的应用背景才能判断其结果是真还是假，但无论在哪种数的进制表示中，其真值都是唯一的，所以是命题。

(5)人类是否真的会在地球之外的星球上生活？目前尚处于研究探索阶段，不得而知。但随着科技的进步，在未来的某个时候，必能知道其结果。因此，客观上是能够判断其真假的。

(7)中变量 x 没有赋值，对某些 x 可使 $3-x=5$ 为真，另一些 x 可使 $3-x=5$ 为假，整个等式既可以为真又可以为假，其真值不唯一，所以不是命题。

(8)、(9)、(10)分别是疑问句、感叹句和命令句，都不是陈述句，无法进行判断，所以不是命题。

(11)是悖论①，无法判定其真假值，不是命题。

注 (1)命题是非真即假的陈述句，真值不唯一的陈述句、悖论及没有判断内容的句子如疑问句、感叹句、祈使句、命令句等都不是命题。

(2)一个陈述句只要具有唯一确定的真假意义就是命题，而不依赖于怎样确定它的真值及是否知道它的真值。

2. 命题的表示法

命题逻辑采用的是形式语言，由规定了特定意义的符号和规则组成。命题通常用大写英文字母或者带下标的大写英文字母或数字表示，如 $P, Q, \cdots, P_1, P_2, \cdots, [1], [2], \cdots$。表示命题的符号称为命题标识符，通常将其写在命题前面，中间用冒号分开，如 P：今天下雨。

定义 1.1.2 表示确定命题的标识符称为命题常量或命题常项、命题常元，其真值是确定的。表示任意命题的标识符称为命题变量或命题变项、命题变元。

注 命题变元不是命题，只有给命题变元赋予具体真值后才成为命题，这时称对其进行真值指派。

3. 命题的分类

自然语言中，某些陈述句能分解成更简单的陈述句，再由一些关联词将简单陈述句组合成复杂的陈述句，如例 1.1.1 中的(2)，而(1)、(3)～(5)都是简单陈述句。于是，根据命题的结构形式，把命题分为原子命题和复合命题两大类，而原子命题是命题逻辑研究的最小单位，区分原子命题对命题的符号化非常重要。

定义 1.1.3 无法分解成更简单陈述句的命题，称为原子命题或简单命题；由若干简单命题表述的命题，即由原子命题用联结词复合而成的命题，称为复合命题。

【例 1.1.2】 判断下列句子是否是复合命题?

(1)3 不是偶数。

(2)小王既学过英语又学过日语。

(3)小王学过英语或日语。

(4)如果两个角是对顶角，那么它们相等。

(5)设函数 $f(x)$ 在点 x_0 的某邻域内有定义，$f(x)$ 在点 x_0 连续当且仅当 $\lim\limits_{x\to x_0} f(x)=f(x_0)$。

解 这些命题都是复合命题。其中，(1)可描述为“并非 3 是偶数”，用了关联词“并非”或“不”。(2)可描述为“小王学过英语且小王学过日语”，用了表示并列关系的关联词

---

① 悖论是指，对于某些陈述句，如果承认其成立，能推出其不成立；如果承认其不成立，却又能推出其成立，即自相矛盾的句子。最著名的悖论是罗素(Bertrand Russell)的理发师悖论：一个小镇上有一个理发师，他给自己定了条规则——他只为不给自己理发的人理发。那么理发师的头发由谁来理?

如果理发师的头发由他自己理，而按他的规定，那么他的头发就不该由他理；如果理发师的头发由别人理，而按他的规定，那么他的头发就该由他自己理。这样就构成矛盾，成了悖论。

数学中集合的悖论，导致了数学发展史上的第三次危机。

“并且”。(3)可描述为“小王学过英语或者小王学过日语”，用了表示选择关系的关联词“或者”。(4)用了表示因果关系的关联词“如果…那么…”。(5)用了表示等价关系的关联词“当且仅当”。

自然语言中表示逻辑关系的关联词经过数学抽象后得到命题联结词，然而两种联结词不完全相同。

1.1.2 命题联结词

命题联结词也称为逻辑联结符，是复合命题中的重要组成部分，用联结词将原子命题联结起来构成复合命题。在数理逻辑中，用命题标识符及命题联结词的符号串表示命题的方法，称为命题符号化或翻译。将命题符号化后，能够对命题之间的关系用数学的方法做进一步的研究。命题联结词广泛应用于信息搜索中，布尔搜索是基于命题逻辑的搜索技术。

常用命题联结词有五个，分别是否定联结词“$\neg$”、合取联结词“$\wedge$”、析取联结词“$\vee$”、条件联结词“$\rightarrow$”和双条件联结词“$\leftrightarrow$”。另外还有4个扩展的联结词：不可兼析取联结词“$\bar{\vee}$”、与非联结词“$\uparrow$”、或非联结词“$\downarrow$”和条件否定联结词“$\xrightarrow{c}$”。

1. 否定联结词“$\neg$”

定义 1.1.4 设 P 是命题，复合命题“非 P”或“P 的否定”，称为 P 的否定式，记作 $\neg P$ 或 $\bar{P}$、$\sim P$，读作“非 P”或“P 的否定”。

$\neg P$ 的真值定义为，$\neg P$ 为真当且仅当 P 为假，$\neg P$ 的真值情况见表 1.1。

表 1.1 否定式的真值表

P	$\neg P$
0	1
1	0

$\neg$为否定联结词，是一元运算。否定联结词“$\neg$”在自然语言中，通常表示“不成立”“不”“没有”“是不对的”等，否定的是整个命题，而不是否定命题中的某个部分。在开关电路中表示“非门”。

例如，P：明天开运动会；$\neg P$：明天不开运动会。又如，Q：我们都是大学生；$\neg Q$：我们不都是大学生。注意不能理解为“我们都不是大学生”。

2. 合取联结词“$\wedge$”

定义 1.1.5 设 P、Q 是命题，复合命题“P 并且 Q”或“P 与 Q”，称为 P 与 Q 的合取式，记作 $P\wedge Q$(或 $P\cdot Q$)，读作“P 合取 Q”或“P 和 Q”。

$P\wedge Q$ 的真值定义为，$P\wedge Q$ 为真当且仅当 P 与 Q 同时为真。$P\wedge Q$ 的真值见表 1.2。

表 1.2　合取式的真值表

P	Q	$P\wedge Q$
0	0	0
0	1	0
1	0	0
1	1	1

$\wedge$为合取联结词，是二元运算，$P\wedge Q$表示“P和Q同时成立”，P与Q是并列关系。

合取联结词“$\wedge$”在自然语言中，通常表示“并且”“和”“不但…而且…”“既…又…”“虽然…但是…”等，在开关电路中表示“与门”。

【例 1.1.3】　将下列命题表示为合取式。

(1) 小王上课认真听讲，下课后认真做作业。

(2) 小王虽然上课认真听讲，但下课后不认真做作业。

(3) 小王上课不是不认真听讲，而是下课不认真做作业。

(4) 我们今天考试且 1>2。

(5) 王立和李兰是同学。

解　设P：小王上课认真听讲，Q：小王下课后认真做作业，则

(1) 表示为$P\wedge Q$。

(2) 表示为$P\wedge\neg Q$。

(3) 表示为$(\neg(\neg P))\wedge(\neg Q)$。

(4) 设P：我们今天考试，Q：$1>2$，则原命题表示为$P\wedge Q$，是假命题。

(5) 是原子命题。其中，“和”不是联结两个命题，而是联结主语中的两个人，表示他们的某种关系。

注　(1) 合取联结词“$\wedge$”可以联结任意命题，它们之间可以毫无任何联系，也可以相互矛盾，这时其真值永为 0。

(2) 自然语言中的“和”不一定都能用合取联结词“$\wedge$”表示。

3. 析取联结词“$\vee$”

定义 1.1.6　设P、Q是命题，复合命题“P或者Q”，称为P与Q的析取式，记作$P\vee Q$，读作“P或Q”或“P析取Q”。$P\vee Q$的真值定义为，$P\vee Q$为假当且仅当P、Q同时为假。$P\vee Q$的真值见表 1.3。

表 1.3　析取式的真值表

P	Q	$P\vee Q$
0	0	0
0	1	1
1	0	1
1	1	1

$\vee$为析取联结词，是二元运算。$P \vee Q$表示“P和Q中至少有一个成立”，P与Q是选择关系。

析取联结词“$\vee$”在自然语言中，通常表示“或者”“要么…要么…”“不是…就是…”等，在开关电路中表示“或门”。

【例 1.1.4】 将下列命题表示为析取式。

(1)我学习 R 语言或 Python 语言。

(2)报告上午 8 点或 8 点半开始。

解 (1)设P：我学习 R 语言，Q：我学习 Python 语言。这时有两种可能情况：我可能只学这两种语言中的一种，也可能两种语言同时学，所以此命题表示为$P \vee Q$。命题中的“或”是兼容的，称为“可兼或”或“相容或”。

(2)设P：报告上午 8 点开始，Q：报告上午 8 点半开始，因为这两种情形不能同时为真，有且只能有一种情况为真，所以不能简单地表示为$P \vee Q$，而应该表示为$(P \wedge \neg Q) \vee (\neg P \wedge Q)$。命题中的“或”是“不可兼或”，也称为“排斥或”。

注 注意区分“可兼或”与“不可兼或”。自然语言中的“或”具有二义性，在数理逻辑中约定析取联结词“$\vee$”表示“可兼或”。

4. 条件联结词“→”

定义 1.1.7 设P、Q是命题，复合命题“如果P那么Q”称为P与Q的条件式，记作$P \to Q$，读作“P条件Q”或“P蕴涵Q”。P称为条件式的前件或前提、假设，Q称为条件式的后件或结论。

$P \to Q$的真值定义为，$P \to Q$为假当且仅当P为真且Q为假。$P \to Q$的真值见表 1.4。

表 1.4 条件式的真值表

P	Q	$P \to Q$
0	0	1
0	1	1
1	0	0
1	1	1

→为条件联结词，是二元运算。$P \to Q$表示“P是Q的充分条件”或“Q是P的必要条件”，如“如果P，那么Q”“若P，则Q”“P仅当Q”“Q每当P”等。

注 (1)在自然语言中，“如果P那么Q”中的P、Q往往具有某种内在联系，而在数理逻辑中，P与Q可以没有任何联系。

(2)自然语言中对“如果P那么Q”描述因果关系的语句，往往表达的是“前件P为真，后件Q也为真”的推理关系。而当前件P为假时，结论Q无论真假，往往无法判断其含义。在数理逻辑中规定：当前件P为假时，不管后件Q是真还是假，条件式$P \to Q$的真值恒为真。此规定也称为“善意的推定”。

【例 1.1.5】 符号化下列命题。

(1)如果天下雨，那么水库的蓄水量就充足。

(2) 只要天下雨，水库的蓄水量就充足。

(3) 只有天下雨，水库的蓄水量才充足。

(4) 如果天不下雨，那么水库的蓄水量就不充足。

解　设 P：天下雨，Q：水库的蓄水量充足，则

(1)、(2) 表示为 $P \to Q$。

(3) 表示为 $Q \to P$。

(4) 表示为 $\neg P \to \neg Q$。

命题(4)还可以理解为"如果水库的蓄水量充足，那么一定是下过了雨"，所以原命题可以表示为 $Q \to P$。这两种表示本质上是相同的。

5. 双条件联结词"↔"

定义 1.1.8　设 P、Q 是命题，复合命题"P 当且仅当 Q"称为 P 与 Q 的双条件式，记作 $P \leftrightarrow Q$，读作"P 双条件 Q"或"P 等价 Q"。

$P \leftrightarrow Q$ 的真值定义为，$P \leftrightarrow Q$ 为真当且仅当 P 与 Q 真值相同。$P \leftrightarrow Q$ 的真值见表 1.5。

表 1.5　双条件式的真值表

P	Q	$P \leftrightarrow Q$
0	0	1
0	1	0
1	0	0
1	1	1

↔为双条件联结词，是二元运算。双条件式"$P \leftrightarrow Q$"表示"P 是 Q 的充分且必要条件"，即 $(P \to Q) \wedge (Q \to P)$。

双条件联结词"↔"相当于自然语言中的"当且仅当""充要条件""等价"等，所联结的两个命题在逻辑上是"等值"的。

【例 1.1.6】　符号化下列命题。

(1) 两个三角形全等当且仅当它们的三条边对应相等。

(2) 3 是质数当且仅当太阳从西边升起。

解　(1) 设 P:两个三角形全等,Q:两个三角形的三条边对应相等,则命题表示为 $P \leftrightarrow Q$，其真值为 1。

(2) 设 P：3 是质数，Q：太阳从西边升起，则命题表示为 $P \leftrightarrow Q$，其真值为 0。

以上定义的 5 个联结词是最基本、最常用，也是最重要的，但它们还远远不能广泛地直接表达命题间的联系。例如，计算机硬件电路设计分析中经常使用的与非门、或非门等，不能直接进行描述。因此根据需要对基本联结词进行扩充，使得命题的符号表示更完善。

6. 不可兼析取联结词"$\bar{\vee}$"

定义 1.1.9　设 P、Q 是命题，复合命题"P 或 Q 恰有一个为真"称为 P 与 Q 的不可兼析取式，记作 $P \bar{\vee} Q$ 或 $P \oplus Q$，读作"P 异或 Q"。

$P\bar{\vee}Q$ 的真值定义为，$P\bar{\vee}Q$ 为真当且仅当 P 与 Q 恰有一个为真。

$\bar{\vee}$ 为不可兼析取联结词或异或联结词，$P\bar{\vee}Q$ 表示两者不能同时为真。在逻辑电路中表示“异或门”。

7. 与非联结词“↑”

定义 1.1.10 设 P、Q 是两个命题，复合命题“P 不成立或 Q 不成立”称为 P 与 Q 的与非式，记作 $P\uparrow Q$，读作“P 与非 Q”。

$P\uparrow Q$ 的真值定义为，$P\uparrow Q$ 为假当且仅当 P 与 Q 同为真。

与非联结词“↑”在自然语言中，通常表示“不能同时成立”；在逻辑电路中表示“与非门”。

8. 或非联结词“↓”

定义 1.1.11 设 P、Q 是两个命题，复合命题“P 不成立且 Q 不成立”称为 P 与 Q 的或非式，记作 $P\downarrow Q$，读作“P 或非 Q”。

$P\downarrow Q$ 的真值定义为，$P\downarrow Q$ 为真当且仅当 P 与 Q 同为假。

或非联结词“↓”在自然语言中，通常表示“同时不成立”；在逻辑电路中表示“或非门”。

9. 条件否定联结词“$\xrightarrow{c}$”

定义 1.1.12 设 P、Q 是命题，复合命题“$P\xrightarrow{c}Q$”称为 P 与 Q 的条件否定式。

$P\xrightarrow{c}Q$ 的真值定义为，$P\xrightarrow{c}Q$ 为真当且仅当 P 为真 Q 为假。

这九个命题联结词的真值表见表 1.6。

表 1.6 九个命题联结词的真值表

P	Q	$\neg P$	$P\wedge Q$	$P\vee Q$	$P\to Q$	$P\leftrightarrow Q$	$P\bar{\vee}Q$	$P\uparrow Q$	$P\downarrow Q$	$P\xrightarrow{c}Q$
0	0	1	0	0	1	1	0	1	1	0
0	1	1	0	1	1	0	1	1	0	0
1	0	0	0	1	0	0	1	1	0	1
1	1	0	1	1	1	1	0	0	0	0

由表 1.6 可知，$P\bar{\vee}Q$ 与 $(P\wedge\neg Q)\vee(\neg P\wedge Q)$、$P\uparrow Q$ 与 $\neg(P\wedge Q)$、$P\downarrow Q$ 与 $\neg(P\vee Q)$、$P\xrightarrow{c}Q$ 与 $\neg(P\to Q)$ 有相同的真值表，表明后面四个联结词可以用前面五个联结词的组合来表示。同时，联结词→、↔也可以用联结词¬、∧、∨的组合来表示，所以通常将联结词集合{¬、∧、∨}称为最小联结词组。

1.1.3 命题符号化

定义命题标识符及命题联结词后，就能够把自然语言描述的命题用数学的符号语言表示，从而进行推理判断。命题符号化或翻译是命题演算的基础，其基本步骤如下。

(1) 找出命题中的所有原子命题，并用命题标识符逐一表示。

(2) 使用恰当的联结词，把原子命题逐个联结起来。

联结词与数学中的其他运算符一样，具有先后次序。规定联结词运算优先级的顺序由高到低分别为$\neg$、$\wedge$、$\vee$、$\rightarrow$、$\leftrightarrow$。同级中的联结词，按从左到右的顺序运算。当运算要求与优先次序不一致时，可使用括号改变优先级，按先括号内后括号外的顺序进行运算。同级联结词相邻时也可使用括号，在不改变联结词优先级的情况下括号可以省略，最外层的括号一般都省去。

【例 1.1.7】 符号化下列命题。

(1) 王强是上海人，他正在北京或广州读大学。

(2) 如果明天下雨就不开运动会而照常上课。

(3) 函数 $f(x)$ 在点 x_0 的某邻域内有定义，若 $f(x)$ 在点 x_0 处连续，则它在点 x_0 可导。

(4) 除非你认真学习，否则你期末考试会不及格。

解 (1) 设 P：王强是上海人，Q：王强在北京读大学，R：王强在广州读大学，因为王强不可能在两个地方上大学，所以该命题中的“或”是排斥或，故命题表示为

$$P\wedge((Q\wedge\neg R)\vee(\neg Q\wedge R))$$

(2) 设 P：明天下雨，Q：明天开运动会，R：明天照常上课，则命题表示为

$$P\rightarrow(\neg Q\wedge R)$$

(3) 设 P：函数 $f(x)$ 在点 x_0 的某邻域内有定义，Q：函数 $f(x)$ 在点 x_0 处连续，R：函数 $f(x)$ 在点 x_0 处可导，则命题表示为 $(P\wedge Q)\rightarrow R$。这是假命题。

(4) 此命题的含义为“如果你不认真学习，那么你期末考试将会不及格”，故设 P：你认真学习，Q：你期末考试及格，原命题符号化为 $\neg P\rightarrow\neg Q$。

此命题还可以理解为“你期末考试及格了，则你认真学习了”，原命题符号化为 $Q\rightarrow P$。

注 在命题符号化时，由于心理、习惯、修辞等，对同一命题可以有形式不同但实质相同的符号化形式。在选择命题联结词时，有些地方与一般习惯用词不同，应注意加以区分。

1.2 命题公式及其类型

用命题联结词和命题常元，可以将复合命题用符号表示。由命题变元、命题常元、命题联结词及括号按一定的规则组成的符号串称为命题公式或命题合式公式。下面采用递归方法给出命题公式的严格定义。

1.2.1 命题公式的概念

定义 1.2.1 (1) 命题常元是命题公式。

(2) 单个命题变元是命题公式。

(3) 若 A、B 是命题公式，则 $\neg A$、$(A\wedge B)$、$(A\vee B)$、$(A\rightarrow B)$、$(A\leftrightarrow B)$ 是命题公式。

(4) 只有有限次应用 (1) ～ (3) 组成的符号串才是命题公式。

例如，$(P\rightarrow Q)\vee(R\wedge P)\leftrightarrow(\neg Q)$、$P\vee(Q\wedge\neg R)$ 都是命题公式，而 $P\neg\rightarrow R$、$P\vee Q\wedge$、

$PQ\to R$、$P\to R)\to Q$ 都不是命题公式。

命题公式一般用 $A, B, C, \cdots$ 表示，若命题公式 A 中恰含有 n 个命题变元 $P_1, P_2, \cdots, P_n$，则记为 $A(P_1, P_2, \cdots, P_n)$，因此命题公式是逻辑函数或逻辑表达式。

注 (1)命题公式中因为出现了命题变元，所以命题公式没有真值，不是命题。当且仅当将命题公式中的每个命题变元指定一个真值后，才能确定命题公式的真值。

(2)按照命题公式的定义，最外层的括号必须写，但为了方便，约定公式最外层的括号可以省略。公式中不影响运算次序的括号也可以省去，如 $P\wedge Q\to\neg R$，但公式 $P\wedge(Q\to\neg R)$ 中的括号不能省略。

1.2.2 真值表

定义 1.2.2 将命题公式中所有命题变元各指定一个真值，称为对该公式的一组赋值或真值指派。使公式的真值为 1 的一组赋值称为该公式的一个成真赋值，使公式的真值为 0 的一组赋值称为该公式的一个成假赋值。

显然，含 $n(n\geqslant 1)$ 个命题变元的命题公式共有 2^n 组不同赋值。

定义 1.2.3 由命题公式的所有不同赋值及公式的相应真值列成的表，称为该公式的真值表。

定义 1.2.4 若 X 是命题公式 A 的一部分，且 X 本身也是命题公式，则称 X 是 A 的子公式。

例如，公式 $(\neg P\vee Q)\to R$ 中，$\neg P$、$(\neg P\vee Q)$、$(\neg P\vee Q)\to R$ 都是其子公式。

构造真值表的方法如下。

(1)列出公式中出现的所有命题变元，排列在表的左侧(若有下标，则按下标排列；若无下标，则按字典顺序排列)。

(2)列出公式中的子公式，按运算优先级排在表的中间，整个公式放在表的最右侧。

(3)列出公式的 2^n 个赋值，从 00…0 开始按二进制从小到大的顺序直到 11…1 结束。

(4)根据各组赋值依次计算各子公式的真值，并最终计算出整个公式的真值。

【例 1.2.1】 写出下列命题公式的真值表。

(1) $(P\wedge Q)\wedge\neg P$。

(2) $P\to(P\vee Q)$。

(3) $P\to Q$ 及 $\neg P\vee Q$。

(4) $(P\vee Q)\to R$。

解 真值表分别见表 1.7～表 1.10。

表 1.7 $(P\wedge Q)\wedge\neg P$ 的真值表

P	Q	$P\wedge Q$	$\neg P$	$(P\wedge Q)\wedge\neg P$
0	0	0	1	0
0	1	0	1	0
1	0	0	0	0
1	1	1	0	0

表 1.8 $P\to(P\vee Q)$ 的真值表

P	Q	$P\vee Q$	$P\to(P\vee Q)$
0	0	0	1
0	1	1	1
1	0	1	1
1	1	1	1

表 1.9　$P \to Q$ 及 $\neg P \vee Q$ 的真值表

P	Q	$\neg P$	$P \to Q$	$\neg P \vee Q$
0	0	1	1	1
0	1	1	1	1
1	0	0	0	0
1	1	0	1	1

表 1.10　$(P \vee Q) \to R$ 的真值表

P	Q	R	$P \vee Q$	$(P \vee Q) \to R$
0	0	0	0	1
0	0	1	0	1
0	1	0	1	0
0	1	1	1	1
1	0	0	1	0
1	0	1	1	1
1	1	0	1	0
1	1	1	1	1

由表 1.7～表 1.10 可知，010、100、110 是公式(4)的成假赋值，其余都是成真赋值。而公式(1)没有成真赋值，公式(2)没有成假赋值，公式(4)中既有成真赋值又有成假赋值。公式(3)中 $P \to Q$ 与 $\neg P \vee Q$ 在任意一组赋值下其真值均相同。根据命题公式的真值情况，将命题公式进行分类。

1.2.3　命题公式的类型

定义 1.2.5　设 A 是命题公式，对 A 的所有赋值，

(1)若 A 的真值都为真，则称 A 为重言式或永真式；

(2)若 A 的真值都为假，则称 A 为矛盾式或永假式；

(3)若至少存在一组赋值使得 A 的真值为真，则称 A 为可满足式。

例 1.2.1 中的公式(1)是矛盾式，公式(2)是重言式，公式(3)中的两个公式及公式(4)都是可满足式。

显然，重言式一定是可满足式，反之不然。重言式的合取、析取、条件、双条件也是重言式，所以重言式是命题逻辑的研究重点。

判断命题公式的类型有多种方法，真值表是其中一种，以后还将介绍利用等值演算和主范式判断公式类型的方法。

1.3　等价式与蕴涵式

在命题符号化时，同一个命题可以有不同的符号表示形式，不同的命题公式在所有赋值下对应的真值可能完全相同，此时称它们是等价的。

1.3.1　命题公式的等价

1. 等价公式的定义

定义 1.3.1　设命题公式 A、B 在任意一组赋值下对应真值都相同，则称 A 与 B 是等价的或逻辑相等的，记作 $A \Leftrightarrow B$。

例如，例 1.2.1(3)中 $P \to Q \Leftrightarrow \neg P \vee Q$。

判断两个命题公式是否等价，比较直接的方法是利用真值表进行判断。

【例 1.3.1】 判断下列命题公式是否等价。

(1) $\neg(P\land Q)$ 与 $\neg P\lor\neg Q$。

(2) $\neg(P\to Q)$ 与 $\neg P\to\neg Q$。

解 (1) 两个公式的真值表见表 1.11。可知，$\neg(P\land Q)\Leftrightarrow\neg P\lor\neg Q$。

(2) 两个公式的真值表见表 1.12。可知，$\neg(P\to Q)$ 与 $\neg P\to\neg Q$ 不等价。

表 1.11 例 1.3.1(1) 的真值表

P	Q	$\neg P$	$\neg Q$	$P\land Q$	$\neg(P\land Q)$	$\neg P\lor\neg Q$
0	0	1	1	0	1	1
0	1	1	0	0	1	1
1	0	0	1	0	1	1
1	1	0	0	1	0	0

表 1.12 例 1.3.1(2) 的真值表

P	Q	$\neg P$	$\neg Q$	$P\to Q$	$\neg(P\to Q)$	$\neg P\to\neg Q$
0	0	1	1	1	0	1
0	1	1	0	1	0	0
1	0	0	1	0	1	1
1	1	0	0	1	0	1

【例 1.3.2】 给定命题公式 $P\to Q$，分别称 $Q\to P$、$\neg P\to\neg Q$、$\neg Q\to\neg P$ 为其逆换式、反换式、逆反式，其真值表见表 1.13。

表 1.13 例 1.3.2 的真值表

P	Q	$\neg P$	$\neg Q$	$P\to Q$	$Q\to P$	$\neg P\to\neg Q$	$\neg Q\to\neg P$
0	0	1	1	1	1	1	1
0	1	1	0	1	0	0	1
1	0	0	1	0	1	1	0
1	1	0	0	1	1	1	1

由表 1.13 可知，$P\to Q\Leftrightarrow\neg Q\to\neg P$，$Q\to P\Leftrightarrow\neg P\to\neg Q$，即命题公式与其逆反式等价，逆换式与其反换式等价。

由等价公式的定义，容易验证下列定理。

定理 1.3.1 设 A、B 是命题公式，则 $A\Leftrightarrow B$ 当且仅当 $A\leftrightarrow B$ 是重言式。

注 “$\Leftrightarrow$”与“$\leftrightarrow$”不是相同的概念。“$\leftrightarrow$”是命题联结词，将两个命题公式联结成一个新的命题公式；而“$\Leftrightarrow$”表示两个公式真值间的逻辑相等关系，不是命题联结词。

命题公式间的等价关系具有以下三个性质：对任意命题公式 A、B、C，有

(1) 自反性，$A\Leftrightarrow A$。

(2) 对称性，若 $A\Leftrightarrow B$，则 $B\Leftrightarrow A$。

(3) 传递性，若 $A\Leftrightarrow B$ 且 $B\Leftrightarrow C$，则 $A\Leftrightarrow C$。

具有上述三个性质的关系称为等价关系。关系和等价关系将在第 4 章详细介绍。

2. 基本等价公式

表 1.14 是常用的基本等价公式，称为命题定律，其中 P、Q、R 表示任意命题公式。可以利用真值表逐一验证。

表 1.14　命题公式的基本等价公式

编号	等价公式	运算律	编号	等价公式	运算律
E_1	$\neg(\neg P)\Leftrightarrow P$	对合律	E_{14}	$P\to Q\Leftrightarrow\neg P\vee Q$	条件等价式
E_2	$P\wedge P\Leftrightarrow P$	幂等律	E_{15}	$P\leftrightarrow Q\Leftrightarrow(P\to Q)\wedge(Q\to P)$	双条件等价式
E_3	$P\vee P\Leftrightarrow P$		E_{16}	$P\vee 0\Leftrightarrow P$	同一律
E_4	$P\wedge Q\Leftrightarrow Q\wedge P$	交换律	E_{17}	$P\wedge 1\Leftrightarrow P$	
E_5	$P\vee Q\Leftrightarrow Q\vee P$		E_{18}	$P\vee 1\Leftrightarrow 1$	零律
E_6	$(P\wedge Q)\wedge R\Leftrightarrow P\wedge(Q\wedge R)$	结合律	E_{19}	$P\wedge 0\Leftrightarrow 0$	
E_7	$(P\vee Q)\vee R\Leftrightarrow P\vee(Q\vee R)$		E_{20}	$P\vee\neg P\Leftrightarrow 1$	排中律
E_8	$P\wedge(Q\vee R)\Leftrightarrow(P\wedge Q)\vee(P\wedge R)$	分配律	E_{21}	$P\wedge\neg P\Leftrightarrow 0$	矛盾律
E_9	$P\vee(Q\wedge R)\Leftrightarrow(P\vee Q)\wedge(P\vee R)$		E_{22}	$(P\wedge Q)\to R\Leftrightarrow P\to(Q\to R)$	输出律
E_{10}	$\neg(P\wedge Q)\Leftrightarrow\neg P\vee\neg Q$	德·摩根律	E_{23}	$(P\to Q)\wedge(P\to\neg Q)\Leftrightarrow\neg P$	归谬律
E_{11}	$\neg(P\vee Q)\Leftrightarrow\neg P\wedge\neg Q$		E_{24}	$P\to Q\Leftrightarrow\neg Q\to\neg P$	逆反律
E_{12}	$P\wedge(P\vee Q)\Leftrightarrow P$	吸收律			
E_{13}	$P\vee(P\wedge Q)\Leftrightarrow P$				

3. 等值演算

证明命题公式等价时，可以利用真值表，但当公式比较复杂、命题变元比较多时，真值表比较烦琐，此时可以利用基本等价公式进行等价推演，得出其他等价公式，该过程称为等值演算。等值演算在电路分析、计算机硬件设计、电子元器件设计、自动控制等方面起着非常重要的作用。进行等值演算时经常用到代入规则和置换规则。

定理 1.3.2（重言式代入规则）　设命题公式 A 中出现的命题变元为 $P_1, P_2, \cdots, P_n$，若 A 是重言式，则分别用命题公式 $Q_1, Q_2, \cdots, Q_n$ 代替 A 中的 $P_1, P_2, \cdots, P_n$，得到的命题公式仍然是重言式。

例如，$P\vee\neg P\Leftrightarrow 1$，用 $P\wedge\neg Q$ 代替 P 得 $(P\wedge\neg Q)\vee\neg(P\wedge\neg Q)\Leftrightarrow 1$。

定理 1.3.3（等价置换规则）　设 X 是命题公式 A 的子公式，将 A 中一处或多处出现的 X 用命题公式 Y 替换得到公式 B，若 $X\Leftrightarrow Y$，则 $A\Leftrightarrow B$。

利用等值演算可以化简公式，判断公式类型，验证等价公式，还可以优化电路，简化程序。

【例 1.3.3】　化简下列公式，并判断其类型。

(1) $(P\wedge Q)\vee(P\wedge\neg Q)$。

(2) $((P\to R)\vee\neg R)\to(\neg(Q\to P)\wedge P)$。

(3) $P\wedge(((P\vee Q)\wedge\neg P)\to Q)$。

解　(1) $(P\wedge Q)\vee(P\wedge\neg Q)\Leftrightarrow P\wedge(Q\vee\neg Q)$　　分配律 E_8

$\Leftrightarrow P\wedge 1$　　排中律 E_{20}

$\Leftrightarrow P$　　同一律 E_{17}

于是，10、11 是其成真赋值，所以(1)为可满足式。

(2)因为

$$
\begin{aligned}
(P\to R)\lor\neg R&\Leftrightarrow(\neg P\lor R)\lor\neg R && \text{条件等价式 }E_{14}\\
&\Leftrightarrow\neg P\lor(R\lor\neg R) && \text{结合律 }E_{7}\\
&\Leftrightarrow\neg P\lor 1 && \text{排中律 }E_{20}\\
&\Leftrightarrow 1 && \text{零律 }E_{18}
\end{aligned}
$$

而

$$
\begin{aligned}
\neg(Q\to P)\land P&\Leftrightarrow\neg(\neg Q\lor P)\land P && \text{条件等价式 }E_{14}\\
&\Leftrightarrow(Q\land\neg P)\land P && \text{德·摩根律 }E_{11}\\
&\Leftrightarrow Q\land(\neg P\land P) && \text{结合律 }E_{6}\\
&\Leftrightarrow Q\land 0 && \text{矛盾律 }E_{21}\\
&\Leftrightarrow 0 && \text{零律 }E_{19}
\end{aligned}
$$

于是$((P\to R)\lor\neg R)\to(\neg(Q\to P)\land P)\Leftrightarrow 1\to 0\Leftrightarrow 0$，所以(2)是矛盾式。

$$
\begin{aligned}
(3)\ P\land(((P\lor Q)\land\neg P)\to Q)&\Leftrightarrow P\land(((P\land\neg P)\lor(Q\land\neg P))\to Q) && \text{分配律 }E_{8}\\
&\Leftrightarrow P\land((0\lor(Q\land\neg P))\to Q) && \text{矛盾律 }E_{21}\\
&\Leftrightarrow P\land((Q\land\neg P)\to Q) && \text{同一律 }E_{16}\\
&\Leftrightarrow P\land(\neg(Q\land\neg P)\lor Q) && \text{条件等价式 }E_{14}\\
&\Leftrightarrow P\land(\neg Q\lor P\lor Q) && \text{德·摩根律 }E_{10}\\
&\Leftrightarrow P\land(\neg Q\lor Q\lor P) && \text{交换律 }E_{5}\\
&\Leftrightarrow P\land((\neg Q\lor Q)\lor P) && \text{结合律 }E_{7}\\
&\Leftrightarrow P\land 1 && \text{排中律 }E_{20}\\
&\Leftrightarrow P && \text{同一律 }E_{17}
\end{aligned}
$$

于是，10、11 是其成真赋值，所以(3)是可满足式。

例1.3.3中，(1)和(3)都等价于P，所以$(P\land Q)\lor(P\land\neg Q)\Leftrightarrow P\land(((P\lor Q)\land\neg P)\to Q)$。

【例 1.3.4】 证明下列等价公式。

(1)$\neg(P\lor(\neg P\land Q))\Leftrightarrow\neg P\land\neg Q$。

(2)$\neg(P\leftrightarrow Q)\Leftrightarrow(P\land\neg Q)\lor(\neg P\land Q)\Leftrightarrow(P\lor Q)\land\neg(P\land Q)$。

证明 (1)

$$
\begin{aligned}
\neg(P\lor(\neg P\land Q))&\Leftrightarrow\neg P\land\neg(\neg P\land Q) && \text{德·摩根律 }E_{11}\\
&\Leftrightarrow\neg P\land(\neg(\neg P)\lor\neg Q) && \text{德·摩根律 }E_{10}\\
&\Leftrightarrow\neg P\land(P\lor\neg Q) && \text{对合律 }E_{1}\\
&\Leftrightarrow(\neg P\land P)\lor(\neg P\land\neg Q) && \text{分配律 }E_{8}\\
&\Leftrightarrow 0\lor(\neg P\land\neg Q) && \text{矛盾律 }E_{21}\\
&\Leftrightarrow\neg P\land\neg Q && \text{同一律 }E_{16}
\end{aligned}
$$

(2)

$$
\begin{aligned}
\neg(P\leftrightarrow Q)&\Leftrightarrow\neg((P\to Q)\land(Q\to P)) && \text{双条件等价式 }E_{15}\\
&\Leftrightarrow\neg(P\to Q)\lor\neg(Q\to P) && \text{德·摩根律 }E_{10}\\
&\Leftrightarrow\neg(\neg P\lor Q)\lor\neg(\neg Q\lor P) && \text{条件等价式 }E_{14}\\
&\Leftrightarrow(\neg(\neg P)\land\neg Q)\lor(\neg(\neg Q)\land\neg P) && \text{德·摩根律 }E_{11}\\
&\Leftrightarrow(P\land\neg Q)\lor(Q\land\neg P) && \text{对合律 }E_{1}\\
&\Leftrightarrow(P\land\neg Q)\lor(\neg P\land Q) && \text{交换律 }E_{4}
\end{aligned}
$$

$\Leftrightarrow (P\vee\neg P)\wedge(P\vee Q)\wedge(\neg Q\vee\neg P)\wedge(\neg Q\vee Q)$ 分配律 E_9

$\Leftrightarrow 1\wedge(P\vee Q)\wedge(\neg Q\vee\neg P)\wedge 1$ 排中律 E_{20}

$\Leftrightarrow (P\vee Q)\wedge(\neg Q\vee\neg P)$ 同一律 E_{17}

$\Leftrightarrow (P\vee Q)\wedge(\neg P\vee\neg Q)$ 交换律 E_5

$\Leftrightarrow (P\vee Q)\wedge\neg(P\wedge Q)$ 德·摩根律 E_{10}

1.3.2 蕴涵式

1. 蕴涵式的定义

定义 1.3.2 设 A、B 为命题公式，若 $A\to B$ 是重言式，则称 A（重言）蕴涵 B，记作 $A\Rightarrow B$，称 $A\Rightarrow B$ 为蕴涵式或永真条件式。

注 “⇒”与“→”有区别。“→”是命题联结词，将两个命题公式联结成一个新命题公式；而“⇒”不是命题联结词，表示两个命题公式间的一种关系。

按定义 1.3.2，要证 $P\Rightarrow Q$，只需证明 $P\to Q$ 是重言式，可以采用真值表和等值演算证明。

【例 1.3.5】 证明下列蕴涵式。

(1) $\neg(P\to Q)\Rightarrow P$。

(2) $\neg Q\wedge(P\to Q)\Rightarrow\neg P$。

证明 (1)列出 $\neg(P\to Q)\to P$ 的真值表，见表 1.15。由表 1.15 可知，$\neg(P\to Q)\to P\Leftrightarrow 1$，所以 $\neg(P\to Q)\Rightarrow P$。

表 1.15 $\neg(P\to Q)\to P$ 的真值表

P	Q	$P\to Q$	$\neg(P\to Q)$	$\neg(P\to Q)\to P$
0	0	1	0	1
0	1	1	0	1
1	0	0	1	1
1	1	1	0	1

(2)用等值演算法证明。

$(\neg Q\wedge(P\to Q))\to\neg P\Leftrightarrow\neg(\neg Q\wedge(\neg P\vee Q))\vee\neg P$ 条件等价式 E_{14}

$\Leftrightarrow Q\vee(P\wedge\neg Q)\vee\neg P$ 德·摩根律 E_{11}

$\Leftrightarrow\neg P\vee Q\vee(P\wedge\neg Q)$ 交换律 E_5

$\Leftrightarrow(\neg P\vee Q)\vee(P\wedge\neg Q)$ 结合律 E_7

$\Leftrightarrow\neg(P\wedge\neg Q)\vee(P\wedge\neg Q)$ 德·摩根律 E_{10}

$\Leftrightarrow 1$ 排中律 E_{20}

所以，$\neg Q\wedge(P\to Q)\Rightarrow\neg P$。

2. 基本蕴涵式

常用的基本蕴涵式见表 1.16，熟练掌握基本蕴涵式有利于进行逻辑推理。

表 1.16　命题公式的基本蕴涵式

编号	蕴涵式	运算律	编号	蕴涵式	运算律
I_1	$P\wedge Q\Rightarrow P$	化简式	I_9	$P, Q\Rightarrow P\wedge Q$	析取三段论
I_2	$P\wedge Q\Rightarrow Q$		I_{10}	$\neg P, P\vee Q\Rightarrow Q$	
I_3	$P\Rightarrow P\vee Q$	附加式	I_{11}	$P\wedge(P\to Q)\Rightarrow Q$	假言推论
I_4	$Q\Rightarrow P\vee Q$		I_{12}	$\neg Q\wedge(P\to Q)\Rightarrow\neg P$	拒取式
I_5	$\neg P\Rightarrow P\to Q$	变形的附加式	I_{13}	$(P\to Q)\wedge(Q\to R)\Rightarrow P\to R$	假言三段论
I_6	$Q\Rightarrow P\to Q$		I_{14}	$(P\vee Q)\wedge(P\to R)\wedge(Q\to R)\Rightarrow R$	构造性二难
I_7	$\neg(P\to Q)\Rightarrow P$	变形的化简式	I_{15}	$P\to Q\Rightarrow(P\vee R)\to(Q\vee R)$	前件附加
I_8	$\neg(P\to Q)\Rightarrow\neg Q$		I_{16}	$P\to Q\Rightarrow(P\wedge R)\to(Q\wedge R)$	

设 A、B、C 为任意命题公式，蕴涵式具有如下性质。

(1) 自反性，$A\Rightarrow A$。

(2) 传递性，若 $A\Rightarrow B$ 且 $B\Rightarrow C$，则 $A\Rightarrow C$。

(3) $A\Leftrightarrow B$ 当且仅当 $A\Rightarrow B$ 且 $B\Rightarrow A$。

1.3.3　对偶式

在基本等价式和蕴涵式中，除对合律以外大部分公式是成对出现的，而成对出现的两个公式是将其中的 $\wedge$ 与 $\vee$ 互换形成的。这种规律称为对偶原理。

定义 1.3.3　设命题公式 A 中除命题变元外仅含 $\neg$、$\wedge$、$\vee$ 三种联结词，若将其中的 $\wedge$ 换成 $\vee$，$\vee$ 换成 $\wedge$，如果 A 中含有 1 或 0，则将 1 换成 0，0 换成 1，得到新命题公式 A^*，称 A^* 与 A 互为对偶式。

显然，$(A^*)^*=A$。

【例 1.3.6】　求下列命题公式的对偶式。

(1) $\neg(P\vee(Q\wedge R)\vee 0)\wedge R$。

(2) $P\vee Q\to\neg Q\wedge\neg R$。

解　(1) $\neg(P\vee(Q\wedge R)\vee 0)\wedge R$ 的对偶式为 $\neg(P\wedge(Q\vee R)\wedge 1)\vee R$。

(2) 因为公式中含有 $\to$ 联结词，所以利用等价公式消去 $\neg$、$\wedge$、$\vee$ 以外的联结词。

$$P\vee Q\to\neg Q\wedge\neg R\Leftrightarrow\neg(P\vee Q)\vee(\neg Q\wedge\neg R)\Leftrightarrow(\neg P\wedge\neg Q)\vee(\neg Q\wedge\neg R)$$

$$\Leftrightarrow(\neg P\vee\neg R)\wedge\neg Q$$

所以，$P\vee Q\to\neg Q\wedge\neg R$ 的对偶式为 $(\neg P\wedge\neg R)\vee\neg Q$。

定理 1.3.4 (对偶定理)　设 A、B 是命题公式，若 $A\Leftrightarrow B$，则 $A^*\Leftrightarrow B^*$。

利用对偶定理，可以将已知的等价公式延伸得到更多的等价公式。对偶性是逻辑规律，给证明公式的等价及化简公式带来极大方便。在以后的集合论、代数系统中都有相应的对偶定理。

1.4 命题公式标准型——范式

命题公式的形式多种多样，许多形式上完全不同的公式，经过等值演算后却是等价的，这给研究带来一定困难，因此有必要讨论命题公式的标准形式即范式的问题。例如，在解析几何中，二元或三元二次方程可以表示二次曲线或二次曲面，通过二次型的标准化得到二次曲线或二次曲面的标准型，从而确定二次曲线或二次曲面的类型。

1.4.1 范式

1. 范式的定义

定义 1.4.1 形如 $A_1 \wedge A_2 \wedge \cdots \wedge A_n (n \geqslant 1)$ 的命题公式，称为合取范式，其中 $A_1, A_2, \cdots, A_n$ 都是由命题变元或其否定组成的析取式，包括单个命题变元或其否定。

定义 1.4.2 形如 $A_1 \vee A_2 \vee \cdots \vee A_n (n \geqslant 1)$ 的命题公式，称为析取范式，其中 $A_1, A_2, \cdots, A_n$ 都是由命题变元或其否定组成的合取式，包括单个命题变元或其否定。

例如，$(P \vee \neg Q \vee R \vee S) \wedge \neg Q \wedge (\neg R \vee \neg S)$ 是合取范式，$(P \wedge \neg Q) \vee (\neg Q \wedge \neg R) \vee P$ 是析取范式，$\neg R \vee Q \vee \neg S \vee P \vee W$ 既是析取范式又是合取范式。

合取范式和析取范式有如下特征：

(1) 仅含 $\neg$、$\wedge$、$\vee$ 三种联结词，若含有其他联结词，则要用等价公式消去。

(2) $\neg$ 只能出现在命题变元之前。

2. 范式的计算

定理 1.4.1 (范式存在定理) 任何命题公式都存在与之等价的合取范式及析取范式。

合取范式、析取范式的特征决定了求合取范式及析取范式的算法如下。

(1) 消去：利用等价公式，将公式化为仅含 $\neg$、$\wedge$、$\vee$ 三种联结词的公式。

(2) 深入：利用双重否定律，消去多余的 $\neg$ 或用德 · 摩根律将 $\neg$ 移到各个变元之前。

(3) 归约：利用分配律、结合律等，将公式化为与之等价的合取范式或析取范式。

【例 1.4.1】 求公式 $\neg(P \vee Q) \leftrightarrow (P \wedge Q)$ 的合取范式和析取范式。

解 因为 $A \leftrightarrow B \Leftrightarrow (A \wedge B) \vee (\neg A \wedge \neg B)$，所以

$$
\begin{aligned}
& \neg(P \vee Q) \leftrightarrow (P \wedge Q) \\
\Leftrightarrow & (\neg(P \vee Q) \wedge (P \wedge Q)) \vee (\neg(\neg(P \vee Q)) \wedge \neg(P \wedge Q)) \\
\Leftrightarrow & ((\neg P \wedge \neg Q) \wedge (P \wedge Q)) \vee ((P \vee Q) \wedge (\neg P \vee \neg Q)) \\
\Leftrightarrow & (\neg P \wedge \neg Q \wedge P \wedge Q) \vee ((P \wedge \neg P) \vee (P \wedge \neg Q) \vee (Q \wedge \neg P) \vee (Q \wedge \neg Q)) \\
\Leftrightarrow & 0 \vee 0 \vee (P \wedge \neg Q) \vee (Q \wedge \neg P) \vee 0 \qquad \text{析取范式} \\
\Leftrightarrow & (P \wedge \neg Q) \vee (\neg P \wedge Q) \qquad \text{析取范式} \\
\Leftrightarrow & (P \vee \neg P) \wedge (P \vee Q) \wedge (\neg Q \vee \neg P) \wedge (\neg Q \vee Q) \qquad \text{合取范式} \\
\Leftrightarrow & (P \vee Q) \wedge (\neg P \vee \neg Q) \qquad \text{合取范式}
\end{aligned}
$$

例 1.4.1 中求范式的过程表明，命题公式的析取范式和合取范式可能不唯一，导致公式的规范化问题仍未能解决。为了使任意命题公式化为唯一的标准形式，在范式基础上，引

入命题公式的规范化形式——主范式。

1.4.2 主范式

1. 小项和大项

定义 1.4.3 含有 n 个命题变元 $P_1, P_2, \cdots, P_n$ 的合取式中，若每个命题变元及其否定式不同时出现，而两者之一必出现且仅出现一次，则称这样的合取式为布尔合取或小项。

定义 1.4.4 含有 n 个命题变元 $P_1, P_2, \cdots, P_n$ 的析取式中，若每个命题变元及其否定式不同时出现，而两者之一必出现且仅出现一次，则称这样的析取式为布尔析取或大项。

一般地，$n(n\geqslant 1)$ 个命题变元各有 2^n 个不同的小项及大项。例如，命题变元 P、Q 组成的 4 个小项分别为 $P\wedge Q$、$P\wedge\neg Q$、$\neg P\wedge Q$、$\neg P\wedge\neg Q$，4 个大项分别为 $P\vee Q$、$P\vee\neg Q$、$\neg P\vee Q$、$\neg P\vee\neg Q$。

命题变元 P、Q 组成的小项和大项的真值表见表 1.17。

表 1.17 含 P、Q 的小项和大项的真值表

P	Q	小项				大项			
		$\neg P\wedge\neg Q$	$\neg P\wedge Q$	$P\wedge\neg Q$	$P\wedge Q$	$\neg P\vee\neg Q$	$\neg P\vee Q$	$P\vee\neg Q$	$P\vee Q$
0	0	1	0	0	0	1	1	1	0
0	1	0	1	0	0	1	1	0	1
1	0	0	0	1	0	1	0	1	1
1	1	0	0	0	1	0	1	1	1

由表 1.17 可知，每个小项的成真赋值是唯一的，每个大项的成假赋值也是唯一的，所以利用小项的成真赋值及大项的成假赋值分别对其进行编码。

设 n 个命题变元 $P_1, P_2, \cdots, P_n$ 已按字典顺序排列，则其组成的小项和大项的二进制编码规则如下。

(1) 小项 $P_1'\wedge P_2'\wedge\cdots\wedge P_n'$ 的编码记作 $m_{k_1k_2\cdots k_n}$，其中 $k_i=\begin{cases}1, & P_i' \text{为} P_i \\ 0, & P_i' \text{为} \neg P_i\end{cases}\quad (i=1,2,\cdots,n)$。

(2) 大项 $P_1'\vee P_2'\vee\cdots\vee P_n'$ 的编码记作 $M_{k_1k_2\cdots k_n}$，其中 $k_i=\begin{cases}1, & P_i' \text{为} \neg P_i \\ 0, & P_i' \text{为} P_i\end{cases}\quad (i=1,2,\cdots,n)$。

对 2^n 个小项和大项进行编码，能反映出小项及大项的性质，见表 1.18 和表 1.19。

表 1.18 含 P、Q 的小项和大项的编码

小项				大项			
公式	成真赋值	二进制编码	十进制编码	公式	成假赋值	二进制编码	十进制编码
$\neg P\wedge\neg Q$	00	m_{00}	m_0	$P\vee Q$	00	M_{00}	M_0
$\neg P\wedge Q$	01	m_{01}	m_1	$P\vee\neg Q$	01	M_{01}	M_1
$P\wedge\neg Q$	10	m_{10}	m_2	$\neg P\vee Q$	10	M_{10}	M_2
$P\wedge Q$	11	m_{11}	m_3	$\neg P\vee\neg Q$	11	M_{11}	M_3

表 1.19　含 P、Q、R 的小项和大项的编码

小项				大项			
公式	成真赋值	二进制编码	十进制编码	公式	成假赋值	二进制编码	十进制编码
$\neg P\wedge\neg Q\wedge\neg R$	000	m_{000}	m_0	$P\vee Q\vee R$	000	M_{000}	M_0
$\neg P\wedge\neg Q\wedge R$	001	m_{001}	m_1	$P\vee Q\vee\neg R$	001	M_{001}	M_1
$\neg P\wedge Q\wedge\neg R$	010	m_{010}	m_2	$P\vee\neg Q\vee R$	010	M_{010}	M_2
$\neg P\wedge Q\wedge R$	011	m_{011}	m_3	$P\vee\neg Q\vee\neg R$	011	M_{011}	M_3
$P\wedge\neg Q\wedge\neg R$	100	m_{100}	m_4	$\neg P\vee Q\vee R$	100	M_{100}	M_4
$P\wedge\neg Q\wedge R$	101	m_{101}	m_5	$\neg P\vee Q\vee\neg R$	101	M_{101}	M_5
$P\wedge Q\wedge\neg R$	110	m_{110}	m_6	$\neg P\vee\neg Q\vee R$	110	M_{110}	M_6
$P\wedge Q\wedge R$	111	m_{111}	m_7	$\neg P\vee\neg Q\vee\neg R$	111	M_{111}	M_7

通过对表 1.18 和表 1.19 的分析，得到小项及大项的下列性质。

(1) 每个小项，当且仅当赋值与其二进制编码相同时，其真值为 1，否则真值为 0；每个大项，当且仅当赋值与其二进制编码相同时，其真值为 0，否则真值为 1。

(2) 任意两个不同小项的合取是矛盾式，任意两个不同大项的析取是重言式，即

$$m_i\wedge m_j\Leftrightarrow 0\quad (i\neq j\text{ 且 }i,j=0,1,2,\cdots,2^n-1)$$

$$M_i\vee M_j\Leftrightarrow 1\quad (i\neq j\text{ 且 }i,j=0,1,2,\cdots,2^n-1)$$

(3) 所有小项的析取是重言式，所有大项的合取是矛盾式，即

$$\sum_{i=0}^{2^n-1} m_i = m_0\vee m_1\vee\cdots\vee m_{2^n-1}\Leftrightarrow 1$$

$$\prod_{i=0}^{2^n-1} M_i = M_0\wedge M_1\wedge\cdots\wedge M_{2^n-1}\Leftrightarrow 0$$

2. 主析取范式和主合取范式

定义 1.4.5　设 A 是命题公式，若存在仅由小项的析取组成的等价公式，则称此等价公式为 A 的主析取范式。

定义 1.4.6　设 A 是命题公式，若存在仅由大项的合取组成的等价公式，则称此等价公式为 A 的主合取范式。

如何构造命题公式的主析取范式和主合取范式？主要采取真值表法及等值演算法。

1) 真值表法

定理 1.4.2　在公式 A 的真值表中，真值为 1 的赋值所对应的小项的析取式即为 A 的主析取范式，真值为 0 的赋值所对应的大项的合取式即为 A 的主合取范式。

用真值表法求主析取范式或主合取范式的步骤如下。

(1) 作出公式 A 的真值表。

(2) 找出公式 A 中真值为 1 或 0 的所有行的每个赋值。

(3)写出对应的小项或大项，按下标从小到大的顺序将小项或大项进行析取或合取，即得主析取范式或主合取范式。

【例 1.4.2】 用真值表法求公式 $P\to Q$ 的主析取范式和主合取范式。

解 作表 1.20 所示的真值表。

表 1.20 $P\to Q$ 的真值表

P	Q	$P\to Q$
0	0	1
0	1	1
1	0	0
1	1	1

公式 $P\to Q$ 的成真赋值为 00、01、11，对应的小项为 m_{00}、m_{01}、m_{11}，则取这些小项的析取为

$$(\neg P\wedge\neg Q)\vee(\neg P\wedge Q)\vee(P\wedge Q)$$

$$\Leftrightarrow m_{00}\vee m_{01}\vee m_{11}\Leftrightarrow m_0\vee m_1\vee m_3=\Sigma_{0,1,3}$$

即为原公式的主析取范式。

公式 $P\to Q$ 的成假赋值为 10，对应的大项为 M_{10}，则原公式的主合取范式为

$$\neg P\vee Q\Leftrightarrow M_{10}\Leftrightarrow M_2=\Pi_2$$

2) 等值演算法

利用真值表求公式的主范式，当变元个数不多时比较简单明了，且不易出错，但当变元个数较多或公式较复杂时，真值表法比较烦琐。此时可以利用等值演算将公式化为范式，再利用查漏补缺的方法化为主范式。

求主析取范式步骤如下。

(1)将公式化为析取范式。

(2)消去析取范式中所有永假项，合并重复出现的项和变元。

(3)对非小项的析取项添加未出现过的命题变元及其否定，即合取形如 $(P\vee\neg P)$ 的析取式，再用分配律展开。

(4)将小项按编码从小到大顺序排列，并用 Σ 表示。

求合取范式步骤如下。

(1)将公式化为合取范式。

(2)消去合取范式中所有永真项，合并重复出现的项和变元。

(3)对非大项的合取项添加未出现过的命题变元及其否定，即析取形如 $(P\wedge\neg P)$ 的合取式，再用分配律展开。

(4)将大项按编码从小到大顺序排列，并用 Π 表示。

【例 1.4.3】 用等值演算求公式 $P\to((P\to Q)\wedge\neg(\neg Q\vee\neg P))$ 的主析取范式和主合取范式。

解 $P\to((P\to Q)\wedge\neg(\neg Q\vee\neg P))$

$\Leftrightarrow\neg P\vee((\neg P\vee Q)\wedge(Q\wedge P))$

$\Leftrightarrow \neg P \vee ((\neg P \wedge (Q \wedge P)) \vee (Q \wedge (Q \wedge P)))$

$\Leftrightarrow \neg P \vee (P \wedge Q)$　　析取范式

$\Leftrightarrow (\neg P \wedge (Q \vee \neg Q)) \vee (P \wedge Q)$　　添加未出现的变元

$\Leftrightarrow (\neg P \wedge Q) \vee (\neg P \wedge \neg Q) \vee (P \wedge Q)$　　主析取范式

$\Leftrightarrow m_{01} \vee m_{00} \vee m_{11}$

$=\Sigma_{0,1,3}$

$P \to ((P \to Q) \wedge \neg(\neg Q \vee \neg P))$

$\Leftrightarrow \neg P \vee (P \wedge Q)$

$\Leftrightarrow (\neg P \vee P) \wedge (\neg P \vee Q)$

$\Leftrightarrow \neg P \vee Q$

$\Leftrightarrow M_{10}$

$=\Pi_2$

所以，原公式的主析取范式为$(\neg P \wedge \neg Q) \vee (\neg P \wedge Q) \vee (P \wedge Q)$，主合取范式为$\neg P \vee Q$。

例 1.4.2 与例 1.4.3 的主析取范式和主合取范式都相同，所以

$$P \to ((P \to Q) \wedge \neg(\neg Q \vee \neg P)) \Leftrightarrow P \to Q$$

对于命题公式的主范式，若将其命题变元的个数及出现的次序固定，则主范式是唯一的，所以对任意两个公式，由其主范式容易判断其是否等价。

由例 1.4.2 和例 1.4.3 及大项、小项的定义，容易得到大项与小项、主析取范式与主合取范式之间的关系。

3. 主范式间的转换

定理 1.4.3　若公式 A 含有 n 个命题变元，其主析取范式为$\Sigma_{i_1,i_2,\cdots,i_k}$，则 A 的主合取范式为$\Pi_{0,1,\cdots,i_1-1,i_1+1,\cdots,i_k-1,i_k+1,\cdots,2^n-1}$。

定理 1.4.3 说明，命题公式的主析取范式和主合取范式有着“互补”关系，主析取范式中没有包含的小项下标，正是其主合取范式中所包含的大项下标，一个命题公式的主析取范式中小项的项数与其主合取范式中大项的项数之和恰好为 2^n。因此，只需求出命题公式的主析取范式或主合取范式中的一个，很容易得到另一个范式。

【例 1.4.4】　求$(P \wedge Q) \vee (\neg P \wedge R) \vee (Q \wedge R)$的主析取范式和主合取范式。

解　(1) 由真值表或等值演算得其主合取范式为

$(P \wedge Q) \vee (\neg P \wedge R) \vee (Q \wedge R)$

$\Leftrightarrow (P \vee Q \vee R) \wedge (P \vee \neg Q \vee R) \wedge (\neg P \vee Q \vee R) \wedge (\neg P \vee Q \vee \neg R)$

$\Leftrightarrow M_{000} \wedge M_{010} \wedge M_{100} \wedge M_{101}$

$\Leftrightarrow M_0 \wedge M_2 \wedge M_4 \wedge M_5$

$=\Pi_{0,2,4,5}$

(2) 利用互补关系求主析取范式。该公式的主析取范式为

$\Sigma_{1,3,6,7}=m_{001} \vee m_{011} \vee m_{110} \vee m_{111}$

$\Leftrightarrow (\neg P \wedge \neg Q \wedge R) \vee (\neg P \wedge Q \wedge R) \vee (P \wedge Q \wedge \neg R) \vee (P \wedge Q \wedge R)$

4. 主范式的应用

命题公式的主范式是唯一的，为命题公式提供了一种统一的表示方式，给命题公式的化简及类型的判定带来极大方便。

1)判断命题公式的类型

根据主范式的定义及性质，得到关于命题公式类型的下列结论。

设 A 是命题公式，则

(1) A 为重言式 $\Leftrightarrow$ 其主析取范式包含 A 中变元构成的全部小项，没有主合取范式。

(2) A 为矛盾式 $\Leftrightarrow$ 其主合取范式包含 A 中变元构成的全部大项，没有主析取范式。

(3) A 为可满足式 $\Leftrightarrow$ 其主析取范式中至少含有一个 A 中变元构成的小项(非全部小项)

$\Leftrightarrow$ 其主合取范式中至少含有一个 A 中变元构成的大项(非全部大项)。

【例 1.4.5】 判断下列公式的类型。

(1) $\neg(P\rightarrow Q)\wedge Q$。

(2) $((P\rightarrow Q)\wedge P)\rightarrow Q$。

(3) $(P\rightarrow Q)\wedge Q$。

解 (1) $\neg(P\rightarrow Q)\wedge Q\Leftrightarrow\neg(\neg P\vee Q)\wedge Q\Leftrightarrow(P\wedge\neg Q)\wedge Q$

$\Leftrightarrow(P\vee Q)\wedge(P\vee\neg Q)\wedge(\neg P\vee Q)\wedge(\neg P\vee\neg Q)$

$\Leftrightarrow M_{00}\wedge M_{01}\wedge M_{10}\wedge M_{11}$

所以，原公式为矛盾式。

(2) $((P\rightarrow Q)\wedge P)\rightarrow Q\Leftrightarrow\neg((\neg P\vee Q)\wedge P)\vee Q\Leftrightarrow(P\wedge\neg Q)\vee\neg P\vee Q$

$\Leftrightarrow(P\wedge\neg Q)\vee(\neg P\wedge(Q\vee\neg Q))\vee(Q\wedge(P\vee\neg P))$

$\Leftrightarrow(P\wedge\neg Q)\vee(\neg P\wedge Q)\vee(\neg P\wedge\neg Q)\vee(P\wedge Q)$

$\Leftrightarrow m_{00}\vee m_{01}\vee m_{10}\vee m_{11}=\Sigma_{0,1,2,3}$

所以，原公式为重言式。

(3) $(P\rightarrow Q)\wedge Q\Leftrightarrow(\neg P\vee Q)\wedge Q\Leftrightarrow Q\Leftrightarrow Q\wedge(P\vee\neg P)\Leftrightarrow(\neg P\wedge Q)\vee(P\wedge Q)$

$\Leftrightarrow m_{01}\vee m_{11}=\Sigma_{1,3}$

所以，原公式为可满足式。

2)求命题公式的成真赋值和成假赋值

公式 A 中含 n 个命题变元，其主析取范式中小项的成真赋值一定是 A 的成真赋值。若 A 的主析取范式含 $s(0\leqslant s\leqslant 2^n)$ 个小项，则 A 有 s 个成真赋值，它们是所含小项的编码下标的二进制表示，其余 2^n-s 个赋值都是成假赋值。

例如，例 1.4.5(3)中 $(P\rightarrow Q)\wedge Q$ 的主析取范式为 $m_{01}\vee m_{11}$，各小项含有 2 个命题变元，其编码下标对应的二进制数分别为 01、11，即为该公式的成真赋值，其余的都是成假赋值。

3)判断命题公式的等价性

因为命题公式的主范式都是唯一的，所以含有相同命题变元的公式 A 与 B 等价当且仅当它们具有相同的主析取范式或主合取范式，即含有相同的小项或大项。

【例 1.4.6】 判断下列两组公式是否等价。

(1) P 与 $(P\wedge Q)\vee(P\wedge\neg Q)$。

(2) $(P\rightarrow Q)\rightarrow R$ 与 $(P\wedge Q)\rightarrow R$。

解 (1) $P \Leftrightarrow P \wedge (Q \vee \neg Q) \Leftrightarrow (P \wedge Q) \vee (P \wedge \neg Q) \Leftrightarrow m_{11} \vee m_{10} \Leftrightarrow m_2 \vee m_3$
而

$$(P \wedge Q) \vee (P \wedge \neg Q) \Leftrightarrow m_{11} \vee m_{10} \Leftrightarrow m_2 \vee m_3$$

所以，$P \Leftrightarrow (P \wedge Q) \vee (P \wedge \neg Q)$。

(2) $(P \to Q) \to R \Leftrightarrow m_1 \vee m_3 \vee m_4 \vee m_5 \vee m_7$

$$(P \wedge Q) \to R \Leftrightarrow m_0 \vee m_1 \vee m_2 \vee m_3 \vee m_4 \vee m_5 \vee m_7$$

所以，$(P \to Q) \to R$ 与 $(P \wedge Q) \to R$ 不等价。

4) 分析和解决实际问题

【例 1.4.7】 某高校要从 3 个本科生科研项目 A、B、C 中选择 1 个或 2 个项目进行立项，出于某种原因，立项时需满足以下条件：

(1) 若选 A，则 C 也要选。

(2) 若选 B，则 C 不能选。

(3) 若不选 C，则 A 或 B 可以选。请找出所有的立项方案。

解 设 A：立 A 项目，B：立 B 项目，C：立 C 项目，已知条件符号化为

$$(A \to C) \wedge (B \to \neg C) \wedge (\neg C \to (A \vee B))$$

利用等值演算法将此公式化为主析取范式，便得到立项方案。

$$\begin{aligned}
&(A \to C) \wedge (B \to \neg C) \wedge (\neg C \to (A \vee B)) \\
\Leftrightarrow &(\neg A \vee C) \wedge (\neg B \vee \neg C) \wedge (C \vee (A \vee B)) \\
\Leftrightarrow &(\neg A \vee C) \wedge (\neg B \vee \neg C) \wedge (A \vee B \vee C) \\
\Leftrightarrow &(\neg A \vee C \vee (B \wedge \neg B)) \wedge ((A \wedge \neg A) \vee \neg B \vee \neg C) \wedge (A \vee B \vee C) \\
\Leftrightarrow &(\neg A \vee B \vee C) \wedge (\neg A \vee \neg B \vee C) \wedge (A \vee \neg B \vee \neg C) \wedge (\neg A \vee \neg B \vee \neg C) \wedge (A \vee B \vee C) \\
\Leftrightarrow &M_{100} \wedge M_{110} \wedge M_{011} \wedge M_{111} \wedge M_{000} \\
\Leftrightarrow &M_0 \wedge M_3 \wedge M_4 \wedge M_6 \wedge M_7 \\
\Leftrightarrow &m_1 \vee m_2 \vee m_5 \\
\Leftrightarrow &m_{001} \vee m_{010} \vee m_{101} \\
\Leftrightarrow &(\neg A \wedge \neg B \wedge C) \vee (\neg A \wedge B \wedge \neg C) \vee (A \wedge \neg B \wedge C)
\end{aligned}$$

所以，有三种立项方案：

(1) A、B 都不立项，C 立项。

(2) A、C 都不立项，B 立项。

(3) A、C 都立项，B 不立项。

1.5 推理与证明

人类的抽象思维是通过概念、判断和推理等形式反映客观世界的，概念、判断、推理是构成思维的三种基本形式。概念是反映事物特有属性的思维形式；判断是对事物情况得出肯定或否定的结论；推理则是根据一个或一些判断，经过合乎逻辑的思考，得出另一个判断的思维过程。而数理逻辑是采用数学方法研究逻辑中的推理，即从给定的前提或假设

出发，依据公认的推理规则，推导出结论的一种思维过程。

推理由前提、结论和推理形式构成。前提是已知的一些命题公式，是整个推理的起点，通常称为推理的依据或理由。结论是推理所引出的新命题公式，是推理的目的和终点。推理形式是一组形式化的判断过程。

什么样的推理才是正确或有效的呢？从正确的前提出发，推出的结论是否一定也正确呢？在数理逻辑中，关心的是研究和提供用来从前提导出结论的推理规则与论证原理，以及如何构造一个有效的证明和得到有效的结论。与这些规则有关的理论称为推理理论。无论前提本身是否正确，当推理的结论是前提的合乎逻辑的结果时，推理就是有效的。这个推理过程称为有效推理或形式证明。

1.5.1 有效推理的概念与形式

定义 1.5.1 设 $A_1, A_2, \cdots, A_n, B$ 是命题公式，当且仅当 $A_1 \wedge A_2 \wedge \cdots \wedge A_n \rightarrow B$ 是重言式，即 $A_1 \wedge A_2 \wedge \cdots \wedge A_n \Rightarrow B$ 时，称 B 是前提 $A_1, A_2, \cdots, A_n$ 的有效结论或前提 $A_1, A_2, \cdots, A_n$ 可有效推出 B。

当前提 $A_1, A_2, \cdots, A_n$ 有效推出 B 时，也可表示为 $A_1, A_2, \cdots, A_n \Rightarrow B$。

根据有效推理的定义，B 是前提 $A_1, A_2, \cdots, A_n$ 的有效结论，可以利用真值表、等值演算、主范式等方法证明重言蕴涵式 $A_1 \wedge A_2 \wedge \cdots \wedge A_n \Rightarrow B$ 成立。当命题变元较少时，三种方法都比较方便，但如果公式中变元个数较多，就显得烦琐。下面介绍推理系统中的构造证明法。

1.5.2 推理的构造证明法

在中学几何的证明中，采取的方法就是一种构造证明法：由一组已知成立的命题，利用一定的推理规则，根据已知的等价式和蕴涵式，推导出一定的结论。这种方法也称为演绎法。对于要解决的问题，构造证明法不仅要证明该问题解的存在，还要给出解决该问题的具体步骤，这种步骤往往就是对解题算法的描述。构造证明法是计算机科学中广泛使用的一种证明方法。

若推理 $A_1 \wedge A_2 \wedge \cdots \wedge A_n \Rightarrow B$ 成立，构造证明法的推理形式表示如下。

前提：$A_1, A_2, \cdots, A_n$。

结论：B。

1. 推理规则

在构造证明过程中，常使用一些公认的推理规则以保证推理的正确性。

P 规则（前提引入规则） 前提在推理过程中的任何时候都可以引用。

T 规则（结论引入规则） 在推理过程的任何步骤上得到的结论，都可以作为后续推理的前提使用。

置换规则 在推理过程的任何步骤上，命题公式的任何子公式都可以用与之等价的命题公式置换。

代入规则 在重言式中可以用其他公式代入其命题变元。

除此以外，1.3 节中的基本等价式和基本蕴涵式作为推理定理，共同组成推理的基础。

2. 直接证明法

直接证明法是由一组前提，利用推理规则，根据已知的等价式及蕴涵式，不断使用前提和前面推出的结论，构成一个推导序列，最终得出有效结论的方法。推导序列遵循下面的基本写法。

推导序列逐行进行，每一行如下书写：

① 行号　　　　　② 公式 $\begin{cases}\text{前提}\\\text{已有的结论}\end{cases}$

③ 规则符 $\begin{cases}\text{P或T}\\\text{规则作用行号，某个(基本等价公式或蕴涵式)标号}\end{cases}$

【例 1.5.1】 用构造证明法证明 $P\to(\neg(R\wedge S)\to\neg Q), P, \neg S\Rightarrow\neg Q$。

证明

(1) P	P
(2) $P\to(\neg(R\wedge S)\to\neg Q)$	P
(3) $\neg(R\wedge S)\to\neg Q$	T(1)(2)，I_{11}
(4) $\neg(\neg(R\wedge S))\vee\neg Q$	T(3)，E_{14}
(5) $(R\wedge S)\vee\neg Q$	T(4)，E_1
(6) $\neg S$	P
(7) $\neg S\vee\neg R$	T(6)，I_3
(8) $\neg(R\wedge S)$	T(7)，E_{10}
(9) $\neg Q$	T(5)(8)，I_{10}

证明过程可以用图 1.1 所示的树(称为证明树)的形式进行描述。树叶表示前提，分支节点表示由等价式或蕴涵式得到的结论，树根为要证明的结论。通常将树根画在下，树叶画在上。

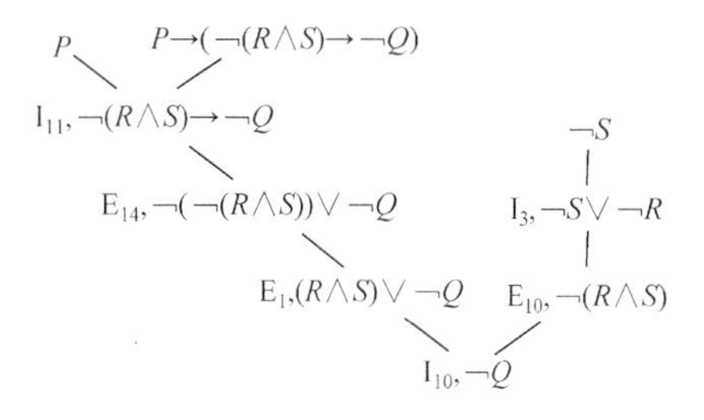

图 1.1　证明树

【例 1.5.2】 证明：若数 a 是实数，则它不是有理数就是无理数。若 a 不能表示成分数，则它不是有理数。a 是实数且它不能表示成分数。所以 a 是无理数。

证明　设 P：a 是实数，Q：a 是有理数，R：a 是无理数，S：a 能表示成分数，则推理形式如下。

前提：$P\to(Q\vee R)$，$\neg S\to\neg Q, P\wedge\neg S$。

结论：R。

推理过程如下：

(1) $P\wedge\neg S$	P
(2) P	T(1), I_1
(3) $\neg S$	T(1), I_1
(4) $P\to(Q\vee R)$	P
(5) $Q\vee R$	T(2)(4), I_{11}

(6) $\neg S \to \neg Q$	P
(7) $\neg Q$	T(3)(6), I_{11}
(8) R	T(5)(7), I_{10}

3. 归谬法

归谬法又称为反证法。在证明"存在某个""不具有某种性质""仅存在唯一"等问题中，反证法是经常使用的一种证明方法。

要证明 $A_1 \land A_2 \land \cdots \land A_n \Rightarrow B$，只需证明 $A_1 \land A_2 \land \cdots \land A_n \to B$ 是重言式，而

$$A_1 \land A_2 \land \cdots \land A_n \to B \Leftrightarrow \neg(A_1 \land A_2 \land \cdots \land A_n) \lor B$$

$$\Leftrightarrow \neg(A_1 \land A_2 \land \cdots \land A_n \land \neg B)$$

因此，只要能证明 $A_1 \land A_2 \land \cdots \land A_n \land \neg B$ 是矛盾式即可。这种将结论的否定作为附加的前提条件，与给定的前提一起进行推理，若能引出矛盾式，则说明结论有效的方法称为归谬法或反证法。

【例 1.5.3】 用反证法证明 $(P \lor Q) \land (P \to R) \land (Q \to S) \Rightarrow S \lor R$。

证明

(1) $\neg(S \lor R)$	P(附加)
(2) $\neg S \land \neg R$	T(1), E_{11}
(3) $\neg S$	T(2), I_1
(4) $Q \to S$	P
(5) $\neg Q$	T(3)(4), I_{12}
(6) $P \lor Q$	P
(7) P	T(5)(6), I_{10}
(8) $P \to R$	P
(9) R	T(7)(8), I_{11}
(10) $\neg R$	T(2), I_2
(11) $R \land \neg R$	T(9)(10)，I_9，矛盾

4. 附加前提证明法

当证明的结论以条件式的形式出现，即推理形式为

$$A_1 \land A_2 \land \cdots \land A_n \Rightarrow (B \to C)$$

时，只需证明

$$(A_1 \land A_2 \land \cdots \land A_n) \to (B \to C)$$

为重言式。因为

$$(A_1 \land A_2 \land \cdots \land A_n) \to (B \to C) \Leftrightarrow \neg(A_1 \land A_2 \land \cdots \land A_n) \lor (\neg B \lor C)$$

$$\Leftrightarrow \neg(A_1 \land A_2 \land \cdots \land A_n \land B) \lor C$$

$$\Leftrightarrow A_1 \land A_2 \land \cdots \land A_n \land B \to C$$

所以，$A_1 \land A_2 \land \cdots \land A_n \Rightarrow (B \to C)$ 当且仅当 $A_1 \land A_2 \land \cdots \land A_n \land B \Rightarrow C$。

这种将结论中条件式的前件作为附加前提加入前提中，得到结论中条件式的后件的方法称为附加前提证明法或 CP 规则。

【例 1.5.4】 如果今天是星期六，我们就到颐和园或圆明园去玩。如果颐和园游人太多，我们就不去颐和园玩。今天是星期六，颐和园游人太多，所以我们去圆明园玩。

证明 先将命题符号化。设 P：今天是星期六，Q：我们到颐和园去玩，R：我们到圆明园去玩，S：颐和园游人太多，则此推理表示如下。

前提：$P\to Q\vee R$，$S\to\neg Q$。

结论：$P\wedge S\to R$。

推理过程如下：

(1) $P\wedge S$　　P（附加）

(2) P　　T(1)，I_1

(3) S　　T(1)，I_2

(4) $P\to Q\vee R$　　P

(5) $Q\vee R$　　T(2)(4)，I_{11}

(6) $S\to\neg Q$　　P

(7) $\neg Q$　　T(3)(6)，I_{11}

(8) R　　T(5)(7)，I_{10}

(9) $P\wedge S\to R$　　CP

1.6 命题逻辑的应用

自然界中大量现象具有对立统一性，如开关只有打开与闭合两种状态，数字电路中输入和输出只有高电位与低电位两种状态等，这两种状态都可以使用 0、1 表示，相当于命题演算中的“真”和“假”。在命题公式主范式的小项和大项的编码中，用 0、1 可以产生多种组合，从而可以表示大量的数据。

1.6.1 逻辑代数

逻辑代数也称为布尔代数，是英国数学家布尔于 1850 年提出的。他创造出一套符号系统，利用符号表示逻辑中的各种概念，并建立了一系列的运算法则，用数学方法描述客观事物之间的逻辑关系，成为分析和设计数字电路的重要数学工具。布尔代数不仅把逻辑学和数学联系起来，而且极大地提升了人类解决数值及逻辑问题的能力。逻辑代数中用“0”和“1”表示矛盾事物相互对立的两个方面：“是”与“非”、“真”与“假”、“开”与“关”、“高电位”与“低电位”等。逻辑值“0”和“1”本身没有数值意义，不表示数量的大小关系，仅仅是一种逻辑符号。

1938 年美国数学家、信息论创始人、贝尔实验室的香农（Claude Shannon）发表了著名的论文 *A Symbolic Analysis of Relay* and *Switching Circuits*，首次用布尔代数进行开关电路分析。由于布尔代数只有 0 和 1 两个值，恰好与二进制数对应，香农将其运用于以脉冲方式处理信息的继电器开关，并证明了布尔代数的逻辑运算，可以通过继电器电路来实现，明确地给出了实现加、减、乘、除等运算的电子电路的设计方法，从而从理论到技术彻底改变了数字电路的设计方向。这篇论文成为开关电路理论的开端，在现代电子数字计算机史上具有划时代的意义。

在电子元器件的设计中，逻辑元件是相当于逻辑非、逻辑与和逻辑或的门电路，今天，所有的电子计算机芯片里使用的成千上万个微小的逻辑部件，都是由各种布尔逻辑元件——逻辑门和触发器组成的。可以将简单的逻辑元件组成各种复杂的逻辑网络，实现复杂的逻辑关系，使电子元器件具有逻辑判断的功能，还使电子计算机既能用于数值计算，又具有各种非数值应用的功能。

【例 1.6.1】 试用复合命题表示图 1.2～图 1.4 所示的开关电路。

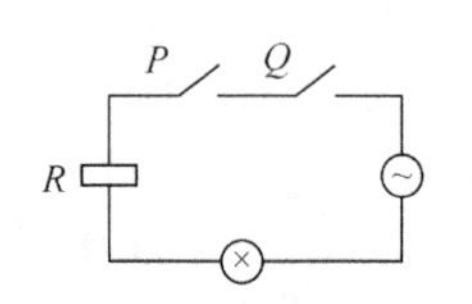

图 1.2 串联电路

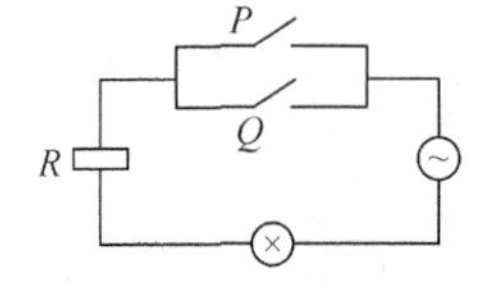

图 1.3 并联电路

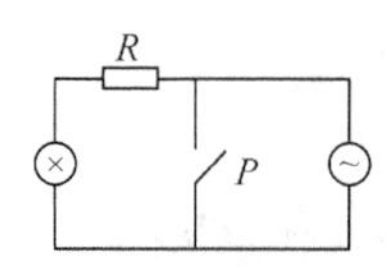

图 1.4 反向电路

解 开关理论中，用 1 表示开关闭合，0 表示开关断开；用 1 表示灯亮，0 表示灯不亮。

图 1.2 中灯亮当且仅当开关 P、Q 同时闭合，该电路表示为 $P \wedge Q$。

图 1.3 中灯亮当且仅当开关 P、Q 中至少有一个闭合，该电路表示为 $P \vee Q$。

图 1.4 中灯亮当且仅当开关 P 断开，该电路表示为 $\neg P$。

【例 1.6.2】 试用复合命题表示图 1.5～图 1.7 所示的逻辑电路。

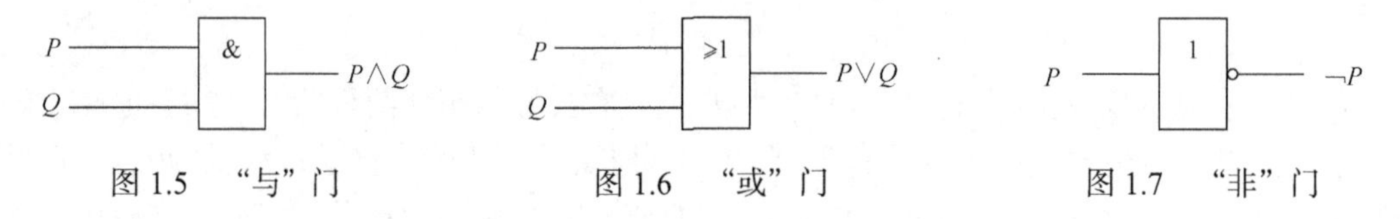

图 1.5 “与”门　　图 1.6 “或”门　　图 1.7 “非”门

解 设 P：输入端 P 为高电位，Q：输入端 Q 为高电位。

图 1.5 中，只有输入端 P 和 Q 都为高电位，即命题 P 和 Q 都为真时，输出端才是高电位。该逻辑电路表示为 $P \wedge Q$。

图 1.6 中，只有输入端 P 为高电位或 Q 为高电位，或者输入端 P、Q 同时为高电位，即命题 P 为真或 Q 为真，或者 P、Q 同为真时，输出端才是高电位。该逻辑电路表示为 $P \vee Q$。

图 1.7 中，当输入端 P 为高电位，即命题 P 为真时，通过反相器得到一个相反的电位。该逻辑电路表示为 $\neg P$。

在逻辑电路中，用一个命题公式表示其输入和输出信号，就可以设计逻辑电路，而命题公式的复杂程度，决定了具体的实际电路的复杂程度，可以利用等值演算简化逻辑电路，从而设计出最合理的逻辑电路。简化逻辑电路要遵循一定的原则，如逻辑电路中使用的门最少，各门的输入端尽量少，逻辑电路所用的级数尽量少，从而节省逻辑器件，降低成本，提高数字系统的可靠性。

【例 1.6.3】 化简图 1.8(a)所示的逻辑电路。

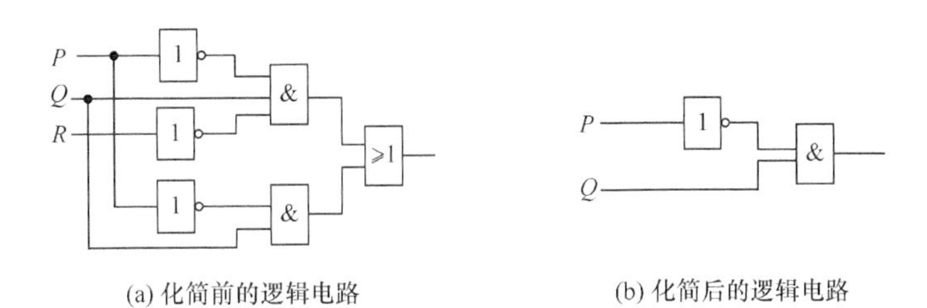

(a) 化简前的逻辑电路　　(b) 化简后的逻辑电路

图 1.8　例 1.6.3 的逻辑电路

解　此逻辑电路表示为 $(\neg P\wedge Q\wedge\neg R)\vee(\neg P\wedge Q)$，进行化简得

$$(\neg P\wedge Q\wedge\neg R)\vee(\neg P\wedge Q)\Leftrightarrow\neg P\wedge((Q\wedge\neg R)\vee Q)\Leftrightarrow\neg P\wedge Q$$

化简后的逻辑电路如图 1.8(b)所示，能够完成图 1.8(a)逻辑电路的功能，但更简单，只需两个门电路。

常用的逻辑电路如图 1.9 所示。

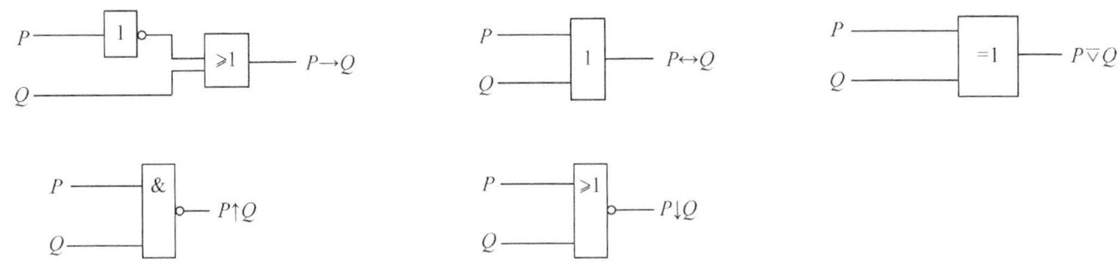

图 1.9　常用的逻辑电路

1.6.2　程序设计

在许多高级程序设计语言中都有选择结构语句

if　P　then　Q

其中，P 是条件，Q 是一段程序。当程序运行到此时，先判断 P 是否成立，若 P 为 1，则执行 Q；若 P 为 0，则不执行 Q。由于编程人员的思维方式和习惯不同，编写的程序复杂度有所不同，尤其是初学者，这将影响程序的运行速度。

【例 1.6.4】　若 a=1，b=2，则执行下列语句后 b 的值为多少？若 a=2，b=1 呢？

```
if  a<b
  { b=b+a;
  }
```

解　若 a=1，b=2，因为 $a<b$ 为真，所以赋值语句 $b=b+a$ 被执行，执行该语句后 b 的值为 3。若 a=2，b=1，由于 $a<b$ 为假，则跳过赋值语句 $b=b+a$，执行该语句后 b 的值仍为 1。

【例 1.6.5】　化简下列程序段。

```
if  P
  { if Q
      A;
    else
      B;
```

```
    }
     else
    { if Q
       A;
     else
       B;
    }
```

解 程序流程可用图 1.10(a)表示，执行 A 的条件为$(P\wedge Q)\vee(\neg P\wedge Q)$，执行 B 的条件为$(P\wedge\neg Q)\vee(\neg P\wedge\neg Q)$，利用等值演算进行化简。因为

$$(P\wedge Q)\vee(\neg P\wedge Q)\Leftrightarrow(P\vee\neg P)\wedge Q\Leftrightarrow 1\wedge Q\Leftrightarrow Q$$

$$(P\wedge\neg Q)\vee(\neg P\wedge\neg Q)\Leftrightarrow(P\vee\neg P)\wedge\neg Q\Leftrightarrow 1\wedge\neg Q\Leftrightarrow\neg Q$$

所以这段程序简化为

```
if  Q
   { A;
   }
 else
   { B;
   }
```

简化后的程序流程如图 1.10(b)所示。

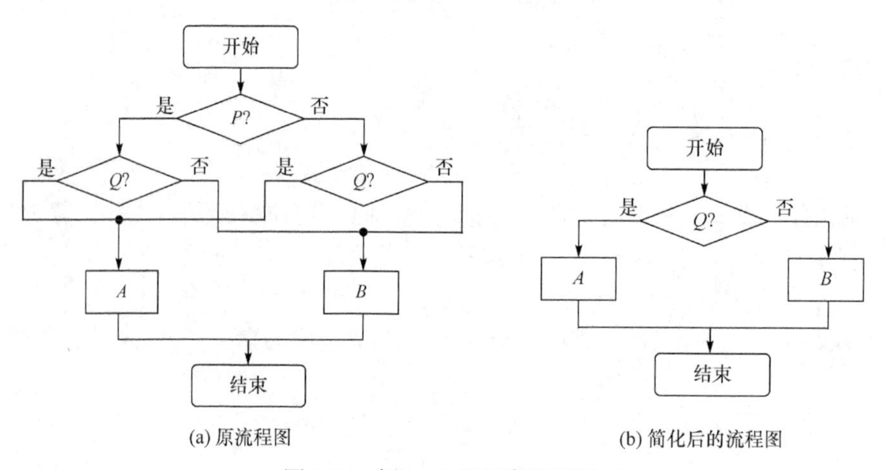

(a) 原流程图　　(b) 简化后的流程图

图 1.10　例 1.6.5 的程序流程图

1.6.3 判断推理

【例 1.6.6】 三人估计比赛结果，甲说“A 第一，B 第二”，乙说“C 第二，D 第四”，丙说“A 第二，D 第四”。结果三人估计的都不全对，但都对了一个，问 A、B、C、D 的名次。

解 这是一个逻辑推理的问题，可以利用排除、真值表、等值演算得出正确的判断结果。若用下标表示比赛名次，则甲、乙、丙三人的说法分别表示如下：甲说 A_1、B_2；乙说

C_2、D_4；丙说 A_2、D_4。

题设条件给出了三种情况，因此可先将原问题表示为一个合取范式，再将合取范式化为主析取范式，这样每个小项就是一种可能产生的结果，最后将不符合题意的小项删除，剩下的即所求的可能结果。为书写方便，记 $A\wedge\neg B$ 为 $A\overline{B}$。据题意，三人的说法都不全对，但都对了一个，所以此问题表示为

$$1\Leftrightarrow(A_1\,\overline{\vee}\,B_2)\wedge(C_2\,\overline{\vee}\,D_4)\wedge(A_2\,\overline{\vee}\,D_4)$$

$$\Leftrightarrow((A_1\wedge\neg B_2)\vee(\neg A_1\wedge B_2))\wedge((C_2\wedge\neg D_4)\vee(\neg C_2\wedge D_4))\wedge((A_2\wedge\neg D_4)\vee(\neg A_2\wedge D_4))$$

$$\Leftrightarrow(A_1\overline{B}_2\vee\overline{A}_1B_2)\wedge(C_2\overline{D}_4\vee\overline{C}_2D_4)\wedge(A_2\overline{D}_4\vee\overline{A}_2D_4)$$

$$\Leftrightarrow A_1\overline{B}_2C_2\overline{D}_4A_2\overline{D}_4\vee A_1\overline{B}_2C_2\overline{D}_4\overline{A}_2D_4\vee A_1\overline{B}_2\overline{C}_2D_4A_2\overline{D}_4\vee A_1\overline{B}_2\overline{C}_2D_4\overline{A}_2D_4$$
$$\vee\overline{A}_1B_2C_2\overline{D}_4A_2\overline{D}_4\vee\overline{A}_1B_2C_2\overline{D}_4\overline{A}_2D_4\vee\overline{A}_1B_2\overline{C}_2D_4A_2\overline{D}_4\vee\overline{A}_1B_2\overline{C}_2D_4\overline{A}_2D_4$$

$$\Leftrightarrow A_1\overline{B}_2\overline{C}_2D_4\overline{A}_2D_4\vee\overline{A}_1B_2C_2\overline{D}_4A_2\overline{D}_4\vee\overline{A}_1B_2\overline{C}_2D_4\overline{A}_2D_4$$

$$\Leftrightarrow A_1\overline{B}_2\overline{C}_2D_4\overline{A}_2\vee D_1B_2C_2A_2\vee C_1B_2A_3D_4$$

所以名次排列有以下五种情况：

(1) A、B、C 并列第一，D 第四。

(2) A、B 并列第一，C 第三，D 第四。

(3) A、C 并列第一，B 第三，D 第四。

(4) D 第一，A、B、C 并列第二。

(5) C 第一，B 第二，A 第三，D 第四。

1.7 典型例题分析

【例 1.7.1】 符号化下列命题。

(1) 他编了二十多或三十多个程序。

(2) 仅当我完成任务且天不下雨时，我才去操场跑步。

(3) 他总是按时上班，除非路上堵车或生病。

相关知识 命题类型、命题联结词、命题符号化

分析 命题符号化是逻辑推理的基础，在命题符号化时，首先判断命题是原子命题还是复合命题，对复合命题，分析出其中所有的原子命题，然后分析原子命题间的逻辑关系，选择合适的联结词，写出符号表示。只要掌握联结词的含义就容易进行翻译，需要注意的是，正确选取条件式中的前件和后件，“仅当”是指其后的事件是结论成立的必要条件，“除非”表示“如果不”，即只要不出现“除非”后面的事件，则结论成立。另外，还需注意可兼或及不可兼或的表示。

解 (1)“或”是“或许”“大概”的意思，表示程序的数量，不是命题联结词，该命题是简单命题，表示为 P，其中 P：他编了二十多或三十多个程序。

(2) 设 P：我完成任务，Q：天下雨，R：我去操场跑步，则命题表示为 $R\rightarrow(P\wedge\neg Q)$。

(3) 设 P：他按时上班，Q：他在路上堵车，R：他生病，则命题表示为 $\neg(Q\vee R)\rightarrow P$。

此命题也可以理解为“他没有按时上班，一定是路上堵车或生病了”，则命题表示为 $\neg P\rightarrow(Q\vee R)$。

【例 1.7.2】 设 P：他选修“人工智能导论”课程，Q：他选修“大数据基础”课程，试用最简单明了的自然语言表述公式 $((\neg P\vee Q)\rightarrow(P\wedge\neg Q))\vee\neg(\neg Q\rightarrow\neg P)$ 所表达的含义。

相关知识 命题联结词、命题符号化、基本等价公式、等值演算法

分析 本题需要表述的是公式的语义，要求用最简单明了的自然语言表述，因此，先用命题等值演算化简公式，再根据联结词的含义用自然语言表述命题。

解 $((\neg P\vee Q)\rightarrow(P\wedge\neg Q))\vee\neg(\neg Q\rightarrow\neg P)$

$\Leftrightarrow(P\wedge\neg Q)\vee(P\wedge\neg Q)\vee\neg(Q\vee\neg P)$

$\Leftrightarrow P\wedge\neg Q$

因此，该公式表述为“他选修‘人工智能导论’课程，但没选修‘大数据基础’课程”。

【例 1.7.3】 设公式 P、Q 的真值为 0，R、S 的真值为 1，确定下列公式的真值。

(1) $\neg(P\vee(Q\rightarrow(R\wedge\neg P)))\rightarrow(R\vee\neg S)$。

(2) $(P\vee(Q\rightarrow R\wedge\neg P))\leftrightarrow(Q\wedge\neg S)$。

相关知识 命题联结词、命题公式

分析 命题公式是由命题变元及命题联结词按一定规则组成的符合串，本身不是命题，只有当其中所有命题变元进行赋值后才能成为命题。正确理解命题联结词的定义和运算优先级，不难确定命题公式的真值。

解 (1) $\neg(P\vee(Q\rightarrow(R\wedge\neg P)))\rightarrow(R\vee\neg S)\Leftrightarrow\neg(0\vee(0\rightarrow(1\wedge\neg 0)))\rightarrow(1\vee\neg 1)$

$\Leftrightarrow\neg(0\vee(0\rightarrow(1\wedge 1)))\rightarrow(1\vee 0)$

$\Leftrightarrow\neg(0\vee(0\rightarrow 1))\rightarrow 1$

$\Leftrightarrow\neg(0\vee 1)\rightarrow 1$

$\Leftrightarrow\neg 1\rightarrow 1$

$\Leftrightarrow 0\rightarrow 1$

$\Leftrightarrow 1$

所以，该公式真值为 1。

(2) $(P\vee(Q\rightarrow R\wedge\neg P))\leftrightarrow(Q\wedge\neg S)\Leftrightarrow(0\vee(0\rightarrow 1\wedge\neg 0))\leftrightarrow(0\wedge\neg 1)$

$\Leftrightarrow(0\vee(0\rightarrow 1\wedge 1))\leftrightarrow(0\wedge 0)$

$\Leftrightarrow(0\vee(0\rightarrow 1))\leftrightarrow 0$

$\Leftrightarrow(0\vee 1)\leftrightarrow 0$

$\Leftrightarrow 1\leftrightarrow 0$

$\Leftrightarrow 0$

所以，该公式真值为 0。

【例 1.7.4】 判断下列公式的类型。

(1) $Q\wedge(P\rightarrow Q)\rightarrow P$。

(2) $((P\vee Q)\wedge\neg(\neg P\wedge(\neg Q\vee\neg R)))\vee(\neg P\wedge\neg Q)\vee(\neg P\wedge\neg R)$。

(3) $(P\vee Q)\rightarrow(P\wedge Q)$。

相关知识 命题公式的类型、真值表、等值演算、主范式

分析 命题公式分为重言式、矛盾式和可满足式三种，判断方法主要有真值表法、等

值演算法和主范式法。当命题变元较多时，真值表法比较烦琐，容易出错，常用的是利用基本等价公式进行等值演算，将命题公式化为等价的简单公式或主范式。在主范式中，若主析取范式包含所有小项，则该公式为重言式；若主合取范式包含所有大项，则该公式为矛盾式；若主析取范式至少含有一个小项，则该公式为可满足式。等值演算法的关键是熟练掌握和灵活运用基本等价公式。

解 (1)构造命题公式的真值表时，首先按一定顺序列出其所有命题变元，找出子公式，对每一组真值指派，确定各子公式的真值，最后确定命题公式的真值。

该公式的真值表见表 1.21。存在成真赋值 00 和成假赋值 01，所以该公式为可满足式。

表 1.21 例 1.7.4(1)的真值表

P	Q	$P\to Q$	$Q\wedge(P\to Q)$	$Q\wedge(P\to Q)\to P$
0	0	1	0	1
0	1	1	1	0
1	0	0	0	1
1	1	1	1	1

(2)公式中变元和子公式较多，将公式进行等价化简。

$$((P\vee Q)\wedge\neg(\neg P\wedge(\neg Q\vee\neg R)))\vee(\neg P\wedge\neg Q)\vee(\neg P\wedge\neg R)$$
$$\Leftrightarrow((P\vee Q)\wedge\neg(\neg P\wedge\neg(Q\wedge R)))\vee\neg(P\vee Q)\vee\neg(P\vee R)$$
$$\Leftrightarrow((P\vee Q)\wedge(\neg(\neg P)\vee\neg(\neg(Q\wedge R))))\vee\neg(P\vee Q)\vee\neg(P\vee R)$$
$$\Leftrightarrow((P\vee Q)\wedge(P\vee(Q\wedge R)))\vee\neg(P\vee Q)\vee\neg(P\vee R)$$
$$\Leftrightarrow((P\vee Q)\wedge(P\vee Q)\wedge(P\vee R))\vee\neg(P\vee Q)\vee\neg(P\vee R)$$
$$\Leftrightarrow((P\vee Q)\wedge(P\vee R))\vee\neg((P\vee Q)\wedge(P\vee R))$$
$$\Leftrightarrow 1$$

所以，该公式为重言式。

(3)分析公式的主范式中小项或大项的情况。因为

$$(P\vee Q)\to(P\wedge Q)\Leftrightarrow\neg(P\vee Q)\vee(P\wedge Q)\Leftrightarrow(\neg P\wedge\neg Q)\vee(P\wedge Q)$$

于是，该公式的主析取范式为$(\neg P\wedge\neg Q)\vee(P\wedge Q)\Leftrightarrow m_{00}\vee m_{11}=\Sigma_{0,3}$。因为该公式的主析取范式中没有包含所有小项，所以该公式为可满足式。

【例 1.7.5】 设 A、B 是任意命题公式，证明：$\neg(A\leftrightarrow B)\Leftrightarrow(A\vee B)\wedge(\neg A\vee\neg B)$。

相关知识 公式等价、等值演算、基本等价公式

分析 公式等价是指在任意一组赋值下两个命题公式的真值均相同，即双条件式 $A\leftrightarrow B$ 是重言式，描述的是两个公式间的逻辑等值关系。证明公式等价，可以利用真值表，也可以利用等值演算。本题采用等值演算证明，证明中常从较复杂的公式出发，推导出较简单的公式，或证明两个公式与某个公式等价。

证明 $\neg(A\leftrightarrow B)\Leftrightarrow\neg((A\to B)\wedge(B\to A))\Leftrightarrow\neg((\neg A\vee B)\wedge(\neg B\vee A))$

$$\Leftrightarrow\neg(\neg A\vee B)\vee\neg(\neg B\vee A)\Leftrightarrow(A\wedge\neg B)\vee(B\wedge\neg A)$$
$$\Leftrightarrow(A\vee B)\wedge(A\vee\neg A)\wedge(\neg B\vee B)\wedge(\neg B\vee\neg A)$$
$$\Leftrightarrow(A\vee B)\wedge(\neg A\vee\neg B)$$

【例 1.7.6】 若公式 A 的真值见表 1.22，求 A 的主析取范式和主合取范式。

表 1.22 公式 A 的真值表

P	Q	R	A
0	0	0	1
0	0	1	0
0	1	0	1
0	1	1	1
1	0	0	0
1	0	1	1
1	1	0	0
1	1	1	0

相关知识 真值表、成真赋值、成假赋值、公式的主范式、小项、大项

分析 由命题公式的真值表，可以得到其主析取范式和主合取范式，即由所有成真赋值对应的小项的析取得到其主析取范式，由所有成假赋值对应的大项的合取得到其主合取范式。而小项的成真赋值为其编码，大项的成假赋值也为其编码。若规定命题变元出现的顺序后，命题公式的主析取范式或主合取范式是唯一的，所以通过主范式可以得到原命题公式。

解 由表 1.22 知，成真赋值对应的小项分别为 m_{000}、m_{010}、m_{011}、m_{101}，构造公式的主析取范式为

$$A\Leftrightarrow\Sigma_{0,2,3,5}=m_{000}\vee m_{010}\vee m_{011}\vee m_{101}$$
$$\Leftrightarrow(\neg P\wedge\neg Q\wedge\neg R)\vee(\neg P\wedge Q\wedge\neg R)\vee(\neg P\wedge Q\wedge R)\vee(P\wedge\neg Q\wedge R)$$

成假赋值对应的大项为 M_{001}、M_{100}、M_{110}、M_{111}，构造公式的主合取范式为

$$A\Leftrightarrow\Pi_{1,4,6,7}=M_{001}\vee M_{100}\vee M_{110}\vee M_{111}$$
$$\Leftrightarrow(P\wedge Q\wedge\neg R)\vee(\neg P\wedge Q\wedge R)\vee(\neg P\wedge\neg Q\wedge R)\vee(\neg P\wedge\neg Q\wedge\neg R)$$

【例 1.7.7】 用等值演算求公式 $((P\vee Q)\to R)\to P$ 的主析取范式和主合取范式。

相关知识 主析取范式、主合取范式、等值演算、基本等价公式

分析 仅由小项的析取组成的公式称为主析取范式，仅由大项的合取组成的公式称为主合取范式。利用基本等价公式进行等值演算，能够得到公式的主析取范式或主合取范式，再由主析取范式和主合取范式间的“互补性”，得到另外一个主范式。

解 $((P\vee Q)\to R)\to P\Leftrightarrow\neg(\neg(P\vee Q)\vee R)\vee P$

$$\Leftrightarrow((P\vee Q)\wedge\neg R)\vee P$$
$$\Leftrightarrow((P\wedge\neg R)\vee(Q\wedge\neg R))\vee P$$
$$\Leftrightarrow P\vee(Q\wedge\neg R)$$
$$\Leftrightarrow(P\vee Q)\wedge(P\vee\neg R)$$
$$\Leftrightarrow(P\vee Q\vee(R\wedge\neg R))\wedge(P\vee(Q\wedge\neg Q)\vee\neg R)$$
$$\Leftrightarrow(P\vee Q\vee R)\wedge(P\vee Q\vee\neg R)\wedge(P\vee\neg Q\vee\neg R)$$

所以，主合取范式为 $M_{000} \wedge M_{001} \wedge M_{011} \Leftrightarrow \Pi_{0,1,3}$。

主合取范式中没有出现的大项的下标为 2, 4, 5, 6, 7，即为其主析取范式中小项的下标，于是主析取范式为

$$\Sigma_{2,4,5,6,7} \Leftrightarrow m_{010} \vee m_{100} \vee m_{101} \vee m_{110} \vee m_{111}$$
$$\Leftrightarrow (\neg P \wedge Q \wedge \neg R) \vee (P \wedge \neg Q \wedge \neg R) \vee (P \wedge \neg Q \wedge R) \vee (P \wedge Q \wedge \neg R) \vee (P \wedge Q \wedge R)$$

【例 1.7.8】 某电路中有 1 个灯泡和 3 个开关 A、B、C。已知在且仅在下述四种情况下，灯泡会亮：

(1) C 按键向上，A 和 B 按键向下。

(2) A 按键向上，B 和 C 按键向下。

(3) B 和 C 按键向上，A 按键向下。

(4) A 和 B 按键向上，C 按键向下。

设 W 表示灯泡亮，P、Q、R 分别表示 A、B、C 按键向上，则

(1) 求 W 的主析取范式和主合取范式。

(2) 化简此开关电路。

相关知识 命题联结词、命题符号化、主范式、等值演算

分析 本题利用命题逻辑解决实际问题，考察命题公式的符号化及范式的相关知识。首先将自然语言符号化，在四种情况下都能使灯泡亮，所以它们之间是可兼或的关系。对这四种情况做析取，即灯泡亮的依据，然后利用等值演算得到主范式。为了得到最简电路，需要将主析取范式化为最简公式，结合题意判断哪些析取项满足条件，得到简化电路。

解 (1) 将题设中的各种情况符号化为

$$\neg P \wedge \neg Q \wedge R, \qquad P \wedge \neg Q \wedge \neg R, \qquad \neg P \wedge Q \wedge R, \qquad P \wedge Q \wedge \neg R$$

灯泡亮符号化为

$$W \Leftrightarrow (\neg P \wedge \neg Q \wedge R) \vee (P \wedge \neg Q \wedge \neg R) \vee (\neg P \wedge Q \wedge R) \vee (P \wedge Q \wedge \neg R)$$

于是，W 的主析取范式为

$$\Sigma_{1,3,4,6} = m_{001} \vee m_{011} \vee m_{100} \vee m_{110}$$

W 的主合取范式为

$$\Pi_{0,2,5,7} = M_{000} \wedge M_{010} \wedge M_{101} \wedge M_{111}$$

(2) $W \Leftrightarrow ((\neg P \wedge \neg Q \wedge R) \vee (\neg P \wedge Q \wedge R)) \vee ((P \wedge \neg Q \wedge \neg R) \vee (P \wedge Q \wedge \neg R))$

$$\Leftrightarrow ((\neg P \wedge R) \wedge (\neg Q \vee Q)) \vee ((P \wedge \neg R) \wedge (\neg Q \vee Q))$$
$$\Leftrightarrow (\neg P \wedge R) \vee (P \wedge \neg R)$$
$$\Leftrightarrow P \bar{\vee} R$$

因此，只要 A、C 按键不同时向上，灯泡都会亮。

【例 1.7.9】 用构造证明法证明以下推理。

(1) $(P \wedge Q) \to R,\ \neg R \vee S,\ \neg S,\ P \Rightarrow \neg Q$。

(2) $\neg W \to P,\ S \to Q,\ P \wedge Q \to R \Rightarrow \neg R \to (\neg S \vee W)$。

相关知识 有效推理、推理规则、构造证明法、基本等价公式

分析 数理逻辑的主要任务是根据一些规则进行推理得出新结论，常用构造证明法，

主要有直接证明法、反证法、附加前提证明法。直接证明法是由已知前提逐步得到所要的结论；反证法是将结论的否定作为附加前提，推出矛盾式；附加前提证明法主要用于结论是条件式的情况，此时将结论中条件式的前件作为附加前提，得到结论中条件式的后件。使用哪种方法，需由具体情况而定，关键是仔细分析各前提与结论间的关系，尽量使证明过程简洁明了。

证明 (1)在前提$(P\wedge Q)\rightarrow R$中，P成立不能保证$P\wedge Q$也成立，前提$\neg R\vee S$给出的是析取式，似乎条件不够，因此采用反证法证明。

① $\neg(\neg Q)$	P(附加)
② $\neg R\vee S$	P
③ $\neg S$	P
④ $\neg R$	T②③，I_{10}
⑤ $(P\wedge Q)\rightarrow R$	P
⑥ $\neg(P\wedge Q)$	T④，I_{12}
⑦ $\neg P\vee\neg Q$	T⑥，E_{10}
⑧ $\neg P$	T①⑦，I_{10}
⑨ P	P
⑩ $P\wedge\neg P$	T⑧⑨，矛盾

上述证明中，第②～⑧步实际上是直接证明法的过程。

(2)因为结论是条件式，所以用附加前提证明法证明。

① $\neg R$	P(附加)
② $P\wedge Q\rightarrow R$	P
③ $\neg(P\wedge Q)$	T①②，I_{12}
④ $\neg P\vee\neg Q$	T③，E_{10}
⑤ $P\rightarrow\neg Q$	T④，E_{14}
⑥ $\neg W\rightarrow P$	P
⑦ $\neg W\rightarrow\neg Q$	T⑤⑥，I_{13}
⑧ $S\rightarrow Q$	P
⑨ $\neg Q\rightarrow\neg S$	T⑧，E_{24}
⑩ $\neg W\rightarrow\neg S$	T⑦⑨，I_{13}
⑪ $W\vee\neg S$	T⑩，E_{14}
⑫ $\neg R\rightarrow(\neg S\vee W)$	CP

小　　结

本章首先引入命题、简单命题、复合命题和命题联结词等概念，从而定义命题公式与真值表、等价公式与蕴涵式、对偶式与范式等概念，然后介绍利用等价公式、蕴涵式等进行命题演算和推理的方法。本章初步体现了数理逻辑的基本观点和基本方法，利用命题逻辑表示自然语言，描述概念，进行判断和推理，建立初步的语言形式化方法，为后续学习和将来从事计算机方面的研究工作打下良好的逻辑基础。

1. 主要内容

(1)命题的概念及表示，联结词的逻辑意义。

(2)命题公式的递归定义，自然语言符号化。

(3)命题公式的类型，真值表。

(4)等价式与蕴涵式，常用等价式和蕴涵式。

(5)命题公式的合取范式、析取范式、小项、大项、主合取范式、主析取范式。

(6)命题逻辑的推理理论，常用推理规则(P 规则、T 规则、CP 规则)，构造证明法(直接证明法、反证法、附加前提证明法)。

2. 基本要求

(1)掌握命题、命题联结词等概念，能够将命题符号化。

(2)掌握命题公式、公式类型等概念，能熟练地求公式的真值表，判断公式的类型。

(3)掌握公式的等价、蕴涵等概念，熟记基本等价公式和蕴涵式，会证明等价公式和蕴涵式。

(4)掌握范式、主范式的概念和性质，以及主合取范式与主析取范式间的关系，能够用等值演算和真值表求命题公式的主范式。

(5)掌握构造证明法，进行有效推理的构造证明。

3. 重点和难点

重点：命题的判断及符号化，命题公式的定义，公式的主析取范式和主合取范式的求法，公式类型的判断，推理的形式结构，利用推理规则、基本等价公式和蕴涵式、三种推理方法完成命题逻辑推理。

难点：命题的符号化，利用等值演算求命题公式的主合取范式与主析取范式，推理的形式结构，利用几种推理方法正确地完成命题推理。

上 机 练 习

1. 编写函数实现五种常用联结词的真值表。
2. 对任意命题公式，构造算法，生成其真值表，并找出其成真赋值、成假赋值。
3. 编程判断任意命题公式的类型。
4. 编写程序求任意命题公式的主析取范式和主合取范式。
5. 构造算法，判断两个命题公式是否等价。
6. 用化简命题公式的方法设计一个 5 人表决开关电路，要求 3 人及以上同意则表决通过。
7. 有 A、B、C、D、E 五名学生报名参加计算机竞赛，要求如下：

(1) A 参加，B 也参加。

(2) B 和 C 只有一人参加。

(3) C 和 D 或都参加，或都不参加。

(4) D 和 E 至少有一人参加。

(5)如果 E 参加，那么 A 和 D 也参加。

编写程序判断哪些学生参加竞赛?

习 题 1

1. 判断下列句子中，哪些是命题？若是命题，哪些是简单命题？哪些是复合命题？并讨论它们的真值。

(1) 10 月 1 日是中华人民共和国的国庆日。

(2) “离散数学”和“高等数学”是计算机科学系学生的必修课。

(3) 中国是四大文明古国之一，造纸术是古代中国的发明。

(4) 祝您天天都有好心情!

(5) 这个句子是假的。

(6) 飞碟来自地球外的星球。

(7) 如果不节约用水，那么地球上的淡水资源即将耗尽。

(8) 红色和蓝色可以调成紫色。

(9) 不要随便采摘公园里的鲜花。

(10) 空集是任意集合的真子集。

(11) 离散数学难学吗?

(12) 大于 2 的偶数均可分解为两个质数之和(哥德巴赫猜想)。

2. 将下列命题符号化。

(1) 小豆丁一边吃饭一边玩。

(2) “数据结构”和“操作系统”是计算机科学系学生的专业课。

(3) 带了身份证及准考证的考生才能参加考试。

(4) 一个数是质数当且仅当它只能被 1 和它自身整除。

(5) 如果没有小王和小李的鼓励，我是闯不过这个难关的。

3. 将下列命题符号化，并求其真值。

(1) $1+2=3$ 当且仅当 $2+2=4$。

(2) $1+2\neq3$ 当且仅当 $2+2\neq4$。

(3) 如果 $1+2=3$，那么雪是黑的。

(4) 如果 $1+2\neq3$，那么雪是黑的。

4. 设 P：我生病，Q：我去学校，将下列命题符号化。

(1) 只有在生病时，我才不去学校。

(2) 如果我生病，那么我不去学校。

(3) 当且仅当我生病时，我才不去学校。

5. 设 P：小王学英语，Q：小王学日语，R：小王学法语，试将下列命题符号化。

(1) 小王只学一种语言。

(2) 小王仅学两种语言。

(3) 小王三种语言都学。

(4) 小王至少学一种语言。

(5) 小王至多学一种语言。

(6) 小王什么语言都不学。

6. 设命题 P、Q 为 0，命题 R、S 为 1，确定下列命题公式的真值。

(1) $(P\vee Q\vee R)\to\neg((P\wedge Q)\vee(R\wedge S))$。

(2) $\neg(P\wedge Q)\vee\neg S\vee((Q\leftrightarrow\neg P)\to\neg R\wedge S)$。

(3) $((P\to Q)\vee(R\to S))\to((P\vee R)\to(Q\vee S))$。

(4) $(P\vee(Q\to(R\wedge\neg P)))\leftrightarrow(Q\vee\neg S)$。

7. 设 A、B、C 为命题公式，下列哪些结论正确？说明理由。

(1) 如果 $A \vee C \Leftrightarrow B \vee C$，则 $A \Leftrightarrow B$。

(2) 如果 $A \wedge C \Leftrightarrow B \wedge C$，则 $A \Leftrightarrow B$。

(3) 如果 $\neg A \Leftrightarrow \neg B$，则 $A \Leftrightarrow B$。

8. 写出下列命题公式的真值表，并判断公式的类型。

(1) $\neg((Q \to P) \vee \neg P) \wedge (P \vee R)$。

(2) $P \vee (\neg P \to (Q \vee (\neg Q \to R)))$。

(3) $((P \to Q) \wedge (Q \to R)) \to (P \to R)$。

9. 用等值演算判断下列命题公式的类型。

(1) $(P \vee \neg P) \to ((Q \wedge \neg Q) \wedge R)$。

(2) $(P \to (Q \to R)) \leftrightarrow (Q \to (P \to R))$。

(3) $((P \to R) \vee \neg R) \to (\neg(Q \to P) \wedge P)$。

(4) $((P \vee Q) \to (Q \vee R)) \to (Q \to R)$。

10. 证明下列等价公式。

(1) $P \to Q \Leftrightarrow (\neg P \vee Q) \vee (P \wedge R \wedge \neg P)$。

(2) $P \to (Q \to R) \Leftrightarrow (P \wedge Q) \to R$。

(3) $\neg(P \vee \neg Q) \to (Q \to R) \Leftrightarrow Q \to (P \vee R)$。

(4) $((Q \wedge S) \to R) \wedge (S \to (P \vee R)) \Leftrightarrow (S \wedge (P \to Q)) \to R$。

11. 化简下列命题公式。

(1) $\neg(P \vee Q) \vee (\neg P \wedge Q)$。

(2) $(\neg P \wedge (\neg Q \wedge R)) \vee (Q \wedge R) \vee (P \wedge R)$。

(3) $((P \vee Q) \to R) \to ((P \to R) \vee (Q \to R))$。

(4) $(P \wedge Q) \vee \neg(P \wedge Q \wedge R) \vee (Q \vee R)$。

12. 有一个逻辑学家误入某部落，被拘于牢狱，酋长意欲放行，他对逻辑学家说：“今有两门，一为自由之门，一为死亡之门，你可任意开启一门。为协助你脱逃，今加派两名战士负责解答你所提出的任何问题。此两战士中一名天性诚实，一名说谎成性，今后生死由你自己选择。”逻辑学家沉思片刻，即向一战士发问，然后开门从容离去。该逻辑学家应如何发问？

13. 甲手里有个围棋子，要乙猜棋子的颜色是白的还是黑的，条件是只允许乙问一个只能回答“是”或“否”的问题，但甲可以说真话，也可以说假话。问乙可以向甲提出什么问题，就能判断甲手中棋子的颜色？

14. 甲、乙、丙、丁 4 人有且仅有 2 个人参加选拔赛。关于谁参加选拔赛，下列四种判断都是正确的：

(1) 甲和乙只有一人参加。

(2) 丙参加，丁必参加。

(3) 乙或丁至多参加一人。

(4) 丁不参加，甲也不会参加。

请确定是哪两个人参加了选拔赛。

15. 有 5 人 A、B、C、D、E 同时进入聊天室，是否可根据以下已知信息判断这 5 人中谁在聊天？

(1) A 或者 B 在聊天。

(2) C 或者 D 在聊天，但两人不是都在聊天。

(3) 如果 E 在聊天，则 C 也在聊天。

(4) D 和 A 要么都在聊天，要么都没有聊天。

(5) 如果 B 在聊天，则 E 和 A 都在聊天。

请写出你的推理过程。

16. 用真值表和等值演算证明下列蕴涵式。

(1) $P \to (Q \to R) \Rightarrow (P \to Q) \to (P \to R)$。

(2) $(P\to Q)\to Q\Rightarrow P\vee Q$。

(3) $(Q\to(\neg P\wedge P))\to(R\to(\neg P\wedge P))\Rightarrow R\to Q$。

(4) $P\wedge(P\to Q)\Rightarrow Q$。

17. 设 A^*、B^*分别是命题公式 A 和 B 的对偶式，判断下列各式是否成立，若不成立请举例说明。

(1) $A^*\Leftrightarrow A$。

(2) 若 $A\Leftrightarrow B$，则 $A^*\Leftrightarrow B^*$。

(3) 若 $A\Rightarrow B$，则 $A^*\Rightarrow B^*$。

18. 求下列命题公式的对偶式。

(1) $(\neg P\wedge Q)\vee(P\wedge\neg Q)$。

(2) $(P\vee\neg Q)\to(P\wedge R)$。

(3) $(P\vee 1)\wedge(\neg Q\wedge 0)$。

19. 求下列公式的主析取范式和主合取范式。

(1) $(P\to(Q\vee R))\to\neg Q$。

(2) $(P\vee Q\to Q\wedge R)\to P\wedge\neg R$。

(3) $(P\to(Q\wedge R))\wedge(\neg P\to(\neg Q\to R))$。

(4) $((P\to(P\vee Q))\to(Q\wedge R))\leftrightarrow(\neg P\vee R)$。

20. 利用主析取范式或主合取范式，判断下列公式的类型。

(1) $(P\wedge Q)\to P$。

(2) $\neg(P\to Q)\leftrightarrow(P\to\neg Q)$。

(3) $(\neg P\to Q)\to(P\vee\neg Q)$。

(4) $((\neg P\vee Q)\to R)\to((P\wedge\neg Q)\vee R)$。

21. 利用主析取范式或主合取范式，判断下列公式是否等价。

(1) $P\to(Q\to R)$与$(P\vee Q)\to R$。

(2) $(P\to Q)\wedge(P\to R)$与 $P\to(Q\wedge R)$。

(3) $(P\to Q)\to(P\wedge Q)$与$(Q\to P)\wedge(P\vee Q)$。

(4) $(P\wedge Q)\vee(\neg P\wedge Q\wedge R)$与$(P\vee(Q\wedge R))\wedge(Q\vee(\neg P\wedge R))$。

22. 构造下列推理的证明。

(1) $\neg(P\wedge\neg Q)$，$\neg Q\vee R$，$\neg R\Rightarrow\neg P$。

(2) $(P\vee Q)\to R$，$\neg S\vee U$，$\neg R\vee S$，$U\to W$，$\neg W\Rightarrow\neg P\wedge\neg R$。

(3) $P\to(Q\vee R)$，$S\to\neg Q$，P，$S\Rightarrow R$。

(4) $P\to(Q\to R)$，$R\to(\neg S\vee W)$，$\neg V\to(S\wedge\neg W)$，$P\Rightarrow Q\to V$。

(5) $P\to(Q\to R)$，$R\to(Q\to S)\Rightarrow P\to(Q\to S)$。

(6) $(P\to Q)\wedge(R\to S)$，$(Q\to W)\wedge(S\to X)$，$\neg(W\wedge X)$，$P\to R\Rightarrow\neg P$。

(7) $P\to(Q\to R)$，$(R\wedge S)\to W$，$\neg V\to(S\wedge\neg W)\Rightarrow P\to(Q\to V)$。

23. 判断下面推理是否正确，并证明你的结论。

(1) 如果老马今天打网球，则他不会踢足球。如果老赵今天看到老马，则老马今天踢足球了。老赵今天看到老马，所以老马今天没有打网球。

(2) 如果小李不参加运动会，那么小王就不参加运动会。若小李参加运动会，那么小王和小赵都参加运动会。因此，如果小王参加运动会，则小赵就参加运动会。

(3) 如果他是计算机系本科生或者是研究生，那他一定学过 C 语言而且学过软件工程。只要他学过 C 语言或者软件工程，那么他就会编程序。因此，如果他是计算机系本科生，那么他就会编程序。

(4) 如果小张和小王去看电影，则小李也去看电影。小赵不去看电影或小张去看电影，小王去看电影。因此，当小赵去看电影时，小李也去。

24. 为获得 2012 年国际奥运会出线权，四个国家的乒乓球队进行比赛，情况如下：

(1) 若 A 国得第一，则 B 国或 C 国得第二。

(2)若 C 国得第二，则 A 国不能得第一。

(3)若 D 国得第二，则 B 国不能得第二。

(4)A 国获得第一。

试问：D 国是否得第二?

25. 公安人员审理某计算机商店的笔记本电脑失窃案，已知侦察结果如下：

(1)犯罪嫌疑人 A 或 B 盗窃了笔记本电脑。

(2)若 A 作案，则作案时间不在上班时间。

(3)若 B 提供的证词正确，则货柜未上锁。

(4)若 B 提供的证词不正确，则作案发生在上班时间。

(5)货柜上了锁。

试问：作案者是谁？要求写出推理过程。

第2章 谓 词 逻 辑

命题逻辑主要研究命题和命题演算，其基本单位是不能再分解的原子命题，命题逻辑侧重研究原子命题间的逻辑关系，不关心原子命题的内部结构和组成部分，无法揭示原子命题的内部特征。一些简单常见的推理过程无法用命题逻辑完成，如著名的“苏格拉底三段论”：

“所有的人都是要死的。

苏格拉底是人。

所以苏格拉底是要死的。”

显然这个推理是正确的，但不能用命题逻辑的推理理论进行证明。若这三个简单命题分别用 P、Q、R 表示，则上述推理表示为 $P\wedge Q\Rightarrow R$。而 $P\wedge Q\rightarrow R$ 不可能是重言式，所以推理无法完成，这体现了命题逻辑的局限性。非常明显，P、Q、R 之间存在内在逻辑联系，或者它们的主语相同，或者它们的谓语相同，而命题逻辑却无法描述这些内在联系，从而无法进行推理。

在许多原子命题间有一些共同特征或关系，如“小王和小李是同学”。这样的关系在命题演算中无法表示。为此需要将原子命题再细分，对原子命题之间的内在联系及各原子命题之间的逻辑推理关系做深入的讨论。这些正是谓词逻辑或一阶逻辑研究的主要内容。

2.1 谓词逻辑基本概念

2.1.1 个体和谓词

1. 基本概念

命题逻辑中，原子命题是无法分解的简单陈述句，但从语法上分析，它们由主语和谓语两部分组成。主语是谓语陈述的对象，指出谓语说的是“谁”或者“什么”；谓语用于陈述主语，说明主语“怎么样”或者“是什么”。

例如，“张三是大学生”中“是大学生”描述主语“张三”的身份；“王英和王兰是姐妹”中“…和…是姐妹”描述“王英”与“王兰”之间的关系；“小李排在小王和小刘中间”中“…排在…和…中间”则描述三人间的位置关系。

将原子命题细分为描述对象和属性两部分，能够揭示命题间的共同特征。

定义 2.1.1 在具有判断意义的陈述句中，独立存在的成分称为个体或客体，表示个体的词称为个体词，用于描述个体的性质或个体间关系的成分称为谓词。

“张三”“王英”“王兰”“小李”“小王”“小刘”都是个体，是陈述的对象，可以是具体事物，也可以是抽象概念，如 $\sqrt{2}$ 等。

“是大学生”“…和…是姐妹”“…排在…和…中间”是谓词。当谓词与一个个体相联系时，它表示个体的性质；当与两个或两个以上个体相联系时，它表示个体之间的关系。

定义 2.1.2 表示具体或特定的个体词称为个体常元，用带或不带下标的小写英文字母 $a, b, \cdots, a_i, b_i, \cdots$表示。表示不确定或泛指的个体词称为个体变元，用带或不带下标的小写英文字母 $x, y, \cdots, x_i, y_i$，$\cdots$表示。

定义 2.1.3 个体变元的取值范围称为个体域或论域，当个体域为宇宙中的一切事物组成的集合时称为全总个体域。

若没有特殊说明，个体域均为全总个体域。

2. 命题的谓词表示

单独的谓词或单独的个体词是没有意义的，用谓词表示命题时，必须有个体词和谓词两部分。规定：表示谓词的大写字母后面加上圆括号，表示个体的小写字母写在圆括号内，多个个体间用逗号分隔。

谓词通常用大写字母 P、Q、R 等表示，将谓词 P 与 n 个有序个体变元组成的表达式 $P(x_1, x_2, \cdots, x_n)$称为 n 元谓词，不含个体变元的谓词称为 0 元谓词。

【例 2.1.1】 设 $F(x)$：x 是大学生，a：张三，b：李四，则 $F(a)$：张三是大学生，$F(b)$：李四是大学生。

若 x 的论域是某大学计算机系的全体学生，则 $F(x)$为 1；若 x 的论域是某大学计算机系的全体教师，则 $F(x)$为 0；若 x 的论域是全总个体域，则 $F(x)$的真值不确定。

【例 2.1.2】 设 $L(x, y, z)$：x 排在 y 和 z 中间，则 L(小李, 小王, 小刘)表示“小李排在小王和小刘中间”。若这是真命题，则改变某些个体的顺序后，就可能成为假命题。

注 (1)谓词中，个体的顺序一经约定，不能随意调换。

(2)一元谓词表示个体的性质，多元谓词表示个体间的关系。

(3)n 元谓词 $P(x_1, x_2, \cdots, x_n)$不是命题，只有当谓词中的每个个体变元都用个体域中确定的个体代替或对个体变元在量上做了约束时，谓词才成为命题，且个体域的选取决定谓词是否成为命题及其真值情况。

(4)命题逻辑中的原子命题都可以用 0 元谓词表示，即谓词是命题的推广，命题逻辑中的联结词及推理理论在谓词逻辑中都可以使用。

【例 2.1.3】 在谓词逻辑中表示下列命题，并讨论其真值。

(1) 只有 2 是偶数，4 才是偶数。

(2) 若 5 大于 7，则 5 大于 8。

解 (1)设 $F(x)$：x 是偶数，a：2，b：4，则原命题表示为 $F(b)\rightarrow F(a)$。因为 $F(b)$、$F(a)$都为 1，所以原命题真值为 1。

(2)设 $G(x, y)$：x 大于 y，a：5，b：7，c：8，则原命题表示为 $G(a, b)\rightarrow G(a, c)$。因为 $G(a, b)$、$G(a, c)$都为 0，所以原命题真值为 1。

2.1.2 量词

由个体和谓词有时还是无法准确地表示一个命题。例如，$J(x)$表示“x 是教授”，个体域为某学院教师，那么 $J(x)$是表示某学院的教师都是教授呢？还是某学院的教师有些是教授呢？意义不明确，原因是无法描述个体变元的数量关系，因此需要将个体变元进行量化。表示个体的数量的词称为量词，分为全称量词和存在量词。

1. 全称量词

定义 2.1.4 称“∀”为全称量词，表示个体域中“所有”“每个”“一切”“任意”等。$\forall xP(x)$表示：个体域中所有个体 x，谓词 $P(x)$ 均为 1。

【例 2.1.4】 用谓词表示下列命题。

(1)所有的人都需要学习。①个体域为人类集合；②个体域为全总个体域。

(2)任何非零整数或是正的或是负的。①个体域为整数集；②个体域为全总个体域。

解 (1)设 $P(x)$：x 需要学习。

① 个体域为人类集合，个体域中除人外，没有其他事物，所以命题符号化为$\forall xP(x)$。

② 全总个体域中除人外，还有其他事物，必须把人分离出来。限定个体变元变化范围的谓词称为特性谓词。设 $M(x)$：x 是人，此命题理解为“只要是人，就一定要学习”。因此，原命题符号化为$\forall x(M(x)\to P(x))$。

注 此命题不能表示为$\forall x(M(x)\wedge P(x))$，此时表示“所有的 x 是要学习的人”，与原命题含义不相符。

(2)设 $L(x)$：x 等于零，$R(x)$：x 是正数，$F(x)$：x 是负数。

① 个体域为整数集，命题符号化为$\forall x(\neg L(x)\to R(x)\bar{\vee} F(x))$。

② 个体域为全总个体域，引入特性谓词 $I(x)$：x 是整数，则命题符号化为

$$\forall x(I(x)\wedge\neg L(x)\to R(x)\bar{\vee} F(x))$$

2. 存在量词

定义 2.1.5 称“∃”为存在量词，表示个体域中“存在一些”“至少有一个”“有些”等。$\exists xP(x)$表示：个体域中存在某些个体 x，使谓词 $P(x)$ 为 1。

全称量词和存在量词统称为量词，是逻辑学家弗雷格创立的。全称量词刻画个体域的所有个体与谓词的关系，存在量词刻画个体域中特殊个体与谓词的关系，表示“至少有一个”，而不是“恰有一个”。

【例 2.1.5】 用谓词表示下列命题。

(1)一些人聪明。①个体域为人类集合；②个体域为全总个体域。

(2)有的自然数是质数。①个体域为自然数集；②个体域为全总个体域。

解 (1)设 $P(x)$：x 聪明。

① 个体域为人类集合，则命题符号化为$\exists xP(x)$。

② 全总个体域中，设 $M(x)$：x 是人，则命题符号化为$\exists x(M(x)\wedge P(x))$。

(2) 设 $S(x)$：x 是质数。

① 个体域为自然数集，则命题符号化为$\exists xS(x)$。

② 全总个体域中，设 $N(x)$：x 是自然数，则命题符号化为$\exists x(N(x)\wedge S(x))$。

注 此命题不能表示为$\exists x(N(x)\to S(x))$。此符号表示“存在个体 x，只要 x 是自然数，那么 x 就一定是质数”，与原命题含义不相符。

有了量词，能够表达的命题的范围更广，然而同一个命题在不同的个体域中符号化的形式不一样，所以要特别注意个体域和特性谓词的选择。

从例 2.1.4 和例 2.1.5 可以看出量词和特性谓词之间有一定的规律：使用全称量词时，与之关联的特性谓词常作为条件式的前件出现；使用存在量词时，与之关联的特性谓词常作为合取项出现。

【例 2.1.6】 用谓词表示命题“尽管有人聪明，但未必人人都聪明”。

解 设 $M(x)$：x 是人，$R(x)$：x 聪明，此命题的含义是“存在一些人聪明，但并不是一切人都聪明”，则命题符号化为

$$\exists x(M(x)\land R(x))\land\neg\forall x(M(x)\to R(x))$$

注 (1)谓词逻辑中引入量词，并不是讨论个体的具体数量，而是关心谓词作用于个体域中的所有个体还是某些个体。

(2)使用不同的个体域，同一命题可能有不同的符号化形式。

(3)量词及谓词的个体变元是有顺序的，不能随意颠倒。当出现多个量词时，约定：与谓词最近的量词优先级最高，依次往左降低，如$\forall x\exists yP(x,y)\Leftrightarrow\forall x(\exists yP(x,y))$。

2.2 谓词公式及命题符号化

2.2.1 谓词公式

在命题逻辑中，由原子命题和命题联结词等符号组成命题公式，类似地定义谓词公式。

定义 2.2.1 n 元谓词 $A(x_1, x_2, \cdots, x_n)$称为原子谓词公式或原子公式，其中 $x_1, x_2, \cdots, x_n$ 是个体变元。

由原子谓词公式通过命题联结词、量词等组成的符合串称为谓词公式。

定义 2.2.2 谓词公式递归定义如下：

(1)原子公式是谓词公式。

(2)若 A、B 是谓词公式，则$\neg A$、$A\land B$、$A\lor B$、$A\to B$、$A\leftrightarrow B$ 也是谓词公式。

(3)若 A 是谓词公式，x 是 A 中出现的任一变元，则$\forall xA$、$\exists xA$ 也是谓词公式。

(4)只有有限次应用(1)～(3)所组成的符号串才是谓词公式，简称为公式。

与命题公式类似，谓词公式最外层括号可以省略，但量词后面若有括号则不能随意省略。

2.2.2 量词的辖域与变元的约束

定义 2.2.3 若 B 是谓词公式 A 的一部分，且其本身也是谓词公式，则称 B 为 A 的子公式。

定义 2.2.4 在公式$\forall xA$ 和$\exists xA$ 中，量词后面的变元 x 称为该量词的指导变元或作用变元，A 称为该量词的辖域或作用域。在量词辖域中，x 的所有出现称为约束出现，约束出现的变元称为约束变元。不是约束出现的变元称为自由变元，其出现为自由出现。

能够准确地判断谓词公式中各量词的辖域、变元的出现是很重要的。若量词后有括号，则括号内的子公式就是该量词的辖域；若量词后无括号，则与量词邻接的子公式为该量词

的辖域。约束变元和自由变元的关系类似于程序设计语言的局部变量和全局变量间的关系。

【例 2.2.1】 说明以下各公式中量词的辖域及变元的约束情况。

(1) $\forall x\forall y(L(x,y)\land H(y,z))\land\exists xL(x,y)$。

(2) $\forall x(A(x)\to B(y))\to\exists y(C(x)\land F(x,y,z))$。

解 (1) $\forall x$ 的辖域是 $\forall y(L(x,y)\land H(y,z))$，$x$ 为约束变元；$\forall y$ 的辖域是 $L(x,y)\land H(y,z)$，y 为约束变元；$\exists x$ 的辖域是 $L(x,y)$，x 为约束变元，y 为自由变元。整个公式中，x 是约束变元，但是所受约束不同，y 既是约束变元又是自由变元，z 是自由变元。

(2) $\forall x$ 的辖域是 $A(x)\to B(y)$，其中 x 为约束变元，y 为自由变元；$\exists y$ 的辖域是 $C(x)\land F(x,y,z)$，其中 y 为约束变元，x、z 为自由变元。

同一变元在同一公式中可以是约束的也可以是自由的，作为约束变元可能受到不同量词的约束。为了避免混乱，引入两个规则，将变元进行换名，使得同一变元在同一公式中仅以一种确定形式出现。

规则一（约束变元换名规则） 将量词的指导变元及辖域中所有约束出现的该变元，全部换成公式中未出现过的新的变元符号，公式中其余部分不变。

规则二（自由变元代入规则） 对于公式中的自由变元，对出现该自由变元的每一处用未出现过的新的变元符号代入。

例如，例 2.2.1 中 $\forall x\forall y(L(x,y)\land H(y,z))\land\exists xL(x,y)$ 可改为 $\forall x\forall y(L(x,y)\land H(y,z))\land$ $\exists u(u,v)$。

2.2.3 量词的消去规则

在 $P(x)$、$\forall xP(x)$ 和 $\exists xP(x)$ 中，$P(x)$ 不是命题，其中 x 是个体变元，取个体域中的任意个体。$\forall xP(x)$ 和 $\exists xP(x)$ 是命题，其中 x 受到量词的限制，不再起变元的作用，此时称 x 被量化。当谓词中的个体变元经某个量词的作用后，该谓词成为命题，从而能确定其真值。

由量词定义可知，当个体域是有限集合 $A=\{a_1,a_2,\cdots,a_n\}$ 时，量词可以消去，从而得到与之等价的命题，即

$$\forall xF(x)\Leftrightarrow F(a_1)\land F(a_2)\land\cdots\land F(a_n)$$

$$\exists xF(x)\Leftrightarrow F(a_1)\lor F(a_2)\lor\cdots\lor F(a_n)$$

【例 2.2.2】 设个体域为 $\{a,\ b,\ c\}$，试消去下列谓词中的量词，写成与之等价的命题公式。

(1) $\forall xA(x)\land\exists xB(x)$。

(2) $\exists x\forall yH(x,y)$。

解 (1) $\forall xA(x)\land\exists xB(x)\Leftrightarrow(A(a)\land A(b)\land A(c))\land(B(a)\lor B(b)\lor B(c))$

(2) $\exists x\forall yH(x,y)\Leftrightarrow\exists x(\forall yH(x,y))$

$\Leftrightarrow\exists x((H(x,a)\land H(x,b)\land H(x,c))$

$\Leftrightarrow(H(a,a)\land H(a,b)\land H(a,c))\lor(H(b,a)\land H(b,b)\land H(b,c))$

$\lor(H(c,a)\land H(c,b)\land H(c,c))$

2.2.4 谓词公式命题符号化

命题符号化时，可以用命题逻辑表示，引入谓词逻辑后，能够进一步描述命题间的内在联系。用谓词公式准确地表示一个命题，在符号化时需注意如下几点。

(1)正确理解命题的含义，分析其中的个体、谓词、量词。

(2)若事先没有指明个体域，应以全总个体域为论域，做出特性谓词。在不同的个体域中，同一个命题符号化的形式可能不同。

(3)选择合适的量词，对命题的理解不同，全称量词和存在量词符号化的形式不同。一般地，全称量词暗喻了变元间的一种因果关系，其后常跟条件式；而存在量词表示部分变元特有的性质或关系，其后跟随的是合取式。

(4)分析谓词间的关系，选择合适的命题联结词。

(5)出现多个量词时，不能随意交换量词的顺序。

(6)注意量词的辖域，正确使用括号。

【例 2.2.3】 用谓词表示下列命题，并分析其真值。

(1)对任意 x，均有 $x^2-4=(x+2)(x-2)$。

(2)存在 x，使得 $x+3=1$。

个体域为：①自然数集；②实数集。

解 ①个体域为自然数集。

(1)设 $P(x)$：$x^2-4=(x+2)(x-2)$，则命题符号化为$\forall xP(x)$，这是真命题。

(2)设 $F(x)$：$x+3=1$，则命题符号化为$\exists xF(x)$，这是假命题。

② 个体域为实数集。

(1)同上，命题符号化为$\forall xP(x)$，这是真命题。

(2)同上，命题符号化为$\exists xF(x)$，这是真命题。

【例 2.2.4】 用谓词表示下列命题。

(1)计算机科学系学生都要学习“离散数学”。

(2)计算机科学系学生都要学习“数据结构”。

(3)计算机科学系学生都要学习一些专业选修课。

解 设 $J(x)$：x 是计算机科学系学生。

(1)设 $S(x)$：x 要学习“离散数学”，则命题表示为$(\forall x)(J(x)\rightarrow S(x))$。

(2)设 $S(x,y)$：x 要学习 y，a：“数据结构”，则命题表示为$(\forall x)(J(x)\rightarrow S(x,a))$。

此时，设 b：“离散数学”，则(1)可以表示为$(\forall x)(J(x)\rightarrow S(x,b))$。

(3)设 $S(x,y)$：x 要学习 y，$C(x)$：x 是专业选修课，则命题表示为

$$(\forall x)(J(x)\rightarrow\exists y(C(y)\wedge S(x,y)))$$

【例 2.2.5】 在谓词逻辑中符号化下列命题。

(1)有的整数不是自然数。

(2)没有一个自然数大于任何自然数。

(3)有唯一的偶质数。

(4)只有总经理才有秘书。

(5)任何驯服的马都受到良好训练。

解　(1)设 $Z(x)$：x 是整数，$N(x)$：x 是自然数，则命题符号化为$\exists x(Z(x)\wedge\neg N(x))$。此命题还可理解为“不是所有整数都是自然数”。这时命题符号化为

$$\neg\forall x(Z(x)\rightarrow N(x))。$$

这两种表示法是用不同的量词表示，但它们的含义相同。

(2)设 $N(x)$：x 是自然数，$G(x,y)$：x 大于 y，则命题符号化为

$$\neg\exists x(N(x)\wedge\forall y(N(y)\rightarrow G(x,y)))$$

此命题还可理解为“没有最大的自然数”，即“对所有个体 x，若 x 是自然数，则一定存在比 x 大的自然数”，则命题符号化为$\forall x(N(x)\rightarrow\exists y(N(y)\wedge G(y,x)))$。

(3)设 $Q(x)$：x 是偶数，$P(x)$：x 是质数，$E(x,y)$：x 等于 y，则命题符号化为

$$\exists x(Q(x)\wedge P(x)\wedge\neg\exists y(Q(y)\wedge P(y)\wedge\neg E(x,y)))$$

(4)设 $M(x)$：x 是人，$G(x)$：x 是总经理，$S(x)$：x 有秘书，则命题符号化为

$$\forall x(M(x)\wedge S(x)\rightarrow G(x))$$

(5)设 $H(x)$：x 是马，$W(x)$：x 为驯服的，$R(x)$：x 受到良好训练，则命题符号化为

$$\forall x(H(x)\wedge W(x)\rightarrow R(x))$$

注　(4)、(5)两个命题看上去类似，但实际并不相同。(4)题中“是总经理”是“有秘书”的必要但不充分条件，此命题可以理解为“凡是有秘书的人都是总经理，但总经理不一定都有秘书”。(5)题中“驯服”是“受到良好训练”的充分但不必要条件，此命题可以理解为“凡是驯服的马一定受到良好训练，但受到良好训练的马不一定是驯服的”。对于充分条件、必要条件、充要条件之间的不同，一定要仔细区别。

【例 2.2.6】　设 $E(x,y)$：$x=y$，个体域为实数域。判断下列谓词公式的真值。

(1) $\forall x\exists yE(x+y,0)$。

(2) $\exists y\forall xE(x+y,0)$。

解　(1) $\forall x\exists yE(x+y,0)$表示：对任意实数 x，存在实数 y，使得 $x+y=0$，这是真命题。

(2) $\exists y\forall xE(x+y,0)$表示：存在实数 y，对任意实数 x，都有 $x+y=0$，这是假命题。

$\forall x\exists yE(x+y,0)$与$\exists y\forall xE(x+y,0)$的含义不同，所以量词顺序的交换，改变了命题的含义，也改变了其真值。

2.3　谓词演算的等价式和蕴涵式

2.3.1　谓词公式的解释

谓词公式只是一个符号串，没有确定的真值。将各种变元用特定的常元取代，称为公式的一个解释。公式解释后，就具有确定真值，从而成为命题。

定义 2.3.1　谓词公式的一个解释或赋值由下面四部分构成：

(1)特定个体域 E。

(2) E 中特定个体。

(3) E 上特定函数。

(4) E 上特定谓词。

【例 2.3.1】 设 P：$2>1$，$Q(x)$：$x\leqslant 3$，$R(x)$：$x>5$，a：5，论域：$\{-2, 3, 6\}$，求公式 $\forall x(P\to Q(x))\vee R(a)$ 的真值。

解 利用约束变元的量化规则消去量词，则

$$\forall x(P\to Q(x))\vee R(a)\Leftrightarrow((P\to Q(-2))\wedge(P\to Q(3))\wedge(P\to Q(6)))\vee R(a)$$

等价公式的右边

$$P\Leftrightarrow 1,\quad P\to Q(-2)\Leftrightarrow 1,\quad P\to Q(3)\Leftrightarrow 1,\quad P\to Q(6)\Leftrightarrow 0,\quad R(a)\Leftrightarrow 0$$

于是

$$\forall x(P\to Q(x))\vee R(a)\Leftrightarrow(1\wedge 1\wedge 0)\vee 0\Leftrightarrow 0$$

因此，在此解释下原公式真值为 0。

【例 2.3.2】 给定解释：论域 E 为整数集，$R(x, y)$：$x<y$。求公式

$$\forall x\neg R(x, x)\wedge\forall x\exists yR(x, y)\wedge\forall x\forall y\forall z((R(x, y)\wedge R(y, z))\to R(x, z))$$

的真值。

解 在此解释下，

$\forall x\neg R(x, x)$ 表示：任意整数不会小于它自身。

$\forall x\exists yR(x, y)$ 表示：对任意整数，总存在比它大的整数。

$\forall x\forall y\forall z((R(x, y)\wedge R(y, z))\to R(x, z))$ 表示：对任意整数 x、y、z，若 $x<y$ 且 $y<z$，则有 $x<z$。

显然，原命题在这个解释下是真命题。

与命题公式类似，有些谓词公式在任何解释下真值都为 1，有些在任何解释下真值都为 0，因此将谓词公式进行分类。

2.3.2 谓词公式的类型

定义 2.3.2 设 A 为谓词公式，

(1) 若在所有解释下，A 的真值均为 1，则称 A 为有效式或永真式、重言式。

(2) 若在所有解释下，A 的真值均为 0，则称 A 为不可满足式或永假式。

(3) 若至少存在一个解释，使得 A 的真值为 1，则称 A 为可满足式。

当谓词公式的个体域是有限集合且解释也有限时，可以利用真值表判断谓词公式的类型。但一般情况下，用真值表很难判断其类型。这时采用类似于命题演算的方法，利用公式间的等价公式及蕴涵式进行谓词演算。

2.3.3 谓词公式的等价及蕴涵

谓词公式的等价公式和蕴涵式与命题公式类似。

定义 2.3.3 设 A、B 是谓词公式，若在任何解释下，A 与 B 的真值均相同，则称 A 与 B 等价，记作 $A\Leftrightarrow B$。

定理 2.3.1 设 A、B 是谓词公式，$A\Leftrightarrow B$ 的充要条件是 $A\leftrightarrow B$ 是有效式。

定义 2.3.4 设 A、B 是谓词公式，若 $A\to B$ 为重言式，则称 A 蕴涵 B，记作 $A\Rightarrow B$。

1. 命题公式的推广

谓词公式的等价、蕴涵是在谓词公式进行赋值转化为命题后才讨论的，所以可以把命题演算中的等价公式、蕴涵式推广到谓词演算中。命题演算的永真式中的变元用谓词逻辑中的公式代替，得到的谓词公式仍是有效式。例如，

$$\exists xH(x,y)\wedge\neg\exists xH(x,y)\Leftrightarrow 0$$

$$\forall x(A(x)\to B(x))\Leftrightarrow\forall x(\neg A(x)\vee B(x))$$

$$\neg(\neg\forall xA(x))\Leftrightarrow\forall xA(x)$$

2. 量词的否定

定理 2.3.2 设 $A(x)$ 是任意含个体变元 x 的谓词公式，则

$$\neg\forall xA(x)\Leftrightarrow\exists x\neg A(x),\qquad \neg\exists xA(x)\Leftrightarrow\forall x\neg A(x)$$

注 出现在量词前的否定联结词，是否定被量化的整个命题，可以深入辖域内，辖域内的否定联结词也可以移到辖域外，但此时要注意量词的变化。

【例 2.3.3】 设 $P(x)$：x 熟悉深度学习理论，论域为{某班学生}。

(1) $\neg\forall xP(x)$ 表示：并不是某班所有学生都熟悉深度学习理论。

$\exists x\neg P(x)$ 表示：某班有些学生不熟悉深度学习理论。

两者在含义上是相同的。

(2) $\neg\exists xP(x)$ 表示：没有学生熟悉深度学习理论。

$\forall x\neg P(x)$ 表示：某班所有学生都不熟悉深度学习理论。

两者在含义上也是相同的。

3. 量词辖域的收缩与扩张

定理 2.3.3 设 $A(x)$ 是含个体变元 x 的谓词公式，B 是不含 x 的谓词公式，则

(1) $\forall x(A(x)\vee B)\Leftrightarrow\forall xA(x)\vee B$，　$\forall x(A(x)\wedge B)\Leftrightarrow\forall xA(x)\wedge B$

$\forall x(B\to A(x))\Leftrightarrow B\to\forall xA(x)$，　$\forall x(A(x)\to B)\Leftrightarrow\exists xA(x)\to B$

(2) $\exists x(A(x)\vee B)\Leftrightarrow\exists xA(x)\vee B$，　$\exists x(A(x)\wedge B)\Leftrightarrow\exists xA(x)\wedge B$

$\exists x(B\to A(x))\Leftrightarrow B\to\exists xA(x)$，　$\exists x(A(x)\to B)\Leftrightarrow\forall xA(x)\to B$

证明 只证 $\exists x(A(x)\to B)\Leftrightarrow\forall xA(x)\to B$。

$$\exists x(A(x)\to B)\Leftrightarrow\exists x(\neg A(x)\vee B)\Leftrightarrow\exists x\neg A(x)\vee B\Leftrightarrow\neg\forall xA(x)\vee B\Leftrightarrow\forall xA(x)\to B$$

4. 量词对 ∧、∨ 的分配律

量词分配等价公式：

$$\forall x(A(x)\wedge B(x))\Leftrightarrow\forall xA(x)\wedge\forall xB(x)$$

$$\exists x(A(x)\vee B(x))\Leftrightarrow\exists xA(x)\vee\exists xB(x)$$

量词分配蕴涵式：

$$\forall xA(x)\vee\forall xB(x)\Rightarrow\forall x(A(x)\vee B(x))$$

$$\exists x(A(x)\wedge B(x))\Rightarrow\exists xA(x)\wedge\exists xB(x)$$

注 全称量词对合取具有分配律，存在量词对析取具有分配律。

【例 2.3.4】 设 $A(x)$：x 是奇数，$B(x)$：x 是偶数，论域为正整数集。

$\exists xA(x)\wedge\exists xB(x)$表示：有些正整数是奇数，且有些正整数是偶数。这是真命题。

$\exists x(A(x)\wedge B(x))$表示：有些正整数，既是奇数又是偶数。这是假命题。

显然，

$$\exists x(A(x)\wedge B(x))\not\Leftrightarrow\exists xA(x)\wedge\exists xB(x)$$

$$\exists xA(x)\wedge\exists xB(x)\not\Rightarrow\exists x(A(x)\wedge B(x))$$

5. 多个量词的等价公式与蕴涵式

当谓词公式中出现多个量词时，量词的出现顺序直接影响命题的意义。此时约定：各量词按从左到右的顺序读出，不能随意颠倒其顺序。以两个量词为例讨论。

两个量词的谓词公式具有以下等价公式和蕴涵式。

等价公式：

$$\forall x\forall yA(x,y)\Leftrightarrow\forall y\forall xA(x,y)$$

$$\exists x\exists yA(x,y)\Leftrightarrow\exists y\exists xA(x,y)$$

蕴涵式：

$$\forall x\forall yA(x,y)\Rightarrow\exists y\forall xA(x,y)\Rightarrow\forall x\exists yA(x,y)\Rightarrow\exists y\exists xA(x,y)$$

$$\forall y\forall xA(x,y)\Rightarrow\exists x\forall yA(x,y)\Rightarrow\forall y\exists xA(x,y)\Rightarrow\exists x\exists yA(x,y)$$

借助图 2.1 方便记忆含有两个量词的谓词公式的等价公式和蕴涵式间的关系。

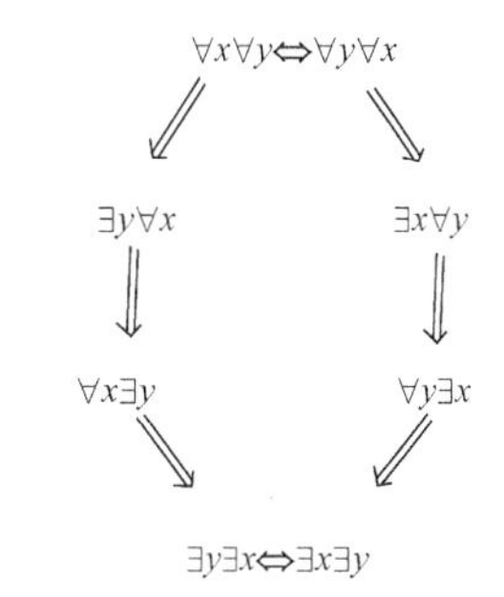

图 2.1 两个量词谓词公式的等价公式与蕴涵式间的关系

【例 2.3.5】 设 $A(x,y)$：x 读过 y，x 的论域为人类集合，y 的论域为书籍集合。

$\forall x\forall yA(x,y)$表示：每个人读过所有的书。

$\forall y\forall xA(x,y)$表示：所有的书被每个人读过。

显然，它们的含义一样，所以$\forall x\forall yA(x,y)\Leftrightarrow\forall y\forall xA(x,y)$。

$\exists x\exists yA(x,y)$表示：有的人读过某些书。

$\exists y\exists xA(x,y)$表示：某些书有的人读过。

同理，$\exists x\exists yA(x,y)\Leftrightarrow\exists y\exists xA(x,y)$。

$\exists x\forall yA(x,y)$表示：有人读过所有的书。这是假命题。

$\forall y\exists xA(x,y)$表示：所有的书都有人读过。这是真命题。

因此，$\exists x\forall yA(x,y)\to\forall y\exists xA(x,y)$为重言式，所以$\exists x\forall yA(x,y)\Rightarrow\forall y\exists xA(x,y)$。

谓词逻辑中常用的基本等价公式和蕴涵式见表 2.1。

表 2.1 谓词逻辑的基本等价公式和蕴涵式

编号	等价公式和蕴涵式	编号	等价公式和蕴涵式
E_{25}	$\exists x(A(x)\vee B(x))\Leftrightarrow\exists xA(x)\vee\exists xB(x)$	E_{32}	$\exists x(A(x)\to B)\Leftrightarrow\forall xA(x)\to B$
E_{26}	$\forall x(A(x)\wedge B(x))\Leftrightarrow\forall xA(x)\wedge\forall xB(x)$	E_{33}	$\forall x(A(x)\to B)\Leftrightarrow\exists xA(x)\to B$
E_{27}	$\neg\exists xA(x)\Leftrightarrow\forall x\neg A(x)$	E_{34}	$A\to\forall xB(x)\Leftrightarrow\forall x(A\to B(x))$
E_{28}	$\neg\forall xA(x)\Leftrightarrow\exists x\neg A(x)$	E_{35}	$A\to\exists xB(x)\Leftrightarrow\exists x(A\to B(x))$
E_{29}	$\forall x(A(x)\vee B)\Leftrightarrow\forall xA(x)\vee B$	I_{17}	$\forall xA(x)\vee\forall xB(x)\Rightarrow\forall x(A(x)\vee B(x))$
E_{30}	$\exists x(A(x)\wedge B)\Leftrightarrow\exists xA(x)\wedge B$	I_{18}	$\exists x(A(x)\wedge B(x))\Rightarrow\exists xA(x)\wedge\exists xB(x)$
E_{31}	$\exists x(A(x)\to B(x))\Leftrightarrow\forall xA(x)\to\exists xB(x)$		

2.4 谓词公式的范式

在命题逻辑中，每个公式都有与之等价的范式，范式对判断公式的类型及研究公式之间的关系等起着重要作用。类似地，在谓词逻辑中，也讨论公式的标准型。

2.4.1 前束范式

定义 2.4.1 谓词公式中，若所有量词均位于该公式的开头，且它们的辖域都延伸到整个公式的末尾，则称该公式为前束范式。

前束范式的一般形式为

$$\square v_1 \square v_2 \cdots \square v_n A$$

其中，符号□是量词∀或∃，$v_i(i=1, 2, \cdots, n)$是个体变元，A 是不含量词的谓词公式。

定理 2.4.1（前束范式存在定理） 任何谓词公式都存在与之等价的前束范式。

【例 2.4.1】 求下列公式的前束范式。

(1) $\forall xF(x) \land \neg\exists xG(x)$。

(2) $\forall xF(x, y) \to \exists yG(x, y)$。

解 (1)方法一：

原式 $\Leftrightarrow \forall xF(x) \land \neg\exists yG(y)$　　约束变元换名

$\Leftrightarrow \forall xF(x) \land \forall y\neg G(y)$　　否定深入

$\Leftrightarrow \forall x\forall y(F(x) \land \neg G(y))$　　量词前移

方法二：

原式 $\Leftrightarrow \forall xF(x) \land \forall x\neg G(x)$　　否定深入

$\Leftrightarrow \forall x(F(x) \land \neg G(x))$　　量词∀对∧的分配律

(2)方法一：

原式 $\Leftrightarrow \forall zF(z, y) \to \exists wG(x, w)$　　约束变元换名

$\Leftrightarrow \neg\forall zF(z, y) \lor \exists wG(x, w)$　　消去→

$\Leftrightarrow \exists z\neg F(z, y) \lor \exists wG(x, w)$　　否定深入

$\Leftrightarrow \exists z\exists w(\neg F(z, y) \lor G(x, w))$　　量词前移

方法二：

原式 $\Leftrightarrow \forall xF(x, z) \to \exists yG(w, y)$　　自由变元代入

$\Leftrightarrow \neg\forall xF(x, z) \lor \exists yG(w, y)$　　消去→

$\Leftrightarrow \exists x\neg F(x, z) \lor \exists yG(w, y)$　　否定深入

$\Leftrightarrow \exists x\exists y(\neg F(x, z) \lor G(w, y))$　　量词前移

注 (1)前束范式可能不唯一。

(2)需分析变元的约束情况，必要时用换名或代入规则，避免出现不同变元同名的情况。

(3)前束范式中量词前不能有否定联结词¬，前移量词时，必须按照公式中量词原有的次序移动。

2.4.2 前束合取、析取范式

谓词公式的前束范式不唯一，为使谓词公式的形式统一、规范，下面介绍前束合取范式及前束析取范式。

定义 2.4.2 若谓词公式 A 具有如下形式：

$$\Box v_1 \Box v_2 \cdots \Box v_n [(A_{11} \vee A_{12} \vee \cdots \vee A_{1l_1}) \wedge (A_{21} \vee A_{22} \vee \cdots \vee A_{2l_2}) \wedge \cdots \wedge (A_{m1} \vee A_{m2} \vee \cdots \vee A_{ml_m})]$$

其中，符号□是量词∀或∃，$v_i(i=1, 2, \cdots, n)$是个体变元，A_{ij}是原子公式或其否定，则称 A 为前束合取范式。

定义 2.4.3 若谓词公式 A 具有如下形式：

$$\Box v_1 \Box v_2 \cdots \Box v_n [(A_{11} \wedge A_{12} \wedge \cdots \wedge A_{1k_1}) \vee (A_{21} \wedge A_{22} \wedge \cdots \wedge A_{2k_2}) \vee \cdots \vee (A_{m1} \wedge A_{m2} \wedge \cdots \wedge A_{mk_m})]$$

其中，符号□是量词∀或∃，$v_i(i=1, 2, \cdots, n)$是个体变元，A_{ij}是原子公式或其否定，则称 A 为前束析取范式。

【例 2.4.2】 将公式$\forall x(\forall y P(x) \vee \forall z Q(z, y) \rightarrow \neg \forall y R(x, y))$化为与之等价的前束合取范式。

解 原式 $\Leftrightarrow \forall x(P(x) \vee \forall z Q(z, y) \rightarrow \neg \forall y R(x, y))$ 取消多余量词

$\Leftrightarrow \forall x(P(x) \vee \forall z Q(z, y) \rightarrow \neg \forall w R(x, w))$ 约束变元换名

$\Leftrightarrow \forall x(\neg(P(x) \vee \forall z Q(z, y)) \vee \neg \forall w R(x, w))$ 消去→

$\Leftrightarrow \forall x((\neg P(x) \wedge \exists z \neg Q(z, y)) \vee \exists w \neg R(x, w))$ 否定深入

$\Leftrightarrow \forall x \exists z \exists w((\neg P(x) \wedge \neg Q(z, y)) \vee \neg R(x, w))$ 前移量词

$\Leftrightarrow \forall x \exists z \exists w((\neg P(x) \vee \neg R(x, w)) \wedge (\neg Q(z, y) \vee \neg R(x, w)))$分配律

定理 2.4.2（前束合取、析取范式存在定理） 每个谓词公式都可以转化为与之等价的前束析取范式或前束合取范式。

2.5 谓词逻辑的推理理论

谓词逻辑是命题逻辑的深化与发展，命题逻辑中的等价公式、蕴涵式，以及推理规则如 P 规则、T 规则、置换和代入规则、CP 规则等，可以应用到谓词逻辑中。

因为量词的引入，某些前提与结论可能受到量词的限制，为了确定前提和结论之间的内在联系，使用命题逻辑中的等价公式和蕴涵式时，必须在推理过程中消去或引入量词，所以需要有谓词逻辑特有的推理规则。

2.5.1 量词消去与引入规则

1. 全称量词消去规则——US 规则

$$\forall x P(x) \Rightarrow P(c)$$

其中，$P(x)$是谓词，c 是个体域中的任意个体。

其含义是，若个体域中所有个体都具有性质 P，则个体域中任意个体 c 均具有性质 P。这个规则体现了谓词逻辑推理中由一般到特殊的推理方法。

注 用 c 取代 $P(x)$ 中的 x 时，必须将 $P(x)$ 中出现 x 的每一处进行取代。

2. 存在量词消去规则——ES 规则

$$\exists xP(x)\Rightarrow P(c)$$

其中，$P(x)$ 是谓词，c 是个体域中某些特定个体。

其含义是，若个体域中一些个体具有性质 P，则至少有某个确定的个体 c 具有性质 P。

注 c 是使 $P(x)$ 为真的特定个体，不能任意选择。

例如，设 $A(x)$：x 为奇数，$B(x)$：x 为偶数，个体域为自然数集，$\exists xA(x)\wedge\exists xB(x)$ 是真命题，则对某些 c 和 d，$A(c)\wedge B(d)$ 必为真，但 $A(c)\wedge B(c)$ 不一定为真。这是因为对于 $\exists xB(x)$ 而言，取代 x 的 c 使 $A(c)$ 为真，但 $B(c)$ 未必为真。因此，应选用另外的个体 d。

3. 全称量词引入规则——UG 规则

$$P(c)\Rightarrow\forall xP(x)$$

其中，$P(x)$ 是谓词。

其含义是，若个体域中的每个个体 c 都使 P 成立，则 $\forall xP(x)$ 必成立。

注 如果能确实证明 $P(c)$ 对每一个个体均成立，才能应用此规则。

4. 存在量词引入规则——EG 规则

$$P(c)\Rightarrow\exists xP(x)$$

其中，$P(x)$ 是谓词。

其含义是，若个体域中某些个体 c 使 P 成立，则个体域中必有 $\exists xP(x)$ 成立。

在谓词逻辑推理中使用这四个规则时，需注意以下几点。

(1) 这四个规则仅对前束范式使用。

(2) US、ES 规则的作用，一般是在推理开始时消去量词，然后利用命题逻辑的各种规则与方法进行推理。当结论中有量词时，还要用 UG、EG 规则引入量词，此时量词需要加在公式的最左边，且其辖域作用到整个公式的末尾。

(3) 全称量词与存在量词的差别在于消去和引入量词规则的使用中。ES 规则中 $P(c)$ 的 c 取特定个体，而 US 规则中 $P(c)$ 的 c 取任意个体。要非常清楚消去量词后个体 c 是特定的还是任意的。

2.5.2 推理方法

与命题逻辑一样，谓词逻辑中的推理形式仍然为

$$A_1\wedge A_2\wedge\cdots\wedge A_n\Rightarrow B$$

其中，$A_1, A_2, \cdots, A_n, B$ 都是谓词公式。

推理 $A_1\wedge A_2\wedge\cdots\wedge A_n\Rightarrow B$ 成立当且仅当 $A_1\wedge A_2\wedge\cdots\wedge A_n\rightarrow B$ 为永真式。

判断谓词逻辑中永真式比较困难，本节主要介绍构造证明法。谓词逻辑中推理的一般步骤如下。

(1) 将所有前提化为前束范式。

(2)将带量词的前提中的量词消去。

(3)利用命题逻辑的推理方法，得到相应结论。

(4)引入相应量词，得到最终结论。

使用的推理形式和方法与命题逻辑一样，可以用直接证明法和间接证明法。

【例 2.5.1】 判断以下推理是否正确。

(1) $\forall y\exists xP(x,y)\Rightarrow\exists x\forall yP(x,y)$

① $\forall y\exists xP(x,y)$ P

② $\exists xP(x,c)$ T①，US

③ $P(d,c)$ T②，ES

④ $\forall yP(d,y)$ T③，UG

⑤ $\exists x\forall yP(x,y)$ T④，EG

(2) $\forall x(P(x)\to Q(x))\wedge\exists xP(x)\Rightarrow\forall xQ(x)$

① $\forall x(P(x)\to Q(x))$ P

② $\exists xP(x)$ P

③ $P(c)\to Q(c)$ T①，US

④ $P(c)$ T③，ES

⑤ $Q(c)$ T③④，I_{11}

⑥ $\forall xQ(x)$ T⑤，UG

解 (1)推理不正确。

做解释如下。设 $P(x,y)$：x 读过 y，x：人，y：书，则

① $\forall y\exists xP(x,y)$表示：所有的书都有人读过。

② $\exists xP(x,c)$表示：有人读过书 c。

③ $P(d,c)$表示：d 读过书 c。

④ $\forall yP(d,y)$：d 读过所有的书。

⑤ $\exists x\forall yP(x,y)$：有人读过所有的书。

显然③$\not\Rightarrow$④。因为 $P(d,c)$中的 c 是个体域中对应于 d 成立的某个(些)特定个体，并不能说明对所有 y 都有 $P(d,y)$成立，所以不能用 UG 规则。

(2)推理不正确。

第④步应放在第③步前，即 ES 规则放在 US 规则前。因为就$\exists xP(x)$而言，未必有第③步中就$\forall x$ 指定的 c，使 $P(c)$成立，应该取 d，而一般地 $c\neq d$。这样，就不能得到第⑤步。如果颠倒过来，就$\exists xP(x)$指定的 c，对于第③步，$P(c)\to Q(c)$是一定成立的。另外，第⑥步将$\forall x$ 引入也是不正确的。

【例 2.5.2】 证明：$\forall x(P(x)\vee Q(x))\Rightarrow\forall xP(x)\vee\exists xQ(x)$。

证明 方法一：反证法，将结论的否定作为附加前提，从而得出矛盾。

(1) $\neg(\forall xP(x)\vee\exists xQ(x))$ P 附加

(2) $\neg\forall xP(x)\wedge\neg\exists xQ(x)$ T(1)，E_{10}

(3) $\neg\forall xP(x)$ T(2)，I_1

(4) $\exists x\neg P(x)$ T(3)，E_{28}

(5) $\neg P(c)$　　T(4)，ES

(6) $\neg\exists xQ(x)$　　T(2)，I_2

(7) $\forall x\neg Q(x)$　　T(6)，E_{27}

(8) $\neg Q(c)$　　T(7)，US

(9) $\neg P(c)\wedge\neg Q(c)$　　T(5)(8)，I_9

(10) $\neg(P(c)\vee Q(c))$　　T(9)，E_{11}

(11) $\forall x(P(x)\vee Q(x))$　　P

(12) $P(c)\vee Q(c)$　　T(11)，US

(13) $\neg(P(c)\vee Q(c))\wedge(P(c)\vee Q(c))$　　矛盾

方法二：因为结论$\forall xP(x)\vee\exists xQ(x)\Leftrightarrow\neg(\neg\forall xP(x))\vee\exists xQ(x)\Leftrightarrow\neg\forall xP(x)\to\exists xQ(x)$，所以结论等价于一个条件式，故利用 CP 规则进行推理。

(1) $\neg\forall xP(x)$　　P 附加

(2) $\exists x\neg P(x)$　　T(1)，E_{28}

(3) $\neg P(c)$　　T(2)，ES

(4) $\forall x(P(x)\vee Q(x))$　　P

(5) $P(c)\vee Q(c)$　　T(4)，US

(6) $Q(c)$　　T(3)(5)，I_{10}

(7) $\exists xQ(x)$　　T(6)，EG

(8) $\neg\forall xP(x)\to\exists xQ(x)$　　CP

方法三：由 $A\Rightarrow B$，有$\neg B\Rightarrow\neg A$，即利用命题的逆否命题进行证明。

(1) $\neg(\forall xP(x)\vee\exists xQ(x))$　　P

(2) $\neg\forall xP(x)\wedge\neg\exists xQ(x)$　　T(1)，E_{11}

(3) $\exists x\neg P(x)\wedge\forall x\neg Q(x)$　　T(2)，E_{28}，E_{27}

(4) $\exists x\neg P(x)$　　T(3)，I_1

(5) $\neg P(c)$　　T(4)，ES

(6) $\forall x\neg Q(x)$　　T(3)，I_2

(7) $\neg Q(c)$　　T(6)，US

(8) $\neg P(c)\wedge\neg Q(c)$　　T(5)(7)，I_9

(9) $\exists x(\neg P(x)\wedge\neg Q(x))$　　T(9)，EG

(10) $\exists x\neg(P(x)\vee Q(x))$　　T(9)，E_{11}

(11) $\neg\forall x(P(x)\vee Q(x))$　　T(10)，E_{28}

【例 2.5.3】 符号化下列命题，然后进行推理。

每位科学家都是勤奋的。每个勤奋又身体健康的人在事业中都会获得成功。存在着身体健康的科学家。因此，存在着事业获得成功的人或事业半途而废的人。个体域为人的集合。

证明 设 $Q(x)$：x 是勤奋的人，$H(x)$：x 是身体健康的人，$S(x)$：x 是科学家，$C(x)$：x 是事业获得成功的人，$F(x)$：x 是事业半途而废的人，则

前提：$\forall x(S(x)\to Q(x))$，$\forall x(Q(x)\wedge H(x)\to C(x))$，$\exists x(S(x)\wedge H(x))$。

结论：$\exists x(C(x)\vee F(x))$。

(1) $\exists x(S(x) \wedge H(x))$	P
(2) $S(c) \wedge H(c)$	T(1)，ES
(3) $\forall x(S(x) \rightarrow Q(x))$	P
(4) $S(c) \rightarrow Q(c)$	T(3)，US
(5) $S(c)$	T(2)
(6) $Q(c)$	T(4) (5)
(7) $H(c)$	T(2)
(8) $Q(c) \wedge H(c)$	T(6) (7)
(9) $\forall x(Q(x) \wedge H(x) \rightarrow C(x))$	P
(10) $Q(c) \wedge H(c) \rightarrow C(c)$	T(9)，US
(11) $C(c)$	T(8) (10)
(12) $\exists x C(x)$	T(11)，EG
(13) $\exists x(C(x) \vee F(x))$	T(12)

例 2.5.3 中需注意，命题中没有说明事业半途而废的人就是事业没有获得成功的人，所以不能想当然地理解为“事业半途而废的人就是事业没有获得成功的人”，即$\neg C(x) \Leftrightarrow F(x)$，否则结论就变成永真式$(\exists x)(C(x) \vee \neg C(x))$。实际上，有些事业没有获得成功的人可能是正在努力获得成功的人，而不能将其划为事业半途而废的人。因此，要认真领会命题的含义。

2.6 典型例题分析

【例 2.6.1】 符号化下列命题。

(1)张鹏是优秀毕业生。

(2)有些学生喜欢“程序设计”课程，但不喜欢“数学”。

(3)每个有知识、爱思考的人都有创造力。

(4)有些大学生认真学习所有开设的课程。

相关知识 谓词逻辑的命题符号化

分析 命题逻辑和谓词逻辑都可以描述命题，但命题逻辑无法描述命题间的内在联系和个体的数量，因此需要使用谓词逻辑进行符号化。进行符号化时，先确定命题中的个体、量词和谓词，再分析各谓词间的关系，选择合适的联结词，出现量词时注意量词的辖域和变元的约束情况。有时对命题各成分的不同理解，可以采用不同的谓词形式，正确分析各谓词间的关系是符号化的关键。

解 (1)设$P(x)$：x是优秀毕业生，a：张鹏，则原命题符号化为$P(a)$。

也可以用二元谓词符号化。设$P(x, y)$：x是y，a：张鹏，b：优秀毕业生，则命题符号化为$P(a, b)$。

(2)设$P(x)$：x是学生，$Q(x, y)$：x喜欢y，a：“程序设计”课程，b：“数学”，则命题表示为$\exists x(P(x) \wedge Q(x, a) \wedge \neg Q(x, b))$。

(3)设$P(x)$：x是人，$Q(x, y)$：x有y，$R(x, y)$：x爱y，a：知识，b：思考，c：创造力，则命题表示为$\forall x(P(x) \wedge Q(x, a) \wedge R(x, b) \rightarrow Q(x, c))$。

(4)该命题包含两种量词，符号化时需注意各量词的辖域。

设 $P(x)$：x 是大学生，$Q(x)$：x 是开设的课程，$R(x, y)$：x 认真学习 y，则命题表示为 $\exists x(P(x) \wedge \forall y(Q(y) \rightarrow R(x, y)))$。

【例 2.6.2】 设 $A(x)$：x 是人，$B(x)$：x 是错误，$C(x, y)$：x 犯 y，$D(x, y)$：x 能改正 y，用上述谓词符号化下列语句。

(1)人都会犯错误。

(2)并非所有人犯错误都能改正。

(3)有的错误任何人犯了都不能改正。

相关知识 谓词逻辑的命题符号化

分析 用谓词符号化命题时，若个体没有明确的量词，必须把隐含的量词表述出来，多个个体和量词出现时，不能随便更改其顺序。

解 (1)命题表示为 $\forall x(A(x) \rightarrow \exists y(B(y) \wedge C(x, y)))$。

(2)命题表示为

$$\neg \forall x(A(x) \wedge \exists y(B(y) \wedge C(x, y)) \rightarrow D(x, y))$$

或

$$\exists x(A(x) \wedge \exists y(B(y) \wedge C(x, y) \wedge \neg D(x, y)))$$

(3)命题表示为 $\exists x(B(x) \wedge \forall y(A(y) \wedge C(y, x) \rightarrow \neg D(y, x)))$。

【例 2.6.3】 设给定解释如下：个体域为自然数集；a：0；函数 $f(x, y)=x+y$，$g(x, y)=xy$；谓词 $F(x, y)$：$x=y$。在此解释下，求下列公式的真值。

(1) $\forall x F(g(x, a), x)$。

(2) $\forall x \forall y(F(f(x, a), y) \rightarrow F(f(y, a), x))$。

(3) $\forall x \forall y \forall z F(f(x, y), z)$。

相关知识 谓词公式、公式的解释

分析 谓词公式中出现个体变元、量词、谓词等，在赋值时需要将其用给定的相关量代入，然后用自然语言描述公式的意义，确定公式的真值。

解 (1)命题表示：对任意自然数 x，都有 $0 \times x=x$。其真值为 0。

(2)命题表示：对任意自然数 x、y，若 $x+0=y$，则 $y+0=x$。其真值为 1。

(3)命题表示：对任意自然数 x、y、z，都有 $x+y=z$。其真值为 0。

【例 2.6.4】 设论域为 $\{2, 4\}$，$P(x)$：x 是素数，$Z(x, y)$：x 能整除 y，$E(x, y)$：$x+y=xy$，试求公式 $\forall x \exists y((\neg P(x) \vee Z(x, y)) \rightarrow E(x, y))$ 的真值。

相关知识 谓词公式、变元的约束、量词的辖域及量化

分析 当个体域为有限集合时，可以消去量词。消去量词的关键是正确分析量词的辖域及各变元的约束情况，量词辖域遵循就近原则，即量词辖域是与量词邻接的子公式。

解 方法一：

由 $P(2) \Leftrightarrow 1$，$P(4) \Leftrightarrow 0$，$Z(2, 2) \Leftrightarrow 1$，$Z(2, 4) \Leftrightarrow 1$，$Z(4, 2) \Leftrightarrow 0$，$Z(4, 4) \Leftrightarrow 1$，$E(2, 2) \Leftrightarrow 1$，$E(2, 4) \Leftrightarrow 0$，$E(4, 2) \Leftrightarrow 0$，$E(4, 4) \Leftrightarrow 0$，得

$$\forall x \exists y((\neg P(x) \vee Z(x, y)) \rightarrow E(x, y))$$

$$\Leftrightarrow \forall x((\neg P(x) \vee Z(x, 2) \rightarrow E(x, 2)) \vee (\neg P(x) \vee Z(x, 4) \rightarrow E(x, 4)))$$

$$\Leftrightarrow ((\neg P(2) \vee Z(2, 2) \rightarrow E(2, 2)) \vee (\neg P(2) \vee Z(2, 4) \rightarrow E(2, 4)))$$

$\wedge((\neg P(4)\vee Z(4,2)\to E(4,2))\vee(\neg P(4)\vee Z(4,4)\to E(4,4)))$

$\Leftrightarrow((0\vee 1\to 1)\vee(0\vee 1\to 0))\wedge((1\vee 0\to 0)\vee(1\vee 1\to 0))$

$\Leftrightarrow((1\to 1)\vee(1\to 0))\wedge((1\to 0)\vee(1\to 0))$

$\Leftrightarrow(1\vee 0)\wedge(0\vee 0)$

$\Leftrightarrow 0$

所以，原公式真值为 0。

方法二：

因为$\neg P(2)\vee Z(2,2)\to E(2,2)\Leftrightarrow 1$，所以$\exists y(\neg P(2)\vee Z(2,y)\to E(2,y))\Leftrightarrow 1$。

然而$\neg P(4)\vee Z(4,2)\to E(4,2)\Leftrightarrow 0$，$\neg P(4)\vee Z(4,4)\to E(4,4)\Leftrightarrow 0$，于是

$$\exists y(\neg P(4)\vee Z(4,y)\to E(4,y))\Leftrightarrow 0$$

所以，原公式真值为 0。

【例 2.6.5】 分析下列公式中量词的辖域及变元的约束情况，并求其前束范式。

(1) $\forall x(P(x)\to\exists xQ(x))\vee(\forall xP(x)\to Q(x))$。

(2) $\forall x(P(x,y)\vee\exists yR(y,z))\to\forall yQ(x,y)$。

相关知识 变元的约束、量词的辖域、前束范式、基本等价公式

分析 量词指导的变元在其辖域中都是约束变元，不受量词指导的变元则是自由变元。认真分析各变元的约束情况，才能求出谓词公式的前束范式。前束范式中所有量词都在整个公式前面，并且量词前不能带有否定联结词$\neg$。首先需要正确分析各变元的约束情况，采用换名或代入规则使各变元都不同名，然后利用量词等价式扩大各量词的辖域，使所有量词位于整个公式的前面，从而得到前束范式。公式的前束范式一般并不唯一。

解 (1)最后一个 x 是自由变元，前面出现的 x 都是约束变元，但是所受的约束不同。各量词的辖域为如下所示的其后画线部分。

$$\forall x\underline{(P(x)\to\exists x\underline{\underline{Q(x)}})}\vee(\forall x\underline{P(x)}\to Q(x))$$

$\forall x(P(x)\to\exists xQ(x))\vee(\forall xP(x)\to Q(x))$

$\Leftrightarrow\forall x(P(x)\to\exists yQ(y))\vee(\forall zP(z)\to Q(w))$ 换名及代入

$\Leftrightarrow\forall x(\neg P(x)\vee\exists yQ(y))\vee(\neg\forall zP(z)\vee Q(w))$ 消去→

$\Leftrightarrow\forall x(\neg P(x)\vee\exists y\,Q(y))\vee(\exists z\neg P(z)\vee Q(w))$ 否定深入

$\Leftrightarrow\forall x\exists y\exists z(\neg P(x)\vee Q(y)\vee\neg P(z)\vee Q(w))$ 量词前移

(2)第一个 x 受全称量词约束，第二个 x 是自由变元，第一个 y 是自由变元，第二个 y 受存在量词约束，第三个 y 受全称量词约束，z 是自由变元。各量词的辖域为如下所示的其后画线部分。

$$\forall x\underline{(P(x,y)\vee\exists y\underline{\underline{R(y,z)}})}\to\exists y\underline{Q(x,y)}$$

$\forall x(P(x,y)\vee\exists yR(y,z))\to\forall yQ(x,y)$

$\Leftrightarrow\forall x(P(x,v)\vee\exists yR(y,z))\to\forall wQ(u,w)$ 换名及代入

$\Leftrightarrow\neg(\forall x(P(x,v)\vee\exists yR(y,z)))\vee\forall wQ(u,w)$ 消去→

$\Leftrightarrow\exists x(\neg P(x,v)\wedge\forall y\neg R(y,z))\vee\forall wQ(u,w)$ 否定深入

$\Leftrightarrow\exists x\forall y\forall w((\neg P(x,v)\wedge\neg R(y,z))\vee Q(u,w))$ 量词前移

【例 2.6.6】 判断下列蕴涵式是否成立？若成立给出证明；若不成立说明理由。

(1) $\exists xP(x)\to\forall xQ(x)\Rightarrow\forall x(P(x)\to Q(x))$。

(2) $\forall xP(x)\to\forall xQ(x)\Rightarrow\forall x(P(x)\to Q(x))$。

(3) $\forall x(C(x)\to W(x)\wedge R(x))\wedge\exists x(C(x)\wedge Q(x))\Rightarrow\exists x(Q(x)\wedge R(x))$。

相关知识 谓词公式的蕴涵式、谓词逻辑的推理

分析 判断蕴涵式是否成立，可根据定义将证明蕴涵式转化为证明条件式是否是重言式，或利用基本蕴涵式进行推导，需注意量词相关的等价公式和蕴涵式。还可以利用推理证明，此时注意量词的消去和引入规则的使用。同一个个体变元，若既有带$\forall$也有带$\exists$的前提，去量词时，应先去$\exists$后去$\forall$，并且量词必须位于公式最左边，其辖域作用到公式末尾。

解 (1)成立。

$$\begin{aligned}\exists xP(x)\to\forall xQ(x)&\Leftrightarrow\neg(\exists xP(x))\vee\forall xQ(x)\\&\Leftrightarrow\forall x\neg P(x)\vee\forall xQ(x)\\&\Rightarrow\forall x(\neg P(x)\vee Q(x))\\&\Leftrightarrow\forall x(P(x)\to Q(x))\end{aligned}$$

(2)不成立。设解释I为$D=\{a,b\}$, $P(a)=1$, $P(b)=0$, $Q(a)=0$, $Q(b)=1$，则$\forall xP(x)\to\forall xQ(x)$在$I$下为1。$\forall x(P(x)\to Q(x))$在$I$下为0，所以$(\forall xP(x)\to\forall xQ(x))\to(\forall x(P(x)\to Q(x)))$不是重言式，即此蕴涵式不成立。

(3)利用推理方法证明。

① $\exists x(C(x)\wedge Q(x))$	P
② $C(a)\wedge Q(a)$	T①，ES
③ $C(a)$	T②
④ $Q(a)$	T②
⑤ $\forall x(C(x)\to W(x)\wedge R(x))$	P
⑥ $C(a)\to W(a)\wedge R(a)$	T①，US
⑦ $W(a)\wedge R(a)$	T③⑥
⑧ $R(a)$	T⑦
⑨ $Q(a)\wedge R(a)$	T④⑧
⑩ $\exists x(Q(x)\wedge R(x))$	EG

注 第(3)小题中，第①、②步与第⑤、⑥步不能颠倒。因为在第②步的$C(a)\wedge Q(a)$中，a是某个个体，而第⑥步$C(a)\to W(a)\wedge R(a)$中，a可以是论域中的任意个体，此时取第②步中的特定个体a。颠倒顺序后，推理将不成立。因此，要特别注意量词的消去顺序。

【例 2.6.7】 每个研究生或是推免生或是通过入学考试者。所有推免生的本科综合成绩都很优秀，但并非所有研究生的本科综合成绩都很优秀。所以一定有些研究生是通过入学考试者。设论域是某大学全体学生，试判断此推理是否有效。

相关知识 谓词逻辑的符号化、谓词逻辑的推理

分析 判断推理是否有效，需先将各命题符号化，确定推理的前提和结论，然后利用推理规则进行判断。

证明 设$A(x)$：x是研究生，$B(x)$：x是推免生，$C(x)$：x是通过入学考试者，$D(x)$：x的本科综合成绩优秀，则

前提：$\forall x(A(x)\to B(x)\vee C(x))$，$\forall x(B(x)\to D(x))$，$\neg\forall x(A(x)\to D(x))$。

结论：$\exists x(A(x)\wedge C(x))$。

(1) $\neg\forall x(A(x)\to D(x))$	P
(2) $\neg\forall x(\neg A(x)\vee D(x))$	T(1)
(3) $\exists x(A(x)\wedge\neg D(x))$	T(2)
(4) $A(a)\wedge\neg D(a)$	T(3)，ES
(5) $A(a)$	T(4)
(6) $\neg D(a)$	T(4)
(7) $\forall x(A(x)\to B(x)\vee C(x))$	P
(8) $A(a)\to B(a)\vee C(a)$	T(7)，US
(9) $B(a)\vee C(a)$	T(5) (8)
(10) $\forall x(B(x)\to D(x))$	P
(11) $B(a)\to D(a)$	T(10)，US
(12) $\neg B(a)$	T(6) (11)
(13) $C(a)$	T(9) (12)
(14) $A(a)\wedge C(a)$	T(5) (10)
(15) $\exists x(A(x)\wedge C(x))$	EG

小　　结

谓词逻辑是命题逻辑的进一步深化。由于对命题的细分和命题间逻辑关系的研究，引入了个体、谓词、量词等概念，利用谓词对命题进行符号化，然后介绍公式的解释、等价、蕴涵、前束范式等内容，最后归结为谓词形式的有效推理。与命题逻辑相比，谓词逻辑的内容更为丰富，也较为复杂，它的逻辑表达能力更强，也更为细腻，为计算机科学与技术后续课程的学习打下形式推理的逻辑思维和坚实基础。

学习本章要深刻理解谓词与个体间的关系，以及量词、辖域、谓词公式等概念，能将自然语言描述的命题在谓词逻辑中符号化，并能正确地进行推演。

1. 主要内容

(1)个体、谓词、量词的定义。

(2)谓词公式的定义，谓词逻辑中的命题符号化。

(3)量词的指导变元、辖域，约束变元、自由变元的定义，变元的换名规则和代入规则。

(4)谓词公式的解释，公式的类型(有效式、矛盾式、可满足式)。

(5)谓词公式中等价、蕴涵的概念，基本等价公式和蕴涵式。

(6)前束范式的概念，前束合取范式、前束析取范式。

(7)量词的指定与推广规则，谓词逻辑的推理。

2. 基本要求

(1)掌握个体、谓词、量词等概念，会使用它们符号化命题。

(2)掌握量词的辖域及约束变元、自由变元的概念，能够正确使用换名规则和代入规则。

(3)掌握谓词公式的解释的概念，能够确定给定公式在某一解释下的真值。

(4)掌握谓词公式的等价、蕴涵等概念，牢记基本等价公式、蕴涵式，尤其是谓词逻辑中特有的等价公式、蕴涵式。

(5)了解前束范式的概念，能够应用辖域扩充及收缩原则求谓词公式的前束范式。

(6)掌握谓词逻辑的推理理论，使用 US、ES、UG、EG 规则及 P、T 规则和基本等价公式、蕴涵式，进行有效推理。

3. 重点和难点

重点：谓词逻辑中命题的符号化，谓词逻辑中的推理规则，谓词的形式化推理。

难点：对命题更深入细腻的剖析，使得语言描述的命题进行谓词形式的符号化更困难，同时也使得联结词的符号形式更复杂；正确利用推理规则、基本等价公式和蕴涵式完成谓词逻辑的形式化推理。

习 题 2

1. 用谓词符号化下列命题。

(1)有些人是好人，有些人是坏人。

(2)每个人都应该保护环境。

(3)每个中国人都观看了 2008 年北京奥运会。

(4)金子是闪光的，闪光的未必是金子。

(5)除 2 以外的所有质数都是奇数。

2. 用谓词符号化下列命题。

(1)每个自然数均有唯一的一个自然数是它的后继。

(2)每个学生都想所学的门门课程都取得好成绩。

(3)并非每个实数都能开平方。

(4)要想出国留学，必须通过外语考试。

(5)通过平面上不同的两个点有且仅有一条直线。

(6)每个在学校读书的人都将获得一些知识，获得某些知识的人不一定在校读书。

3. 将命题“并非 E_1 中的每个数都小于或等于 E_2 中的每个数”按下面要求的形式符号化。

(1)出现全称量词，不出现存在量词。

(2)出现存在量词，不出现全称量词。

4. 设个体域为整数集，设 $P(x)$：x 是质数，$Q(x)$：x 是偶数，$E(x,y)$：x 等于 y，$L(x,y)$：x 小于 y，将下列命题分别表示为仅含有上述谓词的谓词公式。

(1)没有最大的质数。

(2)并非所有的质数都不是偶数。

5. 设 $P(x)$ 是一个谓词，$\exists!xP(x)$ 的含义是，存在唯一的 x 使得 $P(x)$ 成立。请用全称量词、存在量词及命题联结词表示 $\exists!xP(x)$。

6. 设解释 R 为论域 D 为实数集，$a=0, f(x,y)=x-y, A(x,y)$：$x<y$。求下列谓词公式所表示命题的含义及真值。

(1) $\forall x\forall y\forall z(A(x,y)\rightarrow A(f(x,z), f(y,z)))$。

(2) $\forall xA(f(a,x),a)$。

(3) $\forall x\forall yA(f(x,y),x)$。

(4) $\forall x\forall y(A(x,y)\rightarrow A(f(x,a),y))$。

7. 试确定下列公式中的约束变元和自由变元，指出各量词的辖域，对约束变元或自由变元进行换名或代入。

(1) $\forall x\exists y(F(x,y)\vee G(x,z))\wedge\exists xF(x,y)$。

(2) $(\forall xF(x,y)\to\exists yG(y,z))\vee\exists zH(x,z)$。

(3) $\exists x\forall y(F(x,y)\to G(y))\leftrightarrow H(x,y)$。

(4) $\exists x(F(x,y)\to\forall yG(y,z))\to\forall x\forall zH(x,y,z)$。

8. 设个体域为$\{a,b,c\}$，试将下列谓词中的量词消除，写成与之等价的命题公式。

(1) $\forall xP(x)\wedge\forall xQ(x)$。

(2) $\forall x(P(x)\vee Q(x))$。

(3) $\exists xP(x)\to\exists xQ(x)$。

(4) $\forall xP(x)\wedge\exists xQ(x)$。

9. 下列谓词公式是否是永真式？试证明你的判断，对不是永真式的公式构造一个使其为假的解释。

(1) $\forall xA(x,x)\to\exists y\forall xA(x,y)$。

(2) $\forall x(A(x)\vee B(x))\to(\forall xA(x)\vee\forall xB(x))$。

10. 设论域$D=\{a,b,c\}$，证明：

(1) $\forall xA(x)\vee\forall xB(x)\Rightarrow\forall x(A(x)\vee B(x))$。

(2) $\exists x(A(x)\wedge B(x))\Rightarrow\exists xA(x)\wedge\exists xB(x)$。

(3) $\forall x(A(x)\to B(x))\Rightarrow\exists xA(x)\to\forall xB(x)$。

11. 证明下列等价式。

(1) $\neg\forall x(F(x)\to G(x))\Leftrightarrow\exists x(F(x)\wedge\neg G(x))$。

(2) $\forall x(F(x)\to\forall y(G(y)\to L(x,y)))\Leftrightarrow\forall x\forall y(F(x)\wedge G(y)\to L(x,y))$。

(3) $\exists x(F(x)\to\forall yG(y))\Leftrightarrow\forall xF(x)\to\forall xG(x)$。

(4) $\forall x\forall y(P(x)\to Q(y))\Leftrightarrow\exists xP(x)\to\forall yQ(y)$。

12. 求下列公式的前束合取范式及前束析取范式。

(1) $\forall x(\forall y\exists zP(x,y,z)\to\exists z\forall u(Q(x,z)\vee R(x,u,z)))$。

(2) $\forall x(P(x)\to(\exists yQ(y)\to\exists yR(x,y)))$。

13. 指出下列推理中的错误，并加以改正。

(1) $\forall xP(x)\to Q(x)\Rightarrow P(y)\to Q(y)$。

(2) $P(a)\to Q(b)\Rightarrow\exists x(P(x)\to Q(x))$。

(3) $P(x)\to Q(c)\Rightarrow\exists x(P(x)\to Q(x))$。

(4) $\forall x(P(x)\to Q(x))\Rightarrow P(a)\to Q(b)$。

(5) ①$\exists xP(x)$

②$P(c)$

③$\exists xQ(x)$

④$Q(c)$

⑤$P(c)\wedge Q(c)$

⑥$\exists x(P(x)\wedge Q(x))$。

(6) ①$\forall x(P(x)\to Q(x))$

②$P(c)\to Q(c)$

③$\exists xP(x)$

④$P(c)$

⑤$Q(c)$

⑥$\exists xQ(x)$。

14. 构造下面推理的证明。

(1) $\forall x(F(x)\to G(x))$，$\exists x(F(x)\wedge H(x))\Rightarrow\exists x(G(x)\wedge H(x))$。

(2) $\exists xF(x)\to\forall xG(x)\Rightarrow\forall x(F(x)\to G(x))$。

(3) $\forall x(F(x)\to G(x))\Rightarrow\exists xF(x)\to\forall xG(x)$。

(4) $\forall x(A(x)\to B(x)\lor C(x))$，$\forall x(C(x)\to\neg D(x))\Rightarrow\forall x(D(x)\to(A(x)\to B(x)))$。

15. 符号化下列命题，并给出形式证明。

(1)任何自然数都是整数。存在自然数。所以存在整数。个体域为实数集 **R**。

(2)不存在能表示成分数的无理数。有理数都能表示成分数。因此，有理数都不是无理数。

(3)任何人违反交通规则，都要受到罚款。因此，如果没有罚款，就没有人违反交通规则。

(4)所有汽车都排放废气。有些交通工具是汽车。所以有些交通工具排放废气。

(5)只要今天天气不好，就一定有考生不能提前进入考场。当且仅当所有考生提前进入考场，考试才能准时进行。所以，如果考试准时进行，那么今天天气就好。

(6)每个科学工作者都刻苦钻研。每个刻苦钻研而又聪明的人在他的事业中都将获得成功。王海是科学工作者，并且聪明。所以王海在他的事业中将获得成功。

第二篇　集　合　论

集合是现代数学的最基本概念。集合的思想起源很早，古希腊的原子论学派就把直线看成一些原子的排列。16 世纪末，为了建立微积分的可靠基础，人们对数的集合进行了更深入的研究。直到 1873 年著名德国数学家格奥尔格 · 康托尔(George Cantor)发表了一系列有关集合的论文，奠定了(公理)集合论的基础。集合论在数学及其他各学科中已经成为必不可少的描述工具，现代数学与离散数学的“大厦”就是建立在集合论的基础之上的。随着计算机科学技术的迅速发展，集合论的原理和方法已经成为其主要的理论基础。集合的元素由数学的数集、点集扩展成为包含文字、符号、图形图像、声音等多种媒体的信息，构成了包含各种数据类型的集合。集合不仅可以表示数及其运算，还可以表示和处理非数值信息，如数据的增加、删除、修改、排序及数据间关系的描述等，这些难以用传统的数值计算进行操作，而用集合运算处理却十分方便，从而集合论在人工智能、数据库、数据结构、程序设计、软件工程、开关理论、信息检索等各领域得到了广泛应用和发展。

本篇利用谓词逻辑的方法深入讨论集合及其运算，然后在集合的基础上学习二元关系及其性质和运算，利用关系深入研究函数，为图论、代数系统和组合数学的学习做好充分准备。

第 3 章　集合论基础

本章主要讨论集合的基本概念、集合的表示、集合的子集及集合的运算等。通过谓词逻辑表达集合论的基本概念，建立命题演算与集合运算之间的联系。

3.1　集合的基本概念

3.1.1　集合及元素

集合是一个至今尚不能精确数学化定义的基本概念。根据康托尔朴素集合论的观点，在研究问题的过程中，将具有某种共同属性的个体组成的整体，称为集合，其中的每个个体称为该集合的元素。例如，计算机网络是计算机之间以信息传输为主要目的而连接起来的计算机系统的集合，以及环球网(World Wide Web，WWW)、计算机内存的全体单元集合、C 语言中所有标识符的集合、空气的所有组成气体、二值图像中所有黑色像素点的集合等。

集合通常用大写英文字母表示，用小写英文字母表示集合的元素。若个体 a 是集合 A 的元素，则称 a 属于 A，记作 $a \in A$；否则，称 a 不属于 A，记作 $a \notin A$。

若集合的元素个数是有限的，则称其为有限集，元素的个数称为 A 的基，记作$|A|$；否则，称其为无限集。含 n 个元素的集合称为 n 元集。

注 (1)集合可以由任意类型的元素组成，可以是具体的，也可以是抽象的，一个集合可以是另一个集合的元素，如 $A=\{a, \{a\}\}$，但不允许以集合自身为其元素。

(2)元素与集合间是一种隶属关系。任意一个个体对某集合而言，或属于该集合或不属于该集合，两者必居其一且仅居其一。

(3)集合的元素必须是确定的、可区分的，且是不重复的、无序的，如$\{2, 3, 7, 3, 6, 2\}$、$\{2, 3, 6, 7\}$、$\{3, 2, 7, 6\}$是同一个集合。

常用的集合有自然数集 **N**、整数集 **Z**、有理数集 **Q**、实数集 **R**、素数集 **P** 等。

3.1.2 集合的表示

集合由其元素的属性确定，只需将集合的元素列举出来或将元素的属性表示出来，就能确定一个集合。表示集合的常用方法有三种。

1. 列举法

以任意顺序不重复地写出集合的所有元素，元素间用逗号分隔，并用一对花括号括起。例如，集合 A 为“所有小于 5 的正整数”，则 $A=\{1, 2, 3, 4\}$。

若集合的元素有一定规律，则可用部分列举法表示，即列出集合的部分代表性元素，其余元素用省略号代替。例如，A 为“全体小写英文字母”的集合，则 $A=\{a, b, c, \cdots, x, y, z\}$；斐波那契数列集合为$\{0, 1, 1, 2, 3, 5, 8, 13, 21, 34, \cdots\}$。列举法属于“静态”表示法，计算机存储“数据”时占用大量内存。

2. 描述法

描述法也称谓词表示法，即用谓词描述集合中元素的共同属性。例如，设谓词 $P(x)$ 表示集合元素 x 具有属性 P，则具有属性 P 的所有个体组成的集合 A，记作 $A=\{x|P(x)\}$。若 $P(a)$ 为真，则 $a\in A$；否则 $a\notin A$。

例如，集合$\{x|x^2-3x+2=0\}$、$\{1, 2\}$、{不超过 2 的正整数}都表示方程 $x^2-3x+2=0$ 的全部解；$\{(x, y)|x^2+y^2=1\}$是 xOy 平面上单位圆周上所有点的集合；斐波那契数列集合 $\{F_n|F_n=F_{n-1}+F_{n-2}, F_0=0, F_1=1, n\geqslant 2\}$。

描述法便于表示具有复杂特性的集合，尤其是无限集合，属于“动态”表示法，计算机在处理“数据”时不占用大量内存。

3. 文氏图法

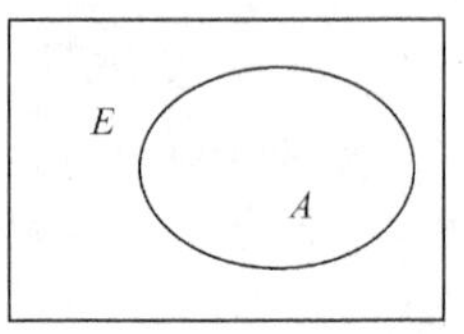

图 3.1 集合的文氏图

文氏图是利用平面图形表示集合的方法，是以英国数学家约翰 · 文(John Ven)的名字命名的，具有形象、直观、易于理解的特点，尤其在集合的运算和集合计数等问题中。常用矩形、圆或一条封闭曲线表示集合，如图 3.1 所示。

除上述三种表示法外，还有一些表示法，如数集的区间表示法 $(a, b]=\{x|a<x\leqslant b\}$，$[a,+\infty)=\{x|x\geqslant a\}$，平面点集的邻域表示法 $U(P_0, \delta)=\{P||PP_0|<\delta\}$，其中 P_0 是 xOy 平面上的点等。

3.1.3 集合间的关系

定义 3.1.1 设 A、B 是集合，若 A 的每个元素都是 B 的元素，则称 A 是 B 的子集，或 A 包含于 B，或 B 包含 A，记作 $A\subseteq B$，谓词表示为

$$A\subseteq B\Leftrightarrow\forall x\ (x\in A\rightarrow x\in B)$$

若 A 中至少存在一个元素不属于 B，则称 A 不是 B 的子集，或 B 不包含 A，记作 $A\nsubseteq B$。

注 需区分隶属关系和包含关系。隶属是元素与集合、个体与整体的关系；包含是集合与集合、部分与整体的关系。对某些集合可以同时成立这两种关系，如 $A=\{a, \{a\}\}$，$B=\{a\}$，同时有 $B\in A$ 且 $B\subseteq A$。

集合的包含关系具有下列性质。

(1) 自反性：对任意集合 A，均有 $A\subseteq A$。

(2) 传递性：对任意集合 A、B、C，若 $A\subseteq B$ 且 $B\subseteq C$，则 $A\subseteq C$。

定义 3.1.2 设 A、B 是集合，若 $A\subseteq B$ 且 $B\subseteq A$，则称 A 与 B 相等，记作 $A=B$，即

$$\begin{aligned}A=B&\Leftrightarrow A\subseteq B\wedge B\subseteq A\\&\Leftrightarrow\forall x(x\in A\rightarrow x\in B)\wedge\forall x(x\in B\rightarrow x\in A)\\&\Leftrightarrow\forall x(x\in A\leftrightarrow x\in B)\end{aligned}$$

这个定义也称为外延性公理，常用于证明两个集合相等。

若两个集合 A 与 B 不相等，记作 $A\neq B$。

定义 3.1.3 设 A、B 是集合，若 $A\subseteq B$ 且 $A\neq B$，则称 A 是 B 的真子集，记作 $A\subset B$，即

$$A\subset B\Leftrightarrow\forall x(x\in A\rightarrow x\in B)\wedge\exists x(x\in B\wedge x\notin A)$$

用文氏图表示集合的包含关系如图 3.2 所示。

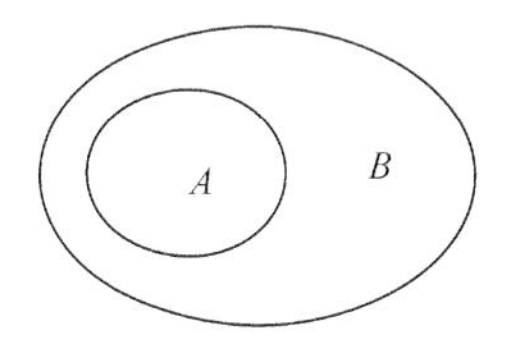

图 3.2 $A\subset B$ 的文氏图

3.1.4 特殊集合

定义 3.1.4 不含任何元素的集合称为空集，记作 $\varnothing$。

空集在客观世界中是存在的，如两条平行直线交点的集合、$\{x|x^2+1=0\wedge x\in\mathbf{R}\}$。

定理 3.1.1 空集是任意集合的子集，且空集是唯一的。

注 (1) $\varnothing$ 与 $\{\varnothing\}$ 是不同的集合。

(2) 任何非空集合 A 至少有两个子集，即 $\varnothing$ 和其本身 A；而 $\varnothing$ 只有一个子集即其本身 $\varnothing$。

定义 3.1.5 在问题讨论的范围内，若所有集合都是某个集合的子集，则称该集合为全集，记作 E 或 U。一般用一个矩形的内部表示全集 E。

定义 3.1.6 以集合 A 的所有子集为元素的集合称为 A 的幂集，记作 $\wp(A)$ 或 2^A，即

$$\wp(A)=\{B|B\subseteq A\}$$

在集合 A 的所有子集中，A 和 $\varnothing$ 称为平凡子集。

【例 3.1.1】 求 $A=\{a, b, c\}$ 的幂集。

解 按 A 的子集的元素个数进行分类。

0 元子集：∅，只有一个。

1 元子集：$\{a\}$、$\{b\}$、$\{c\}$，有 C_3^1 个。

2 元子集：$\{a, b\}$、$\{a, c\}$、$\{b, c\}$，有 C_3^2 个。

3 元子集：$\{a, b, c\}$，只有 C_3^3 个。

所以，$\wp(A)=\{\varnothing, \{a\}, \{b\}, \{c\}, \{a, b\}, \{a, c\}, \{b, c\}, \{a, b, c\}\}$。

一般地，对于 n 元集合 A，其 m 元子集有 C_n^m 个，不同的子集共有 $C_n^0 + C_n^1 + \cdots + C_n^n = 2^n$ 个。

下面采用二进制编码的方式，唯一地表示 n 元有限集合的幂集的元素。

设$|A|=n$，先将 A 的元素进行排序 $a_1, a_2, \cdots, a_n$，然后将一个 n 位二进制数 $b_1b_2\cdots b_n$(称为位串)作为 A 的子集编码的下标，则

$$\wp(A)=\{A_i | A_i \subseteq A \wedge i \in W\}$$

其中，$W=\{i|i$ 是 n 位二进制数且 $0\cdots0 \leqslant i \leqslant 1\cdots1\}$。

各子集的元素与其编码的关系如下：

$$\begin{cases} a_i \in A_{b_1\cdots b_i\cdots b_n}, & b_i = 1 \\ a_i \notin A_{b_1\cdots b_i\cdots b_n}, & b_i = 0 \end{cases} \quad (i = 1, 2, \cdots, n)$$

例 3.1.1 中各子集对应的编码见表 3.1，则

$$\wp(A)=\{A_{000}, A_{001}, A_{010}, A_{011}, A_{100}, A_{101}, A_{110}, A_{111}\}$$

表 3.1　子集的编码

二进制下标的子集	A_{000}	A_{001}	A_{010}	A_{011}	A_{100}	A_{101}	A_{110}	A_{111}
十进制下标的子集	A_0	A_1	A_2	A_3	A_4	A_5	A_6	A_7
子集	∅	$\{c\}$	$\{b\}$	$\{b, c\}$	$\{a\}$	$\{a, c\}$	$\{a, b\}$	$\{a, b, c\}$

该方法可以不重复、无遗漏地快速确定集合的所有子集，特别是集合元素较多时非常方便。

3.2　集合的运算

集合运算是指用已知集合生成新的集合，也称为集合上的操作，常用的集合运算有交、并、差和对称差运算。

3.2.1　交运算

定义 3.2.1　设 A、B 是集合，由 A 和 B 的所有共同元素组成的集合，称为 A 与 B 的交集，记作 $A \cap B$，即

$$A \cap B=\{x|x \in A \wedge x \in B\}$$

用文氏图表示，如图 3.3 中阴影部分所示。

若两个集合的交集为空集，则称它们是不相交的。

类似地，n 个集合的交集定义为

$$\bigcap_{i=1}^{n} A_i = A_1 \cap A_2 \cap \cdots \cap A_n = \{x \mid x \in A_1 \wedge x \in A_2 \wedge \cdots \wedge x \in A_n\}$$

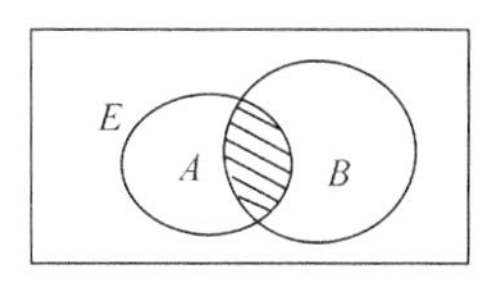

图 3.3　$A \cap B$ 的文氏图

3.2.2　并运算

定义 3.2.2　设 A、B 是集合，由 A 和 B 的所有元素组成的集合，称为 A 与 B 的并集，记作 $A \cup B$，即

$$A \cup B = \{x \mid x \in A \vee x \in B\}$$

用文氏图表示，如图 3.4 中阴影部分所示。

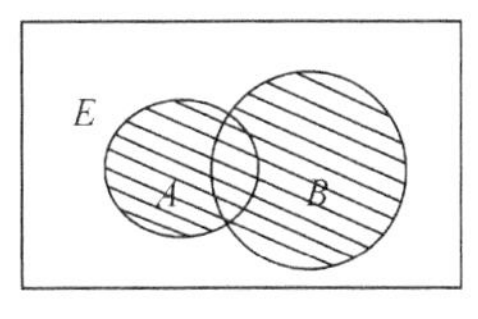

图 3.4　$A \cup B$ 的文氏图

n 个集合的并集定义为

$$\bigcup_{i=1}^{n} A_i = A_1 \cup A_2 \cup \cdots \cup A_n = \{x \mid x \in A_1 \vee x \in A_2 \vee \cdots \vee x \in A_n\}$$

3.2.3　差运算

定义 3.2.3　设 A、B 是集合，由属于 A 但不属于 B 的所有元素组成的集合，称为 B 对于 A 的补集或相对补，或者 A 减 B 的差集，记作 $A-B$，即

$$A-B = \{x \mid x \in A \wedge x \notin B\} = \{x \mid x \in A \wedge \neg(x \in B)\}$$

集合 $A-B$ 就是集合 A 中去掉属于集合 B 的元素，用文氏图表示，如图 3.5 中阴影部分所示。

定义 3.2.4　全集 E 与 A 的差集 $E-A$，称为 A 的绝对补集或 A 的余集，简称补集，记作$\sim A$ 或 $\overline{A}$ 、$\neg A$，即

$$\sim A = \{x \mid x \in E \wedge x \notin A\}$$

用文氏图表示，如图 3.6 中阴影部分所示。集合的补集与全集的选取有关。

3.2.4　对称差运算

定义 3.2.5　设 A、B 是集合，由或者属于 A 或者属于 B，但不同时属于 A 和 B 的元素组成的集合，称为 A 与 B 的对称差，记作 $A \oplus B$，即

$$A \oplus B = \{x \mid (x \in A \wedge x \notin B) \vee (x \in B \wedge x \notin A)\} = \{x \mid x \in A \,\overline{\vee}\, x \in B\}$$

用文氏图表示，如图 3.7 中阴影部分所示。

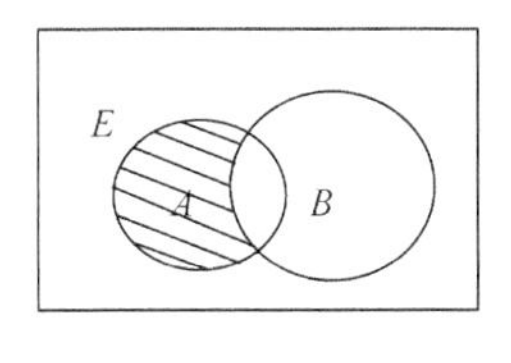

图 3.5　$A-B$ 的文氏图

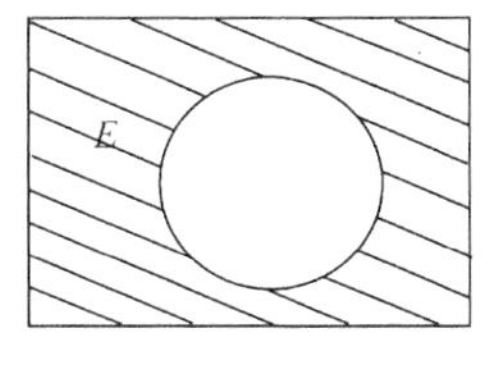

图 3.6　$\sim A$ 的文氏图

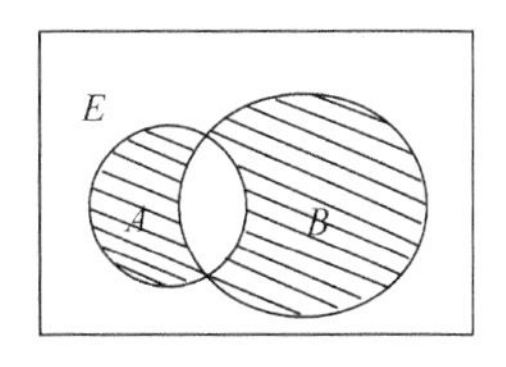

图 3.7　$A \oplus B$ 的文氏图

3.2.5　集合运算的性质

由集合运算的定义，容易得到集合运算的基本恒等式，这些性质也称为集合运算的基本恒等式。

定理 3.2.1 设 A、B、C 是集合，则

(1) 幂等律，$A \cap A=A$，$A \cup A=A$。

(2) 零律，$A \cap \varnothing=\varnothing$，$A \cup E=E$，$A \oplus A=\varnothing$。

(3) 同一律，$A \cap E=A$，$A \cup \varnothing=A$，$A \oplus \varnothing=A$。

(4) 交换律，$A \cap B=B \cap A$，$A \cup B=B \cup A$，$A \oplus B=B \oplus A$。

(5) 结合律，$A \cap (B \cap C)=(A \cap B) \cap C$，$A \cup (B \cup C)=(A \cup B) \cup C$，$(A \oplus B) \oplus C=A \oplus (B \oplus C)$。

(6) 吸收律，$A \cup (A \cap B)=A$，$A \cap (A \cup B)=A$。

(7) 分配律，$A \cup (B \cap C)=(A \cup B) \cap (A \cup C)$，$A \cap (B \cup C)=(A \cap B) \cup (A \cap C)$，$A \cap (B \oplus C)=(A \cap B) \oplus (A \cap C)$。

(8) 双重否定律，$\sim(\sim A)=A$。

(9) 排中律，$A \cup \sim A=E$。

(10) 矛盾律，$A \cap \sim A=\varnothing$。

(11) 德 · 摩根律，$\sim(A \cup B)=\sim A \cap \sim B$，$\sim(A \cap B)=\sim A \cup \sim B$。

(12) $A-B=A \cap \sim B=A-(A \cap B)$。

(13) $A \oplus B=(A-B) \cup (B-A)=(A \cup B)-(A \cap B)$。

证明 利用集合运算的谓词表示及等值演算证明。

(7) $A \cup (B \cap C)=\{x|x \in A \vee (x \in B \wedge x \in C)\}$

$=\{x|(x \in A \vee x \in B) \wedge (x \in A \vee x \in C)\}$

$=\{x|x \in A \vee x \in B\} \cap \{x|x \in A \vee x \in C\}$

$=(A \cup B) \cap (A \cup C)$

同理，$A \cap (B \cup C)=(A \cap B) \cup (A \cap C)$。

(12) 利用集合恒等式证明。显然，$A-B=A \cap \sim B$。

$A-(A \cap B)=A \cap \sim(A \cap B)$

$=A \cap (\sim A \cup \sim B)$	德 · 摩根律
$=(A \cap \sim A) \cup (A \cap \sim B)$	分配律
$=\varnothing \cup (A \cap \sim B)$	矛盾律
$=A \cap \sim B$	同一律

■

【例 3.2.1】 已知 $A \oplus B=A \oplus C$，是否有 $B=C$?

解 成立。

方法一：$A \oplus B=A \oplus C \Leftrightarrow A \oplus (A \oplus B)=A \oplus (A \oplus C) \Leftrightarrow (A \oplus A) \oplus B=(A \oplus A) \oplus C \Leftrightarrow \varnothing \oplus B=\varnothing \oplus C \Leftrightarrow B=C$。

方法二：要证 $B=C$，只需证明 $B \subseteq C$ 且 $C \subseteq B$。

欲证 $B \subseteq C$，即 $\forall x \in B \Rightarrow \forall x \in C$，设 $x \in B$，分以下两种情况进行讨论。

(1) 若 $x \in A$，则 $x \in A \Rightarrow x \in A \cap B \Rightarrow x \notin A \oplus B \Rightarrow x \notin A \oplus C \Rightarrow x \in \sim(A \cup C)$ 或 $x \in A \cap C \Rightarrow x \in A \cap C \Rightarrow x \in C$，因此 $B \subseteq C$。

(2) 若 $x \notin A$，则 $x \notin A \Rightarrow x \notin A \cap B \Rightarrow x \in A \oplus B$ 或 $x \in \overline{A \cup B}$，而 $\forall x \in B$，所以 $x \notin A \Rightarrow x \in A \oplus B \Rightarrow x \in A \oplus C \Rightarrow x \in A-C$ 或 $x \in C-A \Rightarrow x \in C-A \Rightarrow x \in C$，因此 $B \subseteq C$。

同理，可证 $C \subseteq B$，所以 $B=C$。 ■

不难看出，集合运算的规律和命题演算的某些规律是一致的，所以命题演算的方法是证明集合恒等式的基本方法。

集合运算的性质和命题公式一样，有许多恒等式都是成对出现的，这是一种必然的规律，称为集合代数的对偶原理。

3.3 集合的划分与覆盖

在许多实际问题中，研究的对象常常需要进行分类，即根据一些特定条件，将其分成若干个便于讨论的非空真子集，然后在每个真子集内进行讨论，直到获得预期的结果，如硬盘分区、知识库的分类等，这种方法称为分类法或划分，是数学中的一种基本方法。

定义 3.3.1 设 A 是非空集合，$\pi_1, \pi_2, \cdots, \pi_m$ 是其非空子集，$\pi=\{\pi_1, \pi_2, \cdots, \pi_m\}$。

(1) 若 $\bigcup\limits_{i=1}^{m}\pi_i=A$，则称 π 是 A 的一个覆盖。

(2) 若 $\bigcup\limits_{i=1}^{m}\pi_i=A$ 并且 $\pi_i\cap\pi_j=\varnothing\,(i\neq j)$，则称 π 是 A 的一个划分，π_i 称为该划分的分划块。一个划分中块的个数称为该划分的秩，记作$|\pi|$。

集合 A 作为 π 中唯一的元素时，该划分称为 A 的最小划分，秩为 1。A 中每个元素所组成的单元素集构成的集合称为 A 的最大划分，秩为$|A|$。

【例 3.3.1】 给定集合 $A=\{a, b, c\}$，考虑下列集合

$$S=\{\{a, b\}, \{b, c\}\}, \quad Q=\{\{a\}, \{a, b\}, \{a, c\}\}$$

$$D=\{\{a\}, \{b, c\}\}, \quad G=\{\{a, b, c\}\}$$

$$E=\{\{a\}, \{b\}, \{c\}\}, \quad F=\{\{a\}, \{a, c\}\}$$

则 S、Q、D、G、E 都是 A 的覆盖，D、G、E 是 A 的划分。最小划分为 G，最大划分为 E。S 不是 A 的划分，因为元素 b 包含在多于一个的不同子集中。F 不是 A 的覆盖，当然更不是划分，因为没有块包含元素 b。

注 (1) 划分必是覆盖，反之不然。

(2) 集合的覆盖与划分是不唯一的。

(3) 集合 A 中的每个元素至少属于 A 的覆盖中的一个子集，属于且仅属于 A 的划分中的一个分划块。

集合的划分可以用图解法表示。集合 A 用平面上的一个封闭区域表示，用线把 A 分成若干个不相重叠的部分，每一部分对应于一个分划块，如图 3.8 所示。

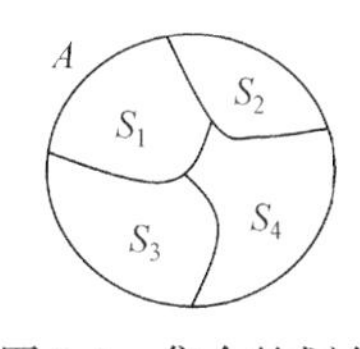

图 3.8 集合的划分

【例 3.3.2】 (1) 设 $\mathbf{Z}$ 是整数集，$\pi_1=\{\{0\}, \{-1, 1\}, \{-2, 2\}, \cdots\}$，$\pi_2=\{\{\cdots, -n, \cdots, -3, -2, -1\}, \{0\}, \{1, 2, \cdots, n, \cdots\}\}$都是 $\mathbf{Z}$ 的划分。

(2) 设 $\mathbf{Z}^+$是正整数集，$\pi=\{\{3, 6, 9, 12, \cdots\}, \{1, 4, 7, 10, \cdots\}, \{2, 5, 8, 11, \cdots\}\}$是 $\mathbf{Z}^+$的一种划分。

(3) 设 A 是任意集合，$\sim A$ 是 A 的补集，则$\{A, \sim A\}$构成全集的一种划分。

如何确定有限集合上所有划分的个数?

设 A 是 n 元集合，A 的所有不同划分的个数记为 $N(n)$，将 n 元集划分为 k 个块的分法的总数记为 $S(n,k)$，称为第二类 Stirling 数，则

(1) $N(n)=\sum_{k=1}^{n}S(n,\ k)$。

(2) $S(n,k)=\frac{1}{k!}\sum_{i=0}^{k-1}(-1)^i C_k^i (k-i)^n$。

(3) $S(n,k)=S(n-1,k-1)+kS(n-1,k)$，$S(n,1)=S(n,n)=1$。

于是，$N(1)=1$，$N(2)=2$，$N(3)=5$，$N(4)=15$，$N(5)=52$。

定义 3.3.2 设$\{A_1, A_2, \cdots, A_m\}$与$\{B_1, B_2, \cdots, B_n\}$是同一个非空集合 X 上的两种划分，若对每个 A_i 均存在 B_j，使得 $A_i \subseteq B_j$，则称$\{A_1, A_2, \cdots, A_m\}$为$\{B_1, B_2, \cdots, B_n\}$的加细或细分。

【例 3.3.3】 设 $X=\{a, b, c\}$，$\pi=\{\{a, b, c\}\}$、$\pi'=\{\{a\}, \{b, c\}\}$、$\pi''=\{\{a\}, \{b\}, \{c\}\}$是 X 上的三种划分，则 π' 是 π 的细分，π'' 是 π' 的细分，当然也是 π 的细分，而 $\tilde{\pi}=\{\{a, b\}, \{c\}\}$，与 π' 互不细分。

3.4 包含排斥原理

在集合运算中，有时会涉及集合的计数问题。计数是算法研究的一个基本内容。

定理 3.4.1（包含排斥原理） 设 A_1、A_2 为有限集合，则

$$|A_1\cup A_2|=|A_1|+|A_2|-|A_1\cap A_2|$$

推论 设 E 为全集，A_1、A_2 为有限集合，则

$$|\sim A_1\cap\sim A_2|=|E|-(|A_1|+|A_2|)+|A_1\cap A_2|$$

三个集合的包含排斥原理为

$$|A_1\cup A_2\cup A_3|=|A_1|+|A_2|+|A_3|-|A_1\cap A_2|-|A_1\cap A_3|-|A_2\cap A_3|+|A_1\cap A_2\cap A_3|$$

n 个集合的包含排斥原理为

$$|A_1\cup A_2\cup\cdots\cup A_n|=\sum_{i=1}^{n}|A_i|-\sum_{1\leqslant i<j\leqslant n}|A_i\cap A_j|+\sum_{1\leqslant i<j<k\leqslant n}|A_i\cap A_j\cap A_k|$$
$$+\cdots+(-1)^{n-1}|A_1\cap A_2\cap\cdots\cap A_n|$$

【例 3.4.1】 对某班级 60 名学生进行统计，41 人懂 Python 语言，38 人懂 R 语言，25 人两种语言都懂。试问有多少学生两种语言都不懂?

解 设 E={某班级 60 名学生}，A={懂 Python 语言的学生}，B={懂 R 语言的学生}，于是$|E|=60$，$|A|=41$，$|B|=38$，$|A\cap B|=25$。由包含排斥原理可得

$$|A\cup B|=|A|+|B|-|A\cap B|=41+38-25=54$$
$$|\sim A\cap\sim B|=|\sim(A\cup B)|=|E|-|A\cup B|=60-54=6$$

所以，有 6 人两种语言都不懂。

这个结果可以通过图 3.9 进行验证。

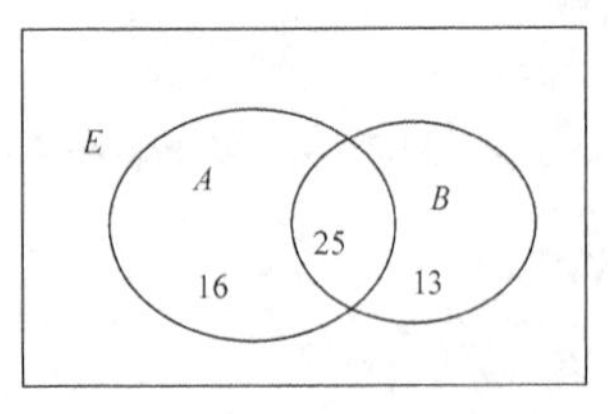

图 3.9 例 3.4.1 的文氏图

【例 3.4.2】 有 120 名学生参加考试，考试有 3 道题，考试结果如下：12 人 3 道题都做对了，20 人做对了第 1 题和第 2 题，16 人做对了第 1 题和第 3 题，28 人做对了第 2 题

和第 3 题，做对第 1 题的有 48 人，做对第 2 题的有 56 人，有 16 人一道题都没做对。试问有多少学生做对了第 3 题?

解 设E={120 名学生}，A_i={做对第 i 题的学生}（i=1, 2, 3），则由题意知$|E|=120$，$|A_1|=48$，$|A_2|=56$，$|A_1\cap A_2|=20$，$|A_1\cap A_3|=16$，$|A_2\cap A_3|=28$，$|A_1\cap A_2\cap A_3|=12$，$|\sim A_1\cap\sim A_2\cap\sim A_3|=16$，于是

$$|A_1\cup A_2\cup A_3|=|E|-|\sim A_1\cap\sim A_2\cap\sim A_3|=120-16=104$$

而

$$|A_1\cup A_2\cup A_3|=|A_1|+|A_2|+|A_3|-|A_1\cap A_2|-|A_1\cap A_3|-|A_2\cap A_3|+|A_1\cap A_2\cap A_3|$$

所以

$$|A_3|=104-48-56+20+16+28-12=52$$

即做对第 3 题的有 52 名学生。

3.5 数学归纳法

在数学研究中经常用到归纳和演绎两种方法。归纳法是用观察到的特殊事例得出一般性规律的方法，需要观察许多事例才能得出结论。演绎法是基于抽象的原理，将其应用于特殊事例中的方法。归纳法不仅是一种推理，还是科学发现的一种重要途径，数学中的许多定理、公式、重要结论，都是通过归纳、猜想得到的。然而一些根据有限的特殊事例通过猜想得到的结论是否成立，还需进一步证明。例如，著名的“四色猜想”于 1977 年利用计算机程序被证明，数论中的“费马数猜想”后来被瑞士数学家、自然科学家莱昂哈德·欧拉（Leonhard Euler）证明是错误的，而著名的“哥德巴赫猜想”至今仍然没有结论，它的最好结果是我国数学家陈景润于 1966 年证明的“每个大偶数都是一个素数及一个不超过两个素数的乘积之和”。

数学归纳法是一种完全归纳的证明方法，适用于与自然数有关的问题。其理论依据是自然数理论中的佩亚诺公理的第 5 条归纳公理，即 A 是一个自然数集合，如果它具有下列性质：

（1）自然数 0 属于 A。

（2）如果自然数 n 属于 A，那么它的一个“直接后继”数 $n+1$ 也属于 A，则集合 A 包含一切自然数。

归纳公理说明：通过第一个命题的性质和相邻两个命题之间的联系，可以递推出任何一个命题的性质。

数学归纳法是这个公理的直接应用，分为两种归纳法。

第一数学归纳法有如下两个步骤。

（1）归纳基础：证明当 $n=1$ 时表达式 $P(1)$ 为真。

（2）归纳传递：证明如果当 $n=k$（$k>1$）时 $P(k)$ 为真，那么当 $n=k+1$ 时 $P(k+1)$ 同样也为真。

只要完成这两步，就可以断定命题对从 1 开始的所有正整数 n 都成立。

整个过程是“个别—特殊——一般”的推理形式。这两个步骤是缺一不可的。

第一步是验证，即证明表达式对起始值 1 是成立的。当然起始值可以不一定是 1，可

由问题的实际情况确定。

第二步中“如果当 $n=k(k>1)$ 时 $P(k)$ 为真”称为归纳假设，“那么当 $n=k+1$ 时 $P(k+1)$ 同样也为真”称为归纳结论。这一步实际上是在归纳假设正确的假定下，通过一系列推理，得到归纳结论是否有效的推理过程，即正确性是否能够传递。如果缺少第二步，证明也只停留在归纳的第一步上，即使对任意多个自然数 k 命题 $P(k)$ 都成立，也不能保证命题对所有的自然数都成立。

如果这两步都被证明了，那么任何一个值的证明都可以被包含在重复不断进行的过程中。数学归纳法体现了认识从有限到无限的质的飞跃。

【例 3.5.1】 设 n 阶方阵 $\boldsymbol{A}=\begin{pmatrix} 2a & 1 & & \\ a^2 & 2a & \ddots & \\ & \ddots & \ddots & 1 \\ & & a^2 & 2a \end{pmatrix}$ $(a\neq 0)$，试证明：$|\boldsymbol{A}|=(n+1)a^n$。

证明 n 阶矩阵 $\boldsymbol{A}$ 记作 $\boldsymbol{A}_n$，对 $\boldsymbol{A}$ 的阶数 n 用数学归纳法证明。

(1) 当 $n=2$ 时，$\boldsymbol{A}_2=\begin{pmatrix} 2a & 1 \\ a^2 & 2a \end{pmatrix}$，则 $|\boldsymbol{A}_2|=3a^2$，命题成立。

(2) 设 $n=k(k>2)$ 时命题成立，即 $|\boldsymbol{A}_k|=(k+1)a^k$。

(3) 当 $n=k+1$ 时，

$$|\boldsymbol{A}_{k+1}|=\begin{vmatrix} 2a & 1 & & \\ a^2 & 2a & \ddots & \\ & \ddots & \ddots & 1 \\ & & a^2 & 2a \end{vmatrix}=2a|\boldsymbol{A}_k|-a^2|\boldsymbol{A}_{k-1}|=2a(k+1)a^k-a^2 k a^{k-1}=(k+2)a^{k+1}$$

所以，当 $n=k+1$ 时命题也成立。

综上所述，原命题对任何自然数 n 都成立。

【例 3.5.2】 设 $x_1=\sqrt{3}$，证明：数列 $x_{n+1}=\sqrt{3+x_n}$ 是单调递增数列。

证明 (1) 当 $n=1$ 时，$x_2=\sqrt{3+x_1}$，而 $x_1=\sqrt{3}>0$，所以 $x_2>\sqrt{3}=x_1>0$，命题成立。

(2) 设 $n=k(k>1)$ 时命题成立，即 $x_{k+1}>x_k$。

(3) 当 $n=k+1$ 时，有 $x_{k+2}=\sqrt{3+x_{k+1}}>\sqrt{3+x_k}=x_{k+1}$，所以，当 $n=k+1$ 时命题也成立。

综上所述，原命题对任何自然数 n 都成立，即数列 $x_{n+1}=\sqrt{3+x_n}$ 是单调递增数列。

下面讨论第二数学归纳法，其步骤如下。

关于自然数的一个性质 $P(x)$，

(1) 归纳基础：证明 $P(0)$ 成立。

(2) 归纳传递：证明如果 $\forall s<k$，$P(s)\Rightarrow P(k)$ 成立，那么 $\forall nP(n)$ 同样成立。

【例 3.5.3】 试证明算数基本定理：任一大于 1 的整数都能表示成质数的乘积，即任一正整数 a，都有 $a=p_1p_2\cdots p_n$，其中 $p_1, p_2, \cdots, p_n$ 是质数，且 $p_1\leqslant p_2\leqslant\cdots\leqslant p_n$。

证明 (1) 当 $a=2$ 时，命题显然成立。

(2) 设对任意小于 $a(a>2)$ 的正整数命题成立。

(3)对 a 而言，有两种情况：

若 a 为质数，则命题成立。

若 a 为合数，则存在两个正整数 b、c，使得 $a=bc$，且 $1<b<a$，$1<c<a$。

由假设得 $b=p_1'p_2'\cdots p_m'$，$c=p_{m+1}'p_{m+2}'\cdots p_n'$，于是 $a=p_1'p_2'\cdots p_m'p_{m+1}'\cdots p_n'$，适当调整 p_i'，即得 a 的质因数分解。

综上所述，原命题对任一大于 1 的正整数成立。

3.6 集合的应用

3.6.1 集合的计算机表示

计算机采用 0 和 1 存储数据，由 0 或 1 组成的 0 位或多位的序列称为位串，位串的长度是其所含位的数目。集合在计算机中的表示方法有多种，可以用线性表的方式存储，这样做对集合的运算十分不便。在 3.1 节中利用编码的方式确定集合的子集，此方法可以推广到集合的表示上。

设全集 E 是有限集合，将 E 的元素按一定顺序排列，即 $E=\{e_1, e_2, \cdots, e_n\}$。用一个 n 位二进制数 $a_1a_2\cdots a_n$ 表示 E 的子集 A，其中 $a_i(i=1, 2, \cdots, n)$定义如下：

$$\begin{cases} a_i = 1, & e_i \in E \\ a_i = 0, & e_i \notin E \end{cases}$$

用位串表示集合，便于集合进行运算。

设集合 A 的位串为 $a_1a_2\cdots a_n$，集合 B 的位串为 $b_1b_2\cdots b_n$，则

$A\cap B$ 的位串为 $c_1c_2\cdots c_n$，其中$\begin{cases} c_i = 1, & a_i = 1 \wedge b_i = 1 \\ c_i = 0, & a_i = 0 \wedge b_i = 0 \end{cases}$，是 A、B 的位串按位与。

$A\cup B$ 的位串为 $c_1c_2\cdots c_n$，其中$\begin{cases} c_i = 1, & a_i = 1 \wedge b_i = 1 \\ c_i = 0, & a_i = 0 \wedge b_i = 0 \end{cases}$，是 A、B 的位串按位或。

$\overline{A}$ 的位串为 $c_1c_2\cdots c_n$，其中$\begin{cases} c_i = 1, & a_i = 0 \\ c_i = 0, & a_i = 1 \end{cases}$，是 A 的位串按位非。

【例 3.6.1】 设 $E=\{1, 2, 3, 4, 5, 6, 7, 8, 9\}$，其元素按从小到大的顺序排列，则 E 中 3 的倍数的集合为 $A=\{3, 6, 9\}$，其位串表示为 001001001，2 的倍数的集合为 $B=\{2, 4, 6, 8\}$，其位串表示为 010101010。$A\cap B$ 的位串为 000001000，即 $A\cap B=\{6\}$，$A\cup B$ 的位串为 011101011，即 $A\cup B=\{2, 3, 4, 6, 8, 9\}$，$\overline{A}$ 的位串为 110110110，即 $\overline{A}=\{1, 2, 4, 5, 7, 8\}$。

3.6.2 数学形态学

数学形态学是用集合论方法定量分析几何形状和结构的学科，已广泛应用于数字图像处理等领域，成为数字图像处理和模式识别的新方法。其基本思想是利用一个称为结构元素的“探针”在图像中的移动，将结构元素与图像进行交、并等运算，度量和提取图像中相关形状结构的图像分量，以达到对图像分析和识别的目的。应用数学形态学，可以简化图像数据，保持它们的基本形状特征，并除去不相关的结构，进行图像形状和结构的分析

及处理，包括边缘检测、图像分割、特征抽取、图像滤波、图像增强和恢复等。数学形态学方法可用于二值图像和灰度图像的处理与分析。

1. 二值形态学

用于二值图像的形态学方法称为二值形态学。二值形态学中，图像和结构元素都看作二维整数空间 $\mathbf{Z}^2$ 中的集合或网格。结构元素是具有某种确定形状的集合或网格，每个结构元素有一个中心，指定待处理像素的位置，结构元素中的 1 定义了结构元素的邻域。常用的结构元素有圆形、方形、扁平形等。例如：

(1) 二维空间中以原点为中心、半径为 r 的圆盘 $B=\{(x,y)\,|\,x^2+y^2\leqslant r,\quad x,y\in\mathbf{R}\}$；

(2) 二维整型网格中的 3×3 方形 $B=\{(-1,-1),(-1,0),(-1,1),(0,-1),(0,0),(0,1),(1,-1),(1,0),(1,1)\}$。

结构元素可以携带形状、大小、灰度等信息，其作用相当于滤波窗口，其形状、尺寸的选择是能否有效提取信息的关键。

形态学中广泛使用集合的平移和反射表达基于结构元素的操作。

设 A 是二值图像，点 $x\in\mathbf{Z}^2$，A 平移 x 后的结果 $(A)_x=\{a+x|a\in A\}$，称为 A 的平移变换，即整个图像沿向量 $\boldsymbol{x}$ 的方向平行移动。A 中元素关于原点的镜像 $\hat{A}=\{-a\ |a\in A\}$ 称为 A 的反射。

数学形态学的基本运算有腐蚀、膨胀、开和闭等。

2. 二值腐蚀

数学形态学的基本运算有腐蚀(或侵蚀)、膨胀(或扩张)、开和闭，腐蚀和膨胀是形态学处理的基础。

图像 A 被结构元素 B 腐蚀，记作 $A\ominus B$，定义为

$$A\ominus B=\{x\,|\,(B)_x\subseteq A\}$$

当 B 以原点为中心时，A 被 B 腐蚀的结果是所有使 B 平移 x 后仍在 A 中的 x 的集合，即 B 在 A 内任意移动时，B 的中心所到达的区域，如图 3.10 所示。

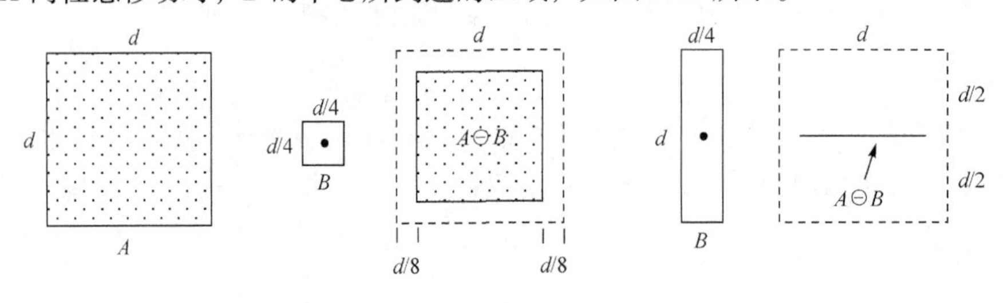

图 3.10　腐蚀示意图

A 被 B 腐蚀有下列等价形式：

$$A\ominus B=\{x\,|\,(B)_x\cap\overline{A}=\varnothing\}$$

腐蚀操作具有收缩目标区域的作用，常用于去除图像中的毛刺，从而达到图像去噪和消除物体边界点的目的。

3. 二值膨胀

图像 A 被结构元素 B 膨胀，记作 $A\oplus B$，定义为

$$A\oplus B=\{x \mid (\hat{B})_x \cap A\neq\varnothing\}$$

当 B 以原点为中心时，A 被 B 膨胀的结果是 B 的中心在 A 内任意移动时，B 上的任意点所到达的区域，如图 3.11 所示。

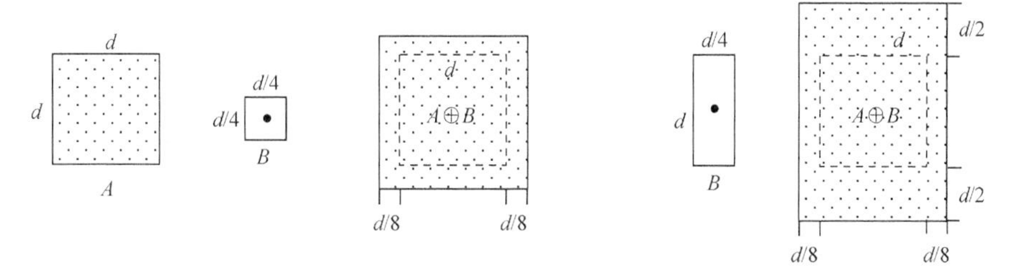

图 3.11　膨胀示意图

A 被 B 膨胀有下列等价形式：

$$A\oplus B=\{x \mid (\hat{B})_x \cap A\subseteq A\}$$

膨胀操作具有扩张目标区域的作用，常用于填补目标区域中尺寸小于结构元素的孔洞和缺口。

4. 二值开运算

结构元素 B 对图像 A 的开运算，记作 $A\circ B$，定义为

$$A\circ B=(A\ominus B)\oplus B$$

即 B 对 A 的开运算是 A 先被 B 腐蚀后再被 B 膨胀。开运算的结果是 B 在 A 中任意平移后 B 中任意点所到达的区域。

开运算的等价定义为

$$A\circ B=\cup\{(B)_x \mid (B)_x\subseteq A\}$$

开运算如图 3.12 所示，圆盘圆化了矩形的内角，能够消除尺寸小于结构元素的孤立小点和突起，磨光图像外边界。

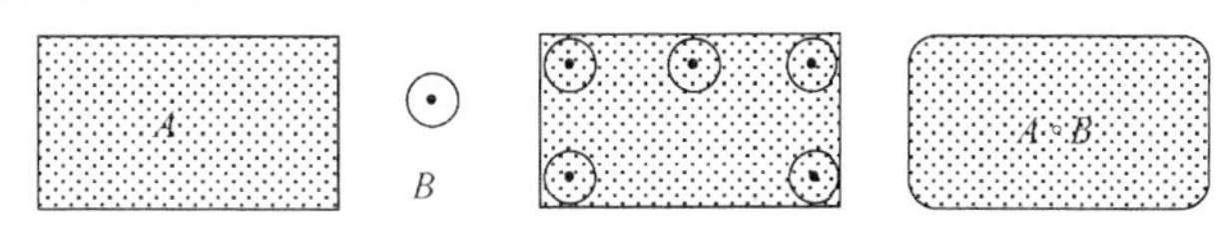

图 3.12　开运算示意图

5. 二值闭运算

结构元素 B 对图像 A 的闭运算，记作 $A\cdot B$，定义为

$$A\cdot B=(A\oplus B)\ominus B$$

即 B 对 A 的闭运算是 A 先被 B 膨胀再被 B 腐蚀。闭运算的结果是 B 的反射 $\hat{B}$ 在 A 之外的

任意移动所到达的区域的补集。

闭运算的等价定义为

$$A \cdot B = \overline{(\overline{A} \circ \hat{B})}$$

其中，$\overline{A}$ 是 A 的补集。

闭运算如图 3.13 所示，圆盘磨光了凸向图像内部的尖角，能够填补目标区域内部尺寸小于结构元素的孔洞和缺口，磨光图像内边界。

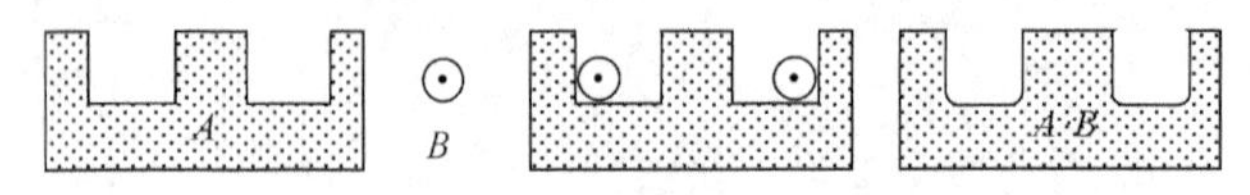

图 3.13　闭运算示意图

3.7　典型例题分析

【例 3.7.1】　试判断下面各命题是否成立。

(1) $\varnothing \subseteq \varnothing$；　(2) $\varnothing \in \varnothing$；　(3) $\varnothing \subseteq \{\varnothing\}$；　(4) $\varnothing \in \{\varnothing\}$；　(5) $\varnothing = \{\varnothing\}$。

相关知识　空集、包含关系、隶属关系

分析　本题的关键是正确理解 $\varnothing$ 和 $\{\varnothing\}$ 这两个概念，同时考察隶属关系、相等关系和包含关系。隶属描述元素与集合间的关系，包含描述集合与集合间的关系。$\varnothing$ 是空集，不含任何元素，是任意集合的子集，$\{\varnothing\}$ 是仅含 $\varnothing$ 的一元集合，$\varnothing$ 是其元素。

解　(1)、(3)、(4) 成立，(2)、(5) 不成立。

【例 3.7.2】　设 A、B、C 是任意集合，若 $A \subseteq B$，$B \in C$，是否必有 $A \subseteq C$？

相关知识　包含关系、隶属关系

分析　本题的关键是正确理解包含关系和隶属关系。集合由元素构成，其元素可以是具体个体，也可以是抽象个体，还可以是另一个集合。判断元素是否属于某个集合，需将元素作为一个整体检验其是否出现在该集合中。判断包含关系 $A \subseteq B$，需检验 A 中每个元素是否都在 B 中。

解　不成立。例如，$A=\{a, b\}$，$B=\{a, b, c\}$，$C=\{a, \{a, b, c\}\}$，此时 $A \subseteq B$，$B \in C$，而 $b \in A$，但 $b \notin C$，所以结论不成立。

【例 3.7.3】　设 A、B、C 是集合，证明：

(1) 若 $A \subseteq B$，则 $A \cap C \subseteq B \cap C$，但其逆不成立。

(2) 若 $A \subseteq B$，$C \subseteq D$，则 $A \cup C \subseteq B \cup D$，但其逆不成立。

相关知识　集合运算、集合间的包含关系

分析　证明集合包含关系成立时，可以根据定义进行证明，证明结论不成立时，需举出反例，此时可以先考虑特殊集合如空集及全集，再考虑一些简单的有限集合。

证明　(1) 若 $x \in A$，则 $\forall x \in A \cap C \Rightarrow x \in A \wedge x \in C \Rightarrow x \in B \wedge x \in C \Rightarrow x \in B \cap C$，故 $A \cap C \subseteq B \cap C$。

反之，取 $A=\{a\}$，$B=\{b\}$，$C=\varnothing$，有 $A \cap C = B \cap C = \varnothing$，则 $A \cap C \subseteq B \cap C$，但 $A \subseteq B$ 不成立。

(2) 对 $\forall x \in A \cup C$，即 $x \in A \vee x \in C$，有如下两种情况：

若 $x \in A$，由 $A \subseteq B$，有 $x \in B$，所以 $x \in B \cup D$。

若 $x\in C$，由 $C\subseteq D$，有 $x\in D$，所以 $x\in B\cup D$。

因此，始终有 $x\in B\cup D$，所以 $A\cup C\subseteq B\cup D$。

反之，取 $A=\{a\}$，$B=\{b\}$，$C=D=E$，有 $A\cup C=B\cup D=E$，则 $A\cup C\subseteq B\cup D$，但 $A\subseteq B$ 不成立。

【例 3.7.4】 设 $A=\{\varnothing\}$，$B=\wp(\wp(A))$，判断下列命题是否成立。

(1) $\varnothing\in B$，$\varnothing\subseteq B$。

(2) $\{\varnothing\}\in B$，$\{\varnothing\}\subseteq B$。

(3) $\{\varnothing, \{\varnothing\}\}\in B$，$\{\varnothing, \{\varnothing\}\}\subseteq B$。

相关知识 集合的幂集、包含关系、隶属关系

分析 幂集是一种特殊集合，$\wp(A)$的元素是集合 A 的所有子集，必定含有空集及 A 本身。本题中集合 B 是 A 的幂集的幂集，正确求出 B 的元素是本题关键。

解 由 $A=\{\varnothing\}$，有 $\wp(A)=\{\varnothing, \{\varnothing\}\}$，$B=\wp(\wp(A))=\{\varnothing, \{\varnothing\}, \{\{\varnothing\}\}, \{\varnothing, \{\varnothing\}\}\}$，显然，所有命题均成立。

【例 3.7.5】 对任意集合 A、B，则 $A\subseteq B$ 当且仅当 $\wp(A)\subseteq\wp(B)$。

相关知识 幂集、包含关系

分析 证明充要条件时需证明充分性和必要性，关键是正确理解 A 的幂集的元素和 A 的元素间的关系。而证明充分性时由于 $\wp(A)$的元素比 A 中元素复杂，要证明 A 中所有元素都在 B 中比较困难，此时可以采用反证法证明。

证明 (1) 必要性。若 $A\subseteq B$，对$\forall X\in\wp(A)$，有 $X\subseteq A$，又 $A\subseteq B$，故 $X\subseteq B$，于是 $X\in\wp(B)$。

(2) 充分性。若 $\wp(A)\subseteq\wp(B)$，假设 $A\not\subseteq B$，则至少$\exists a\in A$ 且 $a\notin B$，故$\{a\}\in\wp(A)$且$\{a\}\notin\wp(B)$，与 $\wp(A)\subseteq\wp(B)$矛盾，于是 $A\subseteq B$。

【例 3.7.6】 化简集合$(A\cap B)-(C-(A\cup B))$。

相关知识 集合运算、集合恒等式

分析 化简集合表达式的关键是熟悉集合的基本运算和集合恒等式，利用公式 $A-B=A\cap\sim B$，可将集合的差运算简化为交运算，再利用集合恒等式特别是分配律和德·摩根律，容易解决这类问题。

解
$$\begin{aligned}(A\cap B)-(C-(A\cup B))&=(A\cap B)\cap\sim(C\cap\sim(A\cup B))=(A\cap B)\cap(\sim C\cup(A\cup B))\\&=(A\cap B\cap\sim C)\cup(A\cap B\cap(A\cup B))\\&=(A\cap B\cap\sim C)\cup(A\cap B)=A\cap B\end{aligned}$$

【例 3.7.7】 设 A、B 是集合，证明：$A\cap(B-C)=(A\cap B)-(A\cap C)$。

相关知识 集合运算、集合恒等式

分析 证明集合间的包含或相等是集合演算的重点问题，常用方法有基于定义的证明方法和基于集合恒等变换的方法，第一种方法只需证明两个集合相互包含，第二种方法利用集合恒等式进行等价变换，需要熟练掌握集合运算的基本性质。

证明 右边$=(A\cap B)-(A\cap C)=(A\cap B)\cap\sim(A\cap C)=(A\cap B)\cap(\sim A\cup\sim C)$

$=(A\cap B\cap\sim A)\cup(A\cap B\cap\sim C)=\varnothing\cup(A\cap B\cap\sim C)$

$=A\cap(B\cap\sim C)=A\cap(B-C)=$左边

【例 3.7.8】 设 A、B、C 是集合，找出下列等式成立的充要条件。

(1) $(A-B)\cup(A-C)=\varnothing$。

(2) $(A-B)\cap(A-C)=A$。

(3) $A\cap C=B\cap C=A\cap B$ 且 $A\cup B\cup C=A\cup B$。

相关知识 集合运算、集合恒等式

分析 先将等式利用集合恒等式进行等价变形，化为最简形式，再根据集合运算的定义确定条件。

解 (1) 因为 $(A-B)\cup(A-C)=(A\cap\sim B)\cup(A\cap\sim C)=A\cap(\sim B\cup\sim C)=A\cap\sim(B\cap C)=A-(B\cap C)$，所以 $(A-B)\cup(A-C)=\varnothing$ 的充要条件是 $A\subseteq B\cap C$。

(2) 因为 $(A-B)\cap(A-C)=(A\cap\sim B)\cap(A\cap\sim C)=A\cap(\sim B\cap\sim C)=A\cap\sim(B\cup C)=A-(B\cup C)$，所以 $(A-B)\cap(A-C)=A$ 的充要条件是 $A\cap(B\cup C)=\varnothing$。

(3) 由 $A\cup B\cup C=A\cup B$，有 $C\subseteq A\cup B$。因为 $A\cap C=A\cap B$，所以 $A\cap C\cap B=A\cap B\cap B$，即 $A\cap B\cap C=A\cap B$，于是 $A\cap B\subseteq C$。

下面证明 $C\subseteq A\cap B$。若 $C\not\subseteq A\cap B$，即至少 $\exists c\in C$ 且 $c\notin A\cap B$。而 $C\subseteq A\cup B$，所以 $c\in A$ 且 $c\notin B$ 或 $c\in B$ 且 $c\notin A$，于是 $A\cap C\neq B\cap C$，矛盾。

于是，$C=A\cap B$，即 $A\cap C=B\cap C=A\cap B$ 且 $A\cup B\cup C=A\cup B$ 的充要条件是 $C=A\cap B$。

【例 3.7.9】 求集合 $A=\{1, 2, 3\}$的所有划分。

相关知识 集合的划分

分析 由于对集合进行划分后，其每个元素属于且仅属于划分中的一个分划块，于是在文氏图中对集合进行分块，按不重复、无遗漏的原则将集合的元素填入各块中，各种分法即对应一种划分。3 个元素的分法有一块(含 3 个元素)、二块(分别含 1 个、2 个元素)、三块(各含 1 个元素)。

解 将集合 A 的文氏图中的元素进行不同的分块，如图 3.14 所示，从而得到 A 的不同划分有五种：$\pi_1=\{\{1, 2, 3\}\}$，$\pi_2=\{\{1, 2\}, \{3\}\}$，$\pi_3=\{\{1, 3\}, \{2\}\}$，$\pi_4=\{\{1\}, \{2, 3\}\}$，$\pi_5=\{\{1\}, \{2\}, \{3\}\}$。

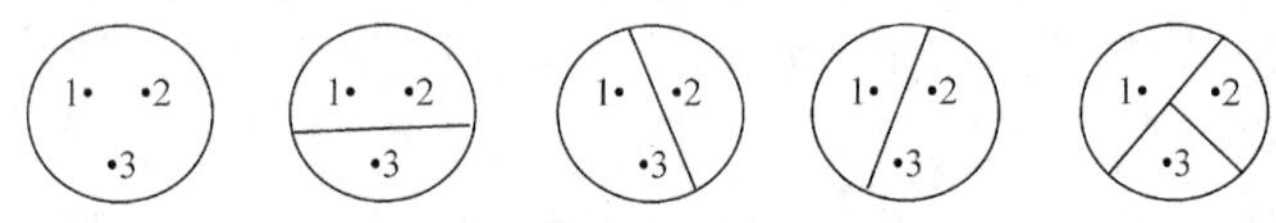

图 3.14 例 3.7.9 集合的划分

【例 3.7.10】 设$|A|=3$，$|\wp(B)|=16$，$|\wp(A\cup B)|=64$，求$|B|$，$|A\cap B|$，$|A-B|$，$|A\oplus B|$。

相关知识 集合基数、幂集、集合的运算

分析 先利用集合与其幂集基数间的关系确定$|B|$和$|A\cup B|$,再利用包含排斥原理及集合运算的性质，确定其他集合的元素基数。

解 由$|\wp(B)|=2^{|B|}$，得$|B|=4$。由$|\wp(A\cup B)|=64$，得$|A\cup B|=6$。

利用包含排斥原理，得$|A\cap B|=|A|+|B|-|A\cup B|=1$。

因为 $A-B=A-A\cap B$，所以$|A-B|=|A|-|A\cap B|=2$。

又因为 $A\oplus B=(A\cup B)-(A\cap B)$，得$|A\oplus B|=|A\cup B|-|A\cap B|=5$。

【例 3.7.11】 有 a、b、c、d、e 五个球，分给甲、乙、丙、丁、戊五个小朋友。若甲不要 a 球，乙不要 b 球，丙不要 c 球，问共有几种分法?

相关知识　集合计数、集合运算、组合数学

分析　本题是包含排斥原理的应用。讨论的是五个球分给五个人的分法，所以全集 E 为不需要任何条件的所有分法的集合。而某人不要指定球的分法集与某人要指定球的分法集互补，于是将满足题设条件的否定的各种分法集分别表示成集合。由集合运算的定义，写出满足题设三个条件的分法集的符号形式。根据组合数学的知识，分别计算各集合的基数，最后由包含排斥原理计算总的分法数。

解　设 $E=\{x|x$ 是五球分给五人的一种分法$\}$，$A=\{x|x$ 是甲分得 a 球的一种分法$\}$，$B=\{x|x$ 是乙分得 b 球的一种分法$\}$，$C=\{x|x$ 是丙分得 c 球的一种分法$\}$。

依题意，满足题设三个条件的分法集为 $\sim A\cap\sim B\cap\sim C$，且 $|E|=5!$，则

$$
\begin{aligned}
|\sim A\cap\sim B\cap\sim C|&=|\sim(A\cup B\cup C)|=|E|-|A\cup B\cup C|\\
&=|E|-(|A|+|B|+|C|-|A\cap B|-|A\cap C|-|B\cap C|+|A\cap B\cap C|)\\
&=5!-(4!+4!+4!-3!-3!-3!+2!)\\
&=64
\end{aligned}
$$

所以，共有 64 种分法。

【例 3.7.12】　对 24 名旅游者进行调查，去过北京、上海、广州、昆明的人分别为 13 人、9 人、10 人和 5 人，其中同时去过北京和昆明的有 2 人，去过北京、广州和上海中任两个城市的都是 4 人。已知去过昆明的人既没去过上海也没去过广州，分别求只去过一个城市的人数和同时去过三个城市的人数。

相关知识　集合计数、集合运算

分析　本题的关键是用集合表示满足各条件的旅游者，可以利用文氏图帮助理解问题。

解　设 E 为这 24 名旅游者的集合，B、S、G、K 分别表示去过北京、上海、广州、昆明的旅游者的集合。

依题意知，$|E|=24$，$|B|=13$，$|S|=9$，$|G|=10$，$|K|=5$，$|B\cap K|=2$，$|B\cap S|=|B\cap G|=|S\cap G|=4$。

因为去过昆明的人既没去过上海也没去过广州，所以 $K\cap S=K\cap G=\varnothing$。

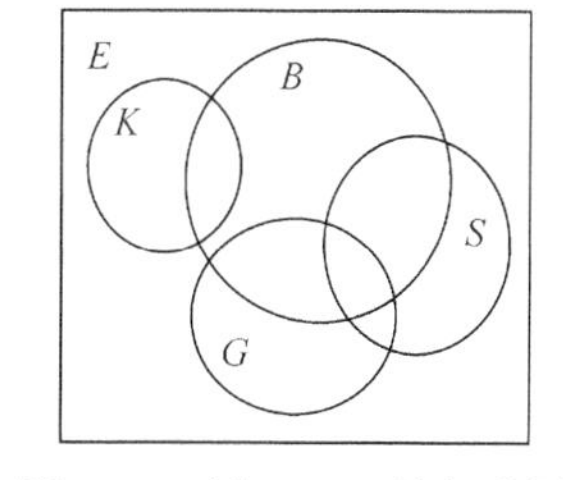

图 3.15　例 3.7.12 的文氏图

从图 3.15 所示的文氏图可以看出，

$\{$只去过一个城市的旅游者$\}$

$$
\begin{aligned}
&=(K\cap\sim B)\cup(B\cap\sim K\cap\sim S\cap\sim G)\cup(S\cap\sim B\cap\sim G)\cup(G\cap\sim B\cap\sim S)\\
&=(K-B)\cup((B-K)-(S\cup G))\cup(S-(B\cup G))\cup(G-(B\cup S))
\end{aligned}
$$

$\{$同时去过三个城市的旅游者$\}=B\cap S\cap G$

由题意知，只去过昆明的有 $|K-B|=|K|-|K\cap B|=5-2=3$（人）。

因此，

$$|B\cup S\cup G|=24-3=21$$

所以，

$$|B\cap S\cap G|=|B\cup S\cup G|-|B|-|S|-|G|+|B\cap S|+|B\cap G|+|S\cap G|=21-13-9-10+4+4+4=1$$

$$|B-(S\cup G)|=|B|-(|B\cap S|+|B\cap G|)+|B\cap S\cap G|=13-(4+4)+1=6$$

故只去过北京的有 4 人。

同理，

$$|S-(B\cup G)|=|S|-(|S\cap B|+|S\cap G|)+|B\cap S\cap G|=9-(4+4)+1=2$$

$$|G-(B\cup S)|=|G|-(|G\cap B|+|G\cap S|)+|B\cap S\cap G|=10-(4+4)+1=3$$

所以，只去过北京、上海、广州、昆明的各有 4 人、2 人、3 人、3 人，同时去过三个城市的只有 1 人。

小　　结

本章主要讨论集合论的基本知识，包括集合概念和性质、集合运算、集合计数问题、集合的划分与覆盖等。利用数理逻辑的方法刻画集合概念、运算及性质，是对数理逻辑知识的巩固和应用。同时还介绍一种重要的证明方法——数学归纳法。通过本章的学习，了解集合的基本知识，掌握集合的主要运算和性质、集合处理和证明的方法，为学习关系理论打下良好基础。

1. 基本内容

(1)集合的概念与表示方法，属于、包含及相等的定义，特殊集合。

(2)集合的交、并、差(含绝对补)和对称差运算及相互间的联系。

(3)集合的划分与覆盖。

(4)有限集合的计数问题。

(5)数学归纳法。

2. 基本要求

(1)掌握集合、元素等概念及集合的多种表示法，掌握集合间的包含和相等关系的定义及证明方法。

(2)掌握三种特殊集合(空集、全集、幂集)的概念，熟练掌握幂集的计算方法。

(3)熟练掌握集合运算的基本概念和性质、相互间关系及集合恒等式。

(4)熟练证明集合间的包含和相等。

(5)理解集合的划分和覆盖。

(6)掌握集合的计数方法——包含排斥原理，解决实际问题。

(7)熟练掌握数学归纳法证明的思想和方法。

3. 重点和难点

重点：集合的运算及相互间关系，集合等式的证明，数学归纳法的应用。

难点：多种方法进行集合恒等式的证明，尤其是应用谓词演算中的等价置换证明法，包含排斥原理的运用，数学归纳法证明的思想。

上 机 练 习

1. 编写程序，求任意有限集合的幂集。
2. 编写程序，判断两个有限集合是否相等。

3. 编写函数，实现集合的交、并、差及对称差运算。

4. 构造算法，在集合中插入元素及删除集合中的元素。

习　题　3

1. 用列举法或描述法表示下列集合。

(1) 任意正整数除以 3 的余数的全体。

(2) 100 以内能同时被 3 和 7 整除的正整数。

(3) 单位球面与坐标轴的所有交点。

(4) x^4-1 在复数集中的所有因式。

(5) 命题公式 $P \to ((Q \to P) \wedge (\neg P \wedge Q))$ 的所有成真赋值。

2. 设集合 $A=\{1, 2, 3, 4\}$，试用列举法表示集合 R。

(1) $R=\{(x, y) | x, y \in A$ 且 $|x-y|=1\}$。

(2) $R=\{(x, y) | x, y \in A$ 且 $x<y\}$。

(3) $R=\{(x, y) | x, y \in A$ 且 x 整除 $y\}$。

(4) $R=\{(x, y) | x, y \in A$ 且 $x-y$ 能被 2 整除$\}$。

3. 设 A、B、C 是任意集合，下列命题是否成立？并说明理由。

(1) 若 $A \in B$，$B \in C$，则 $A \in C$。

(2) 若 $A \in B$，$B \subseteq C$，则 $A \in C$。

(3) 若 $A \in B$，$B \subseteq C$，则 $A \subseteq C$。

(4) 若 $A \subseteq B$，$B \in C$，则 $A \in C$。

(5) 若 $A \subseteq B$，$B \in C$，则 $A \subseteq C$。

(6) 若 $A \subseteq B$，$B \subseteq C$，则 $A \subseteq C$。

4. 设 A 为任意集合，判断下列命题是否成立。若不成立，请给出反例。

(1) $\varnothing \in \wp(A)$。

(2) $\varnothing \subseteq \wp(A)$。

(3) $\{\varnothing\} \in \wp(A)$。

(4) $\{\varnothing\} \subseteq \wp(A)$。

(5) $\{\varnothing\} \in \wp(\wp(A))$。

(6) $\{\varnothing, \{\varnothing\}\} \in \wp(\wp(A))$。

(7) $\{\varnothing, \{\varnothing\}\} \subseteq \wp(\wp(A))$。

(8) $\{\varnothing, \{\varnothing\}\} \in \wp(\wp(\wp(A)))$。

5. 求下列集合的幂集。

(1) $A=\{a, b, \{a\}\}$。

(2) $A=\{\{1, 2\}, \{2, 1, 2\}, \{2, 1, 1, 2\}\}$。

(3) $A=\{\varnothing, 1, \{\varnothing, 1\}\}$。

(4) $A=\varnothing \cup \{\varnothing\}$。

6. 设 E 是全集，试用文氏图表示下列各集合。

(1) $A \cap (B \cup C)$。

(2) $A-(B \cup C)$。

(3) $A-(B-C)$。

(4) $(A-C) \cup (B-C)$。

(5) $(A \oplus B)-C$。

7. 设集合 $A=\{x | 1 \leqslant x \leqslant 12$，$x$ 能被 2 整除，$x \in \mathbf{Z}\}$，$B=\{x | 1 \leqslant x \leqslant 12$，$x$ 能被 3 整除，$x \in \mathbf{Z}\}$，求 $A \cap B$，$A \cup B$，$A-B$，$B-A$，$A \oplus B$，$B \oplus A$。

8. 设$\mathbf{R}$是实数集，$A=\{x|-1\leqslant x\leqslant 1, x\in\mathbf{R}\}$，$B=\{x|0\leqslant x<2, x\in\mathbf{R}\}$，求$A-B$，$B-A$，$A\cap B$，$A\cup B$。

9. 设全集$E=\{a, b, c, d, e\}$，$A=\{a, e\}$，$B=\{a, c, d\}$，$C=\{d, e\}$，求$A\cap B$，$A\cup B$，$A-B$，$A\oplus B$，$(A\cap B)\cup\sim C$，$\wp(A)-\wp(C)$，$\wp(B\cap C)$。

10. 设E是全集，对E的任意子集A、B，证明下面各组命题等价。

(1)$A\subseteq B$，$\sim B\subseteq\sim A$，$A\cap B=A$，$A\cup B=B$，$A-B=\varnothing$，$\sim A\cup B=E$。

(2)$A\subseteq\sim B$，$B\subseteq\sim A$，$A\cap B=\varnothing$。

(3)$\sim A\subseteq B$，$\sim B\subseteq A$，$A\cup B=E$。

11. 设A、B、C为集合，下列命题为真的充要条件是什么？

(1)$A-B=B-A$。

(2)$A\oplus B=A$。

(3)$A\oplus B=\varnothing$。

(4)$(A-B)\cup B=(A\cup B)-B$。

12. 证明：设A、B、C为任意集合，若$(A-B)\cup(B-A)=C$，则$A\subseteq(B-C)\cup(C-B)$的充要条件是$A\cap B\cap C=\varnothing$。

13. 设A、B、C是任意集合，证明下列命题。

(1)若$A\cap B=A\cap C$，$A\cup B=A\cup C$，则$B=C$。

(2)若$A\cup B=A\cup C$，$\sim A\cup B=\sim A\cup C$，则$B=C$。

14. 对任意集合A、B，证明：

(1)$\wp(A)\cup\wp(B)\subseteq\wp(A\cup B)$，举例说明$\wp(A)\cup\wp(B)\neq\wp(A\cup B)$。

(2)$\wp(A)\cap\wp(B)=\wp(A\cap B)$。

(3)$\wp(A-B)\subseteq(\wp(A)-\wp(B))\cup\{\varnothing\}$。

15. 化简下列集合表达式。

(1)$\sim(A\cup B)\cup(\sim A\cap B)$。

(2)$(\sim A\cap(\sim B\cap C))\cup(B\cap C)\cup(A\cap C)$。

(3)$(A\cup B\cup C)\cap(A\cup B)-(A\cup(B-C))\cap A$。

(4)$(((A\cup(B-C))\cap A)\cup(B-(B-A)))\cap(C-A)$。

16. 设A、B、C是任意集合，证明下列等式。

(1)$(A-B)-C=(A-C)-B=(A-C)-(B-C)$。

(2)$A-(B\cap C)=(A-B)\cup(A-C)$。

(3)$A-(B\cup C)=(A-B)\cap(A-C)=(A-B)-C$。

(4)$A\cap(B\oplus C)=(A\cap B)\oplus(A\cap C)$。

17. 设$|A|=n$，$|B|=m$，且$A\cap B=\varnothing$，求$|\wp(A)\oplus\wp(B)|$。

18. 一个年级170名学生中，120名学生学英语，80名学生学德语，60名学生学日语，50名学生既学英语又学德语，25名学生既学英语又学日语，30名学生既学德语又学日语，还有10名学生同时学习三种语言。有多少名学生这三种语言都没有学习？

19. 花店来了25人买花，14人买了康乃馨，12人买了菊花，6人买了康乃馨和菊花，5人买了康乃馨和玫瑰花，还有2人这三种花都买了，6个买玫瑰花的人都买了另外一种花。什么花都没有买的有多少人？

20. 某班有59名学生，本学期选修了“数学实验”、“综合数学”和“计算方法”三门课。选修“数学实验”、“综合数学”和“计算方法”的人分别为47人、49人和50人。其中，选修“数学实验”和“计算方法”的有43人，选修“综合数学”和“计算方法”的有42人，三门课都选修的有40人，三门课都没有选修的有1人。问选修“数学实验”和“综合数学”的有多少人？只选修一门课的有多少人？

21. 某次运动会有30人参加跑步比赛，其中有15人参加100m赛跑，8人参加800m赛跑，6人参加400m赛跑，有3人这三种比赛都参加。至少有多少人什么比赛都没有参加？

22. 有14名学生参加理科知识竞赛，9名同学数学得优，5名同学物理得优，4名同学化学得优。其中，物理和数学都得优的有4名，数学和化学都得优的有3名，物理和化学都得优的有3名，三门都得优的有 2 名。问恰有两门为优的同学有几人？

23. 某学校学生选课的情况如下：260 人选“法语”，208 人选“德语”，160 人选“俄语”，76 人选“法语”和“德语”，48 人选“法语”和“俄语”，62 人选“德语”和“俄语”，三门课都选的有 30 人，三门都没选的有 150 人。该校共有多少名学生？有多少学生选“法语”和“德语”而没选“俄语”？有多少学生选“俄语”，而没选“德语”或“法语”？

24. 从 1 到 1000 的整数(包含 1 和 1000 在内)中，分别求满足下列条件的整数的个数。

(1)不能同时被 3、5、7 整除。

(2)仅能被 3、5、7 中一个数整除。

(3)至少能被 3、5、7 中一个数整除。

25. 在 100 到 999 的正整数中，分别求满足下列条件的正整数的个数。

(1)至少含有数字 3 或 7。

(2)至少含有一个数字 3 和一个数字 7。

26. 设 n 为正整数，用归纳法证明下列各式。

(1) $(1+2+\cdots+n)^2=1^3+2^3+\cdots+n^3$。

(2) $\cos\frac{x}{2}\cos\frac{x}{4}\cdots\cos\frac{x}{2^n}=\frac{\sin x}{2^n\sin\frac{x}{2^n}}$。

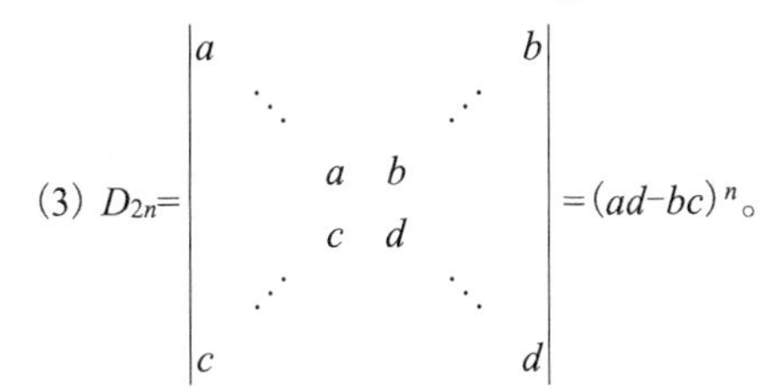

(3) $D_{2n}=\begin{vmatrix} a & & & & & b \\ & \ddots & & & \iddots & \\ & & a & b & & \\ & & c & d & & \\ & \iddots & & & \ddots & \\ c & & & & & d \end{vmatrix}=(ad-bc)^n$。

27. 设全集为 $E=\{1, 2, 3, \cdots, 10\}$，

(1)用位串表示集合 $A=\{2, 4, 6, 8, 10\}$，$B=\{3, 6, 9\}$，$C=\{1, 2, 3, 5, 8\}$。

(2)写出位串 0010111100，1000011011，0101110010 表示的集合。

(3)用位串求集合 $A\cap B$，$A\cup B$，$(A\cap B)\cup C$，$\sim(A\cap C)$，$\sim A\cap\sim C$。

第4章　二 元 关 系

关系是建立在集合基础上的一种特殊集合，是研究事物间内在联系的一个重要概念，在数学各领域及计算机科学的理论和应用中都起着重要作用，如主程序和子程序的调用关系、程序的输入与输出关系等，关系型数据库是以关系及其运算为理论基础的。

本章主要讨论二元关系的定义及表示方法、运算和性质，最后讨论几类特殊关系。

4.1　关系的概念

4.1.1　序偶及 *n* 元有序组

集合中元素是无序的，$\{a, b\}$与$\{b, a\}$是相同的集合。但许多情况需要考虑元素间的顺序，如 xOy 平面上点 P 的坐标是有序的，所以需要用另外的方法研究有序的一组个体。

定义 4.1.1　由两个个体 x 和 y（允许 $x=y$）按一定顺序排列成的有序数组称为序偶或有序对、二元有序组，记作$<x, y>$，其中 x 称为第一分量，y 称为第二分量。

例如，笛卡儿直角坐标系中，平面上点的坐标$<x, y>$；计算机中单地址指令的表示<操作数, 地址码>；函数自变量 x 与对应函数值 y 构成序偶$<x, y>$。

定义 4.1.2　设$<x, y>$和$<u, v>$是序偶，当且仅当 $x=u$ 且 $y=v$ 时，称$<x, y>$与$<u, v>$相等，记作$<x, y>=<u, v>$。

序偶的概念可推广到三元有序组。

定义 4.1.3　一个三元有序组是一个序偶，其中第一分量是一个序偶，记作$<<x, y>, z>$，简记为$<x, y, z>$。

注　(1) $<x, <y, z>>$不是三元有序组。

(2) $<<x, y>, z>=<<u, v>, w>$当且仅当 $x=u \land y=v \land z=w$。

一般地，一个 n 元有序组（$n \geqslant 3$）是一个序偶，其第一分量为 $n-1$ 元有序组，记作$<x_1, x_2, \cdots, x_{n-1}, x_n>$，即

$$<x_1, x_2, \cdots, x_{n-1}, x_n>=<<x_1, x_2, \cdots, x_{n-1}>, x_n>$$

并且

$$<x_1, x_2, \cdots, x_{n-1}, x_n>=<y_1, y_2, \cdots, y_{n-1}, y_n> \Leftrightarrow (x_1=y_1) \land (x_2=y_2) \land \cdots \land (x_n=y_n)$$

例如，空间直角坐标系中点的坐标、RGB 颜色空间中像素的颜色、灰度数字图像都是三元有序组；n 维向量、n 元线性方程组的解、计算机中 n 位长的字的全体、奇偶校验码等都是 n 元有序组。

在关系数据库中，一个表由许多记录组成，每条记录又分为许多字段，于是一条记录就是一个 n 元有序组，如图书信息可用 8 元有序组<索书号, 书号, 书名, 作者, 出版社, 出版年, 单价, 进库日期>表示。

4.1.2 笛卡儿积

序偶的分量可以属于不同集合，因此对任意集合 A 和 B，定义一种新的集合运算。

定义 4.1.4 给定集合 A 和 B，若序偶的第一分量属于 A，第二分量属于 B，所有这样的序偶的集合，称为集合 A 与 B 的笛卡儿积或直积、叉积，记作 $A\times B$，即

$$A\times B=\{<x, y>|x\in A\wedge y\in B\}$$

如平面上所有点的集合为 $\mathbf{R}\times\mathbf{R}$，通常称为二维欧氏空间。

由定义 4.1.4 可知，$<x, y>\in A\times B\Leftrightarrow x\in A\wedge y\in B$。

约定 若 $A=\varnothing$ 或 $B=\varnothing$，则 $A\times B=\varnothing$。

显然，若 A、B 是有限集合，则 $|A\times B|=|A||B|$。

【例 4.1.1】 设 $A=\{\alpha, \beta\}$，$B=\{1, 2, 3\}$，求 $A\times B$，$B\times A$，$A\times A$，$(A\times B)\cap(B\times A)$。

解 $A\times B=\{<\alpha, 1>, <\alpha, 2>, <\alpha, 3>, <\beta, 1>, <\beta, 2>, <\beta, 3>\}$

$B\times A=\{<1, \alpha>, <1, \beta>, <2, \alpha>, <2, \beta>, <3, \alpha>, <3, \beta>\}$

$A\times A=\{<\alpha, \alpha>, <\alpha, \beta>, <\beta, \alpha>, <\beta, \beta>\}$

$(A\times B)\cap(B\times A)=\varnothing$

由此可知，一般情况下，笛卡儿积不满足交换律，即 $A\times B\neq B\times A$。

由笛卡儿积的定义得

$$(A\times B)\times C=\{<<x, y>, z>|<x, y>\in A\times B\wedge z\in C\}$$

$$A\times(B\times C)=\{<x, <y, z>>|x\in A\wedge <y, z>\in B\times C\}$$

而 $<x, <y, z>>$ 不是三元有序组，所以笛卡儿积不满足结合律，即 $(A\times B)\times C\neq A\times(B\times C)$。

集合的笛卡儿积具有下列重要性质。

定理 4.1.1 设 A、B、C 是集合，则

(1) $A\times(B\cup C)=(A\times B)\cup(A\times C)$。

(2) $A\times(B\cap C)=(A\times B)\cap(A\times C)$。

(3) $(A\cup B)\times C=(A\times C)\cup(B\times C)$。

(4) $(A\cap B)\times C=(A\times C)\cap(B\times C)$。

定理 4.1.1 说明，笛卡儿积运算对 $\cap$ 和 $\cup$ 运算具有分配律。

可将两个集合上的笛卡儿积推广到 n 个集合上的笛卡儿积。

定义 4.1.5 设 $A_1, A_2, \cdots, A_n$ 是 n 个集合，称

$$A_1\times A_2\times\cdots\times A_n=\{<x_1, x_2, \cdots, x_n>|\ x_i\in A_i,\ i=1, 2, \cdots, n\}$$

为 n 阶笛卡儿积。

特别地，A 的 n 阶笛卡儿积记作 A^n，即 $A^n=\underbrace{A\times A\times\cdots\times A}_{n个}$。

一般地，若 $A_1, A_2, \cdots, A_n$ 都是有限集合，则 $|A_1\times A_2\times\cdots\times A_n|=|A_1||A_2|\cdots|A_n|$。

4.1.3 二元关系的基本概念

数学中关系概念是建立在日常生活中关系概念上的，是指两个集合间或一个集合中两个元素间的某种联系。例如，电影票与座位间的对号关系，每个人与其身份证号码间的关

系，学生和课程间的选修关系，数学中全等关系、相似关系、平行关系、包含关系、隶属关系、圆面积与其半径的关系等都是二元关系。

【例 4.1.2】 (1)实数集 **R** 中，7>4，所以 7 和 4 具有大于关系“>”，用 L 表示“大于关系”，则 $<7, 4>\in L$ 或 $7L4$，于是“大于关系”可以表示为序偶集合

$$L=\{<x, y>|x\in \mathbf{R}\wedge y\in \mathbf{R}\wedge x>y\}$$

显然，$L\subseteq \mathbf{R}\times \mathbf{R}$。

(2)函数 f: $y=x^2$ 中自变量 x 和因变量 y 间的关系，可用序偶集表示为

$$f=\{<x, y>|x\in \mathbf{R}\wedge y\in \mathbf{R}\wedge y=x^2\}$$

(3)设某主程序的函数集 $P=\{P_1, P_2, P_3, P_4\}$，则函数间的“调用关系 D”表示为

$$D=\{<P_1, P_2>, <P_2, P_4>, <P_1, P_3>\}$$

于是 $D\subseteq P\times P$。

定义 4.1.6 任意一个序偶的集合称为一个二元关系，记作 R。对于二元关系 R，如果 $<x, y>\in R$，称 x 与 y 有关系 R，记作 xRy；否则，称 x 与 y 不具有关系 R，记作 $x\not{R}y$ 或 $<x, y>\notin R$。

例如，$R=\{<a, 1>, <b, 1>, <b, 2>\}$，则 $aR1$，$a\not{R}2$ 。

定义 4.1.7 设 X 和 Y 是集合，$X\times Y$ 的任意子集 R 称为 X 到 Y 的二元关系，记作 $R:X\to Y$。特别地，当 $X=Y$ 时，称 R 为 X 上的二元关系。

一般地，$A_1\times A_2\times\cdots\times A_n$ 的任意子集称为 $A_1, A_2, \cdots, A_n$ 间的 n 元关系；当 $A_1=A_2=\cdots=A_n$ 时，称为 A 上的 n 元关系。

定义 4.1.8 设 R 是二元关系，称 $\mathrm{dom}R=\{x|\exists y(<x, y>\in R)\}$ 为 R 的定义域，$\mathrm{ran}R=\{y|\exists x(<x, y>\in R)\}$ 为 R 的值域，定义域和值域一起称为 R 的域，记作 FLD R，即 FLD $R=\mathrm{dom}R\cup \mathrm{ran}R$。

若 $|X|=m$，$|Y|=n$，则 $|X\times Y|=mn$，$X\times Y$ 的不同子集共有 2^{mn} 个，于是从 X 到 Y 的不同的二元关系共有 2^{mn} 个，X 上的不同的二元关系共有 2^{m^2} 个，其中有三个重要关系。

定义 4.1.9 设 X 和 Y 是集合，

(1)空集 $\varnothing$ 是 $X\times Y$ 的子集，称为 X 到 Y 的空关系。

(2)$X\times Y$ 称为 X 到 Y 的全域关系。

(3) $\{<x, x>|x\in X\}$ 称为 X 上的恒等关系，记作 I_X。

【例 4.1.3】 **R** 是实数集，**R** 上的全域关系为 $\mathbf{R}\times \mathbf{R}=\{<x, y>|x\in \mathbf{R}\wedge y\in \mathbf{R}\}$，即全平面点集，关系 $\{<x, y>|x=y\wedge x=y+5\}$ 为空关系。

【例 4.1.4】 设集合 $A=\{0, 1\}$，$B=\{1, 2, 3\}$，则

$R_1=\{<0, 1>, <0, 3>, <1, 2>\}$ 是 A 到 B 的一个关系。

$R_2=\{<1, 0>, <1, 1>, <2, 0>, <2, 1>, <3, 0>, <3, 1>\}$ 是 B 到 A 的全域关系。

$R_3=\{<0, 0>, <1, 1>\}$ 是 A 上的恒等关系。

$R_4=\{<0, 1>, <0, 2>, <0, 3>, <1, 2>, <1, 3>\}$ 是 A 到 B 的小于关系。

4.1.4 二元关系的表示

有限集合上的二元关系是一种集合，可以用集合的方法表示。作为一种特殊集合，关系的表示还有图示法、关系矩阵法和关系图法。

1. 图示法

为直观表示有限集合上的二元关系，采用图示法表示：用大圆圈表示集合 X 和 Y，一般分列两边，X 和 Y 里面的小圆圈"∘"表示各集合中的元素，旁边写上相应的元素名。若 $x\in X$，$y\in Y$ 且 $<x, y>\in R$，则在图中将表示 x 和 y 的小圆圈用直线或弧线连接，并加上从 x 到 y 方向的箭头。

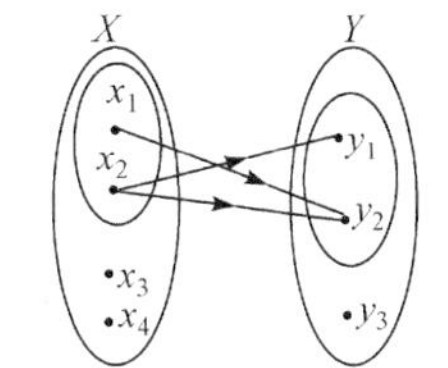

图 4.1 二元关系的图示

例如，设 $X=\{x_1, x_2, x_3, x_4\}$，$Y=\{y_1, y_2, y_3\}$，X 到 Y 的二元关系 $R=\{<x_1, y_2>, <x_2, y_1>, <x_2, y_2>\}$ 的图示如图 4.1 所示。

2. 关系矩阵法

定义 4.1.10 设 $X=\{x_1, x_2, \cdots, x_m\}$，$Y=\{y_1, y, \cdots, y_n\}$，$R$ 是 X 到 Y 的二元关系，则 R 的关系矩阵是一个 $m\times n$ 阶矩阵，记作 $\boldsymbol{M}_R=(r_{ij})_{m\times n}$，其中

$$r_{ij}=\begin{cases}1, & x_iRy_j\\ 0, & x_i\not{R}y_j\end{cases}\quad (i=1,2,\cdots,m;\ j=1,2,\cdots,n)$$

【例 4.1.5】 设 $A=\{1, 2, 3, 4\}$，A 上的大于关系 $R=\{<2, 1>, <3, 1>, <4, 1>, <3, 2>, <4, 2>, <4, 3>\}$，其关系矩阵为 $\boldsymbol{M}_R=\begin{pmatrix}0&0&0&0\\1&0&0&0\\1&1&0&0\\1&1&1&0\end{pmatrix}$。

注 (1)关系矩阵与集合的元素排列顺序有关，元素的不同排序有不同的关系矩阵。

(2)空关系的关系矩阵是零矩阵，全域关系的关系矩阵的所有元素都为 1，恒等关系的关系矩阵是单位阵。

3. 关系图法

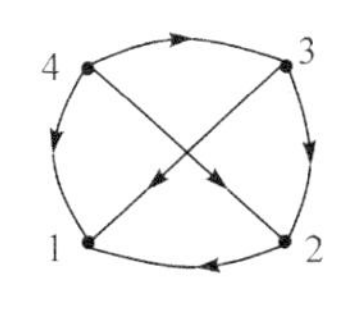

图 4.2 例 4.1.5 的关系图

定义 4.1.11 设 $X=\{x_1, x_2, \cdots, x_m\}$，$R$ 是 X 上的二元关系，X 中的元素称为节点或顶点，用点或小圆圈表示，分别标以 $x_i(i=1, 2, \cdots, m)$。当且仅当 $<x_i, x_j>\in R$，则从 x_i 到 $x_j(i\neq j)$ 画一条有向边。若 x_iRx_i，则在 x_i 处画一个带箭头的小圆环。这样得到的图称为关系 R 的关系图。

例 4.1.5 的关系图如图 4.2 所示。

【例 4.1.6】 设 $A=\{0, 1, 2, 3, 4, 5\}$，给定 A 上的二元关系 $R=\{<x, y>|1\leqslant x\leqslant 4\wedge y\leqslant 1\}$，求 R 的关系矩阵及关系图。

解 $R=\{<1, 0>, <2, 0>, <3, 0>, <4, 0>, <1, 1>, <2, 1>, <3, 1>, <4, 1>\}$，故 R 的关系矩阵为

$$M_R=\begin{pmatrix}0&0&0&0&0&0\\1&1&0&0&0&0\\1&1&0&0&0&0\\1&1&0&0&0&0\\1&1&0&0&0&0\\0&0&0&0&0&0\end{pmatrix}$$

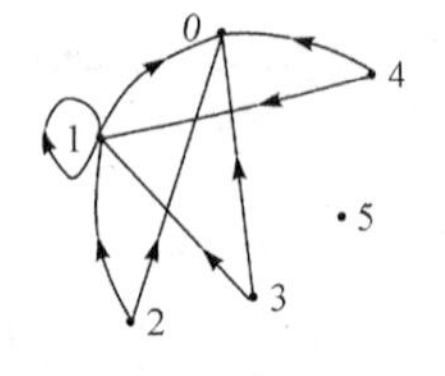

图 4.3　例 4.1.6 的关系图

其关系图如图 4.3 所示，其中节点 5 称为孤立点。

关系的几种表示方法是等价的，集合表示法揭示了关系的本质，关系图比较形象直观，主要表示集合元素即节点间的邻接状态，而节点的位置、连线的长短曲直都无关紧要，因此关系图的画法可不唯一。这两种表示法对于复杂关系，不便于计算机处理，而关系矩阵便于用代数方法和计算机表示二元关系，以及进行关系间的运算。

4.2　关系的性质

在研究关系时，关系的某些性质起着重要作用。本节主要讨论集合上二元关系的性质，主要有自反性、反自反性、对称性、反对称性及传递性。

4.2.1　关系性质的概念

定义 4.2.1　设 R 是集合 A 上的二元关系，

(1) 若对 $\forall x\in A$，总有 xRx，则称 R 是自反的，即

$$R\text{ 在 }A\text{ 上自反}\Leftrightarrow\forall x(x\in A\rightarrow\langle x,x\rangle\in R)$$

(2) 若对 $\forall x\in A$，总有 $\langle x,x\rangle\notin R$，则称 R 是反自反的，即

$$R\text{ 在 }A\text{ 上反自反}\Leftrightarrow\forall x(x\in A\rightarrow\langle x,x\rangle\notin R)$$

【例 4.2.1】 设 $A=\{a,b,c,d\}$，A 上的关系 $R_1=\{\langle a,a\rangle,\langle d,d\rangle\}$，$R_2=\{\langle a,a\rangle,\langle d,d\rangle,\langle b,b\rangle,\langle a,d\rangle,\langle c,c\rangle\}$，$R_3=\{\langle c,b\rangle\}$。试问 R_1、R_2、R_3 是否是 A 上的自反关系和反自反关系？

解　因为 $\langle b,b\rangle$ 及 $\langle c,c\rangle\notin R_1$，所以 R_1 不是自反的。又因为 $\langle a,a\rangle\in R_1$，所以 R_1 也不是反自反的。R_2 是自反的，R_3 是反自反的。

【例 4.2.2】　集合 A 上的全域关系 E_A 和恒等关系 I_A、数集上的“小于等于关系 $\leqslant$”、集合的“包含关系 $\subseteq$”都是自反关系，“小于关系 $<$”“真包含关系 $\subset$”是反自反的。

注　不是自反的关系不一定就是反自反的，反之亦然。这是因为若 R 不是自反的，即 $\exists x(x\in A\land\langle x,x\rangle\notin R)$，显然与反自反关系的定义不同。

定义 4.2.2　设 R 是集合 A 上的二元关系，

(1) 对 $\forall x,y\in A$，若 xRy，必有 yRx，则称 R 是对称的，即

$$R\text{ 在 }A\text{ 上对称}\Leftrightarrow\forall x\forall y(x\in A\land y\in A\land xRy\rightarrow yRx)$$

(2) 对 $\forall x,y\in A$，若 xRy 且 yRx，必有 $x=y$，则称 R 是反对称的，即

$$R\text{在}A\text{上反对称} \Leftrightarrow \forall x\forall y(x\in A\wedge y\in A\wedge xRy\wedge yRx\to x=y)$$

$$\Leftrightarrow \forall x\forall y(x\in A\wedge y\in A\wedge x\neq y\wedge xRy\to y\not{R}x)$$

$$\Leftrightarrow \forall x\forall y(x\in A\wedge y\in A\wedge x\neq y\to \langle x,y\rangle\notin R\vee \langle y,x\rangle\notin R)$$

注 (1)不是对称的关系不一定就是反对称的。一个关系既可以是对称的又可以是反对称的，可以既不是对称的也不是反对称的。

(2)反对称关系的关系矩阵中，关于主对角线对称的元素不能同时为1，但可以都为0。

【例 4.2.3】 (1)全域关系 E_A、恒等关系 I_A、空关系都是对称的，其中恒等关系 I_A、空关系也是反对称的，全域关系 E_A 一般不是反对称的，除非 A 是单元素集或空集。

(2)设 $A=\{1, 2, 3, 4\}$，定义二元关系 $R=\{\langle 1, 2\rangle, \langle 1, 3\rangle, \langle 3, 1\rangle\}$，则 R 既没有对称性，又没有反对称性。

定义 4.2.3 设 R 是集合 A 上的二元关系，对 $\forall x, y, z\in A$，若 $xRy\wedge yRz$，必有 xRz，则称 R 是传递的，即

$$R\text{在}A\text{上传递} \Leftrightarrow \forall x\forall y\forall z(x\in A\wedge y\in A\wedge z\in A\wedge xRy\wedge yRz\to xRz)$$

4.2.2 关系性质的判断

关系的性质(除传递性外)不但可以用谓词表示，而且可以用关系矩阵和关系图的特征表示，见表4.1，其中 R 是集合 A 上的二元关系。

表 4.1 关系性质的定义及判定

性质	自反	反自反	对称	反对称	传递
谓词定义	$\forall x(x\in A\to \langle x,x\rangle\in R)$	$\forall x(x\in A\to \langle x,x\rangle\notin R)$	$\forall x\forall y(\langle x,y\rangle\in R \to\langle y,x\rangle\in R)$	$\forall x\forall y(x\neq y\wedge\langle x,y\rangle\in R \to\langle y,x\rangle\notin R)$	$\forall x\forall y\forall z(\langle x,y\rangle\in R \wedge\langle y,z\rangle\in R\to\langle x,z\rangle\in R)$
集合定义	$I_A\subseteq R$	$I_A\cap R=\varnothing$			
关系矩阵的特点	主对角线元素全为1	主对角线元素全为0	对称矩阵	关于主对角线对称位置上的元素不能同时为1	
关系图的特点	每个节点都有环	每个节点都没有环	若两个不同节点间有边，则一定是方向相反的一对有向边	若两个不同节点间有边，则一定只有一条有向边，不会成对反向出现	

利用关系图和关系矩阵容易判断关系的自反性、反自反性、对称性、反对称性，但传递性比较复杂，用关系矩阵或关系图难以直接判断。

注 (1)关系性质的定义都是针对任意元素而言的，只要有一个元素不满足，则该性质不成立。

(2)关系性质的谓词表达式，都是以条件式出现，因而若条件式的前件为假，则条件式也为真。例如，关系 $R=\{\langle 1, 2\rangle, \langle 1, 3\rangle\}$ 具有传递性。

【例 4.2.4】 设 $A=\{2, 3, 5, 7\}$，$R=\left\{<x,y> \middle| \frac{x-y}{2}\text{是整数}\right\}$，试确定 R 的性质。

解 (1)对 $\forall x\in A$，都有 $\frac{x-x}{2}=0$，即 $<x, x>\in R$，故 R 是自反的。

(2)对 $\forall x, y\in A$，若 $<x, y>\in R$，即 $\frac{x-y}{2}$ 是整数，则 $\frac{y-x}{2}$ 也是整数，即 $<y, x>\in R$，故 R 是对称的。

(3)对 $\forall x, y, z\in A$，若 $<x, y>\in R\wedge <y, z>\in R$，即 $\frac{x-y}{2}$ 是整数且 $\frac{y-z}{2}$ 是整数，而 $\frac{x-z}{2}=\frac{x-y}{2}+\frac{y-z}{2}$ 也是整数，即 $<x, z>\in R$，故 R 是传递的。

综上所述，R 是自反的、对称的、传递的。

若在例 4.2.4 中，设 $R=\left\{<x,y> \middle| \frac{x-y}{2}\text{是正整数}\right\}$，则 R 是反自反、反对称和传递的。

【例 4.2.5】 讨论整数集 $\mathbf{Z}$ 上的下列二元关系具有的性质。

$$R_1=\{<x, y>|x\in\mathbf{Z}\wedge y\in\mathbf{Z}\wedge xy>0\},\quad R_2=\{<x, y>|x\in\mathbf{Z}\wedge y\in\mathbf{Z}\wedge |x-y|=4\}$$

$$R_3=\{<x, y>|x\in\mathbf{Z}\wedge y\in\mathbf{Z}\wedge x+y=10\},\quad R_4=\{<x, y>|x\in\mathbf{Z}\wedge y\in\mathbf{Z}\wedge x\text{ 整除 }y\}$$

解 它们的性质见表 4.2。

表 4.2 例 4.2.5 的关系的性质

关系	自反	反自反	对称	反对称	传递
R_1	×	×	√	×	√
R_2	×	√	√	×	×
R_3	×	×	√	×	×
R_4	×	×	×	√	√

4.3 关系的运算

关系是一种特殊集合，关系间可以进行集合的各种运算，作为序偶的集合，关系还有一些特殊的运算。

4.3.1 关系的集合运算

集合的各种运算作用在关系上便生成新的关系。例如，R、S 是集合 A 到 B 的二元关系，则

$$R\cap S=\{<x, y>|<x, y>\in R\wedge <x, y>\in S\}$$

$$R\cup S=\{<x, y>|<x, y>\in R\vee <x, y>\in S\}$$

$$R-S=\{<x, y>|<x, y>\in R\wedge <x, y>\notin S\}$$

$$\sim R=\{<x, y>|<x, y>\in A\times B\wedge <x, y>\notin R\}$$

定理 4.3.1 设 R 和 S 是集合 A 到 B 的关系，则 R 与 S 的交、并、差仍是 A 到 B 的关系。

注　若 R 是集合 A 到 B 的二元关系，则全域关系 $A\times B$ 是讨论集合间关系时的全集。

4.3.2　逆关系

二元关系是序偶集合，序偶的分量是有顺序的，交换其分量顺序便得到另一个二元关系。

定义 4.3.1　设 R 是集合 A 到 B 的关系，称 B 到 A 的二元关系

$$\{<y, x>|x\in A\wedge y\in B\wedge <x, y>\in R\}$$

为 R 的逆关系，记作 R^{-1} 或 R^{c}。

例如，$R=\{<3, 1>, <6, 2>, <2, 5>\}$，则 $R^{-1}=\{<1, 3>, <2, 6>, <5, 2>\}$。

注　(1) $<x, y>\in R\Leftrightarrow <y, x>\in R^{-1}$。

(2) 二元关系 R 的逆关系 R^{-1} 和补关系 $\sim R$ 是两种关系。

用关系图表示逆关系时，只需将关系 R 的关系图中有向边的方向改为相反的方向，即得到逆关系 R^{-1} 的关系图。若将关系 R 的关系矩阵 $\boldsymbol{M}_R$ 进行转置，便得到逆关系 R^{-1} 的关系矩阵，即 $\boldsymbol{M}_{R^{-1}}=(\boldsymbol{M}_R)^{\mathrm{T}}$。

4.3.3　复合关系

定义 4.3.2　设 A、B、C 是集合，R 是 A 到 B 的关系，S 是 B 到 C 的关系，R 和 S 的复合关系 $R\circ S$ 定义为

$$R\circ S=\{<x, z>|x\in A\wedge z\in C\wedge \exists y(y\in B\wedge <x, y>\in R\wedge <y, z>\in S)\}$$

【例 4.3.1】　设 $A=\{1, 2, 3, 4\}$，$B=\{1, 2, 4\}$，$C=\{1, 2, 3, 4\}$，A 到 B 的二元关系 $R=\{<1, 1>, <2, 2>, <2, 4>, <4, 1>\}$，$B$ 到 C 的二元关系 $S=\{<1, 4>, <2, 3>, <2, 4>\}$，求 $R\circ S$，$S\circ R$。

解　关系 R 与 S 的复合过程如图 4.4 所示，所以

$$R\circ S=\{<1, 4>, <2, 3>, <2, 4>, <4, 4>\}$$

同理，$S\circ R=\{<1, 1>, <2, 1>\}$。

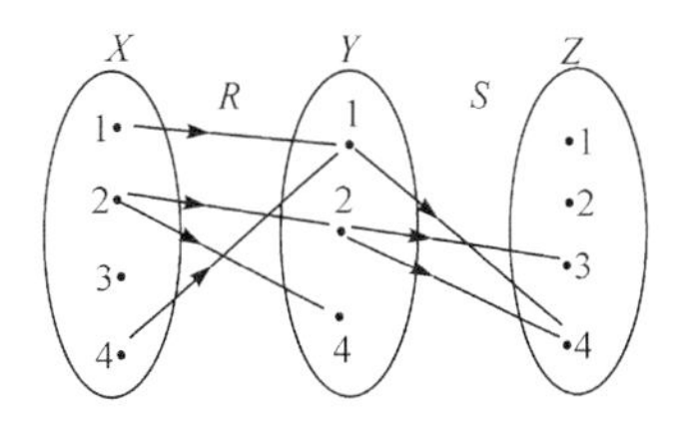

图 4.4　例 4.3.1 R 复合 S 的图示

由图 4.4 可知，元素 1 经过 R 和 S 两次作用得到元素 4，因此 $<1, 4>\in R\circ S$。求 $R\circ S$ 时，只需考察 $\mathrm{dom}R$ 中每个元素(原象)，经过 R 和 S 两次作用得到的象即可。

注　若将二元关系看作一种作用，则 $<x, y>\in R$ 表示 x 通过关系 R 的作用变成 y。$<x, z>\in R\circ S$ 表示存在某个"中间变量" y，使得 x 通过关系 R 的作用变成 y，然后 y 通过关系 S 的作用变成 z，于是 $R\circ S$ 表示两个作用连续发生的结果。

【例 4.3.2】　设 $X=\{x_1, x_2\}$，$Y=\{y_1, y_2, y_3, y_4\}$，$Z=\{z_1, z_2, z_3\}$，$R=\{<x_1, y_1>, <x_1, y_2>, <x_2, y_3>\}$，$S=\{<y_2, z_2>, <y_3, z_3>, <y_3, z_1>\}$，求 $R\circ S$，$S\circ R$。

解　因为 $<x_1, y_2>\in R\wedge <y_2, z_2>\in S$，所以 $<x_1, z_2>\in R\circ S$。

因为 $<x_2, y_3>\in R\wedge <y_3, z_3>\in S$，所以 $<x_2, z_3>\in R\circ S$。

因为 $<x_2, y_3>\in R\wedge <y_3, z_1>\in S$，所以 $<x_2, z_1>\in R\circ S$。

因此，$R\circ S=\{<x_1, z_2>, <x_2, z_1>, <x_2, z_3>\}$。

因为 $\mathrm{ran}S=\{z_1, z_2, z_3\}$，$\mathrm{dom}R=\{x_1, x_2\}$，$\mathrm{ran}R\cap\mathrm{dom}S=\varnothing$，所以 $S\circ R=\varnothing$。

注 (1)若 $\mathrm{ran}R\cap\mathrm{dom}S=\varnothing$，则 $R\circ S$ 为空关系。

(2)一般地，$R\circ S\neq S\circ R$，即复合运算不满足交换律，讨论关系的复合时需注意复合的顺序。

除用集合的方法表示复合关系外，还可以用关系矩阵的方法表示复合运算。

关系矩阵便于在计算机中存储关系，复合关系的关系矩阵可以用与一般矩阵的乘法类似的方法得到，其中涉及的运算称为布尔运算，它与命题联结词有密切的联系。

设 X、Y、Z 是有限集合，$X=\{x_1, x_2, \cdots, x_m\}$，$Y=\{y_1, y_2, \cdots, y_n\}$，$Z=\{z_1, z_2, \cdots, z_p\}$，$R$ 是 X 到 Y 的二元关系，S 是 Y 到 Z 的二元关系，$\boldsymbol{M}_R$、$\boldsymbol{M}_S$、$\boldsymbol{M}_{R\circ S}$ 分别表示 R、S、$R\circ S$ 的关系矩阵，记作

$$\boldsymbol{M}_R=(u_{ij})_{m\times n} \quad (i=1, 2, \cdots, m;\ j=1, 2, \cdots, n)$$

$$\boldsymbol{M}_S=(v_{jk})_{n\times p} \quad (j=1, 2, \cdots, n;\ k=1, 2, \cdots, p)$$

$$\boldsymbol{M}_{R\circ S}=(w_{ik})_{m\times p} \quad (i=1, 2, \cdots, m;\ k=1, 2, \cdots, p)$$

其中，

$$u_{ij}=\begin{cases}1, & <x_i,\ y_j>\in R\\ 0, & <x_i,\ y_j>\notin R\end{cases},\qquad v_{jk}=\begin{cases}1, & <y_j,\ z_k>\in S\\ 0, & <y_j,\ z_k>\notin S\end{cases},\qquad w_{ik}=\begin{cases}1, & <x_i,\ z_k>\in R\circ S\\ 0, & <x_i,\ z_k>\notin R\circ S\end{cases}$$

$$\begin{aligned}w_{ik}=1&\Leftrightarrow<x_i, z_k>\in R\circ S\\ &\Leftrightarrow\exists y_j(<x_i, y_j>\in R\wedge<y_j, z_k>\in S)\\ &\Leftrightarrow\exists j(u_{ij}=1\wedge v_{jk}=1)\\ &\Leftrightarrow(u_{i1}=1\wedge v_{1k}=1)\vee(u_{i2}=1\wedge v_{2k}=1)\vee\cdots\vee(u_{in}=1\wedge v_{nk}=1)\\ &\Leftrightarrow\bigvee_{j=1}^{n}(u_{ij}\wedge v_{jk})=1\end{aligned}$$

其中，$\wedge$、$\vee$ 是命题联结词。

命题联结词 $\wedge$、$\vee$ 和 $\neg$ 在布尔运算中分别记作“·”、“+”和“—”，称为布尔乘积、布尔加和布尔非，即

$$0+0=0,\qquad 1+0=0+1=1,\qquad 1+1=1$$

$$0\cdot 0=0,\qquad 1\cdot 0=0\cdot 1=0,\qquad 1\cdot 1=1$$

$$\overline{0}=1,\qquad \overline{0}=1$$

定义布尔运算后，$\boldsymbol{M}_{R\circ S}=\boldsymbol{M}_R\cdot\boldsymbol{M}_S$，其中“·”是布尔乘积。可以用关系矩阵的布尔运算计算关系的各种运算，如

$$\boldsymbol{M}_{R\circ S}=\boldsymbol{M}_R\cdot\boldsymbol{M}_S=(w_{ik}),\qquad w_{ik}=\bigvee_{j=1}^{n}(u_{ij}\wedge v_{jk})$$

$$\boldsymbol{M}_{R\cap S}=\boldsymbol{M}_R\wedge\boldsymbol{M}_S=(w_{ij}),\qquad w_{ij}=u_{ij}\wedge v_{ij}=u_{ij}\cdot v_{ij}$$

$$\boldsymbol{M}_{R\cup S}=\boldsymbol{M}_R\vee\boldsymbol{M}_S=(w_{ij}),\qquad w_{ij}=u_{ij}\vee v_{ij}=u_{ij}+v_{ij}$$

【**例 4.3.3**】 用关系矩阵的方法求例 4.3.1 中的复合关系 $R\circ S$、$S\circ R$。

解 关系 R 和 S 的关系矩阵分别为 $\boldsymbol{M}_R=\begin{pmatrix}1&0&0\\0&1&1\\0&0&0\\1&0&0\end{pmatrix}$ 和 $\boldsymbol{M}_S=\begin{pmatrix}0&0&0&1\\0&0&1&1\\0&0&0&0\end{pmatrix}$，$R\circ S$ 的关系矩阵为

$$\boldsymbol{M}_{R\circ S}=\begin{pmatrix}1&0&0\\0&1&1\\0&0&0\\1&0&0\end{pmatrix}\cdot\begin{pmatrix}0&0&0&1\\0&0&1&1\\0&0&0&0\end{pmatrix}=\begin{pmatrix}0&0&0&1\\0&0&1&1\\0&0&0&0\\0&0&0&1\end{pmatrix}$$

$S\circ R$ 的关系矩阵为

$$\boldsymbol{M}_{S\circ R}=\begin{pmatrix}0&0&0&1\\0&0&1&1\\0&0&0&0\end{pmatrix}\cdot\begin{pmatrix}1&0&0\\0&1&1\\0&0&0\\1&0&0\end{pmatrix}=\begin{pmatrix}1&0&0\\1&0&0\\0&0&0\end{pmatrix}$$

所以，$R\circ S=\{<1, 4>, <2, 3>, <2, 4>, <4, 4>\}$，$S\circ R=\{<1, 1>, <2, 1>\}$。

4.3.4 关系的幂

由于关系的复合运算具有结合律，于是定义关系的幂。

定义 4.3.3 设 R 是集合 A 上的关系，$n\in\mathbf{N}$，R 的 n 次幂记作 R^n，定义为

(1) $R^0=I_A$。

(2) $R^n=R^{n-1}\circ R$，$n\geqslant 1$。

由关系复合运算的定义及关系图，容易求得幂关系的关系图。

设 R 的关系图为 G，R^n 的关系图为 G'，则 G'的节点集与 G 的节点集相同。考察 G 的每个节点 x_i，若在 G 中从 x_i 出发经过 n 步长的路径到达节点 x_j，则在 G'中加上一条从 x_i 到 x_j 的有向边。当所有这样的边都找到后，便得到 R^n 的关系图 G'。

【例 4.3.4】 求下列集合 A 上二元关系的各次幂。

(1) $A=\{0, 1, 2, 3\}$，$R_1=\{<0, 1>, <1, 0>, <1, 2>, <2, 3>, <1, 3>\}$。

(2) $A=\{a, b, c, d\}$，$R_2=\{<a, a>, <a, b>, <b, d>\}$。

解 (1) 关系 R_1 及其各次幂的关系图如图 4.5 所示。

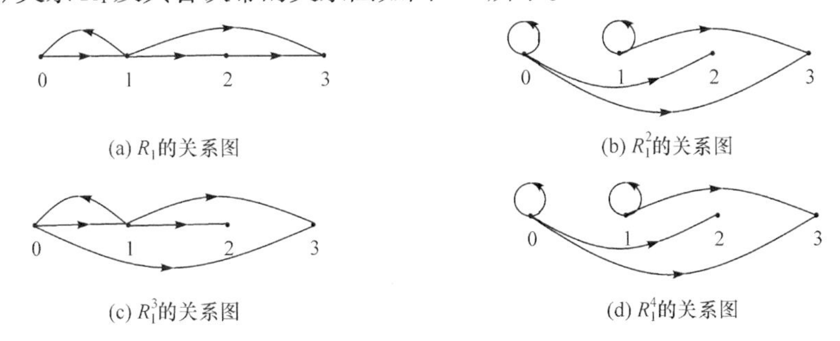

图 4.5 例 4.3.4 中 R_1^n 的关系图

于是，$R_1^2 = R_1^4 = R_1^6 = \cdots = R_1^{2n} = \cdots$，$R_1^3 = R_1^5 = R_1^7 = \cdots = R_1^{2n+1} = \cdots$。

(2) 关系 R_2 及其各次幂的关系图如图 4.6 所示。

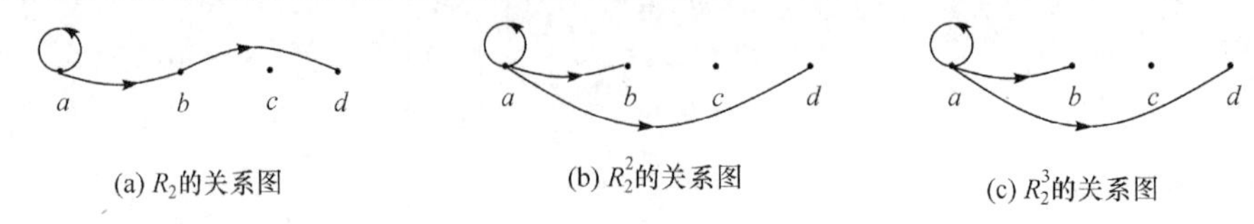

(a) R_2的关系图　(b) R_2^2的关系图　(c) R_2^3的关系图

图 4.6　例 4.3.4 中 R_2^n 的关系图

因此，$R_2^2 = R_2^3 = R_2^4 = \cdots = R_2^n = \cdots$。

从例 4.3.4 容易得到关系幂运算的以下结论。

定理 4.3.2　设$|A|=n$，R 是集合 A 上的关系，则存在自然数 s、$t(s<t)$，使得 $R^s=R^t$。

此定理说明有限集合上二元关系的不同的幂只有有限个。

定理 4.3.3　设 R 是集合 A 上的二元关系，当 $n \geqslant 2$ 时，有 $\boldsymbol{M}_{R^n}=\boldsymbol{M}_R \cdot \boldsymbol{M}_R \cdot \cdots \cdot \boldsymbol{M}_R=(\boldsymbol{M}_R)^n$，其中“·”为布尔乘积。

4.3.5　关系运算的性质

定理 4.3.4　设 R、R_1、R_2 都是集合 A 到 B 的二元关系，则

(1) $(R^{-1})^{-1}=R$。

(2) $(R_1 \cap R_2)^{-1}=R_1^{-1} \cap R_2^{-1}$，$(R_1 \cup R_2)^{-1}=(R_1)^{-1} \cup (R_2)^{-1}$。

(3) $(\sim R)^{-1}=\sim(R^{-1})$。

(4) $(R_1-R_2)^{-1}=R_1^{-1}-R_2^{-1}$。

(5) $(R \circ S) \circ P=R \circ (S \circ P)$，结合律。

(6) $(R \circ S)^{-1}=S^{-1} \circ R^{-1}$。

(7) $R \circ (S \cup Q)=(R \circ S) \cup (R \circ Q)$，$(S \cup Q) \circ R=(S \circ R) \cup (Q \circ R)$，分配律。

(8) $R \circ (S \cap Q) \subseteq (R \circ S) \cap (R \circ Q)$，$(S \cap Q) \circ R \subseteq (S \circ R) \cap (Q \circ R)$。

(9) $R^m \circ R^n=R^{m+n}$，$(R^m)^n=R^{mn}$，$(R^m)^{-1}=(R^{-1})^m$。

4.3.6　关系运算与关系性质

关系性质中传递性很难用关系矩阵和关系图判断，但利用关系运算很容易判断。

定理 4.3.5　设 R 是集合 A 上的二元关系，

(1) R 是自反的 $\Leftrightarrow I_A \subseteq R$。

(2) R 是反自反的 $\Leftrightarrow I_A \cap R=\varnothing$。

(3) R 是对称的 $\Leftrightarrow R=R^{-1}$。

(4) R 是反对称的 $\Leftrightarrow R \cap R^{-1} \subseteq I_A$。

(5) R 是传递的 $\Leftrightarrow R \circ R \subseteq R$。

证明　(3) 充分性。由 R 是对称的，有$\langle x, y\rangle \in R \Leftrightarrow \langle y, x\rangle \in R \Leftrightarrow \langle x, y\rangle \in R^{-1}$，所以 $R \subseteq R^{-1}$。必要性。因为 $R=R^{-1}$，于是$\langle x, y\rangle \in R \Leftrightarrow \langle x, y\rangle \in R^{-1} \Leftrightarrow \langle y, x\rangle \in R$，所以 R 是对称的。

(5) R 是传递的 $\Leftrightarrow \forall x \forall y \forall z(xRy \wedge yRz \rightarrow xRz) \Leftrightarrow \forall x \forall z \forall y(xRy \wedge yRz \rightarrow xRz)$

$$\Leftrightarrow \forall x \forall z(\exists y(xRy \wedge yRz) \rightarrow xRz) \Leftrightarrow \forall x \forall z(xR \circ Rz \rightarrow xRz)$$

$\Leftrightarrow \forall x \forall z (<x, z> \in R \circ R \to <x, z> \in R)$

$\Leftrightarrow R \circ R \subseteq R$

其余的证明留给读者。

通过关系运算可以生成新的关系，关系在各种运算下能否保持其原有性质？这是一个重要问题，表 4.3 列出了各种运算对关系性质的影响，其中交运算、逆运算具有良好的保持性。

表 4.3　关系的性质与运算

	自反	反自反	对称	反对称	传递
$R_1 \cap R_2$	√	√	√	√	√
$R_1 \cup R_2$	√	√	√	×	×
$R_1 - R_2$	×	√	√	√	×
R_1^{-1}	√	√	√	√	√
$R_1 \circ R_2$	√	×	×	×	×

4.3.7　关系的限制和扩充

在已知关系中有时需要删除或添加一些元素，得到原关系的限制与扩充。

定义 4.3.4　设 R 是集合 A 上的关系，B 是 A 的子集，

(1) R 在 B 上的限制，记作 $R \uparrow B$，即 $R \uparrow B = \{<x, y> | <x, y> \in R \wedge x \in B\}$。

(2) B 在 R 下的象，记作 $R[B]$，即 $R[B] = \mathrm{ran}(R \uparrow B)$。

【例 4.3.5】　设 $X = \{a, b, c, d\}$，$A = \{a, c\}$，$B = \{c\}$，$R = \{<a, a>, <a, b>, <b, b>, <b, a>, <b, c>, <c, d>\}$，则

$$R \uparrow A = \{<a, a>, <a, b>, <c, d>\}, \qquad R \uparrow B = \{<c, d>\}, \qquad R[A] = \{a, b, d\}$$

由定义 4.3.4 可知，$R \uparrow A \subseteq R$，仅描述 R 对 A 中元素的作用，有时也称为 R 的子关系。$R[A]$表示 A 中元素在 R 的作用下所生成的新的集合，$R[A] \subseteq \mathrm{ran}(R)$。这两种运算在数据库理论中有着十分重要的应用。

定义 4.3.5　设 R、S 是集合 A 上的关系，若 $R \subseteq S$，则称 S 是 R 的扩充，记作 Ext$R$。

显然，$R \subseteq \mathrm{Ext}R$，即 R 的扩充总是存在的，但具有某种特定性质的扩充是否存在？如何构造相应的扩充，将在 4.4 节中讨论。

4.4　关系的闭包运算

4.4.1　闭包的定义

一般来说，给定集合上的关系 R，未必具有某种特定性质。如果向 R 中添加部分元素，按一定的要求对 R 进行扩充，便可得到具有某种特定性质的新关系 R'。

例如，$A = \{1, 2\}$，A 上的关系 $R = \{<1, 1>\}$，显然 R 不是自反的。对 R 进行扩充，如 $R' = \{<1, 1>, <2, 2>\}$，则 $R \subseteq R'$ 且 R'是自反的。又如 $R'' = \{<1, 1>, <2, 2>, <2, 1>\}$，则 $R \subseteq R' \subseteq R''$，且 R''也是自反的。那么 R、R'、R''间的联系怎样呢？

全域关系 $A \times A$ 是自反、对称、传递的，但总不能一扩充就朝全域关系“看齐”，希望为满足某种特定性质构造的新关系中所添加的序偶最少，所进行的扩充最“节约”，如上述 R'，这种扩充称为 R 的闭包运算。闭包运算在开关电路的故障检测及诊断、网络、语法分析等领域有重要的应用。

定义 4.4.1 设 R、R'是集合 A 上的二元关系，若 R' 同时满足以下三个条件：

(1) $R \subseteq R'$。

(2) R'是自反的(或对称的或传递的)。

(3) 对 A 上任意自反的(或对称的或传递的)关系 R''，如果 $R \subseteq R''$，都有 $R' \subseteq R''$，

则称 R'是 R 的自反闭包(或对称闭包或传递闭包)，分别记作 $r(R)$、$s(R)$、$t(R)$。

定义 4.4.1 中(1)说明 R'是在 R 的基础上生成的，(2)中向 R 添加元素的目的是使扩充后的关系 R'具有某种特定性质，由(3)知，添加元素后具有特定性质的所有关系中 R'是最小的一个，即只添加必要的元素。因此，R 的自反(对称、传递)闭包是指包含 R 且具有自反(对称、传递)性质的最小关系。

下面讨论关系闭包的构造方法。

4.4.2 闭包的计算

1. 集合表示法计算闭包

定理 4.4.1 设 R 是集合 A 上的二元关系，则

(1) $r(R)=R \cup I_A$。

(2) $s(R)=R \cup R^{-1}$。

(3) $t(R)=R \cup R^2 \cup R^3 \cup \cdots = \bigcup_{i=1}^{\infty} R^i$。

证明 (1) 记 $R'=R \cup I_A$。

显然，$R \subseteq R \cup I_A = R'$。

对 $\forall x \in A$，由 $\langle x, x \rangle \in I_A$，有 $\langle x, x \rangle \in R \cup I_A = R'$，即 R'是自反的。

对 A 上的任意自反关系 R''，若 $R \subseteq R''$，由 R''的自反性可知，$I_A \subseteq R''$，而

$$R'=R \cup I_A \subseteq R'' \cup R''=R''$$

因此，R'满足自反闭包的定义，即 $r(R)=R \cup I_A$。

其他证明留给读者。

定理 4.4.1 指出闭包的构造方法，只需在 R 中添加不属于 R 的序偶 $\langle x, x \rangle$，即得到其自反闭包 $r(R)$；在 R 中添加其逆关系 R^{-1} 的全部元素，即得到对称闭包；而求传递闭包比较复杂，当 A 中元素较多时，计算 $R^i (i=1, 2, \cdots)$ 需花费大量时间。

除用关系运算计算关系闭包外，还可以用关系图和关系矩阵求关系的闭包。

2. 关系图法计算闭包

设关系 R 及其闭包 $r(R)$、$s(R)$、$t(R)$ 的关系图分别记为 G、G_r、G_s、G_t，则 G_r、G_s、G_t 的节点集与 G 的节点集相等，除了 G 的边以外，用下列方法添加新的边得到闭包的关系图。

(1)考察 G 的每个节点，若没有环则加上一个环，使得每个节点都有环，便得到 G_r。

(2)考察 G 的每条边，若有一条从 x_i 到 x_j 的单向边且 $i \neq j$，则在 G 中加一条从 x_j 到 x_i 的边，使 G 中的有向边都是双向边，便得到 G_s。

(3)考察 G 的每个节点 x_i，找出从 x_i 出发的所有长度为 2, 3, …, n 的路径(n 为 G 的节点数)。设路径的终点为 x_{j_1}，x_{j_2}，…，x_{j_k}，若没有从 x_i 到 x_{j_t} (t=1, 2, …, k)的边，则加上这条边。当所有的节点都检查完后，便得到 G_t。

【例 4.4.1】 设 $A=\{a, b, c\}$，A 上的二元关系 $R=\{\langle a, b\rangle, \langle b, c\rangle, \langle c, a\rangle\}$，试用关系图的方法求 $r(R)$、$s(R)$、$t(R)$的关系图。

解 R、$r(R)$、$s(R)$、$t(R)$的关系图如图 4.7 所示。

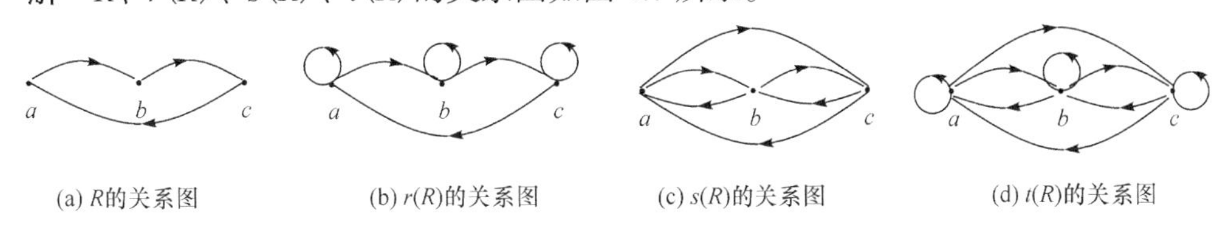

(a) R的关系图 (b) $r(R)$的关系图 (c) $s(R)$的关系图 (d) $t(R)$的关系图

图 4.7 关系图法求闭包的关系图

显然，在传递闭包的关系图中，节点 x_i 到 x_j 有边，当且仅当在 R 的关系图中从节点 x_i 到 x_j 存在一条长度至少为 1 的有向路径，这时称 x_i 到 x_j 是可达的。于是，传递闭包的实质是确定两个节点间是否可达。节点间的可达性是图论的一个非常重要的问题，在通信网络、运输线路的规划等实际问题中有着十分广泛的应用。在大型网络中，元素代表主机等设备，连线表示它们间的有线及无线网络，于是各设备间建立了关系，其传递闭包是衡量该关系的网络状态及各主机间是否可通信的关键。

3. 关系矩阵法计算闭包

设集合 A 上三元关系 R 的闭包分别为 $r(R)$、$s(R)$、$t(R)$，其关系矩阵分别记为 $\boldsymbol{M}_R$、$\boldsymbol{M}_r$、$\boldsymbol{M}_s$、$\boldsymbol{M}_t$。记 $\boldsymbol{M}_1=\boldsymbol{M}_R$，$\boldsymbol{M}_2=\boldsymbol{M}_R^2$，…，$\boldsymbol{M}_k=\boldsymbol{M}_R^k$，则

$$\boldsymbol{M}_r=\boldsymbol{M}_R+\boldsymbol{E}, \qquad \boldsymbol{M}_s=\boldsymbol{M}_R+\boldsymbol{M}_R^{\mathrm{T}}, \qquad \boldsymbol{M}_t=\boldsymbol{M}_1+\boldsymbol{M}_2+\boldsymbol{M}_3+\cdots$$

其中，$\boldsymbol{E}$ 是与 $\boldsymbol{M}_R$ 同阶的单位矩阵，$\boldsymbol{M}_R^{\mathrm{T}}$ 是 $\boldsymbol{M}_R$ 的转置矩阵，加法“+”是布尔加法。

注 利用如下方法可以求得自反闭包和对称闭包的关系矩阵:

(1)将 $\boldsymbol{M}_R$ 中主对角线上的元素全换为“1”，即得到 $\boldsymbol{M}_r$。

(2)在 $\boldsymbol{M}_R$ 中，若 $r_{ij}=1$ 且 $r_{ji} \neq 1$ ($i \neq j$)，则取 $r_{ji}=1$，即得到 $\boldsymbol{M}_s$。

【例 4.4.2】 用关系矩阵计算例 4.4.1 中关系 R 的闭包。

解 $\boldsymbol{M}_R=\begin{pmatrix}0&1&0\\0&0&1\\1&0&0\end{pmatrix}$，$\boldsymbol{M}_R^{\mathrm{T}}=\begin{pmatrix}0&0&1\\1&0&0\\0&1&0\end{pmatrix}$，则

$$\boldsymbol{M}_r=\boldsymbol{M}_R+\boldsymbol{E}=\begin{pmatrix}0&1&0\\0&0&1\\1&0&0\end{pmatrix}+\begin{pmatrix}1&0&0\\0&1&0\\0&0&1\end{pmatrix}=\begin{pmatrix}1&1&0\\0&1&1\\1&0&1\end{pmatrix}$$

$$\boldsymbol{M}_s=\boldsymbol{M}_R+\boldsymbol{M}_R^{\mathrm{T}}=\begin{pmatrix}0&1&0\\0&0&1\\1&0&0\end{pmatrix}+\begin{pmatrix}0&0&1\\1&0&0\\0&1&0\end{pmatrix}=\begin{pmatrix}0&1&1\\1&0&1\\1&1&0\end{pmatrix}$$

所以

$$r(R)=\{<a,a>,<a,b>,<b,b>,<b,c>,<c,a>,<c,c>\}$$

$$s(R)=\{<a,b>,<a,c>,<b,a>,<b,c>,<c,a>,<c,b>\}$$

$$\boldsymbol{M}_2=\boldsymbol{M}_{R^2}=\boldsymbol{M}_R\cdot\boldsymbol{M}_R=\begin{pmatrix}0&1&0\\0&0&1\\1&0&0\end{pmatrix}\cdot\begin{pmatrix}0&1&0\\0&0&1\\1&0&0\end{pmatrix}=\begin{pmatrix}0&0&1\\1&0&0\\0&1&0\end{pmatrix}$$

$$\boldsymbol{M}_3=\boldsymbol{M}_{R^3}=\boldsymbol{M}_{R^2}\cdot\boldsymbol{M}_R=\begin{pmatrix}0&0&1\\1&0&0\\0&1&0\end{pmatrix}\cdot\begin{pmatrix}0&1&0\\0&0&1\\1&0&0\end{pmatrix}=\begin{pmatrix}1&0&0\\0&1&0\\0&0&1\end{pmatrix}$$

$$\boldsymbol{M}_4=\boldsymbol{M}_{R^4}=\boldsymbol{M}_{R^3}\cdot\boldsymbol{M}_R=\begin{pmatrix}1&0&0\\0&1&0\\0&0&1\end{pmatrix}\cdot\begin{pmatrix}0&1&0\\0&0&1\\1&0&0\end{pmatrix}=\begin{pmatrix}0&1&0\\0&0&1\\1&0&0\end{pmatrix}$$

所以，$R^4=\{<a,b>,<b,c>,<c,a>\}=R$。

继续下去，有

$$\begin{cases}R=R^4=\cdots=R^{3n+1}\\R^2=R^5=\cdots=R^{3n+2}\quad(n=0,\ 1,\ 2,\cdots)\\R^3=R^6=\cdots=R^{3n+3}\end{cases}$$

于是

$$\boldsymbol{M}_t=\boldsymbol{M}_1+\boldsymbol{M}_2+\boldsymbol{M}_3=\begin{pmatrix}0&1&0\\0&0&1\\1&0&0\end{pmatrix}+\begin{pmatrix}0&0&1\\1&0&0\\0&1&0\end{pmatrix}+\begin{pmatrix}1&0&0\\0&1&0\\0&0&1\end{pmatrix}=\begin{pmatrix}1&1&1\\1&1&1\\1&1&1\end{pmatrix}$$

所以，$t(R)=R\cup R^2\cup R^3=\{<a,a>,<a,b>,<a,c>,<b,a>,<b,b>,<b,c>,<c,a>,<c,b>,<c,c>\}$。

【例 4.4.3】 设 $A=\{a,b,c\}$，$R=\{<a,b>,<b,c>\}$，求 $t(R)$。

解 $\boldsymbol{M}_1=\begin{pmatrix}0&1&0\\0&0&1\\0&0&0\end{pmatrix}$， $\boldsymbol{M}_2=\boldsymbol{M}_1\cdot\boldsymbol{M}_1=\begin{pmatrix}0&1&0\\0&0&1\\0&0&0\end{pmatrix}\cdot\begin{pmatrix}0&1&0\\0&0&1\\0&0&0\end{pmatrix}=\begin{pmatrix}0&0&1\\0&0&0\\0&0&0\end{pmatrix}$

于是，$R^2=\{<a,c>\}$。

$$\boldsymbol{M}_3=\boldsymbol{M}_2\cdot\boldsymbol{M}_1=\begin{pmatrix}0&0&1\\0&0&0\\0&0&0\end{pmatrix}\cdot\begin{pmatrix}0&1&0\\0&0&1\\0&0&0\end{pmatrix}=\begin{pmatrix}0&0&0\\0&0&0\\0&0&0\end{pmatrix}$$

于是，$R^3=\varnothing$。

继续下去，当 $n \geqslant 3$ 时，$\boldsymbol{M}_n=\boldsymbol{O}$(零矩阵)。因此，$t(R)=R \cup R^2=\{<a, b>, <b, c>, <a, c>\}$。

定理 4.4.2 设 R 是集合 A 上的二元关系，$|A|=n$，则存在正整数 $k \leqslant n$，使得

$$t(R)=R \cup R^2 \cup \cdots \cup R^k$$

当集合元素比较多时，用关系矩阵求传递闭包计算量较大且烦琐，因此沃舍尔(Stephen Warshal 在 1962 年提出了一种求传递闭包的高效算法。

算法：传递闭包的 Warshall 算法。

设 R 是集合 A 上的二元关系，$|A|=n$。

输入：R 的关系矩阵 $\boldsymbol{M}$。

输出：$t(R)$ 的关系矩阵 $\boldsymbol{M}_t$。

步骤 1　置矩阵 $\boldsymbol{A}=\boldsymbol{M}$;

步骤 2　置 $i=1$;

步骤 3　对所有 j $(1 \leqslant j \leqslant n)$，若 $A(j, i)=1$，则对 $k=1,2,\cdots,n$，$A(j, k)=A(j, k)+A(i, k)$;

步骤 4　置 $i=i+1$;

步骤 5　若 $i \leqslant n$，则转步骤 3，否则停止。

该算法中的加法是布尔加法。

若$|A|=n$，Warshall 算法的时间复杂度为 $O(n^3)$。

4.4.3 闭包的性质

定理 4.4.3 设 R_1 和 R_2 是非空集合 A 上的二元关系且 $R_1 \subseteq R_2$，则

(1) $r(R_1) \subseteq r(R_2)$。

(2) $s(R_1) \subseteq s(R_2)$。

(3) $t(R_1) \subseteq t(R_2)$。

定理 4.4.4 设 R 是非空集合 A 上的二元关系，则

(1) R 是自反的 $\Leftrightarrow r(R)=R$。

(2) R 是对称的 $\Leftrightarrow s(R)=R$。

(3) R 是传递的 $\Leftrightarrow t(R)=R$。

定理 4.4.5 设 R 是非空集合 A 上的二元关系：

(1)若 R 是自反的，则 $s(R)$ 与 $t(R)$ 也是自反的。

(2)若 R 是对称的，则 $r(R)$ 与 $t(R)$ 也是对称的。

(3)若 R 是传递的，则 $r(R)$ 也是传递的，但 $s(R)$ 不一定是传递的。

表 4.4 给出了关系的性质与闭包运算间的联系。

表 4.4 关系的性质与闭包运算的联系

R	自反	反自反	对称	反对称	传递
$r(R)$	√	×	√	√	√
$s(R)$	√	√	√	×	×
$t(R)$	√	×	√	×	√

4.4.4 多重闭包

可以定义二元关系的多重闭包，如 $rs(R)=r(s(R))$ 表示关系 R 的对称闭包的自反闭包，称为 R 的对称自反闭包。对多重闭包运算，规定运算顺序为从右到左，如 $trs(R)=t(r(s(R)))$ 为 R 的对称自反传递闭包。传递闭包和自反传递闭包常用于形式语言与程序设计中。

定理 4.4.6 设 R 是非空集合 A 上的关系，则

(1) $rs(R)=sr(R)$。

(2) $rt(R)=tr(R)$。

(3) $st(R)\subseteq ts(R)$。

定理 4.4.6(3)中，不能把“$\subseteq$”写成“=”。

【例 4.4.4】 整数集 $\mathbf{Z}$ 上的小于关系“<”，具有反自反、反对称、传递性，则 $t(<)=$“<”，$s(<)=$“<” $\cup$ “<”$^{-1}=$“$\neq$”，$st(<)=s(<)=$“$\neq$”，$ts(<)=t(\neq)=$“$\neq$” $\cup$ “=” $=\mathbf{Z}\times\mathbf{Z}$ 显然，$st(<)\subseteq ts(<)$。

4.5 等价关系和等价类

二元关系中有一类非常重要的关系——等价关系，是对“信息”与“数据”进行分类的一种普遍原则。因其具有良好的性质，从而具有广泛的应用。例如，数据流通过 Internet 进行传输，Internet 实际上是具有等价关系的网络；智能信息处理的重要方法之一粗糙集理论是以等价关系及其对集合进行的划分为基础的。

4.5.1 等价关系的定义

定义 4.5.1 设 R 是非空集合 A 上的二元关系，若 R 具有自反性、对称性和传递性，则称 R 是 A 上的等价关系。设 R 是等价关系，若 $<x, y>\in R$，则称 x 等价于 y，记作 $x\sim y$。

【例 4.5.1】 (1)某高校学生集合上，属于同一学院的学生关系，即等价关系。

(2)实数集上的相等关系、三角形集合上的相似关系、命题逻辑中命题公式间的等值关系、同阶方阵间的相似关系都是等价关系。

(3)全域关系是等价关系。

【例 4.5.2】 设 $\mathbf{Z}$ 是整数集，$R=\{<x, y>|x, y\in\mathbf{Z}, x-y$ 能被 3 整除$\}=\{<x, y>|x\equiv y \pmod 3\}$，其中 $x\equiv y \pmod 3$ 称为 x 与 y 模 3 同余，即 x 除以 3 的余数与 y 除以 3 的余数相等。证明：R 是 $\mathbf{Z}$ 上的等价关系。

证明 对 $\forall x, y, z\in\mathbf{Z}$，

(1)因为 $x-x$ 必能被 3 整除，即 $<x, x>\in R$，所以 R 具有自反性。

(2)若 $<x, y>\in R$，即 $x-y$ 能被 3 整除，则 $y-x=-(x-y)$ 也能被 3 整除，即 $<y, x>\in R$，所以 R 具有对称性。

(3)若 $<x, y>\in R\wedge<y, z>\in R$，则存在 h 和 k，使得 $x-y=3h\wedge y-z=3k$，而 $x-z=(x-y)+(y-z)=3h+3k=3(h+k)$，即 $<x, z>\in R$，所以 R 具有传递性。

综上所述，R 是 $\mathbf{Z}$ 上的等价关系。

一般地，设 k 是正整数，整数集 $\mathbf{Z}$ 上的模 k 同余关系 $R=\{<x, y>|x\equiv y \pmod k\}$ 是等价

关系。

【例 4.5.3】 设 $A=\{1, 2, \cdots, 8\}$，$R=\{<x, y>|x\equiv y\pmod 3\}$，则 1～4～7，2～5～8，3～6，其关系图如图 4.8 所示。

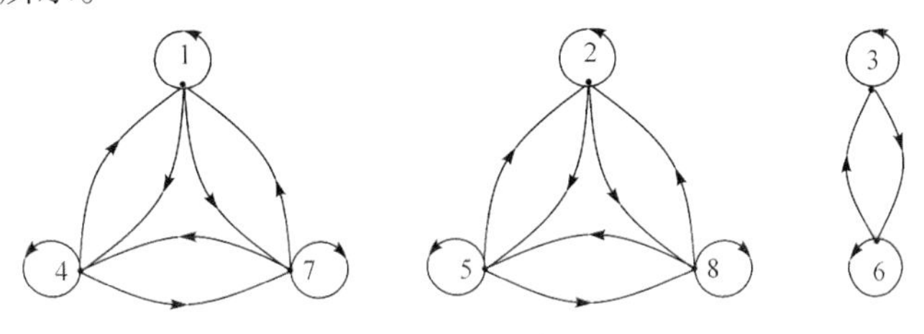

图 4.8　模 3 同余关系的关系图

若将 A 中元素重新排列，即 $A=\{1, 4, 7, 2, 5, 8, 3, 6\}$，则其关系矩阵为以下分块矩阵

$$
\boldsymbol{M}=\begin{array}{c} \\ 1\\4\\7\\2\\5\\8\\3\\6 \end{array}
\begin{array}{c}
\begin{array}{cccccccc}1&4&7&2&5&8&3&6\end{array}\\
\left(\begin{array}{ccc:ccc:cc}
1&1&1&0&0&0&0&0\\
1&1&1&0&0&0&0&0\\
1&1&1&0&0&0&0&0\\
\hdashline
0&0&0&1&1&1&0&0\\
0&0&0&1&1&1&0&0\\
0&0&0&1&1&1&0&0\\
\hdashline
0&0&0&0&0&0&1&1\\
0&0&0&0&0&0&1&1
\end{array}\right)
\end{array}
$$

模数同余关系是整数集或其子集上的一种非常重要的等价关系，是数论中的重要内容，也是等价关系中极为重要的一种关系。例如，时钟是按模 12 方式计数，星期几是按模 7 方式计数。若某月 11 日是星期二，则 4 日、18 日也是星期二。

4.5.2　等价类

例 4.5.3 的关系图被分成三个互不连通的部分，每部分的元素两两等价，不同部分的元素间不等价，每部分的元素构成一个称为等价类的集合。

定义 4.5.2　设 R 是非空集合 A 上的等价关系，对 $\forall a\in A$，集合

$$[a]_R=\{x|x\in A\wedge aRx\}$$

称为由元素 a 生成的 R 等价类，简记为 $[a]$，并称 a 为等价类 $[a]$ 的生成元。

由定义 4.5.2 可知，$[a]_R$ 是 A 中所有与 a 等价的元素构成的集合。

例 4.5.3 中的等价类为

$$[1]=[4]=[7]=\{1, 4, 7\},\qquad [2]=[5]=[8]=\{2, 5, 8\},\qquad [3]=[6]=\{3, 6\}$$

等价类具有以下性质。

定理 4.5.1　设 R 是非空集合 A 上的等价关系，对 $\forall a, b\in A$，则

(1) $[a]_R$ 是 A 的非空子集。

(2) $aRb\Leftrightarrow[a]_R=[b]_R$。

(3) 若$<a, b>\notin R$，则$[a]_R\cap[b]_R=\varnothing$。

(4) $\bigcup\limits_{a\in A}[a]_R=A$。

证明 (1) 因为R是等价关系，所以对$\forall a\in A$，都有$<a, a>\in R$，即$a\in[a]_R$，所以$[a]_R$是A的非空子集。

(2) 必要性。对$\forall a\in A$，有$a\in[a]_R$，而$[a]_R=[b]_R$，所以$a\in[b]_R$，即aRb。

充分性。对$\forall c\in[a]_R$，有cRa，而aRb且R具有传递性，则cRb，即$c\in[b]_R$，于是$[a]_R\subseteq[b]_R$。同理可证，$[b]_R\subseteq[a]_R$。因此，$[a]_R=[b]_R$。

注 集合A中的每个元素属于且仅属于一个等价类。

【例 4.5.4】 设$\mathbf{Z}$是整数集，$R=\{<x, y>|x\equiv y\pmod 3\}$，则其等价类为

$$[0]_R=\{\cdots, -6, -3, 0, 3, 6, \cdots\}=[3k]_R$$

$$[1]_R=\{\cdots, -5, -2, 1, 4, 7, \cdots\}=[3k+1]_R$$

$$[2]_R=\{\cdots, -4, -1, 2, 5, 8, \cdots\}=[3k+2]_R$$

R也称为模 3 剩余类，等价类集$=\{[0]_R, [1]_R, [2]_R\}$，记作$\mathbf{Z}/(3)$。

利用非空集合及其上的某个等价关系，可以构造一个新的集合——商集。

定义 4.5.3 设R是非空集合A上的等价关系，由R的等价类组成的集合称为A关于等价关系R的商集，记作A/R，读作A模R，即$A/R=\{[a]_R|a\in A\}$。商集的元素个数称为二元关系R的秩。

4.5.3 等价关系与划分

由等价类的性质及集合划分的定义，得到下列重要定理。

定理 4.5.2 若R是非空集合A上的等价关系，则商集A/R是A的一个划分，称为由等价关系R诱导的划分。

对集合A上的一个等价关系，能够得到A的一个划分；反之，对集合A的一个划分，定义二元关系R：$xRy\Leftrightarrow x$与y在同一个分划块中。可以证明R是A上的等价关系。

定理 4.5.3 设$S=\{S_1, S_2, \cdots, S_n\}$是非空集合$A$的一个划分，定义二元关系

$$R=\{<x, y>|x\in A\wedge y\in A\wedge x \text{ 和 } y \text{ 属于同一个分块}\}$$

则R是A上的等价关系，且$R=\bigcup\limits_{i=1}^{n}S_i\times S_i$。

证明 先证明R是A上的等价关系。

(1) 对$\forall x\in A$，因为S是A的划分，所以存在S_k，使得$x\in S_k$，即x与x属于同一分块，所以$<x, x>\in R$，故R是自反的。

(2) 对$\forall x, y\in A$，若$<x, y>\in R$，即x与y属于同一分块，则y与x也属于同一分块，即$<y, x>\in R$，故R是对称的。

(3) 对$\forall x, y, z\in A$，若$<x, y>\in R\wedge<y, z>\in R$，即存在$S_i$和$S_j$，使得$x, y\in S_i$且$y, z\in S_j$，则$y\in S_i\cap S_j$。而$S$是$A$的一个划分，即$S_i\cap S_j=\varnothing\,(i\neq j)$，所以$y$只能属于$S$的某一块，即$i=j$，因此$x$与$z$属于同一分块，即$<x, z>\in R$，故$R$是传递的。

综上所述，R是A上的等价关系。

再证明 $R=\bigcup_{i=1}^{n} S_i \times S_i$。

对$\forall x$，$y \in A$，有

$$<x, y> \in R \Leftrightarrow \exists i\,(x \in S_i \wedge y \in S_i)$$
$$\Leftrightarrow \exists i\,(<x, y> \in S_i \times S_i)$$
$$\Leftrightarrow (<x, y> \in S_1 \times S_1) \vee (<x, y> \in S_2 \times S_2) \vee \cdots \vee (<x, y> \in S_n \times S_n)$$
$$\Leftrightarrow <x, y> \in (S_1 \times S_1) \cup (S_2 \times S_2) \cup \cdots \cup (S_n \times S_n)$$

于是

$$R=(S_1 \times S_1) \cup (S_2 \times S_2) \cup \cdots \cup (S_n \times S_n)=\bigcup_{i=1}^{n} S_i \times S_i$$

【例 4.5.5】 设 $A=\{a, b, c\}$，$S=\{\{a, b\}, \{c\}\}$，则划分 S 确定的等价关系为

$$R=\bigcup_{i-1}^{n} S_i \times S_i=\{a, b\} \times \{a, b\} \cup \{c\} \times \{c\}$$
$$=\{<a, a>, <a, b>, <b, a>, <b, b>, <c, c>\}$$

由定理 4.5.2 和定理 4.5.3 可知，集合上的等价关系与其划分一一对应，不同的等价关系对应不同的划分。A 上有多少个不同的划分，就有多少个不同的等价关系。

【例 4.5.6】 求集合 $A=\{1, 2, 3\}$上所有不同的等价关系。

解 先找出 A 的所有可能划分，如图 4.9 所示。

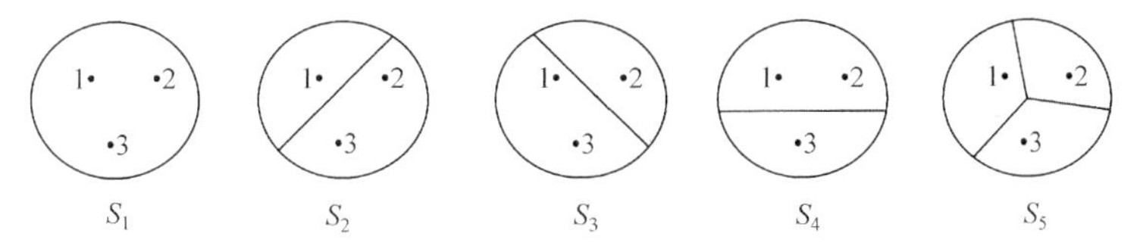

图 4.9 集合 A 的各种不同划分

秩为 1 的划分为 S_1，是最小划分，秩为 2 的划分有 S_2、S_3、S_4，秩为 3 的划分为 S_5，是最大划分，则 A 上的所有等价关系为

$R_1=\{<1, 1>, <1, 2>, <1, 3>, <2, 1>, <2, 2>, <2, 3>, <3, 1>, <3, 2>, <3, 3>\}$（全域关系）

$R_2=\{<1, 1>, <2, 2>, <2, 3>, <3, 2>, <3, 3>\}$

$R_3=\{<2, 2>, <1, 1>, <1, 3>, <3, 1>, <3, 3>\}$

$R_4=\{<3, 3>, <1, 1>, <1, 2>, <2, 1>, <2, 2>\}$

$R_5=\{<1, 1>, <2, 2>, <3, 3>\}$（恒等关系）

等价关系和划分是信息检索、网络等领域的重要研究工具。

设 π_1、π_2 是集合 A 的任意划分，定义 π_1 和 π_2 的积划分 $\pi_1 \otimes \pi_2$、和划分 $\pi_1 \oplus \pi_2$ 如下。

积划分 $\pi=\pi_1 \otimes \pi_2$ 满足：

(1) π 细分 π_1 和 π_2。

(2) 若另有划分 π' 细分 π_1 和 π_2，则 π' 细分 π。

和划分 $\pi=\pi_1 \oplus \pi_2$ 满足：

(1) π_1 和 π_2 细分 π。

(2) 若另有划分 π' 且 π_1 和 π_2 细分 π'，则 π 细分 π'（π 是能被 π_1 和 π_2 细分的最细的划分）。

在信息检索系统中，根据一个主码把全体文献划分成两块，如“机器学习”，则文献根据它进行分类。假定有 10 个主码，指定一个主码，可确定文献集合中 10 个划分中的一个，然后再进行检索，则能在文献集合 20 个划分中确定一个。若允许使用一个连接词 AND，则可得到一个积划分 $\pi_1 \otimes \pi_2$，π_1 和 π_2 是分别由 2 个主码确定的划分。$\pi_1 \otimes \pi_2$ 中一块相应于一个文献子集合。若使用一个连接词 OR，则不会得到和划分 $\pi_1 \oplus \pi_2$ 中的一块，而只是划分的积中一些块的并集。

另外，软件工程的软件测试方法中有一种等价类划分的方法，根据待测试的数据是否符合软件需求规格和设计规定，将所有待测试的数据划分为有效等价类和无效等价类，于是在每个等价类中只需取一个数据代表其他数据进行测试，以提高软件测试的效率。

4.6　相容关系和相容类

4.6.1　相容关系的定义

定义 4.6.1　设 r 是集合 A 上的二元关系，若 r 是自反和对称的，则称 r 是 A 上的相容关系。若 $\langle x, y\rangle \in r$，则称 x 与 y 相容。

注　等价关系是相容关系，但相容关系不一定是等价关系。

容易验证，相容关系的闭包是等价关系。本节主要讨论不是等价关系的相容关系。

【例 4.6.1】　设 $A=\{316, 347, 204, 678, 770\}$，定义 $r=\{\langle x, y\rangle | x,\ y \in A \wedge x$ 与 y 有相同的数码$\}$，容易验证 r 具有自反性、对称性，所以 r 是相容关系。然而 r 不具有传递性，因为 $\langle 316, 347\rangle \in r$ 且 $\langle 347, 204\rangle \in r$，但 $\langle 316, 204\rangle \notin r$。其关系图如图 4.10(a)所示。

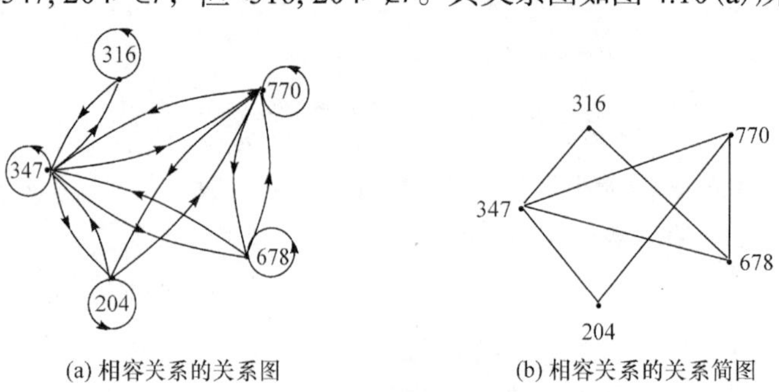

图 4.10　相容关系的图表示

因为相容关系具有自反性和对称性，所以其关系图中，每个节点都有环，且任意两个不同节点间若有边，则一定是一对方向相反的边。

约定　相容关系的关系图中，每个节点处省略环，两个节点间成对的有向边用一条无向边代替，得到相容关系的关系简图。

例 4.6.1 中相容关系 r 的关系简图如图 4.10(b)所示。

相容关系的关系矩阵是对称的，且其主对角线元素全为 1，为了减少储存量，只需给出主对角线以下元素(不包括对角线上的元素)，得到相容关系简化的关系矩阵。

例 4.6.1 中，设 $x_1=316$，$x_2=347$，$x_3=204$，$x_4=678$，$x_5=770$，则 r 的关系矩阵及简化形

式为

$$
\boldsymbol{M}_r=\begin{pmatrix} 1 & 1 & 0 & 1 & 0 \\ 1 & 1 & 1 & 1 & 1 \\ 0 & 1 & 1 & 0 & 1 \\ 1 & 1 & 0 & 1 & 1 \\ 0 & 1 & 1 & 1 & 1 \end{pmatrix}, \qquad \begin{array}{c} \\ x_2 \\ x_3 \\ x_4 \\ x_5 \end{array}\begin{array}{c} \begin{array}{cccc} x_1 & x_2 & x_3 & x_4 \end{array} \\ \begin{pmatrix} 1 & & & \\ 0 & 1 & & \\ 1 & 1 & 0 & \\ 0 & 1 & 1 & 1 \end{pmatrix} \end{array}
$$

4.6.2 相容类

定义 4.6.2 设 r 是集合 A 上的相容关系，若 $C \subseteq A$ 且 C 中任意两个元素 a_1 和 a_2 都有 $a_1 r a_2$，则称 C 是由相容关系 r 生成的相容类。

例如，例 4.6.1 中，{347, 204, 770}，{347, 678, 770}，{678, 770}都是相容类，但{316, 347, 204}，{204, 678, 770}不是相容类。

这些相容类中，{678, 770}可以添加新的元素 347 得到相容类{347, 678, 770}，但前两个相容类，添加任一元素后都不再是相容类，故称其为极大相容类。

定义 4.6.3 若 r 是集合 A 上的相容关系，不能真包含在任何其他相容类中的相容类，称为极大相容类，记作 C_r。

注 集合 A 中的任意元素至少在由相容关系产生的一个极大相容类中。

在相容关系的关系简图中，以下任意一种情形都是极大相容类：

(1) 每个极大完全多边形的节点集。

(2) 每个孤立节点所组成的单元素集。

(3) 不是完全多边形的边，但有连线的两个节点所组成的二元素集。

其中，完全多边形是指任意两个节点都有边的多边形。

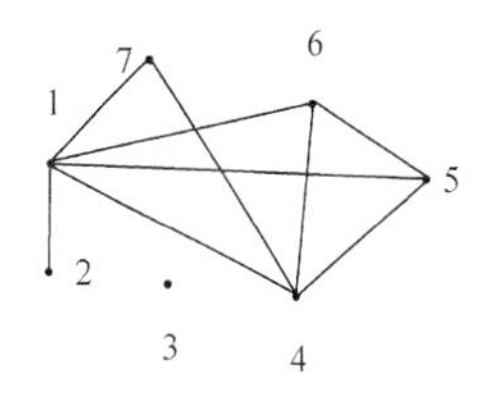

图 4.11 例 4.6.2 中相容关系的关系简图

【例 4.6.2】 设 $A=\{1, 2, 3, 4, 5, 6, 7\}$，相容关系如图 4.11 所示，试写出其所有极大相容类。

解 极大相容类有{1, 4, 7}, {1, 4, 5, 6}, {1, 2}, {3}。

显然，$\{1, 4, 7\} \cup \{1, 4, 5, 6\} \cup \{1, 2\} \cup \{3\}=A$，即极大相容类的集合 $S=\{\{1, 4, 7\}, \{1, 4, 5, 6\}, \{1, 2\}, \{3\}\}$ 构成 A 的一个覆盖。

4.6.3 相容关系与覆盖

相容关系是较等价关系条件弱的关系，在实际中有着更广泛的应用。与等价关系对应集合的划分一样，相容关系与集合的覆盖也可以建立对应关系。

定理 4.6.1 对集合 A 的覆盖 $\{A_1, A_2, \cdots, A_n\}$，定义关系 $r=\bigcup_{i=1}^{n} A_i \times A_i$，则 r 是 A 上的相容关系。

此定理说明，集合的一个覆盖可以得到一个相容关系。但与等价关系和划分不同，不同的覆盖可以得到相同的相容关系。

【例 4.6.3】 设 $A=\{1, 2, 3, 4\}$，A 上的两个覆盖 $S_1=\{\{1, 2, 3\}, \{3, 4\}\}$，$S_2=\{\{1, 2\}, \{1, 3\}, \{2, 3\}, \{3, 4\}\}$，求 S_1 和 S_2 所对应的相容关系。

解 设 S_1 和 S_2 对应的相容关系分别为 r_1 和 r_2，则由定理 4.6.1，得

$$r_1=\{<1，1>，<1，2>，<1，3>，<2，1>，<2，2>，<2，3>，<3，1>，<3，2>，<3，3>，<3，4>，<4，3>，<4，4>\}$$

$$r_2=\{<1，1>，<1，2>，<2，1>，<2，2>，<1，3>，<3，1>，<3，3>，<2，3>，<3，2>，<3，4>，<4，3>，<4，4>\}$$

什么样的覆盖与相容关系一一对应?

定义 4.6.4 若 r 是集合 A 上的相容关系，其极大相容类的集合称为 A 的完全覆盖，记作 $C_r(A)$。

对给定的相容关系，其极大相容类集是唯一确定的，所以对应唯一的完全覆盖。

定理 4.6.2 集合 A 上相容关系 r 与其完全覆盖 $C_r(A)$ 存在一一对应。

例如，例 4.6.2 中 A 有以下覆盖:

$$S=\{\{1, 4, 7\}, \{1, 4, 5, 6\}, \{1, 2\}, \{3\}\}$$

$$H=\{\{1, 4\}, \{1, 4, 7\}, \{4, 5, 6\}, \{1, 5, 6\}, \{1, 2\}, \{3\}\}$$

都可以得到图 4.11 的相容关系，S 是唯一的完全覆盖。

4.7 序关系和哈塞图

在集合上，除等价关系、相容关系外，常需考虑元素间的“先后次序”问题。次序关系在计算机科学和其他领域中有十分广泛的应用，如数理逻辑中各命题联结词有不同的优先级、结构化程序设计中函数或子程序的调用、电视信号的传输、数据排序等数据处理问题。

次序关系中最基本的是偏序关系，它是实数集上“小于等于关系”的推广。

4.7.1 偏序关系的定义

定义 4.7.1 设 R 是集合 A 上的自反、反对称、传递关系，则称 R 是 A 上的偏序关系，记作“$\preccurlyeq$”。集合 A 及其上的偏序关系$\preccurlyeq$一起称为偏序集或半序集，记作$<A, \preccurlyeq>$。

若$<x, y>\in\preccurlyeq$，则记作 $x\preccurlyeq y$，读作“x 小于等于 y”。但注意它与习惯上的“小于等于”关系是有区别的。

例如，实数集上的小于等于关系、集合上的包含关系及恒等关系 I_A 都是偏序关系，但全域关系 E_A 不是偏序关系。

【**例 4.7.1**】 设 $A=\{3, 8, 24, 27\}$，定义关系$\preccurlyeq=\{<x, y>|y$ 整除 $x\}$。验证$\preccurlyeq$是偏序关系。

证明 由定义知

$$\preccurlyeq=\{<3, 3>, <24, 3>, <27, 3>, <8, 8>, <24, 8>, <24, 24>, <27, 27>\}$$

其关系图如图 4.12 所示，关系矩阵为 $\boldsymbol{M}=\begin{pmatrix}1&0&0&0\\0&1&0&0\\1&1&1&0\\1&0&0&1\end{pmatrix}$。

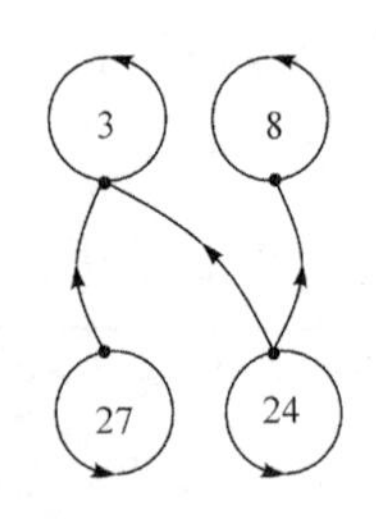

图 4.12 例 4.7.1 的关系图

从关系矩阵和关系图 4.12 可以看出，“$\preccurlyeq$”满足自反性、反对称性，容易验证“$\preccurlyeq$”也是传递的，所以“$\preccurlyeq$”是偏序关系。

例 4.7.1 的偏序集中有 $24\preccurlyeq 3$，$24\preccurlyeq 8$，即 $<24, 3>\in\preccurlyeq$ 和 $<24, 8>\in\preccurlyeq$，24 排在 3 和 8 的前面。这里的“小于等于”不是指元素间的大小，而是指各元素在偏序关系中位置的先后次序。

而 8 和 27 不具有关系 $\preccurlyeq$，故偏序集 $<A, \preccurlyeq>$ 中并不是任意两个元素 x、y 都有 $x\preccurlyeq y$ 或 $y\preccurlyeq x$。

4.7.2 偏序关系的哈塞图

定义 4.7.2 在偏序集 $<A, \preccurlyeq>$ 中，对 $\forall x, y\in A$，若 $x\preccurlyeq y$ 或 $y\preccurlyeq x$ 成立，则称 x 与 y 是可比的，否则是不可比的。若 $x\neq y$，$x\preccurlyeq y$ 且不存在其他元素 $z\in A$，使得 $x\preccurlyeq z$ 且 $z\preccurlyeq y$ 成立，则称 y 盖住 x，或称 y 是 x 的直接后继，x 是 y 的直接先行。称 $\mathrm{COV}(A)=\{<x, y>|x, y\in A, y \text{ 盖住 } x\}$ 为 A 的盖。

当 $\forall x, y\in A$，$x\preccurlyeq y$ 且 $x\neq y$ 时，记作 $x\prec y$。

注 “y 盖住 x”是指 x 与 y 直接有偏序关系，而且中间不可能再添加其他元素保持这种偏序关系。

例如，例 4.7.1 中，24 与 3 是可比的，3 和 8 是不可比的，则 $\mathrm{COV}(A)=\{<24, 3>, <27, 3>, <24, 8>\}$。

【例 4.7.2】 设 $A=\{3, 8, 12, 24, 27\}$，定义 $\preccurlyeq=\{<x, y>|y \text{ 整除 } x\}$，求 $\mathrm{COV}(A)$。

解 $\preccurlyeq=\{<3, 3>, <12, 3>, <24, 3>, <27, 3>, <8, 8>, <24, 8>, <12, 12>, <24, 12>, <24, 24>, <27, 27>\}$

其关系图如图 4.13 所示。

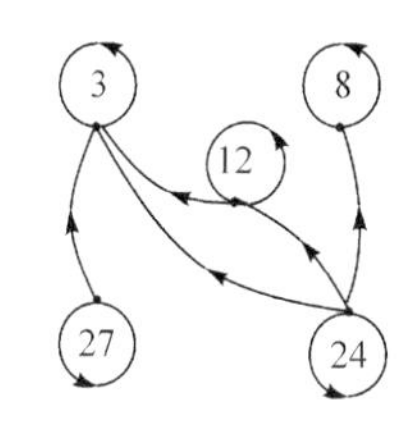

图 4.13 例 4.7.2 的关系图

其中，3 盖住 27，8 和 12 都盖住 24，但 3 不盖住 24，因为 $24\prec 12\prec 3$。因此，$\mathrm{COV}(A)=\{<12, 3>, <27, 3>, <24, 12>, <24, 8>\}$。

在偏序集中，元素间的盖住关系是唯一确定的，所以利用盖住性质将偏序集的元素按由小到大的层次分类，删除由于传递性和自反性产生的边，得到简化的偏序关系图，称为哈塞图，其画法如下。

(1) A 中元素用小圆圈表示，省去所有的环。

(2) 对 $\forall x, y\in A$，若 $x\prec y$，则将 x 画在 y 的下方，即节点的位置按它们在偏序中的次序由下向上进行排列。

(3) 对 $\forall x, y\in A$，若 y 盖住 x，则将 y 和 x 用一条无向边相连，否则无边相连。

例 4.7.1 和例 4.7.2 的哈塞图如图 4.14 所示。

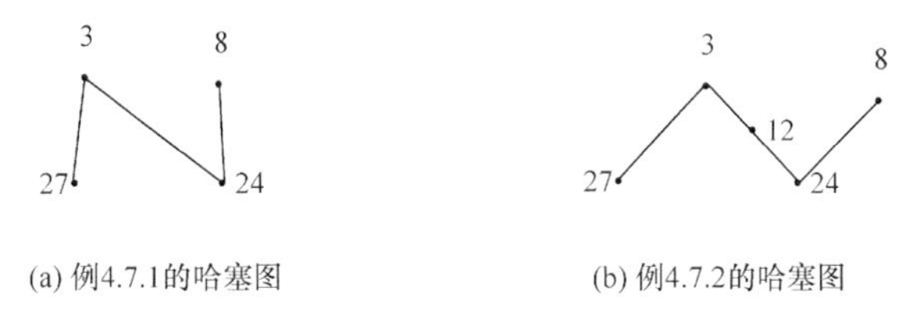

图 4.14 偏序关系的哈塞图

注 画偏序关系的哈塞图时，应正确理解元素间的盖住关系。在一条线上的两个元素可以比较大小(小在下，大在上)，不在同一条线上的两个元素不能比较大小，即没有关系。并且，每条边的方向都是从下向上。

4.7.3 偏序集中的特殊元素

定义 4.7.3 设$<A, \preccurlyeq>$为偏序集，且 $B\subseteq A$，$b\in B$。

(1)若$\neg\exists x(x\in B\wedge x\neq b\wedge b\preccurlyeq x)$为真，则称 b 为 B 的极大元。

(2)若$\neg\exists x(x\in B\wedge x\neq b\wedge x\preccurlyeq b)$为真，则称 b 为 B 的极小元。

(3)若$\forall x(x\in B\rightarrow x\preccurlyeq b)$为真，则称 b 为 B 的最大元。

(4)若$\forall x(x\in B\rightarrow b\preccurlyeq x)$为真，则称 b 为 B 的最小元。

注 (1)非空有限偏序集的极大(小)元一定存在，可能不唯一，且可以不在同一层上。最大(小)元不一定存在；若存在，必定是唯一的。

(2)B 的最大(小)元一定是极大(小)元，反之不然。

(3)B 的最大(小)元与 B 的所有元素都可比，极大(小)元不一定和 B 中元素都可比，不同的极大(小)元间是不可比的。

例如，例 4.7.1 和例 4.7.2 中，极大元均为 3 和 8，极小元均为 24 和 27，没有最大元和最小元。

利用哈塞图确定偏序集中特殊元的方法如下。

(1)若图中只有一个节点，则此节点是极大元、极小元、最大元、最小元。若有多个孤立节点，则这些节点是极大元、极小元，但没有最大元、最小元。

(2)除孤立节点外，其他极小元是图中所有向下通路的终点，其他极大元是图中所有向上通路的终点。

(3)极大元集为哈塞图中相对顶层的元素，极小元集为哈塞图中相对底层的元素，呈多峰或多底形。最大(小)元若存在，则必处于所有元素的最顶(底)层且与所有元素都有关系，即与所有元素都有直接或同向间接的连线，呈单峰(底)形。

定理 4.7.1 设$<A, \preccurlyeq>$为偏序集且 $B\subseteq A$，若 B 有最大(小)元，则其必唯一。

定义 4.7.4 设$<A, \preccurlyeq>$为偏序集，且 $B\subseteq A$，$a\in A$，

(1)若$\forall x(x\in B\rightarrow x\preccurlyeq a)$为真，则称 a 为 B 的上界。

(2)若$\forall x(x\in B\rightarrow a\preccurlyeq x)$为真，则称 a 为 B 的下界。

(3)令 $C=\{a|a$ 为 B 的上界$\}$，称 C 中最小元为 B 的最小上界或上确界，记作 lub B。

(4)令 $D=\{a|a$ 为 B 的下界$\}$，称 D 中最大元为 B 的最大下界或下确界，记作 glb B。

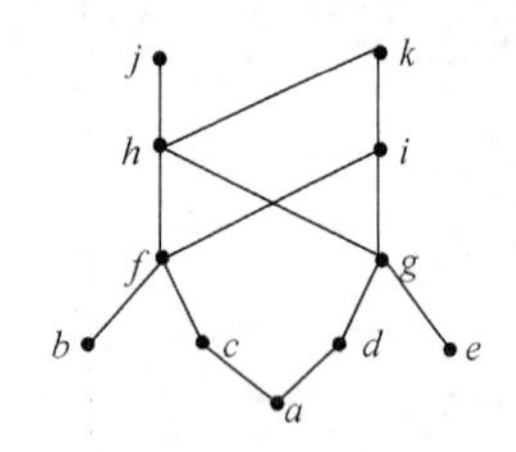

图 4.15 例 4.7.3 的哈塞图

【例 4.7.3】 给定偏序集$<A, \preccurlyeq>$的哈塞图如图 4.15 所示，$B_1=\{a, b, c, d, e, f, g\}$，$B_2=\{a, b, c, d, e, f, g, h, i\}$，$B_3=\{h, i, j, k\}$，$B_4=\{h, i, f, g\}$，则

B_1 的上界为 h、i、j、k，没有上确界。

B_2 的上界为 k，上确界为 k。因为 j 和 i 没有关系，所以 j 不是 B_2 的上界。

B_3 的下界为 f、g、a、b、c、d、e，没有下确界。

B_4 的下界为 a，下确界为 a。因为 g 和 b、c 没有关系，f 和 d、e 没有关系，所以 b、c、d、e 不是 B_4 的下界。

注 (1)B 的上(下)界不一定存在；若存在，可以不属于 B，也可能不唯一。上(下)确界不一定存在，若存在一定是唯一的。

(2)B 的最大(小)元一定是 B 的上(下)界和上(下)确界，否则从 $A-B$ 中选择那些向下

可达 B 中每个元素的节点，它们都是 B 的上界，其中的最小元就是 B 的上确界。反之不然，B 的下界不一定是 B 的最小元，因为它可以不是 B 中的元素，且可以不唯一。同样，B 的上界也不一定是 B 的最大元。

(3)若 a 是 B 的上(下)确界，且 $a\in B$，则 a 为 B 的最大(小)元。

4.7.4 链和全序关系

定义 4.7.5 设 $<A, \preccurlyeq>$ 是偏序集，$B\subseteq A$，$B\neq\varnothing$，

(1)若 B 中任意两个元素都有偏序关系 $\preccurlyeq$，则称 B 为链。若 B 为有限集，则 B 中元素个数 $|B|$ 称为链长。

(2)若 B 中任意两个元素都没有偏序关系 $\preccurlyeq$，则称 B 为反链。

约定 A 中单元素集 $\{a\}$ 既是链，又是反链。

例如，图 4.15 中 $\{b, f, h, j\}$ 和 $\{a, d, g, h, k\}$ 都是链，$\{a, b\}$ 和 $\{c, d, e\}$ 是反链。在哈塞图中，由下到上的一条路经过的节点构成的集合是链，任意两个节点都不位于同一条路上的节点构成的集合是反链。

定义 4.7.6 若 A 为链，则称 $<A, \preccurlyeq>$ 为全序集或线序集，$\preccurlyeq$ 为 A 上的全序或线序，即

$$<A, \preccurlyeq>\text{为全序集} \Leftrightarrow \forall x\forall y(x\in A\wedge y\in A\rightarrow x\preccurlyeq y\vee y\preccurlyeq x)$$

例如，实数集上的小于等于关系是全序，而整除关系不是全序。

注 偏序集和全序集的区别如下：

(1)全序集必定是偏序集；反之，偏序集不一定是全序集。

(2)偏序集的哈塞图可以分叉或汇聚，且某些节点间可以没有边相连，即有些元素是不可比的。而全序集的哈塞图是一条不分叉的上下有序的“链”，整个链中总可以从最高节点出发，沿盖住关系遍历该链中的所有节点，所有的元素都是可比的。

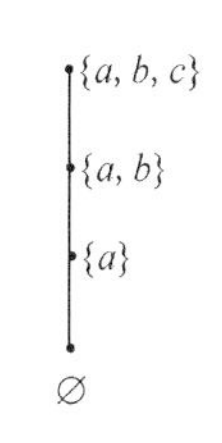

图 4.16 全序集的哈塞图

【例 4.7.4】 设 $A=\{\varnothing, \{a\}, \{a, b\}, \{a, b, c\}\}$，$\subseteq$ 为集合间的包含关系，则

$$\varnothing\subseteq\{a\}\subseteq\{a, b\}\subseteq\{a, b, c\}$$

因此，$<A, \subseteq>$ 是全序集，其哈塞图如图 4.16 所示。

序关系可以用于解决项目管理中的问题。假设一个项目由 n 个任务组成，某些任务只能在其他任务完成后才能进行，可以利用拓扑排序安排这些任务的执行顺序。

建立任务 a 和 b 间的序关系，$a\preccurlyeq b\Leftrightarrow$ a 完成后 b 才能开始。对所有任务进行拓扑排序，得到偏序集 $<A,\preccurlyeq>$。选出 $<A,\preccurlyeq>$ 的一个极小元 a_1，然后选出 $<A-\{a_1\},\preccurlyeq>$ 的一个极小元 a_2，…，重复此过程，直到选出最后一个元素 a_n 为止，即得到所有任务的执行顺序 a_1, a_2，…，a_n。

4.8 关系的应用——逾渗现象研究

4.8.1 问题描述

关于逾渗理论的一个典型问题是，在多空材料的顶部倒上水，水是否会沿材料内部的孔洞

渗漏到材料的底部？在数学上，用于研究随机图上连通团的数学性质的理论称为逾渗理论。

一般地，在随机二维点阵上研究逾渗现象。给定 $N \times N$ 的点阵，任意给定节点 v，紧邻 v 的上方、下方、左边、右边的四个节点称作 v 的邻接节点。点阵中，邻接节点之间以概率 P 连接，并且节点之间的连接是概率独立的。给定不同的连接概率时，随机生成的二维点阵如图 4.17 和图 4.18 所示。

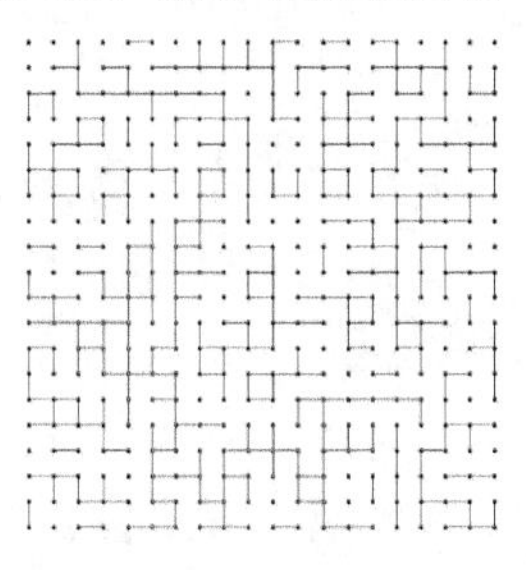

图 4.17　连接概率 P=0.2 时随机生成的 20×20 点阵

图 4.18　连接概率 P=0.55 时随机生成的 20×20 点阵

为方便后面的描述，先给出以下定义。

定义 4.8.1　随机二维点阵中，任意两个节点 v_i、v_j, v_i 和 v_j 连通，仅当 v_i 与 v_j 之间存在一条无向路径。

定义 4.8.2　随机二维点阵发生逾渗，仅当点阵中某一顶层点与某一底层点连通。

定义 4.8.3　设随机二维点阵中，所有节点组成的集合为 S，节点集 $C\subseteq S$，如果$\forall v_i, v_j \in C$，都有 v_i 和 v_j 连通，则称 C 是点阵中的一个连通团。

关于随机二维点阵上的逾渗现象，主要研究以下几个问题：

(1) 连通、逾渗判定。随机二维点阵中，给定连接概率 P，任意两个节点 v_i 和 v_j 之间是否连通？点阵是否发生逾渗？

(2) 连通团。如何确定点阵中所有的连通团？

逾渗发生的临界概率为 P_c。对于逾渗，一个现象是，当连接概率 P 小于概率 P_c 时，点阵不会发生逾渗，而一旦 $P \geqslant P_c$ 时，逾渗随即发生。那么 P_c 为多少呢？如图 4.19～图 4.22 所示。

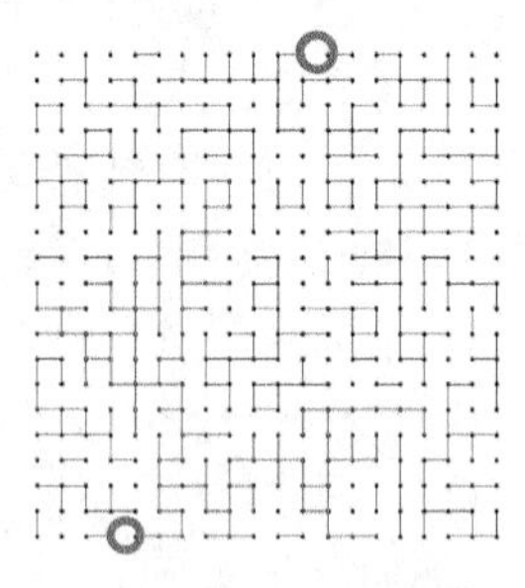

图 4.19　连接概率 $P = 0.4$ 的 20×20 点阵

两点(5,0)、(10,19)，点阵没有发生逾渗

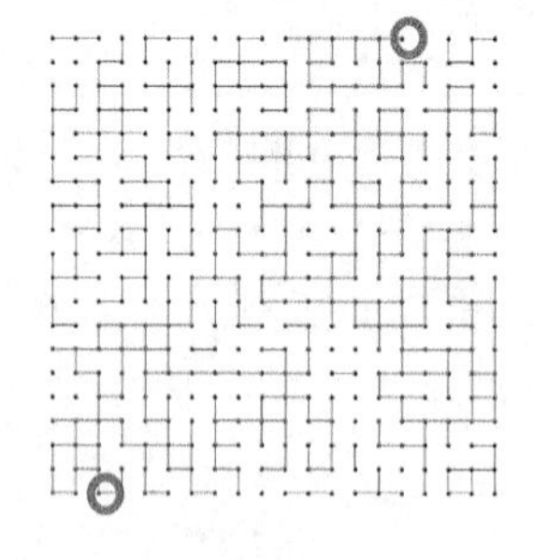

图 4.20　连接概率 $P = 0.55$ 的 20×20 点阵

至少存在一对点(如图中圆圈标识)连通，点阵发生逾渗

图 4.21 连接概率 $P = 0.45$ 的 50×50 点阵
不同的连通团用颜色深浅标明，点阵没有发生逾渗

图 4.22 连接概率 $P = 0.53$ 的 50×50 点阵
不同的连通团用颜色深浅标明，点阵发生逾渗

4.8.2 数学模型

设随机二维点阵中，所有节点构成集合 $S=\{v_1, v_2, \cdots, v_n\}$，定义 S 上节点间的“连通”关系，记为 R，若 $\forall v_i, v_j \in S$，$v_i R v_j$，则 v_i 与 v_j 连通。可证明“连通”关系 R 是一个等价关系。

(1) R 是自反的，对 $\forall v_i \in S$，规定 $v_i R v_i$，即点阵中的点，自己与自己是连通的。

(2) R 是对称的，对 $\forall v_i, v_j \in S$，若 $v_i R v_j$，则 $v_j R v_i$。显然，点阵中 v_i 与 v_j 连通，则 v_j 与 v_i 也连通。

(3) R 是传递的，对 $\forall v_i, v_j, v_k \in S$，若 $v_i R v_k$ 且 $v_k R v_j$，则 $v_i R v_j$。显然，点阵中如果 v_i 与 v_k 连通且 v_k 与 v_j 连通，则 v_i 与 v_j 连通。

由于连通关系 R 是一个等价关系，根据 R，可以将节点集 S 进行划分，得到等价划分 $S/R=\{S_1, S_2, \cdots, S_m\}$。那么，等价类 S_i 的含义是什么呢？由于 S_i 是等价类，故 $\forall v, u \in S_i$，均有 v 与 u 连通，同时 $\forall v \in S_i$，$\forall u \in S_j$，且 $i \neq j$，则 v 与 u 不连通。所等价类以 S_i 对应于点阵中的连通团。

显然，对于逾渗问题，如能确定点集上关于连通关系 R 的所有等价类，则：

(1) 节点的连通性判定，$\forall v, u \in S$，如果 v 与 u 在某一等价类 S_i 中，则 v 与 u 连通。

(2) 点阵上的某顶层点 v 和某底层点 u，如果 v 与 u 在某一等价类 S_i 中，则点阵发生逾渗。

(3) 给定 $n \times n$ 的点阵，连接概率为 P，通过多次重复实验，可得 (n, P) 参数下，点阵逾渗的发生概率。当 P 在[0, 1]区间取不同的值时，可研究规模为 $n \times n$ 的点阵上逾渗的临界概率 P_c。

4.8.3 等价类的求解方法

通过前面的陈述知道，解决逾渗问题的关键是确定等价类。本节介绍基于“并查集”来确定集合等价类的方法。

设集合 S 含 n 个元素，序偶集 $\Re$ 由满足等价关系 R 的 σ 个形如 $<v, u>$ 的序偶组成，则确定等价划分的算法如下。

算法：求解集合 S 的等价划分。

输入：集合 S，$|S|=n$，等价关系序偶集 $\Re$。

输出：等价划分 S/R。

步骤 1　令 S 中每个元素各自形成一个只含单个成员的子集，记为 $S_1, S_2, \cdots, S_n$。

步骤 2　读入序偶集 $\mathfrak{R}$ 中的 σ 个序偶，对于每一个读入的序偶<v, u>，通过一个 FIND 操作判定 v 和 u 所属子集。假定 $v \in S_i$ 和 $i \in S_j$，若 $S_i \neq S_j$，则通过一个 UNION 操作将 S_i 与 S_j 合并。当 σ 个序偶均处理完后，就可得到集合 S 关于等价关系 R 的等价划分。

上述算法中涉及的操作有三个：第一，初始化操作，使得每一个元素构成一个等价划分；第二，每次给定一个<v, u>，通过调用 FIND 操作确定元素 v, u 是否在同一个集合中；第三，通过 UNION 操作将两个不相交的集合合并为一个集合。同时，注意到划分的形成是一个动态过程。初始时，每个元素各自形成一个子集，然后，对于每一个序偶，通过调用 FIND 操作检查是否属于同一子集，如果不属于同一子集，又通过 UNION 操作将两个元素的子集进行合并。在此过程中，子集不断发生变化。于是，“如何表示动态变化的集合，并有效地支持集合上的 FIND、UNION 操作”是首先需要解决的问题。

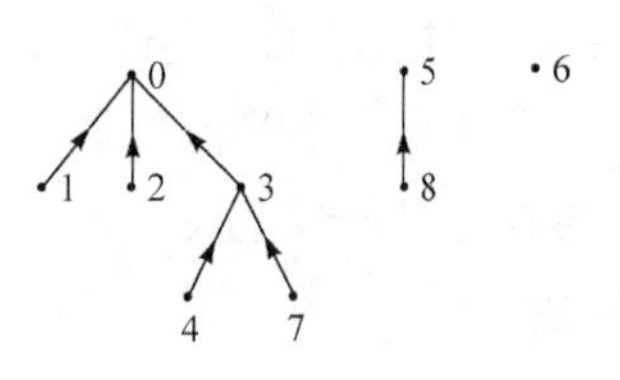

图 4.23　集合的树形结构表示

实际上，可以用一种“树”形结构来表示集合。例如，对 $S/R=\{\{0, 1, 2, 3, 4, 7\}, \{5, 8\}, \{6\}\}$，每个子集用一棵树表示，所有划分用多棵独立的树构成的森林来表示，如图 4.23 所示。

每棵树有一个“树根”，FIND(v)操作返回 v 所在的树的树根，如果 FIND(v)=FIND(u)，则说明 v、u 在同一棵树中，即在同一子集中。如果 FIND(v)≠FIND(u)，则说明 v、u 不在同一子集中，则调用 UNION(v, u)，将 v、u 节点所在的树进行合并。事实上，这种集合的树形表示方法便于计算机中存储和处理动态变化的集合。

下面通过一个例子说明上述过程。

例如，给定集合 $S=\{0, 1, 2, \cdots, 8\}$，序偶 $\mathfrak{R}$ 为 $\mathfrak{R}=\{$<0, 1>, <1, 2>, <3, 4>, <0, 3>, <1, 4>, <4, 7>, <5, 8>$\}$，根据算法，等价划分由下面的过程生成：

(1) 初始时，每个节点各自构成一个子集，如图 4.24(a)所示。

(2) 逐一检查 $\mathfrak{R}$ 中的序偶，给定序偶<v, u>，调用 FIND 操作，若 FIND(v)=FIND(u)，说明节点 v 与 u 已在同一个子集中，否则调用 UNION(v, u)将 v 所在子集与 u 所在子集进行合并。例如，处理<0, 1>时，FIND (0)=0，FIND (1)=1，由于 FIND (0) ≠ FIND (1)，故进行 UNION(0, 1)操作，操作结束后的结果见图 4.24(b)。处理完<0, 1>、<1, 2>、<3, 4>、<0, 3>后森林的状态见图 4.24(e)。此时，处理<1, 4>时，因为 FIND (1)=0，而 FIND (4)=0，所以判定 1 和 4 已在同一子集中，无须再进行 UNION 操作。

(3) 处理完 $\mathfrak{R}$ 中所有序偶，最终得到 S/R，结果如图 4.24(g)所示。

利用等价划分的森林表示，可以按照下面的方式回答关于“连通”性的各种查询：

(1) 对于任意两个节点 v 和 u，如果 FIND (v)=FIND (u)，则说明 v 与 u 连通。

(2) 对于任意顶层节点 v，任意底层节点 u，如果 FIND(v)=FIND (u)，则说明点阵发生逾渗。

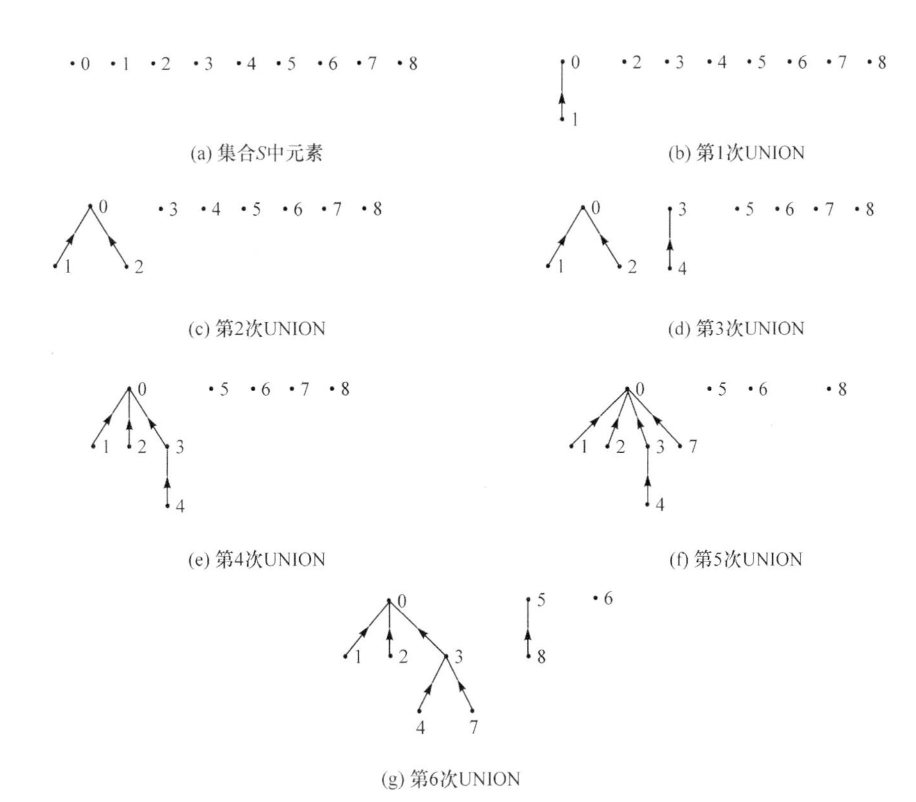

图 4.24　等价划分的形成过程

4.9　典型例题分析

【例 4.9.1】　设 A、B、C、D 是非空集合，证明：$A\times B\subseteq C\times D$ 当且仅当 $A\subseteq C$ 且 $B\subseteq D$。

相关知识　集合间的包含关系、笛卡儿积

分析　先利用谓词描述集合间的包含关系及笛卡儿积，然后通过等值演算进行证明。

证明　必要性。因为

$$
\begin{aligned}
\forall x(x\in A)\wedge\forall y(y\in B) &\Leftrightarrow \forall x\forall y(x\in A\wedge y\in B)\Leftrightarrow\forall x\forall y(<x,y>\in A\times B)\\
&\Rightarrow \forall x\forall y(<x,y>\in C\times D)\\
&\Leftrightarrow \forall x\forall y(x\in C\wedge y\in D)\Leftrightarrow\forall x(x\in C)\wedge\forall y(y\in D)
\end{aligned}
$$

所以，$A\subseteq C$ 且 $B\subseteq D$。

充分性。因为

$$\forall x\forall y(<x,y>\in A\times B)\Leftrightarrow\forall x\forall y(x\in A\wedge y\in B)\Rightarrow\forall x\forall y(x\in C\wedge y\in D)\Leftrightarrow\forall x\forall y(<x,y>\in C\times D)$$

所以，$A\times B\subseteq C\times D$。

【例 4.9.2】　设 A、B、C、D 是任意集合，判断下列等式是否成立，说明理由。

(1) $(A\cap B)\times(C\cap D)=(A\times C)\cap(B\times D)$。

(2) $(A\cup B)\times(C\cup D)=(A\times C)\cup(B\times D)$。

(3) $(A-B)\times(C-D)=(A\times C)-(B\times D)$。

(4) $(A-B)\times C=(A\times C)-(B\times C)$。

相关知识　集合的笛卡儿积、集合运算、集合恒等式、等值演算

分析　考察集合的基本运算和笛卡儿积之间的关系，根据集合基本运算和笛卡儿积的定义，由集合的外延性公理证明等式成立。对于等式不成立的情况，可举出一些特殊集合作为反例。

解　(1) 成立。

$$\forall <x, y> \in (A \cap B) \times (C \cap D) \Leftrightarrow (x \in A \cap B) \wedge (y \in C \cap D) \Leftrightarrow (x \in A \wedge x \in B) \wedge (y \in C \wedge y \in D)$$
$$\Leftrightarrow (x \in A \wedge y \in C) \wedge (x \in B \wedge y \in D) \Leftrightarrow (<x, y> \in A \times C) \wedge (<x, y> \in B \times D)$$
$$\Leftrightarrow <x, y> \in (A \times C) \cap (B \times D)$$

所以 $(A \cap B) \times (C \cap D) = (A \times C) \cap (B \times D)$。

(2) 不成立。

设 $A=D=\{1\}$，$B=C=\varnothing$，则 $(A \cup B) \times (C \cup D) = A \times D = \{<1, 1>\}$，而 $(A \times C) \cup (B \times D) = \varnothing \cup \varnothing = \varnothing$，所以 $(A \cup B) \times (C \cup D) \neq (A \times C) \cup (B \times D)$。

(3) 不成立。

设 $A=\{1\}$，$B=\{1, 2\}$，$C=\{3\}$，$D=\{2\}$，则 $(A-B) \times (C-D) = \varnothing \times \{3\} = \varnothing$，$(A \times C) - (B \times D) = \{<1, 3>\}$，所以 $(A-B) \times (C-D) \neq (A \times C) - (B \times D)$。

(4) 成立。

$$\forall <x, y> \in (A-B) \times C$$
$$\Leftrightarrow (x \in A-B) \wedge (y \in C) \Leftrightarrow (x \in A \wedge x \notin B) \wedge (y \in C) \Leftrightarrow (x \in A \wedge x \notin B \wedge y \in C) \vee (x \in A \wedge y \in C \wedge y \notin C)$$
$$\Leftrightarrow (x \in A \wedge y \in C) \wedge (x \notin B \vee y \notin C) \Leftrightarrow (x \in A \wedge y \in C) \wedge \neg (x \in B \wedge y \in C)$$
$$\Leftrightarrow (<x, y> \in A \times C) \wedge (<x, y> \notin B \times C) \Leftrightarrow <x, y> \in (A \times C) - (B \times C)$$

所以 $(A-B) \times C = (A \times C) - (B \times C)$。

【例 4.9.3】　设 $A=\{1, 2, 3\}$ 的幂集 $\wp(A)$ 上的二元关系 $R=\{<a, b> | a \cap b \neq \varnothing\}$，试问 R 具有什么性质？

相关知识　幂集、关系的性质

分析　理解 R 的定义，熟练掌握幂集概念和关系的性质，问题容易求解，举出特例说明性质不满足。

解　具有对称性，没有自反性、反自反性和传递性。

(1) 因为 $\varnothing \in \wp(A)$，但 $\varnothing \cap \varnothing = \varnothing$，所以 $<\varnothing, \varnothing> \notin R$，即 R 没有自反性。

(2) 因为 $\{1\} \in \wp(A)$，且 $\{1\} \cap \{1\} = \{1\} \neq \varnothing$，所以 $<\{1\}, \{1\}> \in R$，即 R 没有反自反性。

(3) 对 $\forall x, y \in \wp(A)$，若 $<x, y> \in R$，则 $x \cap y \neq \varnothing$，于是 $y \cap x \neq \varnothing$，故 $<y, x> \in R$，即 R 具有对称性。

(4) 设 $x=\{1, 2\}$，$y=\{2, 3\}$，则 $x \cap y = y \cap x = \{2\} \neq \varnothing$，于是 $<x, y> \in R$ 且 $<y, x> \in R$，但 $x \neq y$，即 R 没有反对称性。

(5) 设 $x=\{1\}$，$y=\{1, 2\}$，$z=\{2, 3\}$，则 $x \cap y = \{1\} \neq \varnothing$，$y \cap z = \{2\} \neq \varnothing$，于是 $<x, y> \in R$ 且 $<y, z> \in R$，但 $x \cap z = \varnothing$，所以 $<x, z> \notin R$，即 R 没有传递性。

【例 4.9.4】　设 R 是集合 X 上对称且传递的关系，

(1) 试问 R 是自反的吗？

(2) 对 $\forall x, y \in A$，因为 R 是对称的，则由 $<x, y> \in R$ 得 $<y, x> \in R$，又 R 是传递的，则 $<x, x> \in R$，

故 R 是自反的。此推导是否正确？

相关知识　关系的性质

分析　问题的关键是深刻理解关系性质的概念，关系性质的谓词表达式都是以条件式出现，这是判断关系性质时需特别注意之处。例如，对称性定义中，两个节点间如果存在边，那么它们之间方向相反的另一条边一定也存在。

解　(1) R 不一定是自反的。令 $X=\{1, 2, 3\}$，$R=\{<1, 1>, <1, 3>, <3, 1>, <3, 3>\}$，显然 R 是对称且传递的，但 $<2, 2>\notin R$，所以 R 不是自反的。

(2) 推导中对称关系的理解不正确。R 是对称的是指，对 $\forall x, y\in A$，在 $<x, y>\in R$ 的情况下，必有 $<y, x>\in R$。然而，$<x, y>\in R$ 不一定能够满足，所以未必有 $<y, x>\in R$。

【例 4.9.5】　设 R 是集合 A 上的二元关系，$S=\{<x, y>|\exists z\in A$，使 $<x, z>\in R$ 且 $<z, y>\in R\}$。证明：若 R 是等价关系，则 S 也是等价关系。

相关知识　等价关系

分析　考察等价关系的概念及判别，利用 R 的性质，分别证明关系 S 具有自反性、对称性和传递性三个条件。

证明　按“三部曲”证明 S 是等价关系。

(1) 对 $\forall x\in A$，因为 R 是自反的，所以 $<x, x>\in R$。由 S 的定义知，$<x, x>\in S$，即 S 是自反的。

(2) 对 $\forall x, y\in A$，若 $<x, y>\in S$，则 $\exists z\in A$，使 $<x, z>\in R$ 且 $<z, y>\in R$。因为 R 是对称的，所以 $<z, x>\in R$ 且 $<y, z>\in R$。由 S 的定义知，$<y, x>\in S$，即 S 是对称的。

(3) 对 $\forall x, y, z\in A$，若 $<x, y>\in S, <y, z>\in S$，则

$\exists u\in A$，使 $<x, u>\in R$ 且 $<u, y>\in R$。因为 R 是传递的，所以 $<x, y>\in R$。

$\exists v\in A$，使 $<y, v>\in R$ 且 $<v, z>\in R$。因为 R 是传递的，所以 $<y, z>\in R$。

由 S 的定义知，$<x, z>\in S$，即 S 是传递的。

综上所述，S 是等价关系。

【例 4.9.6】　设 R 是 n 元有限集合 A 上的二元关系，

(1) 求 A 上包含 R 的最小等价关系 $B(R)$ 的表达式，并证明 $B(R)$ 的最小性。

(2) 设 $A=\{1, 2, 3, 4, 5, 6\}$，$R=\{<1, 2>, <2, 4>, <6, 3>, <6, 6>\}$，判断 R 具有哪些性质，验证结论，并求 $A/B(R)$。

相关知识　关系的性质、关系的闭包、商集

分析　利用关系的集合形式、关系图、关系矩阵容易判断关系的性质。关系的闭包运算是一种将关系扩充为具有指定性质的最小关系的方法，进行多重闭包运算能够得到包含 R 的最小等价关系，但需注意的是 $st(R)\subseteq ts(R)$，关于 $B(R)$ 的最小性可通过闭包的定义证明。利用关系矩阵进行行对换及相应列对换可以找出 $B(R)$ 的所有等价类，从而得到商集 $A/B(R)$。

解　(1) 因为 $r(R)=R\cup I_A$，$s(R)=R\cup R^{-1}$，$t(R)=R\cup R^2\cup R^3\cup\cdots\cup R^n$，所以

$$B(R)=tsr(R)=rts(R)=I_A\cup(R\cup R^{-1})\cup(R\cup R^{-1})^2\cup\cdots\cup(R\cup R^{-1})^n$$

设 S 是包含 R 的等价关系，显然 $R\subseteq S$。由 S 是自反的，有 $I_A\subseteq S$。由 S 是对称的，有 $R^{-1}\subseteq S$，于是 $R\cup R^{-1}\subseteq S$。由 S 是传递的，有 $(R\cup R^{-1})^i\subseteq S(i=2, 3, \cdots, n)$，故 $B(R)\subseteq S$。再由

闭包运算的定义可知，$B(R)$是包含 R 的最小等价关系。

(2) 因为$<1, 1>\notin R$，$<6, 6>\in R$，所以 R 不是自反的，也不是反自反的。

因为$<1, 2>\in R$，但$<2, 1>\notin R$，所以 R 不是对称的。

因为$<1, 2>\in R$，$<2, 4>\in R$，但$<1, 4>\notin R$，所以 R 不是传递的。

因此，R 只有反对称性。

由 $R=\{<1, 2>, <2, 4>, <6, 3>, <6, 6>\}$，有

$R^{-1}=\{<2, 1>, <4, 2>, <3, 6>, <6, 6>\}$

$R\cup R^{-1}=\{<1, 2>, <2, 1>, <2, 4>, <4, 2>, <3, 6>, <6, 3>, <6, 6>\}$

$(R\cup R^{-1})^2=\{<1, 1>, <1, 4>, <2, 2>, <3, 3>, <3, 6>, <4, 1>, <4, 4>, <6, 3>, <6, 6>\}$

$(R\cup R^{-1})^3=\{<1, 2>, <2, 1>, <2, 4>, <4, 2>, <3, 3>, <3, 6>, <6, 3>, <6, 6>\}$

$(R\cup R^{-1})^4=\{<1, 1>, <1, 4>, <2, 2>, <4, 1>, <4, 4>, <3, 3>, <3, 6>, <6, 3>, <6, 6>\}$

$$
\begin{aligned}
B(R)&=I_A\cup(R\cup R^{-1})\cup(R\cup R^{-1})^2\cup\cdots\cup(R\cup R^{-1})^4\\
&=\{<1, 1>, <1, 2>, <1, 4>, <2, 1>, <2, 2>, <2, 4>, <3, 3>, <3, 6>, <4, 1>, <4, 2>,\\
&\quad <4, 4>, <5, 5>, <6, 3>, <6, 6>\}
\end{aligned}
$$

关系 $B(R)$ 的关系矩阵 $\boldsymbol{M}_{B(R)}=\begin{pmatrix}1&1&0&1&0&0\\1&1&0&1&0&0\\0&0&1&0&0&1\\1&1&0&1&0&0\\0&0&0&0&1&0\\0&0&1&0&0&1\end{pmatrix}$，先交换其第 3 行和第 4 行、第 3 列和第 4 列，然后交换第 5 行和第 6 行、第 5 列和第 6 列，得到

$$
\begin{array}{c}
\begin{matrix}1\\2\\4\\3\\6\\5\end{matrix}\begin{pmatrix}1&1&1&0&0&0\\1&1&1&0&0&0\\1&1&1&0&0&0\\0&0&0&1&1&0\\0&0&0&1&1&0\\0&0&0&0&0&1\end{pmatrix}\\
\begin{matrix}1&2&4&3&6&5\end{matrix}
\end{array}
$$

于是 $A/B(R)=\{\{1, 2, 4\}, \{3, 6\}, \{5\}\}$。

【例 4.9.7】 设 R 是集合 A 上的二元关系，若 R 是反自反、传递的，证明 $r(R)$是 A 上的偏序关系。

相关知识 关系的性质、自反闭包、偏序关系

分析 考察偏序关系的概念及判断。证明 $r(R)$是偏序关系只需判断 $r(R)$是自反、反对称和传递的，与等价关系的证明类似。证明中需掌握关系的性质及闭包运算。

解 根据自反闭包的定义，有 $r(R)=R\cup I_A$。

(1) 对$\forall x\in A$，有$<x, x>\in I_A$，于是$<x, x>\in I_A\cup R=r(R)$，即 $r(R)$是自反的。

(2) 对$\forall x, y\in A$，若$<x, y>\in r(R)$且$<y, x>\in r(R)$，有$<x, y>\in R$或$<x, y>\in I_A$，$<y, x>\in R$或$<y, x>\in I_A$。

若$<x, y>\in R$且$<y, x>\in R$，由R是传递的，得$<x, x>\in R$，与R是反自反的矛盾。因此，必有$<x, y>\in I_A$或$<y, x>\in I_A$，于是$x=y$，即$r(R)$是反对称的。

(3) 对$\forall x, y, z\in A$，若$<x, y>\in r(R)$且$<y, z>\in r(R)$，有$<x, y>\in R$或$<x, y>\in I_A$，$<y, z>\in R$或$<y, z>\in I_A$。

分下列四种情况讨论：

若$<x, y>\in R$且$<y, z>\in R$，由R的传递性得$<x, z>\in R$。

若$<x, y>\in R$且$<y, z>\in I_A$，由$y=z$得$<x, z>\in R$。

同理可证，当$<x, y>\in I_A$且$<y, z>\in R$、$<x, y>\in I_A$且$<y, z>\in I_A$时都有$<x, z>\in R$，即$r(R)$是传递的。

综上所述，$r(R)$是偏序关系。

【例 4.9.8】 设(1) $A=\{1\}$，(2) $A=\{1, 2\}$，(3) $A=\{1, 2, 3\}$，$\wp(A)$是A的幂集，$\subseteq$是集合间的包含关系，分别画出$<\wp(A), \subseteq>$的哈塞图。

相关知识 集合的幂集、偏序关系及其哈塞图

分析 偏序关系是考虑元素间次序的一种重要关系，其哈塞图反映的是偏序集中元素间的盖住关系。“元素x盖住y”是指x与y有直接偏序关系，且它们中间不能再添加其他元素保持该偏序关系。利用盖住关系将集合的元素按层次分类，便得到偏序集的哈塞图。

解 (1) $A=\{1\}$，$\wp(A)=\{\varnothing, \{1\}\}$，$\mathrm{COV}(A)=\{<\varnothing, \{1\}>\}$。

(2) $A=\{1, 2\}$，$\wp(A)=\{\varnothing, \{1\}, \{2\}, \{1, 2\}\}$，

$\mathrm{COV}(A)=\{<\varnothing, \{1\}>, <\varnothing, \{2\}>, <\{1\}, \{1, 2\}>, <\{2\}, \{1, 2\}>\}$

(3) $A=\{1, 2, 3\}$，$\wp(A)=\{\varnothing, \{1\}, \{2\}, \{3\}, \{1, 2\}, \{1, 3\}, \{2, 3\}, \{1, 2, 3\}\}$，

$\mathrm{COV}(A)=\{<\varnothing, \{1\}>, <\varnothing, \{2\}>, <\varnothing, \{3\}>, <\{1\}, \{1, 2\}>, <\{1\}, \{1, 3\}>, <\{2\}, \{1, 2\}>, <\{2\}, \{2, 3\}>, <\{3\}, \{1, 3\}>, <\{3\}, \{2, 3\}>, <\{1, 2\}, \{1, 2, 3\}>, <\{1, 3\}, \{1, 2, 3\}>, <\{2, 3\}, \{1, 2, 3\}>\}$

哈塞图如图 4.25 所示。

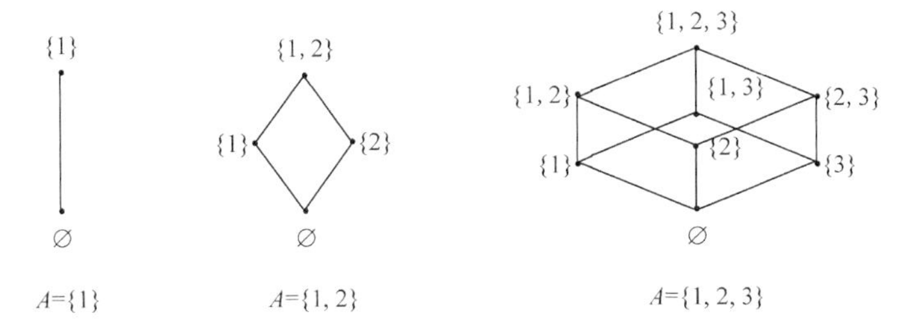

图 4.25 例 4.9.8 的哈塞图

【例 4.9.9】 已知偏序集$<A, R>$的哈塞图如图 4.26 所示，试求关系R的表达式，并求$B=\{a, b, d\}$的极大元、极小元、最大元、最小元等特殊元。

相关知识 偏序关系及其哈塞图、偏序集的特殊元

分析 哈塞图是偏序关系图的简化形式，描述偏序集中元素间的盖住关系，省略了每个节点上的环及每条边的方向。由于偏序关系的传递性，在确定其序偶时需注意元素间的可达性。由哈塞图容易求其特殊元，极大元为哈塞图中相对顶层的元素，极小元为哈塞图

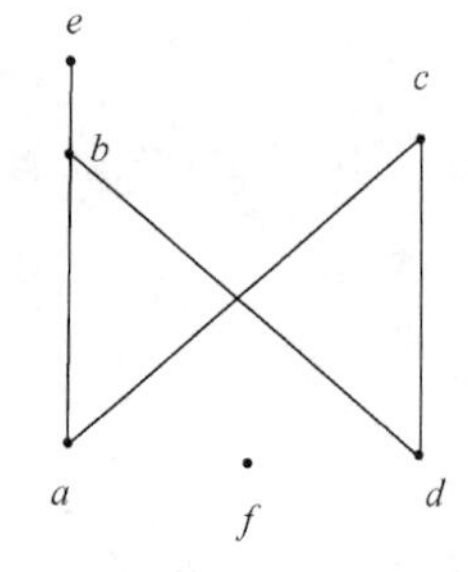

图 4.26　例 4.9.9 的哈塞图

中相对底层的元素，最大(小)元若存在，则必处于所有元素的最顶(底)层且与所有元素都有关系。

解　$A=\{a, b, c, d, e, f\}$，因为 R 有自反性、反对称性、传递性，所以

$$R=I_A\cup\{<a, b>, <a, c>, <b, e>, <d, b>, <d, c>\}\cup\{<a, e>, <d, e>\}$$
$$=\{<a, a>, <a, b>, <a, c>, <a, e>, <b, b>, <b, e>, <c, c>, <d, b>, <d, c>, <d, d>, <d, e>, <e, e>, <f, f>\}$$

B 的极大元为 b，极小元为 a、d，最大元为 b，没有最小元，上界是 b、e，没有下界，上确界为 b，没有下确界。

【例 4.9.10】　已知 $<A, \preccurlyeq>$ 是偏序集，$\varnothing\neq B\subseteq A$，试将下列语句表示为谓词公式。

(1) B 中有唯一的极小元。

(2) B 中至少有两个不同的上界。

相关知识　偏序集、偏序集的特殊元、谓词逻辑命题符号化

分析　B 的极小元 a 是指 B 中没有比 a 更小的元素，B 的上界是 A 中大于等于 B 中所有元素的元素。理解这些概念后，分析命题中的谓词、个体及量词，根据各谓词间的关系选择合适的联结词，将命题表示成谓词公式。

解　设 $A(x)$：$x\in A$，$B(x)$：$x\in B$，$L(x, y)$：$x\preccurlyeq y$，$E(x, y)$：$x=y$。

(1) 理解为“B 中有一个极小元，若还有其他的极小元，则它们一定相等”，而 B 的极小元属于 B。命题符号化为

$$\exists x(B(x)\wedge\neg\exists y(B(y)\wedge L(y, x))\wedge\forall z(B(z)\wedge\forall y(B(y)\to L(z, y))\to E(x, z)))$$

(2) 偏序集 A 的子集 B 的上界可能属于 A 也可能属于 B。命题符号化为

$$\exists x\exists y(A(x)\wedge A(y)\wedge\neg E(x, y)\wedge\forall z(B(z)\to(L(z, x)\vee E(z, x))\wedge(L(z, y)\vee E(z, y))))$$

小　结

本章讨论一种特殊集合——关系，即由序偶组成的集合，对其定义、表示、运算、性质等基本知识详细进行讨论。随后介绍几种特殊关系(等价关系、相容关系、偏序关系)及其在集合上的相关应用。通过本章学习，了解关系是描述事物间联系的一种常用工具，掌握关系特有的表示、运算和性质，以及三类特殊关系，特别是偏序关系及其特殊元，为今后图论、代数系统的学习奠定扎实的理论基础。

在本章的学习中，要注意关系与集合的区别和联系，特别是关系特有的图形及矩阵表示法，若干重要性质，关系的逆、复合及闭包等特有的运算等。

1. 基本内容

(1) 序偶及笛卡儿积。

(2) 关系的定义及表示方法(序偶集、关系矩阵、关系图)。

(3) 关系的性质(自反、反自反、对称、反对称、传递)。

(4) 关系的运算(复合、逆、闭包)。

(5) 等价关系与等价类、相容关系与相容类。

(6) 偏序关系、偏序集、哈塞图、偏序集中的特殊元。

2. 基本要求

(1) 掌握笛卡儿积、二元关系的概念及其表示，了解空关系、恒等关系、全域关系等特殊关系。

(2) 掌握关系的性质和判断方法。

(3) 掌握关系运算(复合、幂、逆、闭包)的概念及计算。

(4) 掌握等价关系、等价类、商集等概念，以及等价关系和集合划分之间的对应关系，会求等价类和商集，理解等价类的性质。

(5) 掌握相容关系、相容类等概念，了解相容关系图与相容关系矩阵的特性，以及相容关系和覆盖之间的对应关系。

(6) 掌握偏序关系、偏序集、盖住、最大元、最小元、极大元、极小元、上界、下界、上确界、下确界等概念，会画偏序集的哈塞图，并由哈塞图寻找特殊元。

3. 重点和难点

重点：关系的表示、性质、复合运算及闭包运算、等价关系及等价类、偏序关系及其特殊元。

难点：笛卡儿积及由此产生的 n 元序偶、关系性质的判定、关系传递闭包的构造、等价类与相容类的获得及与原集合之间的联系、偏序集中的盖住关系及哈塞图的构造。

上机练习

1. 求任意两个有限集合的笛卡儿积。
2. 编写函数，分别实现二元关系的复合运算、逆运算、闭包运算，并利用 Warshall 算法计算传递闭包。
3. 编写函数，分别判断二元关系是否具有自反性、反自反性、对称性、反对称性、传递性。
4. 编写通用程序，判断二元关系是否是等价关系。若是，给出其所有的等价类，并用实例验证。
5. 构造求解有限集合上所有等价关系的算法。
6. 构造求解相容关系的极大相容类的算法。
7. 编写通用程序，判断二元关系 R 是否是偏序关系。若是，给出 COV(R)，并用实例验证。

习题 4

1. 写出下列各集合。

(1) 设 $A=\{\varnothing, \{\varnothing\}\}$，求 $A\times A$，$\wp(A)\times A$。

(2) 设 $A=\{a, b\}$，$B=\{b, c\}$，求 $A\times B$，$B\times A$，$(A\times B)^2$，$A^2\times B^2$。

(3) 设 $A=\{a, b\}$，$B=\{1, 2, 3\}$，$C=\{3, 4\}$，求 $A\times(B\cap C)$，$(A\times B)\cap(A\times C)$。

2. 设 A、B、C、D 为任意集合，判断下列命题是否成立，并说明理由或举出反例。

(1) $A\times(B-C)=(A\times B)-(A\times C)$。

(2) $A-(B\times C)=(A-B)\times(A-C)$。

(3) $(A-B)\times(C-D)=(A\times C)-(B\times D)$。

(4) $(A\oplus B)\times C=(A\times C)\oplus(B\times C)$。

3. 设 A、B 是任意集合，证明：

(1) 若 $A\times A=B\times B$，则 $A=B$。

(2) 若 $A\times B=A\times C$ 且 $A\neq\varnothing$，则 $B=C$。

(3) 若 $A\cap B\neq\varnothing$，则 $(A\cap B)\times(A\cap B)=(A\times A)\cap(B\times B)=(A\times B)\cap(B\times A)$。

4. 试用列举法表示下列 A 到 B 的二元关系 R，并求 dom$R$，ran$R$。

(1) $A=\{0, 1, 2, 3\}$，$B=\{2, 3, 4, 5\}$，$R=\{<x, y>|x\in A\wedge y\in B\wedge x,\ y\in A\cap B\}$。

(2) $A=\{1, 2, 3, 4, 5\}$，$B=\{1, 2\}$，$R=\{<x, y>|x\in A\wedge y\in B\wedge 2\leqslant x+y\leqslant 4\}$。

(3) $A=\{1, 2, 3\}$，$B=\{-3, -2, -1, 0, 1\}$，$R=\{<x, y>|x\in A\wedge y\in B\wedge |x|+|y|<4\}$。

(4) $A=\{a, b, c\}$，$\wp(A)$是 A 的幂集，$R=\{<x, y>|x\in\wp(A)\wedge y\in\wp(A)\wedge x\subseteq y\}$。

5. 求下列集合上的二元关系的关系矩阵和关系图。

(1) $A=\{1, 2, 3\}$，$R=\{<1, 1>, <1, 2>, <2, 2>, <3, 2>, <3, 3>\}$。

(2) $A=\{1, 2, 3, 4\}$，$R=\{<1, 1>, <1, 3>, <2, 1>, <2, 2>, <3, 3>, <4, 3>, <4, 4>\}$。

(3) $A=\{1, 2, 3, 4\}$，$R=\{<x, y>|x\in A\wedge y\in A\wedge y=x+2\}$。

(4) $A=\{0, 1, 2, 3, 4, 5\}$，$R=\{<x, y>|x\in A\wedge y\in A\wedge x=y^2\}$。

6. 求下列集合上的二元关系的性质。

(1) $A=\{a, b, c\}$，$R=\{<a, a>, <b, b>, <a, b>, <b, a>, <c, a>\}$。

(2) $A=\{a, b, c\}$，$R=\{<a, b>, <b, c>, <c, b>\}$。

(3) $A=\{1, 2, 3\}$，$R=\{<1, 1>, <1, 2>, <3, 2>, <3, 3>\}$。

(4) $A=\{1, 2, 3, 4\}$，$R=\{<1, 1>, <3, 1>, <1, 3>, <3, 3>, <3, 2>, <4, 3>, <4, 1>, <4, 2>, <1, 2>\}$。

7. 设 $A=\{1, 2, 3, 4, 6\}$，$R=\{<x, y>|x\leqslant y\}$，$S=\{<x, y>|y=x^2\}$，求 $R\cap S$，$R\cup S$，$R\oplus S$，$\sim R$，$R-S$。

8. 设 $A=\{1, 2, 3, 4\}$，A 上的二元关系 $R_1=\{<x, y>|y-x=1$ 或 $x=2y\}$，$R_2=\{<x, y>|y+x=5\}$，求 R_1^{-1}，$R_1\circ R_2$，$R_2\circ R_1$，$R_1\circ R_2\circ R_1$。

9. 设 R_1、R_2、R_3 都是集合 A 上的二元关系，证明下列各式。

(1) $R_1\circ(R_2\cap R_3)\subseteq(R_1\circ R_2)\cap(R_1\circ R_3)$。

(2) $R_1\circ(R_2\cup R_3)=(R_1\cup R_2)\circ(R_1\cup R_3)$。

10. 设 $A=\{1, 2, 3, 4, 5\}$，A 上的二元关系 $R=\{<1, 3>, <2, 5>, <3, 1>, <4, 2>\}$，求 R 的各次幂，写出其关系矩阵，并画出关系图。

11. 设 R_1 和 R_2 是集合 A 上的任意两个二元关系，试证明或用反例推翻下列命题。

(1) 若 R_1 和 R_2 都是自反的，则 $R_1\circ R_2$ 也是自反的。

(2) 若 R_1 和 R_2 都是反自反的，则 $R_1\circ R_2$ 也是反自反的。

(3) 若 R_1 和 R_2 都是对称的，则 $R_1\circ R_2$ 也是对称的。

(4) 若 R_1 和 R_2 都是反对称的，则 $R_1\circ R_2$ 也是反对称的。

(5) 若 R_1 和 R_2 都是传递的，则 $R_1\circ R_2$ 也是传递的。

(6) 若 R_1 和 R_2 都是传递的，则 $R_1\cup R_2$，$R_1\cap R_2$ 也是传递的。

12. 设集合 A 上关系 R、S 具有对称性，证明：$R\circ S$ 具有对称性当且仅当 $R\circ S=S\circ R$。

13. 设 R 是集合 A 上的自反关系。求证：R 是对称和传递的，当且仅当对 $\forall a, b, c\in A$，若 $<a, b>\in R\wedge <a, c>\in R$，则有 $<b, c>\in R$。

14. 求下列集合上的二元关系的自反、对称、传递闭包，并画出相应的关系图。

(1) $A=\{1, 2, 3, 4\}$，$R=\{<1, 1>, <1, 2>, <2, 1>, <2, 3>, <3, 4>\}$。

(2) $A=\{a, b, c\}$， $R=\{<a, b>, <b, c>, <c, a>\}$。

(3) $A=\{a, b, c\}$， $R=\{<a, a>, <a, c>, <b, c>, <c, c>\}$。

(4) $A=\{a, b, c, d\}$， $R=\{<a, b>, <b, a>, <b, c>, <c, d>\}$。

(5) $A=\{a, b, c, d\}$， $R=\{<a, a>, <c, a>, <a, c>, <c, c>, <c, b>, <d, c>, <d, a>, <a, b>\}$。

15. 证明定理 4.4.3，即设 R_1 和 R_2 是非空集合 A 上的二元关系且 $R_1 \subseteq R_2$，试证明：

(1) $r(R_1) \subseteq r(R_2)$。

(2) $s(R_1) \subseteq s(R_2)$。

(3) $t(R_1) \subseteq t(R_2)$。

16. 设 R_1 和 R_2 是非空集合 A 上的二元关系，判断下列命题是否成立。若成立，请证明；若不成立，请给出反例。

(1) $r(R_1 \cup R_2)=r(R_1) \cup r(R_2)$。

(2) $s(R_1 \cup R_2)=s(R_1) \cup s(R_2)$。

(3) $t(R_1 \cup R_2)=t(R_1) \cup t(R_2)$。

17. 设集合 $A=\{a, b, c, d\}$，A 上的二元关系 $R=\{<a, b>, <b, c>, <c, a>, <d, d>\}$，求 $t(R)$，$sr(R)$ 和 $rs(R)$，并求它们的关系矩阵和关系图。

18. 设 $A=\{1, 2, 3, 4, 5\}$，求

(1) A 上共有多少个二元关系？

(2) 上述二元关系中，有多少个等价关系？

19. 设 R_1 和 R_2 是非空集合 A 上的等价关系，试判断下列关系是否是 A 上的等价关系，并证明你的结论。

(1) $R_1 \cap R_2$；　(2) $R_1 \cup R_2$；　(3) $R_1 \circ R_2$；　(4) R_1^{-1}；　(5) $R_1 - R_2$；　(6) $\sim R_1$。

20. 设 $A=\{1, 2, \cdots, 9\}$，R 是 $A \times A$ 上的二元关系：对 $\forall a, b, c, d \in A$，$<a, b>R<c, d>$ 当且仅当 $a+d=b+c$，证明 R 是等价关系，并求 R 导出的划分及等价类 $[<2, 5>]$。

21. 设 $\mathbf{R}$ 是实数集，$S=\left\{<x, y> \middle| x \in \mathbf{R} \wedge y \in \mathbf{R} \wedge \frac{x-y}{5}\text{是整数}\right\}$。

(1) 证明：S 是 $\mathbf{R}$ 上的等价关系。

(2) 求由等价关系 S 所产生的 2 和 $\frac{1}{2}$ 的等价类。

22. 设 $A=\{2, 3, 5, 12, 19\}$，等价关系 $R=\{<x, y> | x, y \in A \wedge x \equiv y \pmod 3\}$，写出各元素生成的等价类，并求商集 A/R。

23. 设 R、S 为 A 上的两个等价关系，且 $R \subseteq S$。定义 A/R 上的关系 R/S：$<[x], [y]> \in R/S$ 当且仅当 $<x, y> \in S$。证明：R/S 为 A/R 上的等价关系。

24. 设 $\mathbf{R}$ 是实数集，在 $\mathbf{R} \times \mathbf{R}$ 上定义一个二元关系 S：$<x_1, y_1>S<x_2, y_2>$ 当且仅当 $x_1^2+y_1^2=x_2^2+y_2^2$。证明：S 是等价关系，并说明 $\mathbf{R} \times \mathbf{R}$ 关于 S 的商集的几何意义。

25. 设 $A=\{1, 2, 3\}$，$B=\{1, 2\}$，在 A 的幂集 $\wp(A)$ 上定义二元关系 R：XRY 当且仅当 $X \cup B=Y \cup B$。判断 R 是否是等价关系。若是，写出商集 $\wp(A)/R$；若不是，说明理由。

26. 设 $A=\{1, 2, \cdots, 10\}$，下列集合族哪些是 A 的划分？若是划分，写出其诱导的等价关系 R。

(1) $\pi_1=\{\{1, 3, 6\}, \{2, 8, 10\}, \{4, 5, 7\}\}$。

(2) $\pi_2=\{\{1, 5, 7\}, \{2, 4, 8, 9\}, \{3, 5, 6, 10\}\}$。

27. 设 $A=\{111, 122, 341, 456, 795, 892, 593\}$，定义 A 上的关系 R：当 $a, b \in A$ 且 a、b 中至少有一个数

字相同时，有 aRb。试画出 R 的关系简图，并求 R 的所有极大相容类。

28. 设 $A=\{1, 2, 3, 4, 5, 6\}$，A 上相容关系 R 的简化关系矩阵为 $\begin{pmatrix} 1 & & & & \\ 1 & 1 & & & \\ 0 & 0 & 1 & & \\ 0 & 0 & 1 & 1 & \\ 1 & 0 & 1 & 0 & 1 \end{pmatrix}$，试求 A 的完全覆盖，并画出 R 的关系简图。

29. 设 R 是非空集合 A 上的关系，证明：$Q=I_A \cup R \cup R^{-1}$ 是 A 上的相容关系。

30. 设 R_1 和 R_2 是非空集合 A 上的相容关系，试判断下列命题是否成立，并证明或给出反例。

(1) $R_1 \cap R_2$ 也是相容关系。

(2) $R_1 \cup R_2$ 也是相容关系。

(3) $R_1 \circ R_2$ 也是相容关系。

31. 集合$\{1, 2, 3, 4\}$上的下列关系是否是偏序关系？并说明理由。

(1) $R=\{<1, 1>, <1, 2>, <1, 3>, <1, 4>, <2, 2>, <2, 3>, <2, 4>, <3, 3>, <3, 4>, <4, 4>\}$。

(2) $R=\{<1, 1>, <1, 2>, <1, 3>, <1, 4>, <2, 2>, <2, 1>, <2, 4>, <3, 1>, <3, 4>, <4, 4>\}$。

(3) $R=\{<1, 1>, <1, 2>, <1, 3>, <1, 4>, <2, 2>, <3, 3>, <4, 4>\}$。

(4) $R=\{<2, 1>, <1, 2>, <1, 3>, <1, 4>, <2, 2>, <4, 3>, <2, 4>, <3, 3>, <3, 4>, <4, 4>\}$。

32. 设 R_1、R_2 分别是集合 S、T 上的关系，定义 $S\times T$ 上的关系 R_3：$<s_1, t_1>R_3<s_2, t_2>$当且仅当 $s_1R_1s_2$ 且 $t_1R_2t_2$。证明：

(1) 若 R_1、R_2 是等价关系，则 R_3 也是等价关系。

(2) 若 R_1、R_2 是偏序关系，则 R_3 也是偏序关系。

33. 设 $A=\{1, 2\}$，求 A 上满足下列性质的二元关系。

(1) 有多少个自反的二元关系？

(2) 有多少个反自反的二元关系？

(3) 有多少个对称的二元关系？

(4) 有多少个反对称的二元关系？

(5) 有多少个偏序关系？

34. 设 $A=\{a, abc, bc, bcd, bd\}$，定义 A 上二元关系 $R=\{<x, y>|x, y\in A$ 且字符串 x 包含于字符串 y 中$\}$。

(1) 写出 R 的元素，并验证 R 是 A 上的偏序关系。

(2) 作 R 的哈塞图。

(3) 向 R 中最少添加几个序偶可使其成为等价关系？求出该等价关系所确定的集合 A 的划分。

35. 设 $A=\{a, b, c\}$的幂集为 $\wp(A)$，在偏序集$<\wp(A), \subseteq>$中求下列子集 B 的各个特殊元。

(1) $B=\{\{a, b\}, \{b, c\}, \{b\}, \{c\}, \varnothing\}$。

(2) $B=\{\{a, b\}, \{a, c\}, \{c\}\}$。

36. 设 $A=\{1, 2, 3, 5, 6, 9, 15, 27, 36, 45\}$，$\preccurlyeq$为整除关系。

(1) 画出偏序集$<A, \preccurlyeq>$的哈塞图，求 COV(A)。

(2) 求 $B=\{2, 9\}$的各个特殊元。

37. 设 $A=\{1,2,3\}$上的下列五个二元关系

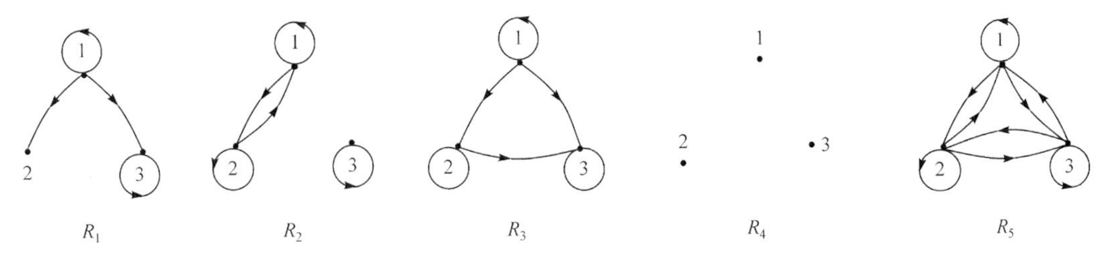

(1) 哪些是等价关系？如果是等价关系，求其商集。

(2) 哪些是相容关系？如果是相容关系，求其完全覆盖。

(3) 哪些是偏序关系？如果是偏序关系，画出其哈斯图，并求 A 的极大元极小元、最大元最小元、上界与下界、上确界与下确界。

第5章　函　　数

函数是数学中最重要的基本概念，有时也称为映射、对应、变换、算子等，是17世纪30年代研究曲线运动时产生的，最早由莱布尼茨在1694年使用，而函数符号$f(x)$是在1734年由法国数学家克莱罗(Alexis-Claude Clairaut)和瑞士数学家欧拉(Leonhard Euler)使用。在高等数学等纯数学领域，函数是从变量的角度出发，讨论实数集的某些子集中数与数的一对一、多对一的对应关系，这种函数一般是连续的或间断连续的。本章将连续函数的概念推广到对离散量的讨论，利用集合和关系的方法讨论函数的本质，将函数看作任意两个集合之间的一种特殊二元关系。例如，将自变量看作输入，因变量看作输出，则函数描述的是一种输入与输出间的关系，将一个集合(输入集合)的元素转变成另一个集合(输出集合)的元素，用于计算值或执行某种操作。函数在数学、计算机科学及许多应用领域，如程序语言的设计与实现、数据结构、开关理论、自动机理论、计算复杂性等起着十分重要的作用。

5.1　函数的概念

5.1.1　函数的定义

定义5.1.1　设X、Y是集合，f是X到Y的二元关系，若对每个$x\in X$，都有唯一的$y\in Y$，使得$<x, y>\in f$，则称f是X到Y的函数或映射，记作

$$f: X\to Y \quad 或 \quad f: x\to y$$

若$<x, y>\in f$，则记作$y=f(x)$，称x为自变量或原象，y为因变量或象。称$X=\mathrm{dom}f$为函数f的定义域，f的值域$\mathrm{ran}f\subseteq Y$，有时记作R_f，即$R_f=\{y|y\in Y\wedge\exists x(x\in X\wedge y=f(x))\}$。

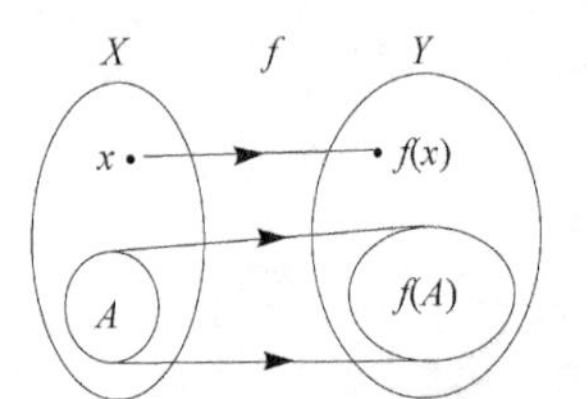

图5.1　集合的映象与函数值

若$x_0\in\mathrm{dom}f$，则称$y_0=f(x_0)$为函数f在x_0处的函数值。

若f是X到Y的函数，且$A\subseteq X$，则称

$$f(A)=\{y\mid y\in Y\wedge\exists x(x\in A\wedge y=f(x))\}$$

为A在函数f下的映象，如图5.1所示。

特别地，当$X=Y$时，函数f也称为变换；当$X=X_1\times X_2\times\cdots\times X_n$时，称映射$f$为$n$元函数。$n$元函数中各自变量的位置是有序的。

注　X到Y的二元关系f是否是函数，必须满足以下两个条件。

(1)原象的任意性：X中每个元素都有象，即f的定义域是整个X，不能是X的真子集。

(2)象的唯一性：每个$x\in X$只能对应Y中唯一的元素y，即若$<x, y_1>\in f\wedge<x, y_2>\in f$，则$y_1=y_2$。

反之，y中的元素不一定有原象，也可以有多个原象。

函数的这种定义是从关系的角度揭示不同集合间元素的某种联系，与微积分中的函数定义并无实质不同，只是将函数概念从数集扩展到一般集合。

【例 5.1.1】 试判断下列关系是否是函数。

(1) $X=\{1, 2, \cdots, 10\}$ 上的关系 $f=\{<x, y>|x, y\in X\wedge x+y<10\}$。

(2) $f=\{<x, y>|x, y\in \mathbf{R}\wedge y=x^2\}$。

(3) $f=\{<y, x>|x, y\in \mathbf{R}\wedge y=x^2\}$。

(4) $f=\{<x, y>|x$，$y\in \mathbf{N}\wedge y$ 是小于 x 的质数的个数$\}$。

解 (2)和(4)是函数。

(1)不是函数。因为 $\mathrm{dom}f=X-\{10\}\subset X$，不满足原象的任意性；而 $<1, 2>\in f$ 且 $<1, 3>\in f$，不满足象的唯一性。

(3)不是函数。因为 $<1, 1>\in f$，$<1, -1>\in f$，不满足象的唯一性。

【例 5.1.2】 (1)设 $X=\{a, b, \cdots, z\}$，$Y=\{01, 02, \cdots, 26\}$，定义 f: $X\to Y$，其中 $f(a)=01$，$f(b)=02, \cdots, f(z)=26$，称 f 为编码函数。

(2)设 X、Y 是非空集合，$P=\{<<x, y>, x>|x\in X\wedge y\in Y\}$，则 P 是从 $X\times Y$ 到 X 的函数，称为投影函数。

(3)设 A 是集合 X 的子集，定义 χ_A: $X\to\{0, 1\}$，其中 $\chi_A(x)=\begin{cases}1, & x\in A\\ 0, & x\in X-A\end{cases}$，称 χ_A 为集合 A 的特征函数。

(4)在算法分析中，算法复杂度是正整数集合 $\mathbf{Z}^+$ 到正实数集合 $\mathbf{R}^+$ 的函数，如冒泡排序算法的时间复杂度 $T(n)=\dfrac{n(n-1)}{2}$。

(5)在数据挖掘中，测试数据集 $A=\{x_1, x_2, \cdots, x_n\}$，类别集 $B=\{y_1, y_2, \cdots, y_m\}$，分类器是 A 到 B 的一个函数 $f(x_i)=y_j$，使每个测试数据映射到某个类别，实现数据分类及预测。

(6)集合 $\mathbf{R}\times\mathbf{R}$ 上的函数 $f_1(<x, y>)=<x+c_1, y+c_2>$、$f_2(<x, y>)=<a_1x, a_2y>$、$f_3(<x, y>)=<x\cos\theta-y\sin\theta, x\sin\theta+y\cos\theta>$ 分别实现二维图形的平移变换、比例变换和旋转变换，其中，c_1、c_2、a_1、a_2、θ 是常数。

集合 X 到集合 Y 的所有函数组成的集合记为 Y^X，读作“Y 上 X”，即 $Y^X=\{f|f: X\to Y\}$。

注 从 X 到 Y 的函数是 X 到 Y 的二元关系，但并非所有二元关系都是函数，如全域关系不是函数。

设有限集 X 和 Y($|X|=m$，$|Y|=n$)，则从 X 到 Y 有 2^{mn} 个不同的二元关系，其中有多少个函数？

由于从 X 到 Y 的任意函数的定义域都是 X，这些函数中每一个恰有 m 个序偶。而 $\forall x\in X$，都有 Y 的 n 个元素中的任意一个作为它的象，由乘法原理有如下定理。

定理 5.1.1 对集合 X 和 Y，若 $|X|=m$，$|Y|=n$，则 $|Y^X|=|Y|^{|X|}=n^m$。

【例 5.1.3】 设 $X=\{a, b\}$，$Y=\{1, 2, 3\}$，则 X 到 Y 的不同函数共有 $3^2=9$ 个，分别为

$$f_1=\{<a, 1>, <b, 1>\},\quad f_2=\{<a, 1>, <b, 2>\},\quad f_3=\{<a, 1>, <b, 3>\}$$

$$f_4=\{<a, 2>, <b, 1>\},\quad f_5=\{<a, 2>, <b, 2>\},\quad f_6=\{<a, 2>, <b, 3>\}$$

$$f_7=\{<a, 3>, <b, 1>\},\quad f_8=\{<a, 3>, <b, 2>\},\quad f_9=\{<a, 3>, <b, 3>\}$$

则 $Y^X=\{f_1, f_2, f_3, f_4, f_5, f_6, f_7, f_8, f_9\}$。

可以用集合相等的方法定义函数相等，也可以采用如下方法定义。

定义 5.1.2 设函数 $f: A\to B$，$g: C\to D$，若 $A=C$，$B=D$，且对 $\forall x\in A$，都有 $f(x)=g(x)$，则称函数 f 等于 g，记作 $f=g$。

此定义类似于高等数学中函数相等的概念，两个相等的函数必有相同的定义域、值域和有序对。

5.1.2 函数的性质

定义 5.1.3 设 f 是集合 X 到集合 Y 的函数，

(1)若 X 中任意两个不同的元素，总有不同的象，则称 f 是单射或入射，即

$$f\text{是单射}\Leftrightarrow\forall x_1\forall x_2(x_1, x_2\in X\wedge x_1\neq x_2\to f(x_1)\neq f(x_2))$$

$$\Leftrightarrow\forall x_1\forall x_2(x_1, x_2\in X\wedge f(x_1)=f(x_2)\to x_1=x_2)$$

(2)若 $\mathrm{ran}f=Y$，则称 f 是满射或到上映射，即

$$f\text{是满射}\Leftrightarrow\forall y(y\in Y\to\exists x(x\in X\wedge f(x)=y))$$

(3)若 f 既是单射又是满射，则称 f 是双射或一一对应。

例如，某班同学的集合中，设 X={学号}，Y={学生}，则 $f: X\to Y$ 是双射函数。

由定义 5.1.3 可知，当 X、Y 是有限集时，若 f 是单射，则 $|X|\leqslant|Y|$；若 f 是满射，则 $|X|\geqslant|Y|$；若 f 是双射，则 $|X|=|Y|$。

【例 5.1.4】 设 a、b 是任意两个互异实数，定义 $[a, b]=\{x|a\leqslant x\leqslant b\}$。令 $f: [0, 1]\to[a, b]$，且 $f(x)=(b-a)x+a$，则 $f(x)$ 是双射。

于是，任意有限区间 $[a, b]$ 与 $[0, 1]$ 的元素之间建立起一一对应。

【例 5.1.5】 判断下列二元关系是否是函数？若是，说明是单射、满射还是双射；若不是，请说明理由。其中，$\mathbf{R}$ 是实数集。

(1) $f: \mathbf{R}\to\mathbf{R}$，$f(x)=x^3$。

(2) $f: \mathbf{R}\to\mathbf{R}$，$f(x)=-x^2-6x+1$。

(3) $f: \mathbf{R}\to\{-1, 0, 1\}$，$f(x)=\mathrm{sgn}(x)$，$\mathrm{sgn}(x)$ 为符号函数。

(4) $f: \boldsymbol{M}\to\boldsymbol{M}$，$f(\boldsymbol{A})=\boldsymbol{A}^{-1}$，$\boldsymbol{M}$ 是 n 阶可逆方阵的全体，$\boldsymbol{A}^{-1}$ 是矩阵 $\boldsymbol{A}$ 的逆矩阵。

(5) $g: A\to A/R$，$g(a)=[a]$，其中 R 是集合 A 上的等价关系，$[a]$ 为元素 a 生成的等价类。

解 (1) f 是函数且是双射。

(2) f 是函数，不是单射，因为 $f(-2)=9$ 且 $f(-4)=9$；也不是满射，因为 $\mathrm{ran}f=(-\infty, 10]\subset\mathbf{R}$。

(3) f 是函数，不是单射，因为 $\mathrm{sgn}(2)=\mathrm{sgn}(3)=1$；是满射。

(4) f 是双射，因为可逆矩阵都存在逆矩阵，且逆矩阵是唯一的。

(5) g 是函数，称为从 A 到商集 A/R 的自然映射，是满射但不是单射。

不同的等价关系确定不同的自然映射，恒等关系所确定的自然映射是双射，其他的自然映射一般来说只是满射。自然映射在代数结构中有重要的应用。

5.2 函数的运算

函数是一种特殊的二元关系，可以进行关系的运算，本节重点讨论函数的逆运算和复合运算。

5.2.1 逆函数

任意关系的逆关系是必然存在的，作为特殊关系的函数，其逆关系未必是函数。

如图 5.2 的函数 f 及其逆关系 f^c，在逆关系 f^c 中 y_2 没有象，其定义域是 Y 的子集；y_1 有两个象与之对应，不满足原象的任意性及象的唯一性。因此，逆关系 f^c 不是函数。

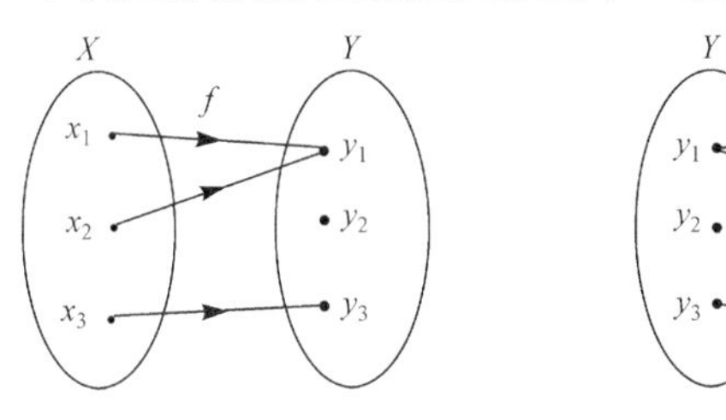

图 5.2 函数 f 及其逆关系 f^c

一个函数需要满足什么条件，其逆关系才是函数呢?

对函数 f: $X\to Y$，若 f 不是满射，则 $\mathrm{dom}f^c=\mathrm{ran}f\subset Y$，所以 f^c 不是函数；若 f 不是单射，即有多个 x 对应一个 y，则在 f^c 中一个 y 对应多个 x，所以 f^c 不是函数。

于是，得到下列定理。

定理 5.2.1 设 f 是 X 到 Y 的双射函数，则 f 的逆关系 f^c 是函数且是双射。

定义 5.2.1 设 f 是 X 到 Y 的双射函数，称逆关系 f^c 为 f 的逆函数或反函数，记作 f^{-1}。

定理 5.2.2 设 f 是 X 到 Y 的双射函数，则 $(f^{-1})^{-1}=f$。

5.2.2 复合函数

复合是获得新函数的常用方法。

定义 5.2.2 设函数 f: $X\to Y$，g: $W\to Z$，若 $\mathrm{ran}f\subseteq\mathrm{dom}g$，则

$$g\circ f=\{<x,z>|x\in X\wedge z\in Z\wedge\exists y(y\in Y\wedge y=f(x)\wedge z=g(y))\}$$

称为 g 对 f 的左复合。若 $<x,z>\in g\circ f$，则记为 $(g\circ f)(x)=g(f(x))=z$。

注 (1) $<x,z>\in g\circ f\Leftrightarrow\exists y(<x,y>\in f\wedge<y,z>\in g)$。

(2) 本书中 $g\circ f$ 是从右到左进行复合，这与关系复合运算的记法不同。

(3) $\mathrm{ran}f\subseteq\mathrm{dom}g$ 是函数复合的前提条件，若不具有此前提，则 $g\circ f$ 没有意义。

【例 5.2.1】 函数 $f(x)=\ln x$，$\mathrm{dom}f\in(0,+\infty)$，$\mathrm{ran}f=(-\infty,+\infty)$，$g(x)=x+1$，$\mathrm{dom}g=\mathrm{ran}g=(-\infty,+\infty)$，则 $\mathrm{ran}f\subseteq\mathrm{dom}g$，于是 $(g\circ f)(x)=g(f(x))=\ln x+1$，$x\in(0,+\infty)$。

而 $f\circ g$ 没有意义，若令 $\mathrm{dom}g=(-1,+\infty)$，即 $x>-1$，则 $(f\circ g)(x)=f(g(x))=\ln(x+1)$，$x\in(-1,+\infty)$。

定理 5.2.3 设 f: $X\to Y$、g: $Y\to Z$、h: $Z\to W$ 为函数，则 $h\circ(g\circ f)=(h\circ g)\circ f$。

此定理说明，函数的复合运算满足结合律，其中的括号可以省略，即 $h\circ(g\circ f)$ 写作 $h\circ g\circ f$，从而定义函数的幂运算为

$$f^2=f\circ f,\qquad f^3=f\circ f\circ f,\qquad \cdots$$

定义 5.2.3 称 $I_X=\{<x,x>|\forall x\in X\}$ 为 X 上的恒等函数。

显然，I_X 是双射。

定理 5.2.4 设函数 f: $X\to Y$，则

(1) $f = f \circ I_X = I_Y \circ f$。

(2) 若 f 有逆函数 f^{-1}，则 $f^{-1} \circ f = I_X$ 且 $f \circ f^{-1} = I_Y$。

例如，设 $y = f(x) = e^x$，于是 $x = f^{-1}(y) = \ln y$，且

$$f^{-1} \circ f(x) = f^{-1}(f(x)) = f^{-1}(e^x) = \ln e^x = x$$

$$f \circ f^{-1}(y) = f(f^{-1}(y)) = f(\ln y) = e^{\ln y} = y$$

下面讨论函数的复合运算对函数性质的影响。

定理 5.2.5 设 f: $X \to Y$、g: $Y \to Z$ 为函数，$g \circ f$: $X \to Z$ 是复合函数。

(1) 若 f 和 g 是单射，则 $g \circ f$ 是单射。

(2) 若 f 和 g 是满射，则 $g \circ f$ 是满射。

(3) 若 f 和 g 是双射，则 $g \circ f$ 是双射，且 $(g \circ f)^{-1} = f^{-1} \circ g^{-1}$。

注 (1) 此定理说明函数的复合运算能够保持函数单射、满射和双射的性质。

(2) 该定理的逆命题不成立，即如果 $g \circ f$ 是单射(满射或双射)，不一定有 f 和 g 都是单射(满射或双射)。

【例 5.2.2】 设集合 $X = \{x_1, x_2, x_3\}$，$Y = \{y_1, y_2, y_3, y_4\}$，$Z = \{z_1, z_2, z_3\}$，令

$$f = \{<x_1, y_1>, <x_2, y_2>, <x_3, y_3>\}, \qquad g = \{<y_1, z_1>, <y_2, z_2>, <y_3, z_3>, <y_4, z_3>\}$$

则 $g \circ f = \{<x_1, z_1>, <x_2, z_2>, <x_3, z_3>\}$ 是单射，f: $X \to Y$ 是单射，但 g: $Y \to Z$ 不是单射；$g \circ f$: $X \to Z$ 是满射，g: $Y \to Z$ 是满射，但 f: $X \to Y$ 不是满射，如图 5.3 所示。

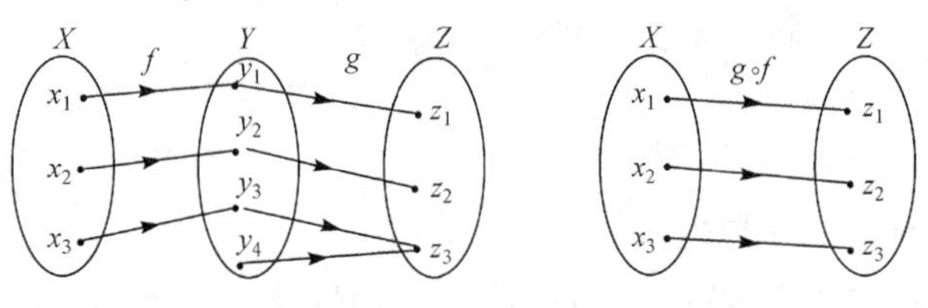

图 5.3 例 5.2.2 的函数

定理 5.2.6 设函数 f: $X \to Y$，g: $Y \to Z$，$g \circ f$: $X \to Z$ 是复合函数。

(1) 若 $g \circ f$ 是满射，则 g 是满射。

(2) 若 $g \circ f$ 是单射，则 f 是单射。

(3) 若 $g \circ f$ 是双射，则 g 是满射且 f 是单射。

5.3 集合的基数

在包含排斥原理中，讨论了集合的计数问题，有限集合的元素个数称为此集合的基数。集合基数越大，所含元素越多。无限集合能否进行计数？能否比较“大小”？本节利用函数讨论集合的基数及集合大小的比较。

5.3.1 等势

定义 5.3.1 若集合 A 和 B 的元素间存在双射函数，则称 A 和 B 是等势的或对等的，记作 $A \sim B$，也称 A 和 B 有相同的基数，记作 $K[A] = K[B]$。

例如，例 5.1.4 中，区间$[a, b]$和$[0, 1]$间建立了一个双射，所以$[a, b]\sim[0, 1]$，这两个集合具有同样多的元素。

【例 5.3.1】 验证自然数集 **N** 与非负偶数集 M 是等势的，即 $\mathbf{N}\sim M$。

证明 在 **N** 与 M 之间定义映射：$f(n)=2(n+1)$，即

$$
\begin{array}{llllll}
\mathbf{N}: & 0, & 1, & 2, & \cdots, & n, \cdots \\
 & \updownarrow & \updownarrow & \updownarrow & & \updownarrow \\
M: & 2, & 4, & 6, & \cdots, & 2(n+1), \cdots
\end{array}
$$

则 f 是双射，所以 $\mathbf{N}\sim M$。

【例 5.3.2】 证明实数集 $\mathbf{R}\sim(0, 1)\sim[0, 1]$。

证明 只证 $\mathbf{R}\sim(0, 1)$。

设 $S=(0, 1)$，作映射 f：$\mathbf{R}\to S$，满足 $f(x)=\dfrac{1}{\pi}\arctan x+\dfrac{1}{2}$，$x\in(-\infty, +\infty)$。

因为$-\dfrac{\pi}{2}<\arctan x<\dfrac{\pi}{2}$，$x\in(-\infty, +\infty)$，所以 $\operatorname{ran} f=(0, 1)$，且 f 是单射，即 f 是双射，故 $\mathbf{R}\sim(0, 1)$。

形象地说，实数集 **R** 中的实数与$(0, 1)$区间内的实数一样多，由例 5.1.4 知任意实数闭区间都和实数集 **R** 等势。

常见的等势集合有 $\mathbf{N}\sim\mathbf{Z}\sim\mathbf{Q}\sim\mathbf{N}\times\mathbf{N}$，其中 **N**、**Z**、**Q** 分别为自然数集、整数集和有理数集。

定理 5.3.1 集合族 S 上的等势关系$\sim$是等价关系。

证明 (1) 对$\forall A\in S$，显然恒等函数 I_A：$A\to A$ 是双射，所以 $A\sim A$，即$\sim$是自反的。

(2) $\forall A, B\in S$，若 $A\sim B$，即存在双射 f：$A\to B$，则逆函数 f^{-1}：$B\to A$ 也是双射，故 $B\sim A$，所以$\sim$是对称的。

(3) $\forall A, B, C\in S$，若 $A\sim B$，$B\sim C$，即存在双射 f：$A\to B$ 及双射 g：$B\to C$，则复合函数 $g\circ f$：$A\to C$ 也是双射，故 $A\sim C$，所以$\sim$是传递的。

综上所述，等势关系$\sim$是 S 上的等价关系。

等势是集合族上的等价关系，它把集合族分成若干等价类，同一等价类中的集合具有相同的基数。因此，基数是在等势关系下集合的等价类的特征。这实际上是势的另一种定义。

5.3.2 有限集与无限集

定义 5.3.2 对任意集合 A，若存在自然数 n，使得 A 与$\{0, 1, \cdots, n-1\}$等势，则称 A 为有限集，n 为其基数，记作 $K[A]$或$|A|$。否则，称 A 为无限集。

由此定义可知，基数是度量集合元素数量的标准，是有限集元素个数的推广，对有限集而言，基数就是有限集中元素的个数。

约定 空集的基数为 0。

容易证明有限集和无限集的下列定理。

定理 5.3.2 自然数集 **N** 是无限集。

定理 5.3.3 任何有限集都不能与其真子集等势。

定理 5.3.4 任何含有无限子集的集合必定是无限集。

5.3.3 可数集与不可数集

定义 5.3.3 与自然数集 **N** 等势的集合 A 称为可数集或可列集，可数集的基数记作 $\aleph_0$，读作阿列夫零，即 $K[A]=\aleph_0$。不可数的无限集称为不可数集。

注 设 $N_n=\{0, 1, 2, \cdots, n-1\}$，与 N_n 构成双射的集合为有限集，基数是 n。有限集和可数集统称为至多可数集。

对任意可数集，都可以找到一个"遍历"集合中全体元素的方法。

定理 5.3.5 集合 A 为可数集 $\Leftrightarrow A$ 可排为$\{a_0, a_1,\cdots, a_n,\cdots\}$的形式。

【例 5.3.3】 设 **N** 是自然数集，证明 **N×N** 是可数集。

证明 先将 **N×N** 的元素分别按两个序偶的两个分量从小到大排序，并对每个序偶进行编号。

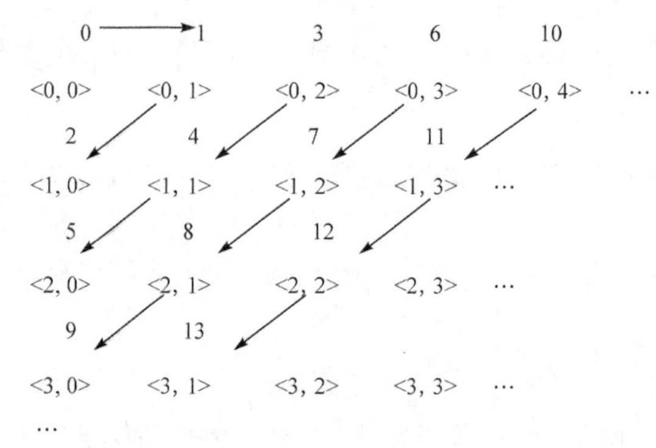

再定义 **N×N** 到 **N** 的双射函数 $f(m, n)=\frac{1}{2}(m+n)(m+n+1)+m$，则 **N×N** 是可数集，即 $K[\mathbf{N}\times\mathbf{N}]=\aleph_0$。

这种证明方法称为康托尔对角线论证法，其关键是以有限的方式遍历集合的每个元素。

可数集有下列定理。

定理 5.3.6 可数集的任意无限子集是可数集。

定理 5.3.7 可数个两两互不相交的可数集的并仍是可数集。

定理 5.3.8 有理数集 **Q** 是可数集。

证明 设 $\mathbf{Q}=\mathbf{Q}^+\cup\{0\}\cup\mathbf{Q}^-$，其中 $\mathbf{Q}^+$为正有理数集，$\mathbf{Q}^-$为负有理数集。显然，$\mathbf{Q}^+\sim\mathbf{Q}^-$，只需证明 $\mathbf{Q}^+$是可数集。

因为 $\mathbf{Q}^+=\left\{\frac{n}{m}\middle| m, n\in\mathbf{N}\wedge m, n\text{互素}\right\}$，设 $S=\{<m, n>|m, n\in\mathbf{N}\wedge m, n \text{ 互素}\}$，作双射 $g:S\to\mathbf{Q}^+$，即 $g(<m, n>)=\frac{n}{m}$，所以 $S\sim\mathbf{Q}^+$。又因为 $S\subset\mathbf{N}\times\mathbf{N}$ 为无限子集，根据例 5.3.3 及定理 5.3.6 知，S 是可数集，所以 $\mathbf{Q}^+$是可数集，因此 $\mathbf{Q}=\mathbf{Q}^+\cup\{0\}\cup\mathbf{Q}^-$也是可数集，即 $K[\mathbf{Q}]=\aleph_0$。

是否存在不可数集?

定理 5.3.9 实数集 **R** 是不可数集。

证明 因为实数集 $\mathbf{R}\sim(0, 1)$，所以若能证明 $S=(0, 1)$是不可数的，则 **R** 是不可数集。

用反证法证明 S 是不可数集。

假设 S 是可数集，则在区间 $(0, 1)$ 的任一实数都可表示为 $0.y_1y_2y_3\cdots$ $(y_i\in\{0, 1, 2, \cdots, 9\})$ 的形式，即

$$s_1=0.a_{11}a_{12}a_{13}\cdots a_{1n}\cdots$$

$$s_2=0.a_{21}a_{22}a_{23}\cdots a_{2n}\cdots$$

$$s_3=0.a_{31}a_{32}a_{33}\cdots a_{3n}\cdots$$

$$\cdots\cdots$$

然后构造一个实数 $r=0.b_1b_2b_3\cdots$，使

$$b_j=\begin{cases}1, & a_{jj}\neq 1\\ 2, & a_{jj}=1\end{cases}\quad (j=1,2,\cdots)$$

这样得到的 r 与 s_1 在第 1 位上不同，与 s_2 在第 2 位上不同，…，与 s_i 在第 i 位上不同，所以 $r\notin S$，而 r 确为区间 $(0, 1)$ 的实数，因此矛盾，所以 S 是不可数的，即 $\mathbf{R}$ 是不可数的。

此定理的证明中 r 的取值与排列中对角线上的数值有关，也是一种康托尔对角线论证法，在自动机理论和可计算性理论中应用广泛。

定义 5.3.4 区间 $(0, 1)$ 的基数记作 $\aleph$，读作阿列夫。基数为 $\aleph$ 的集合称为连续统，则 $\aleph$ 也称为连续统的势。

5.3.4 基数的比较

要证明两个集合基数相同，必须构造两个集合之间的双射函数，这常常是很困难的。本节介绍证明基数相等的一种较为简单的方法。

定义 5.3.5 (1)若从集合 A 到集合 B 存在单射，则称 A 的基数不超过 B 的基数，记作 $K[A]\leqslant K[B]$。

(2)若从集合 A 到集合 B 存在单射，但不存在双射，则称 A 的基数小于 B 的基数，记作 $K[A]<K[B]$。

定理 5.3.10 (策梅洛 (Zermelo) 定理) 设 A 和 B 是任意集合，则下列三项中恰有一项成立：

(1) $K[A]<K[B]$；

(2) $K[A]>K[B]$；

(3) $K[A]=K[B]$。

此定理称为三歧性定律。

定理 5.3.11 (伯恩斯坦 (Bernstein) 定理) 设 A 和 B 是任意集合，若 $K[A]\leqslant K[B]$ 且 $K[B]\leqslant [A]$，则 $K[A]=K[B]$。

此定理给出了证明集合基数相等的另一种方法，即只需在两个集合间分别构造两个单射 f: $A\to B$ 和 g: $B\to A$。

定理 5.3.12 若 A 是有限集合，则 $K[A]<\aleph_0<\aleph$；若 A 是无限集合，则 $\aleph_0\leqslant K[A]$。

至今也无法证明是否存在一个无限集 B，其基数 $K[B]$ 严格介于 $\aleph_0$ 和 $\aleph$ 之间。康托尔于 1883 年首先提出下列假设。

连续统假设 $\aleph$ 是大于 $\aleph_0$ 的最小基数，即不存在任何基数 $K[S]$，使 $\aleph_0<K[S]<\aleph$ 成立。

将已知的基数按从小到大的顺序排列，可得

$$0, 1, 2, \cdots, n, \cdots, \aleph_0, \aleph, \cdots$$

其中，0, 1, 2, …, n 是自然数，是有限基数，$\aleph_0, \aleph$，…是无限基数。$\aleph_0$ 是无限集合中基数最小的，是否还存在比 $\aleph$ 更大的基数？

定理 5.3.13 设 A 是任意集合，则 $K[A]<K[\wp(A)]$。

由此定理知，$K[A]<K[\wp(A)]<K[\wp(\wp(A))]<K[\wp(\wp(\wp(A)))]<\cdots$，所以不存在最大的基数，也不存在最大的集合。

5.4 特 征 函 数

集合 X 的每个子集都对应一个特征函数，不同的子集对应不同的特征函数。特征函数在函数与集合之间建立了一一对应关系，于是集合运算能转换为简单的算术运算，有利于计算机处理集合中的问题。

【例 5.4.1】 设 $E=\{0, 1, 2, 3, 4, 5, 6, 7, 8, 9\}$，$A=\{2, 5, 8\}$，$B=\{3, 5\}$，则

$$\chi_A(0)=0, \quad \chi_A(2)=1, \quad \chi_A(5)=1, \quad \chi_A(9)=0$$
$$\chi_B(0)=0, \quad \chi_B(2)=0, \quad \chi_B(5)=1, \quad \chi_B(9)=0$$

【例 5.4.2】 设 A、B 是全集 E 的任意两个子集，对 $\forall x\in E$，则下列关系式成立。

(1) $\chi_A(x)=0\Leftrightarrow A=\varnothing$，$\chi_A(x)=1\Leftrightarrow A=E$。

(2) $\chi_A(x)\le\chi_B(x)\Leftrightarrow A\subseteq B$，$\chi_A(x)=\chi_B(x)\Leftrightarrow A=B$。

(3) $\chi_{A\cap B}(x)=\chi_A(x)\times\chi_B(x)$，$\chi_{A\cup B}(x)=\chi_A(x)+\chi_B(x)-\chi_{A\cap B}(x)$。

(4) $\chi_{\sim A}(x)=1-\chi_A(x)$，$\chi_{A-B}(x)=\chi_A(x)-\chi_{A\cap B}(x)$。

其中，+、−、×是普通加、减、乘运算。

证明 只证明(3)。

(1) 对 $\forall x\in E$，若 $x\in A\cap B$，有 $x\in A\cap B\Leftrightarrow x\in A\wedge x\in B$，所以 $\chi_A(x)=1$ 且 $\chi_B(x)=1$，于是 $\chi_{A\cap B}(x)=\chi_A(x)\times\chi_B(x)=1$。

若 $x\notin A\cap B$，有 $x\notin A\cap B\Leftrightarrow x\notin A\vee x\notin B$，所以 $\chi_A(x)=0$ 或 $\chi_B(x)=0$，于是 $\chi_{A\cap B}(x)=\chi_A(x)\times\chi_B(x)=0$，故 $\chi_{A\cap B}(x)=\chi_A(x)\times\chi_B(x)$。

(2) 对 $\forall x\in E$，若 $x\in A\cup B$，有 $x\in A\cup B\Leftrightarrow x\in A\vee x\in B$。此时有下列三种情况：

若 $x\in A\wedge x\notin B$，则 $\chi_{A\cup B}(x)=1$，$\chi_A(x)=1$，$\chi_B(x)=0$，$\chi_{A\cap B}(x)=0$。

若 $x\notin A\wedge x\in B$，则 $\chi_{A\cup B}(x)=1$，$\chi_A(x)=0$，$\chi_B(x)=1$，$\chi_{A\cap B}(x)=0$。

若 $x\in A\wedge x\in B$，则 $\chi_{A\cup B}(x)=1$，$\chi_A(x)=1$，$\chi_B(x)=1$，$\chi_{A\cap B}(x)=1$。

于是，都有

$$\chi_{A\cup B}(x)=\chi_A(x)+\chi_B(x)-\chi_{A\cap B}(x)$$

若 $x\notin A\cup B$，即 $x\notin A\wedge x\notin B$，于是 $\chi_{A\cup B}(x)=0$，$\chi_A(x)=0$，$\chi_B(x)=0$，$\chi_{A\cap B}(x)=0$，则

$$\chi_{A\cup B}(x)=\chi_A(x)+\chi_B(x)-\chi_{A\cap B}(x)$$

综上所述，$\chi_{A\cup B}(x)=\chi_A(x)+\chi_B(x)-\chi_{A\cap B}(x)$。

5.5 典型例题分析

【例 5.5.1】 设函数 f: $X\to Y$，$A\subseteq X$，$B\subseteq X$，试判断下列各式是否成立。

(1) $f(A\cup B)=f(A)\cup f(B)$。

(2) $f(A\cap B)=f(A)\cap f(B)$。

相关知识 函数、集合运算、谓词等价式

分析 X 到 Y 的函数 f 是 X 到 Y 的一种二元关系，必须满足原象的任意性(即 X 中任意元素在 Y 中都有象)和象的唯一性(即 X 中唯一一个元素只能有一个象)，这是与 X 到 Y 的二元关系的区别，理解这点，问题就容易解决。有关集合等式的证明，通常证明它们相互包含。

证明 (1) 成立。

$$
\begin{aligned}
\forall y\in f(A\cup B) &\Leftrightarrow \exists x(x\in A\cup B\wedge y=f(x))\\
&\Leftrightarrow \exists x((x\in A\vee x\in B)\wedge y=f(x))\\
&\Leftrightarrow \exists x((x\in A\wedge y=f(x))\vee(x\in B\wedge y=f(x)))\\
&\Leftrightarrow \exists x(x\in A\wedge y=f(x))\vee\exists x(x\in B\wedge y=f(x))\\
&\Leftrightarrow y\in f(A)\vee y\in f(B)\\
&\Leftrightarrow y\in f(A)\cup f(B)
\end{aligned}
$$

所以 $f(A\cup B)=f(A)\cup f(B)$。

(2) 不成立，但 $f(A\cap B)\subseteq f(A)\cap f(B)$ 成立。

$$
\begin{aligned}
\forall y\in f(A\cap B) &\Leftrightarrow \exists x(x\in A\cap B\wedge y=f(x))\\
&\Leftrightarrow \exists x((x\in A\wedge x\in B)\wedge y\in f(x))\\
&\Leftrightarrow \exists x((x\in A\wedge y\in f(x))\wedge(x\in B\wedge y\in f(x)))\\
&\Rightarrow \exists x(x\in A\wedge y\in f(x))\wedge\exists x(x\in B\wedge y\in f(x))\\
&\Leftrightarrow y\in f(A)\wedge y\in f(B)\\
&\Leftrightarrow y\in f(A)\cap f(B)
\end{aligned}
$$

所以 $f(A\cap B)\subseteq f(A)\cap f(B)$。

而 $f(A)\cap f(B)\subseteq f(A\cap B)$ 不成立。例如，$y=f(x)=x^2$，$A=(-\infty, 0]$，$B=[0, +\infty)$，则 $A\cap B=\{0\}$，$f(A)=f(B)=[0, +\infty)$，$f(A)\cap f(B)=[0, +\infty)$，但 $f(A\cap B)=\{f(0)\}=\{0\}$。

【例 5.5.2】 设 $\mathbf{N}$ 是自然数集，判断下列函数的性质。

(1) f: $\mathbf{N}\times\mathbf{N}\to\mathbf{N}$，$f(<n, m>)=n^2+m^2$。

(2) f: $\mathbf{N}\to\mathbf{N}\times\mathbf{N}$，$f(n)=<n, n+1>$。

相关知识 函数的性质

分析 函数的性质有单射、满射和双射。对函数 f: $X\to Y$，若对不同的元素有不同的象，则该函数为单射；若 Y 中任意元素都有原象，则该函数为满射；既是单射又是满射的函数为双射。

解 (1) 由 $<0, 1>, <1, 0>\in\mathbf{N}\times\mathbf{N}$，$f(<0, 1>)=f(<1, 0>)=1$，但 $<0, 1>\neq<1, 0>$，所以 f 不是单射。

因为 $6\in\mathbf{N}$，但不存在 $n, m\in\mathbf{N}$，使得 $n^2+m^2=6$，所以 f 不是满射。

(2) 对 $\forall n, m\in\mathbf{N}$，有 $f(n)=<n, n+1>$，$f(m)=<m, m+1>$。若 $f(n)=f(m)$，则 $<n, n+1>=<m, m+1>$，即 $n=m$，所以 f 是单射。

因为 $<0, 0>\in\mathbf{N}\times\mathbf{N}$，但不存在 $n\in\mathbf{N}$，使得 $f(n)=<0, 0>$，所以 f 不是满射。

【例 5.5.3】 设 f 是集合 A 到 B 的函数，定义 g：$B\to\wp(A)$ 且 $g(b)=\{x|x\in A$ 且 $f(x)=b\}$。试证明：若 f 是满射，则 g 是单射。反之是否成立？说明理由。

相关知识 函数定义、函数性质、幂集

分析 首先明确 g 的对应关系，对 $\forall b\in B$，$g(b)$ 是 b 关于 f 的所有原象的集合。然后证明 g 是函数，再由 f 是满射讨论 g 是否是单射。

证明 (1) 对 $\forall b\in B$，因为 f 是 $A\to B$ 的满射函数，所以至少 $\exists a\in A$，使得 $f(a)=b$，即 $g(b)\neq\varnothing$。

若 $g(b)=A_1$，$g(b)=A_2$，且 $A_1\neq A_2$，则对 $\forall x\in A_1$，有 $f(x)=b$，由 g 的定义知 $x\in A_2$，与 $A_1\neq A_2$ 矛盾。

因此，g 是 B 到 $\wp(A)$ 的函数。

(2) 对 $\forall g(b_1)$，$g(b_2)\in\wp(A)$，由 (1) 知，$g(b_1)\neq\varnothing$，$g(b_2)\neq\varnothing$。

若 $g(b_1)=g(b_2)$，对 $\forall x\in g(b_1)$，必有 $\forall x\in g(b_2)$，由 g 的定义得，$f(x)=b_1=b_2$，于是 g 是单射。

(3) 逆命题不成立。

设 $A=\{1, 2, 3\}$，$B=\{7, 8, 9\}$，$f=\{<1, 7>, <3, 7>, <2, 9>\}$，则 $g(7)=\{1, 3\}$，$g(9)=\{2\}$，$g(8)=\varnothing$，显然 g 是单射，但 f 不是满射。

【例 5.5.4】 设函数 f: $A\to B$，定义 A 上的关系 $R=\{<x, y>|x, y\in A\wedge f(x)=f(y)\}$。证明：(1) R 是等价关系；(2) 存在 A/R 到 $\mathrm{ran}f$ 的双射。

相关知识 等价关系、等价类、函数性质

分析 等价关系具有自反、对称和传递性，按照定义证明 R 是等价关系。所有等价的元素构成等价类，利用等价类对集合元素进行划分，因此若 $a\in A$，可以建立 a 生成的等价类 $[a]$ 和 a 的函数值 $f(a)$ 间的函数关系。

证明 (1) ①对 $\forall x\in A$，有 $f(x)=f(x)$，于是 $<x, x>\in R$，所以 R 是自反的。

② 对 $\forall x, y\in A$，若 $<x, y>\in R$，则 $f(x)=f(y)$，于是 $f(y)=f(x)$，即 $<y, x>\in R$，所以 R 是对称的。

③ 对 $\forall x, y, z\in A$，若 $<x, y>\in R$ 且 $<y, z>\in R$，则 $f(x)=f(y)$，$f(y)=f(z)$，于是 $f(x)=f(z)$，即 $<x, z>\in R$，所以 R 是传递的。

综上所述，R 是等价关系。

(2) 定义 g：$A/R\to\mathrm{ran}f$，且 $g([a])=f(a)$，下面证明 g 是双射。

① 对 $\forall[x_1]$，$[x_2]\in A/R$，且 $[x_1]\neq[x_2]$，若 $g([x_1])=g([x_2])$，即 $f(x_1)=f(x_2)$，由 R 的定义有 $<x_1, x_2>\in R$，于是 $[x_1]=[x_2]$，矛盾。因此，g 是单射。

② 对 $\forall y\in\mathrm{ran}f$，因为 f 是 A 到 B 的函数，所以存在 $x\in A$，使得 $f(x)=y$，即存在 $[x]\in A/R$，而 $g([x])=f(x)=y$。因此，g 是满射。

综上所述，g 是 A/R 到 $\mathrm{ran}f$ 的双射。

【例 5.5.5】 设 $<A, \leqslant>$ 是偏序集，对 $\forall a\in A$，$f(a)=\{x|x\in A$ 且 $x\leqslant a\}$。证明：f 是 A 到 $\wp(A)$ 的单射，且当 $a\leqslant b$ 时，有 $f(a)\subseteq f(b)$。

相关知识　偏序关系、函数性质、集合的包含关系

分析　本题的关键是熟练掌握偏序关系的定义及函数的性质。由偏序关系的自反性证明对$\forall a\in A$，都有$f(a)\neq\varnothing$；再由偏序关系的反对称性证明f是单射；最后由偏序关系的传递性证明$f(a)\subseteq f(b)$。

证明　对$\forall x\in A$，由偏序关系的自反性，有$x\preccurlyeq x$，即$x\in f(x)$，故$f(x)\neq\varnothing$。

对$\forall x, y\in A$，若$f(x)=f(y)$，则有$x\in f(x)=f(y)$，即$x\preccurlyeq y$，同理可证$y\preccurlyeq x$。由偏序关系的反对称性，得$x=y$，故f是单射。

当$a\preccurlyeq b$时，对$\forall x\in f(a)$，有$x\preccurlyeq a$，由偏序关系的传递性，得$x\preccurlyeq b$，即$x\in f(b)$，于是$f(a)\subseteq f(b)$。

【例 5.5.6】　设函数f：$\mathbf{R}\times\mathbf{R}\to\mathbf{R}\times\mathbf{R}$，且$f(<x, y>)=<x+y, x-y>$。

(1)判断f是否可逆？若可逆，求其逆函数f^{-1}。

(2)求$f\circ f$及$f^{-1}\circ f$。

相关知识　函数性质、函数的复合运算及逆运算

分析　函数的逆关系是存在的，但其逆函数未必存在，只有双射函数才存在逆函数，所以按定义判断f是否是单射和满射。如果是双射，再求其逆函数和复合函数。

解　(1)对$\forall<x_1, y_1>, <x_2, y_2>\in\mathbf{R}\times\mathbf{R}$，若$f(<x_1, y_1>)=f(<x_2, y_2>)$，即

$$<x_1+y_1, x_1-y_1>=<x_2+y_2, x_2-y_2>$$

则$x_1+y_1=x_2+y_2$且$x_1-y_1=x_2-y_2$，于是$x_1=x_2$，$y_1=y_2$，故f是单射。

对$\forall<u, v>\in\mathbf{R}\times\mathbf{R}$，由$f(<x, y>)=<x+y, x-y>=<u, v>$，得$x=\dfrac{u+v}{2}$，$y=\dfrac{u-v}{2}$，即$f\left(<\dfrac{u+v}{2}, \dfrac{u-v}{2}>\right)=<u, v>$，故$f$是满射。

综上所述，f是双射，故存在逆函数，且逆函数$f^{-1}(<u, v>)=<\dfrac{u+v}{2}, \dfrac{u-v}{2}>$。

(2) $(f\circ f)(<x, y>)=f(f(<x, y>))=f(<x+y, x-y>)=<(x+y)+(x-y), (x+y)-(x-y)>=<2x, 2y>$

$$(f^{-1}\circ f)(<x, y>)=f^{-1}(f(<x, y>))=f^{-1}(<x+y, x-y>)=<x, y>$$

【例 5.5.7】　设f、g、h都是$\mathbf{N}$到$\mathbf{N}$的函数，且$f(n)=n$，$g(n)=2n$，$h(n)=\begin{cases}0, & n\text{为偶数}\\ 1, & n\text{为奇数}\end{cases}$，求$g\circ f$，$f\circ g$，$f\circ g\circ h$。

相关知识　函数的复合运算

分析　函数看作元素间的一种作用，函数复合$f\circ g(x)$是先求$g(x)$，再求$f(g(x))$。这与关系的复合是不同的。因为函数的复合具有结合律，即$f\circ g\circ h=f\circ(g\circ h)=(f\circ g)\circ h$，所以在$h$的左边复合$f\circ g$，从而得到$f\circ g\circ h$。

解　$g\circ f(n)=g(f(n))=g(n)=2n$

$f\circ g(n)=f(g(n))=f(2n)=2n$

$$g\circ h(n)=g(h(n))=\begin{cases}0, & n\text{为偶数}\\ 2, & n\text{为奇数}\end{cases}$$

$$(f\circ g)\circ h(n)=(f\circ g)(h(n))=\begin{cases}0, & n\text{为偶数}\\ 2, & n\text{为奇数}\end{cases}$$

小　结

本章在集合和关系的基础上讨论函数的本质。函数是数学中的基本概念，是一种特殊的二元关系，其特殊性保证了这一关系前域中每个元素都有象且象的唯一性，即保证了映射变换前的元素都有结果，映射变换后的结果是唯一的。本章内容主要包括函数的概念、函数的运算(逆运算、复合运算)、函数的性质(单射、满射、双射)。本章学习中，尤其需注意函数有别于关系的特殊性，进而注意其在运算上的不同点。

通过本章的学习，对离散结构的描述工具和方法有一定的了解，为后续课程的学习奠定基础。

1. 基本内容

(1) 函数的概念。
(2) 函数的性质(单射、满射、双射)。
(3) 函数的运算(逆运算、复合运算)及性质。

2. 基本要求

(1) 掌握函数的概念及与二元关系的区别。
(2) 掌握函数的复合运算及逆运算，理解它们存在的条件。
(3) 掌握函数性质(单射、满射、双射)的判定及证明。

3. 重点和难点

重点：函数的概念，函数性质(双射)及运算的证明。
难点：函数的判定，双射函数的判定。

上机练习

1. 编程判断任意二元关系是否是函数。
2. 编程判断任意给定函数的性质。
3. 构造求任意有限集合上的所有函数、单射函数、满射函数、双射函数的算法，并用实例验证。

习　题　5

1. 下列各关系是否是 A 到 B 的函数？若不是，请说明理由。
(1) $A=B=\mathbf{N}$，$R=\{<x, y>|x\in A\wedge y\in B\wedge x+y<10\}$。
(2) $A=B=\mathbf{N}$，$R=\{<x, y>|x\in A\wedge y\in B\wedge y=x^2\}$。

(3) $A=B=\mathbf{N}$，$R=\{<y, x>|x\in A \wedge y\in B \wedge y=x^2\}$。

(4) $A=\mathbf{R}$，$B=\mathbf{N}$，$R=\{<x, y>|x\in A \wedge y\in B \wedge y=x^2\}$。

2. 设 $A=\{\varnothing, a, \{a\}\}$，定义 f：$A\times A\to \wp(A)$ 且 $f(<x, y>)=\{\{x\}, \{x, y\}\}$。判断下列各式是否成立，并证明你的判断。

(1) $f(<\varnothing, \varnothing>)=\{\{\varnothing\}\}$。

(2) $f(<\varnothing, \varnothing>)=\{\{\varnothing\}, \{\varnothing\}\}$。

(3) $f(<a, \{a\}>)=\{\{a\}\}$。

(4) $f(<a, \{a\}>)=\{\{a\}, \{a, \{a\}\}\}$。

3. 设 $f(n)$ 和 $g(n)$ 分别是定义在自然数集上的函数，满足以下条件：

(1) $f(1)\leqslant g(1)$；

(2) 对任意自然数 n，有 $f(n)-f(n-1)\leqslant g(n)-g(n-1)$。

试证明：$f(n)\leqslant g(n)$，且 $1+\frac{1}{2^2}+\frac{1}{3^2}+\cdots\frac{1}{n^2}\leqslant 2-\frac{1}{n}$，$n\geqslant 2$。

4. 下列二元关系是否是函数？若是函数，是否是单射、满射或双射？说明理由，并根据要求计算，其中 $\mathbf{N}$ 是自然数集。

(1) f：$\mathbf{N}\times\mathbf{N}\to\mathbf{N}$，$f(<x, y>)=x^2+y^2$，计算 $f^{-1}(\{0\})$，$f(\{<0, 0>, <1, 2>\})$。

(2) f：$\mathbf{N}\to\mathbf{N}\times\mathbf{N}$，$f(x)=<x, x+1>$，计算 $f(\{0, 1, 2\})$。

(3) f：$\mathbf{Z}^+\to\mathbf{Z}^+$，$f(x)=2^x-2$，$\mathbf{Z}^+$ 为正整数集合。

(4) f：$\mathbf{R}\to\mathbf{R}$，$f(x)=\frac{x-1}{x^2-1}$。

(5) f：$\mathbf{R}^+\to\mathbf{R}^+$，$f(x)=\frac{x}{x^2+1}$，$\mathbf{R}^+$ 为正实数集合。

(6) f：$\mathbf{Z}^+\to\mathbf{R}$，$f(x)=\log_2 x$，$\mathbf{Z}^+$ 为正整数集合。

5. 设 $A=\{1, 2, 3, 4, 5\}$ 上的函数 $f_1(x)=x$，$f_2(x)=6-x$，$f_3(x)=\max\{3, x\}$，$f_4(x)=\max\{1, x-1\}$。

(1) 用序偶集合表示以上各函数，并画出相应的关系图。

(2) 判断各函数的性质。

6. 设 $A=\{1, 2, 3\}$，$B=\{a, b\}$，列出 A 到 B 的所有函数，其中哪些是单射、满射、双射？

7. 设函数 f：$A\to B$，定义 g：$\wp(B)\to\wp(A)$，对 $\forall S\in\wp(B)$，有 $g(S)=\{a|a\in A$ 且 $f(a)\in S\}$。

(1) 若 f 是单射，g 是否是满射？

(2) 若 f 不是单射，g 是否一定不是满射？

8. 设 R 是 A 上的等价关系，自然映射 g：$A\to A/R$ 是双射吗？若是，请说明满足的条件；若不是，请说明理由。

9. 设映射 f：$A\to B$ 和 g：$B\to A$，且 $f\circ g=I_B$，证明：f 是单射，g 是满射。

10. 设 f 和 g 都是 $\mathbf{R}$ 到 $\mathbf{R}$ 的函数，$f(x)=2-x^2$，$g(x)=2x+1$。

(1) 试求 $f\circ g$，$g\circ f$，$(f\circ g)(4)$，$(g\circ f)(-4)$。

(2) f 和 g 的复合函数是否可逆？为什么？如果可逆，请写出其表达式。

11. 设映射 f：$X\to Y$，$A\subseteq X$，$B\subseteq Y$，$C\subseteq Y$，判断下列结论是否成立，并说明理由。

(1) 当 f 是单射时，有 $f^{-1}(f(A))=A$。

(2) 当 f 是满射时，有 $f(f^{-1}(B))=B$。

(3) $f(X)-f(A)\subseteq f(X-A)$。

(4) $f^{-1}(B\cap C)=f^{-1}(B)\cap f^{-1}(C)$。

(5) $f^{-1}(B\cup C)=f^{-1}(B)\cup f^{-1}(C)$。

(6) $f^{-1}(B-C)=f^{-1}(B)-f^{-1}(C)$。

12. 设 A、B、C、D 是任意集合，f 是 A 到 B 的双射，g 是 C 到 D 的双射。令 h：$A\times C\to B\times D$，且对 $\forall\langle a, c\rangle\in A\times C$，有 $h(\langle a, c\rangle)=\langle f(a), g(c)\rangle$。试问 h 是双射吗？请证明你的结论。

13. 设 $A=\{1, 2, 3\}$，$f\in A^A$，且 $f(1)=f(2)=1$，$f(3)=2$，定义 g：$A\to\wp(A)$，$g(a)=\{x|x\in A, f(x)=a\}$。说明 g 有什么性质，并证明你的结论。

14. 试证明下列各组集合 A 与 B 等势。

(1) $A=\mathbf{N}$，$B=\mathbf{N}-\{0\}$。

(2) $A=\mathbf{N}$，$B=\mathbf{N}\times\mathbf{N}$，其中 $\mathbf{N}$ 为自然数集。

(3) $A=\mathbf{Z}$，$B=\mathbf{N}$，其中 $\mathbf{N}$ 为自然数集。

(4) $A=[-1, 1]$，$B=\left[\dfrac{\pi}{2},\dfrac{3\pi}{2}\right]$。

15. 设 A、B、C、D 是任意集合，若 $A\sim C$，$B\sim D$，则 $A\times B\sim C\times D$。

16. 定义自然数集 $\mathbf{N}$ 上的关系 $R=\{\langle x, y\rangle|x, y\in\mathbf{N}, x+y \text{ 是偶数}\}$。

(1) 证明 R 是等价关系。

(2) 求商集 $\mathbf{N}/R$。

(3) 证明 $\mathbf{N}/R\sim\{0, 1\}$。

17. 下列命题是否成立？请证明你的结论。

(1) 若 A、B 都是可数集，则 $A\times B$ 也是可数集。

(2) 若 A 是有限集，B 是可数集，则 $A\times B$ 也是可数集。

18. 设 A、B、C 是全集 E 的任意子集，试证明下列各式。

(1) $\chi_A(x)\leqslant\chi_B(x)\Leftrightarrow A\subseteq B$。

(2) $\chi_A(x)=\chi_B(x)\Leftrightarrow A=B$。

(3) $\chi_{A-B}(x)=\chi_A(x)-\chi_{A\cap B}(x)$。

第三篇　图　论

图论是数学的一个古老分支，近年来随着计算机科学的发展而广泛应用，并注入了大量的新鲜内容。该学科起源很早，18世纪出现的“哥尼斯堡七桥问题”，引起了人们极大的兴趣，最终由欧拉于1736年发表的一篇论文得以解决。一些古老的游戏难题如“周游世界问题”“棋盘上马的行走路线问题”等，引起许多学者的关注。在对图着色问题的研究基础上，曾提出著名的“四色猜想”，许多数学家为此作出很多尝试，终于在1976年，美国数学家肯尼思·阿佩尔(Kenneth Appel)与沃尔夫冈·哈肯(Wolfgang Haken)借助计算机经过1200多个机器小时，做了100亿个判断，终于完成了“四色猜想”的证明，“四色猜想”的计算机证明轰动了全世界。“四色定理”对图的着色理论、平面图理论、代数拓扑图论、计算器编码程序设计等分支的发展起到了推动作用。这些似乎无足轻重的游戏引出了许多有实际意义的新问题，开辟了一门新的学科。

图论被应用到许多领域，推动这些领域发展的同时，本身也得到迅速发展。克希霍夫(Gustav Robert Kirchhoff)把图论应用到电路网络的研究，引入“树”的概念，是图论向应用方面发展的一个重要标志。化学家阿瑟·凯莱(Arthur Cayley)在研究同分异构体的结构时也独立地提出“树”和“生成树”等概念。近些年来，随着信息时代的发展，尤其作为网络技术的理论基础和研究工具，图论在解决运筹学、电子学、计算机科学、信息论、控制论及网络通信、交通网络、社会科学等领域的问题时，显示出越来越强大的生命力。

目前图论研究形成了以研究图的性质为主的抽象图论和以研究图的算法为主的算法图论两个主要方向，本篇主要介绍图论基本原理，特殊图(欧拉图、哈密顿图、平面图、二部图、树)的性质，图论中的一些算法及应用。

第6章　图论基础

图论以图为研究对象，处理离散对象及其相互关系，从而抽象出其共性和特性，以解决具体问题，是研究离散结构模型的一种重要工具。图是由若干点及连接两点的线所构成的图形，若点表示事物，连线表示两个相关事物间的关系，则图描述的是某些事物间特定关系的一种数学抽象，具有直观、形象的特点。例如，某高校进行新生篮球比赛，采用淘汰制，用点表示各个学院的新生球队，用连接两点的线段表示球队间的比赛情况，于是用一个简单的图就能容易地反映各队间的比赛情况。第4章中二元关系的关系图、偏序关系的哈塞图等都是由节点和边组成的，都是图论中的一种图。而在运筹规划、网络技术、计算机程序流程中的每个图，均可看作一个抽象的系统，与实际图形是完全不同的两个概念。

6.1 图的基本概念

6.1.1 图的定义

定义 6.1.1 图 G 是一个有序三元组 $<V(G), E(G), \varphi_G>$，其中 $V(G)=\{v_1, v_2, \cdots, v_n\}$ 是有限非空集合，称为图 G 的节点集，$v_i(i=1, 2, \cdots, n)$ 称为 G 的节点或顶点；集合 $E(G)=\{e_1, e_2, \cdots, e_m\}$ 称为图 G 的边集，$e_i(i=1, 2, \cdots, m)$ 称为 G 的边；φ_G 是一个从 $E(G)$ 到节点对 $(V(G), V(G))$ 的函数，称为边与节点的关联映射。

因为一条边总与两个节点相连，所以图 G 简记为 $G=<V, E>$。

图中的节点对可以是有序的，也可以是无序的。若图的边 e_i 与节点的无序偶 (v_j, v_k) 对应，则称该边为无向边，记作 $e_i=(v_j, v_k)$，称节点 v_j 和 v_k 为边 e_i 的端点，也称为邻接点，称边 e_i 与节点 v_j 和 v_k 关联。

若边 e_i 与节点的有序偶 $<v_j, v_k>$ 对应，则称该边为有向边或弧，记作 $e_i=<v_j, v_k>$，称 v_j 为边 e_i 的起点，v_k 为边 e_i 的终点，称节点 v_j 与 v_k 邻接。当且仅当节点 v_j 与 v_k 邻接，同时节点 v_k 与 v_j 也邻接时，称节点 v_j 与 v_k 为邻接点。

所有边都是有向边的图称为有向图，所有边都是无向边的图称为无向图。若图中有些边是有向边，有些边是无向边，则称其为混合图。

关联同一节点的两条边称为邻接边，不与任何边相邻接的边称为孤立边，没有边与之关联的节点称为孤立点。关联同一个节点的一条边称为自回路或环，关联同一对节点的多条无向边称为平行边，具有相同起点和终点的多条弧称为平行弧，平行边的条数称为重数。

可以用图形表示一个图，即用小圆圈或实心点表示节点，用节点间的无向连线表示无向边，用有方向的连线表示有向边。规定：有向边的方向为起点指向终点。

【例 6.1.1】 试表示图 6.1 中的两个图。

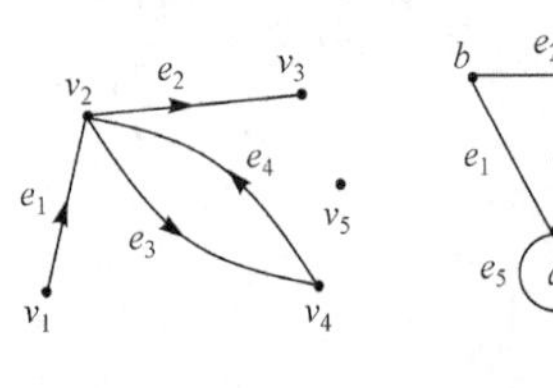

(a) 有向图G_1 (b) 无向图G_2

图 6.1 有向图和无向图

解 图 6.1(a)中 G_1 是有向图，$V=\{v_1, v_2, v_3, v_4, v_5\}$，$E=\{e_1, e_2, e_3, e_4\}=\{<v_1, v_2>, <v_2, v_3>, <v_2, v_4>, <v_4, v_2>\}$，则 $G_1=<\{v_1, v_2, v_3, v_4, v_5\}, \{<v_1, v_2>, <v_2, v_3>, <v_2, v_4>, <v_4, v_2>\}>$，其中 v_5 是孤立点。e_1 与 e_4 是邻接边，v_1 与 v_2 邻接，但不是邻接点，v_2 与 v_4 是邻接点，边 e_3 的起点是 v_2，终点是 v_4。

图 6.1(b)中 G_2 是无向图，$V=\{a, b, c, d\}$，$E=\{e_1, e_2, e_3, e_4, e_5\}=\{(a, b), (b, c), (c, a), (c, d), (a, a)\}$，则 $G_2=<\{a, b, c, d\}, \{(a, b), (b, c), (c, a), (c, d), (a, a)\}>$，其中 e_5 是环，e_2、e_3、e_4 是邻接边，a 与 b 是邻接点，a 与 d 不是邻接点。

由图的定义可知，任一图 G 关注的是它的节点集、边集及节点对与边集间的函数关系，而节点如何表示、节点的位置、节点间连线的曲直等都与图的结构无关。因此，图 G 在平面上的图解表示不唯一。

【例 6.1.2】 设房屋集 $A=\{a_1, a_2, a_3\}$，设施集 $B=\{b_1, b_2, b_3\}$，则房屋 a_i 与设施 b_j 间的关系可用图 6.2 表示。

图 6.2(a)与图 6.2(b)虽然外形不同，但都有相同的节点集、边集及关联关系，所以它们表示同一个图。

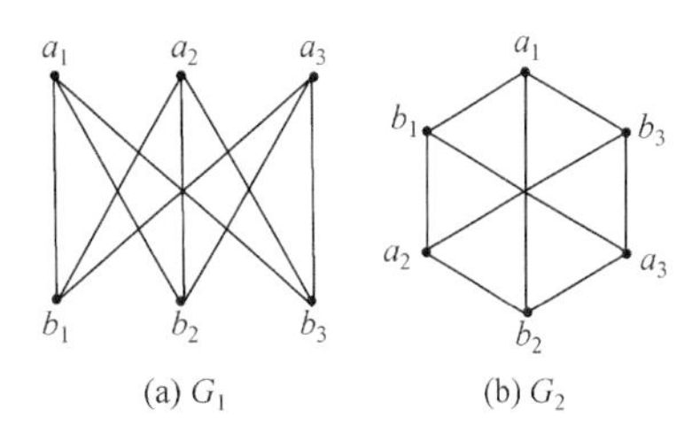

图 6.2　图的不同画法

定义 6.1.2　(1)具有 n 个节点、m 条边的图称为 (n, m) 图或 n 阶图，n 称为图的阶，m 称为图的规模。特别地，$(n, 0)$图称为零图，$(1, 0)$图称为平凡图。

(2)含有平行边或平行弧的图称为多重图，既不含平行边或平行弧又不含环的图称为简单图。在多重图中，将平行边或平行弧用一条边代替，去掉环，得到一个简单图，称为原图的基图。

(3)每条边或弧都带有某种数量特征的图称为赋权图或带权图，其边上的数量特征称为该边的权。

(4)若图的节点集 V 和边集 E 都是有限集，则称为有限图，否则称为无限图。本书讨论的都是有限图。

6.1.2　节点的度数

虽然图的表示不唯一，但某节点与多少条边关联却是唯一的。

定义 6.1.3　在无向图 $G=\langle V, E\rangle$中，与节点 $v\in V$ 关联的边数，称为节点 v 的度数，记作 $\deg(v)$。称$\Delta(G)=\max\{\deg(v)|v\in V\}$为图 G 的最大度，$\delta(G)=\min\{\deg(v)|v\in V\}$为图 G 的最小度。

约定　每个环在相应节点上加 2 度，孤立节点的度数为 0。

显然，对于 n 阶简单无向图 G，有 $0\leqslant\Delta(G)\leqslant n-1$。

【例 6.1.3】　图 6.3(a)的 G_1 中，$\deg(v_1)=3$，$\deg(v_2)=1$。图 6.3(b)的 G_2 中，$\deg(a)=3$，$\deg(b)=1$，$\deg(c)=2$，$\deg(d)=4$，$\Delta(G_2)=4$，$\delta(G_2)=1$。

观察图 6.3 中所有节点的度数之和，得到图论中的基本定理。

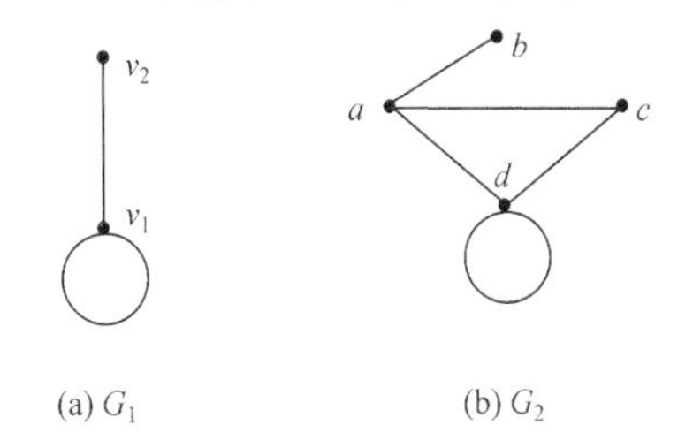

图 6.3　例 6.1.3 的图

定理 6.1.1 (握手定理)　在任意图 $G=\langle V, E\rangle$中，节点度数的总和等于边数的两倍，即 $\sum\limits_{v\in V}\deg(v)=2|E|$。

证明　因为每条边(包括环)都关联两个节点，所以每加一条边就使关联的两个节点的度数各增加 1。因此，在图中节点度数的总和等于边数的两倍。

此定理是欧拉在解决哥尼斯堡七桥问题时得到的图论第一个定理，图的边数和节点数之间的关系是图的最重要属性。

推理　在任意图中，度数为奇数的节点个数必为偶数。

证明　设图 G 中奇数度节点集合为 V_1，偶数度节点集合为 V_2，显然 $V(G)=V_1\cup V_2$，且 $V_1\cap V_2=\varnothing$。由握手定理有

$$\sum_{v\in V_1}\deg(v)+\sum_{v\in V_2}\deg(v)=\sum_{v\in V(G)}\deg(v)=2|E|$$

其中，$\sum\limits_{v\in V_2}\deg(v)$为偶数之和，必为偶数，而 $2|E|$也为偶数，所以$\sum\limits_{v\in V_1}\deg(v)$一定是偶数，而 V_1 中每个节点的度数均为奇数，故 V_1 中只能有偶数个节点。

有向图中节点的度数定义略有不同。

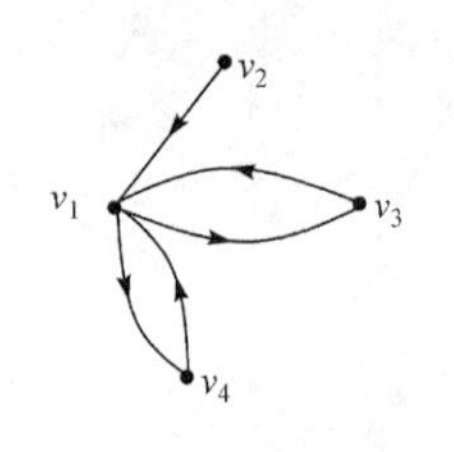

图 6.4　有向图节点的度数

定义 6.1.4　在有向图 $G=<V, E>$中，以节点 v 为起点的边数称为 v 的出度，记作 $\deg^+(v)$；以节点 v 为终点的边数称为 v 的入度，记作 $\deg^-(v)$。节点的出度和入度之和称为该节点的度数。有向图的最大出度、最大入度、最小出度、最小入度分别记作Δ^+、Δ^-、δ^+、δ^-。

在图 6.4 中，$\deg^+(v_1)=2$，$\deg^-(v_1)=3$，$\deg(v_1)=5$。

定理 6.1.2　在任意有向图中，所有节点入度之和等于所有节点出度之和。

定义 6.1.5　(1) 设 $G=<V, E>$为 n 阶无向图，$V=\{v_1, v_2, \cdots, v_n\}$，称 n 元数组$(\deg(v_1), \deg(v_2), \cdots, \deg(v_n))$为 G 的度数序列。

(2) 设 $G=<V, E>$为 n 阶有向图，$V=\{v_1, v_2, \cdots, v_n\}$，称 n 元数组$(\deg^+(v_1), \deg^+(v_2), \cdots, \deg^+(v_n))$为 G 的出度序列，$(\deg^-(v_1), \deg^-(v_2), \cdots, \deg^-(v_n))$为 G 的入度序列。

(3) 设 $d=(d_1, d_2, \cdots, d_n)$是非负整数序列，若存在一个图的度数序列为 d，则称 d 是可图化的。

图的度数序列一般不唯一，但当节点按一定顺序排列后，其度数序列是唯一的。

6.1.3　正则图和完全图

定义 6.1.6　度数为 1 的节点称为悬挂节点，其所关联的边称为悬挂边，度数为 0 的节点为孤立点。所有节点的度数都相同的图称为正则图，所有节点的度数都为 k 的正则图称为 k 度正则图。

定义 6.1.7　任意两个节点间都有边的简单无向图，称为无向完全图，n 个节点的无向完全图记作 K_n。任意两个不同节点 u 与 v，既有边$<u, v>$，又有边$<v, u>$的有向图，称为有向完全图。

常见的完全图如图 6.5 所示，其中图 6.5(a)～(c)分别是 K_3、K_4、K_5，图 6.5(d)是 3 阶有向完全图。

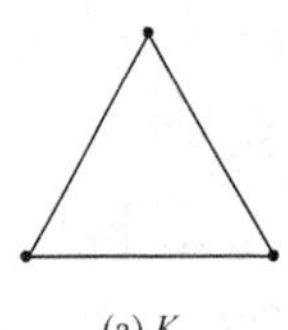
(a) K_3

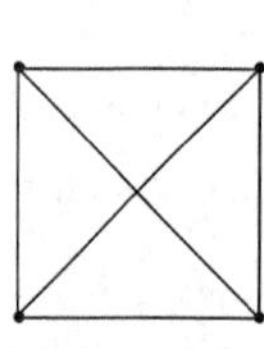
(b) K_4

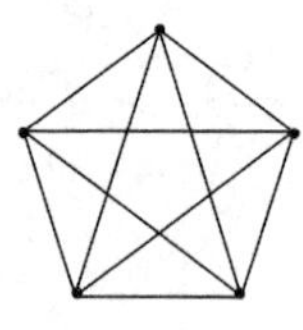
(c) K_5

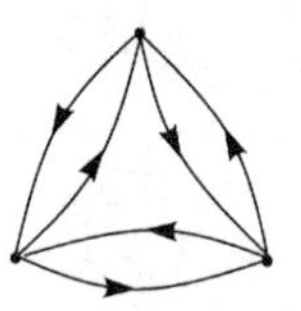
(d) 3阶有向完全图

图 6.5　完全图

无向完全图具有下列性质：

(1) K_n 中每个节点的度数都为 $n-1$，从而 K_n 是 $n-1$ 度正则图。

(2) K_n 的边数$|E_{K_n}|=\frac{1}{2}n(n-1)$。

证明　(1) 对$\forall v\in V_{K_n}$，因为 v 与 K_n 中其余的 $n-1$ 个节点都关联，且图中无平行边和环，所以 $\deg(v)=n-1$。

(2) 由 (1) 可知 $\sum_{v \in V_{K_n}} \deg(v) = n(n-1)$，又因为 $\sum_{v \in V_{K_n}} \deg(v) = 2|E_{K_n}|$，所以 $2|E_{K_n}| = n(n-1)$， 即 $|E_{K_n}| = \dfrac{n(n-1)}{2}$。

显然，对 n 个节点的简单无向图 G，有$|E_G| \leqslant \dfrac{n(n-1)}{2}$。$n$ 阶有向完全图有 $n(n-1)$ 条边，每个节点的度数均为 $2(n-1)$。

【例 6.1.4】 在计算机科学及通信网络中经常用到图 6.6 所示的网络拓扑图。其中图 6.6(a) 是星型图，记作 S_8。星型图 $S_n(n \geqslant 2)$ 的阶数为 $n+1$，其中 n 表示悬挂点的个数。图 6.6(b) 是环型图，记作 C_5。环型图 $C_n(n \geqslant 3)$ 中，n 是环型图的节点数，称为 C_n 的阶数。图 6.6(c) 是轮型图，记作 W_7。轮型图 $W_n(n \geqslant 3)$ 可以看作在环型图 C_{n-1} 中添加一个节点，而且把这个新节点与 C_{n-1} 中的 $n-1$ 个节点逐一连接后所得的图形。n 为奇数的轮型图称为奇阶轮型图，n 为偶数的轮型图称为偶阶轮型图。这三种图是局域网经常使用的拓扑模型。使用星型拓扑的局域网，其他所有设备都连接到中央控制设备，信息通过中央控制设备进行传输，典型代表是带有多个终端的计算机系统。使用环型拓扑的局域网，围绕环把信息从一个设备传送到下一个设备，直到抵达信息的目的地为止，建造和维护成本低，但连通性能差，某处故障会导致整个系统破溃。使用轮型拓扑的局域网是一种带冗余的局域网，信息围绕环或通过中央控制设备传输。

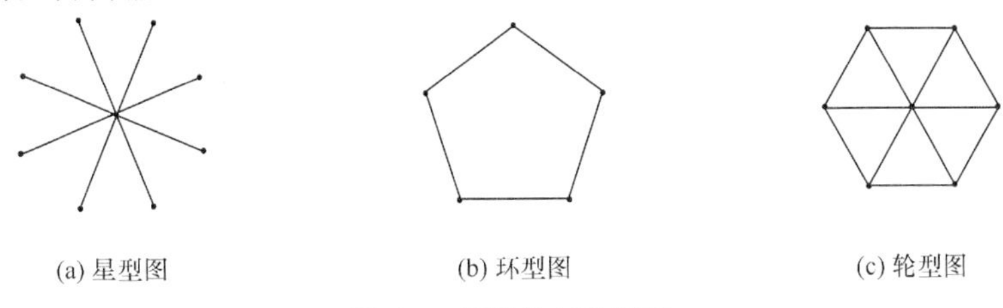

图 6.6 网络的拓扑结构

6.1.4 子图和补图

在许多实际问题中，只需要图的一部分，如在一栋大楼的供电网络中考虑某一层的供电情况。

定义 6.1.8 设图 $G=\langle V, E\rangle$和 $G'=\langle V', E'\rangle$，

(1) 若 $V' \subseteq V$，$E' \subseteq E$，称 G'为 G 的子图，G 为 G'的母图，记作 $G' \subseteq G$。

(2) 若 $V' \subset V$ 或 $E' \subset E$，称 G'为 G 的真子图。

(3) 若 $V'=V$，$E' \subseteq E$，称 G'为 G 的生成子图或支撑子图。

(4) 若 $V' \subseteq V$ 且 $V' \neq \varnothing$，对$\forall v_1, v_2 \in V'$，若 $(v_1, v_2) \in E$ 或$\langle v_1, v_2\rangle \in E$，必有 $(v_1, v_2) \in E'$或$\langle v_1, v_2\rangle \in E'$，则称 G'为 G 的导出子图。

(5) 若 $V'=V$ 且 $E'=E$ 或 $E'=\varnothing$，称 G'为 G 的平凡子图。

定义 6.1.9 设 $G=\langle V, E\rangle$为 n 阶简单无向图，由 G 中所有节点及所有使 G 成为完全图而添加的边组成的图，称为 G 的补图，记作 $\overline{G}$。

显然，G 和 $\overline{G}$ 互为补图，K_n 的补图是 n 阶零图。

【例 6.1.5】 图 6.7 中，G'、G''、G'''均为 G 的生成子图，G'是 G 的导出子图，G''与 G'''互为补图。

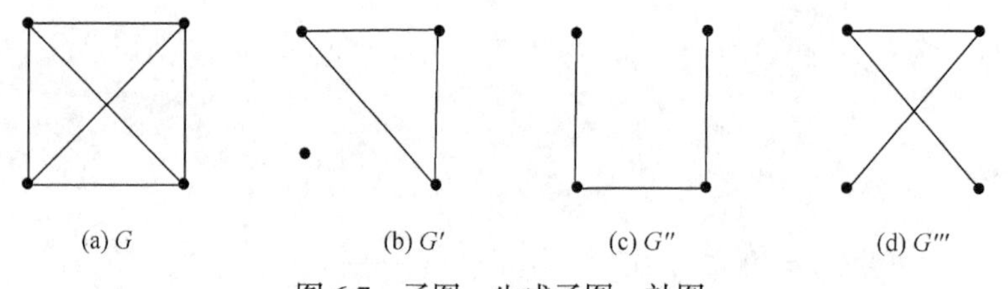

图 6.7　子图、生成子图、补图

6.1.5　图的同构

一个图有各种画法，图 6.2 中的两个图及图 6.7 中的 G''与 G'''，外观虽然不同，但它们的拓扑结构却完全相同，因而表示同一个图。下面讨论图的同构问题。

定义 6.1.10　设图 $G=<V, E>$及 $G'=<V', E'>$，若存在双射 g：$V\to V'$，使得对$\forall v_i, v_j\in V$，$e=(v_i, v_j)\in E$（或$<v_i, v_j>\in E$）当且仅当 $e'=(v_i', v_j')\in E'$（或$<g(v_i), g(v_j)>\in E'$），且 e 与 e'有相同的重数，则称 G 与 G'同构，记作 $G\cong G'$。若 G 与其补图同构，则称 G 为自补图。

图 6.7 中的 G''、G'''是自补图。

注　(1)图的同构关系若看成全体图集合上的二元关系，则其具有自反、对称和传递性，因此同构关系是等价关系，同构的图本质上是同一个图。

(2) G 与 G'同构 $\Leftrightarrow$ 两个图的节点和边分别存在双射，且保持节点间的邻接关系和边的重数，在有向图中还必须保持边的方向。

判断两个图是否同构是图论中的难题之一，至今还没有一个简便方法。两个图同构的必要条件如下：

(1)节点数相同。

(2)边数相同。

(3)度数相同的节点数相同。

【例 6.1.6】　(1)图 6.8(a)与(b)同构。两图的节点间存在双射 f：$v_1\to d$，$v_2\to a$，$v_3\to c$，$v_4\to b$。

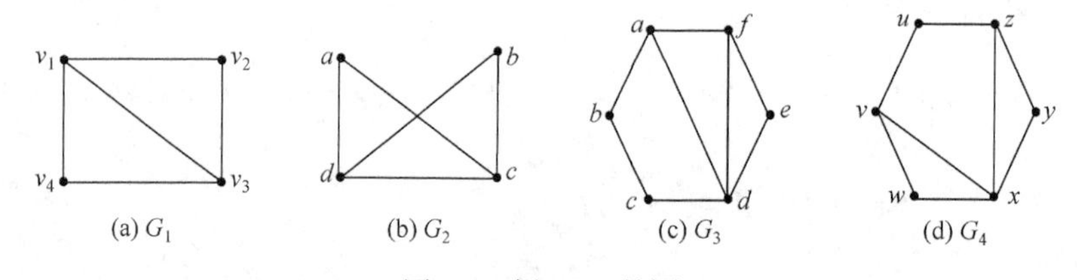

图 6.8　例 6.1.6 的图

(2)图 6.8(c)与(d)虽然满足同构的三个必要条件，但它们不同构。因为图 6.8(c)中的 2 个 3 度节点相邻，而图 6.8(d)中的 2 个 3 度节点不相邻，因而无法找到双射，使得原来的关联关系继续保持。

6.2　路和图的连通性

6.2.1　通路和回路

图论中经常讨论图的遍历问题，即从图中某个节点出发沿一些边到达另一个节点。先引入路的概念。

定义 6.2.1 (1)设 $G=<V, E>$，$V=\{v_0, v_1, \cdots, v_n\}$，$E=\{e_1, e_2, \cdots, e_m\}$，其中 e_i 是关联节点 v_{i-1} 和 v_i 的边，则称点边的交替序列 $v_je_{j+1}v_{j+1}\cdots v_{k-1}e_kv_k$ 为连接 v_j 和 v_k 的路，其中 v_j 和 v_k 分别称为该路的起点与终点。特别地，当 $v_j=v_k$ 时，这条路称为回路或闭路，否则称为开路。

(2)没有重复边的路称为迹或简单路，起点和终点相同的迹称为闭迹。

(3)除起点和终点外，没有重复节点的路称为通路或基本路，起点和终点相同的通路称为圈。

(4)路中边的数目称为路的长度，若节点 u 到 v 有路，则其中最短的路称为 u 和 v 间的短程线，短程线的长度称为 u 到 v 的距离，记作 $d(u, v)$。若节点 u 到 v 不存在路，则记 $d(u, v)=\infty$。称 $D=\max\{d(u, v)|u, v\in V\}$ 为图的直径。

注 (1)路可以只用边的序列表示，简单图中可以只用节点序列表示路。

(2)长度为 1 的回路是环，长度为 2 的闭迹只能由平行边组成，因此简单图中，闭迹的长度至少为 3。

(3)在无向图中，$d(u, v)=d(v, u)$，而在有向图中，一般地，$d(u, v)\neq d(v, u)$。

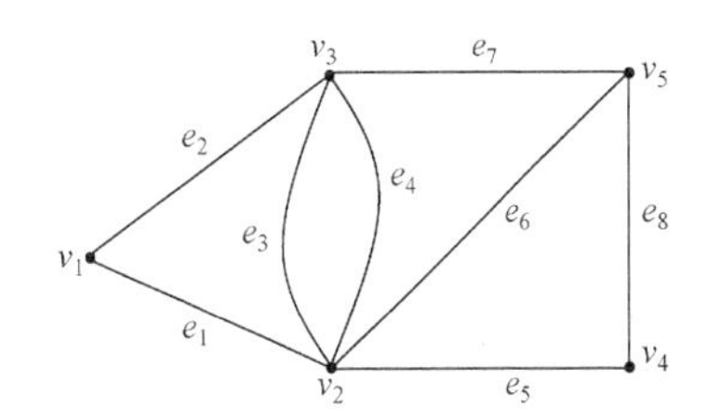

图 6.9 图中的路

【例 6.2.1】 在图 6.9 中，$v_1e_2v_3e_3v_2e_3v_3e_4v_2e_6v_5e_7v_3$ 是一条路，路长为 6；$v_2e_4v_3e_7v_5e_6v_2e_1v_1e_2v_3e_3v_2$ 是一条回路，路长为 6；$v_5e_8v_4e_5v_2e_6v_5e_7v_3e_4v_2$ 是迹；$v_4e_8v_5e_6v_2e_1v_1e_2v_3$ 是有 5 个节点的通路，路长为 4；$v_2e_1v_1e_2v_3e_7v_5e_6v_2$ 是圈。

定理 6.2.1 具有 n 个节点的图中，若从节点 v_j 到节点 v_k 存在一条路，则从 v_j 到 v_k 必存在路长小于 n 的通路。

证明思路 路长超过 n 的通路中必有重复出现的节点，反复删去夹在两个重复节点之间的边后，剩余的边数不会超过 $n-1$。

证明 设 P 是从 v_j 到 v_k 的路。

(1)若 P 为通路，则定理得证。

(2)若 P 不是通路，则 P 必呈现 $v_j\cdots v_s\cdots v_s\cdots v_k$ 的形式，删去 $v_s\cdots v_s$ 包含的边(实际上是由 v_s 出发又回到 v_s 的一条回路)，得到一条新路 P'。此过程继续下去，总可以得到一条通路 P''，使 P'' 中节点最多为 n，因此 P'' 的路长最多为 $n-1$，即 P'' 的路长 $\leqslant n-1<n$。

【例 6.2.2】 图 6.9 中，从 v_1 到 v_3 的路 $v_1e_2v_3e_3v_2e_3v_3e_4v_2e_6v_5e_7v_3$ 中有 6 条边，去掉 v_3 到 v_3 的回路 $v_3e_3v_2e_3v_3$ 上的边 e_3，得到路 $v_1e_2v_3e_4v_2e_6v_5e_7v_3$，此路长为 4，再去掉 v_3 到 v_3 的回路 $v_3e_4v_2e_6v_5e_7v_3$ 上的边 e_4、e_6、e_7，得到新路 $v_1e_2v_3$，即 v_1 和 v_3 的短程，它们之间的距离为 1。

【例 6.2.3】(渡河问题) 一个摆渡人要把一头狼、一只羊和一捆干草运到河对岸。摆渡人有只小船，每次除人以外，只能带一样东西过河。若人不在时，狼会吃羊，羊会吃干草。摆渡人怎么才能把它们运过河？

解 设四元组 $S=(F, W, S, H)$ 表示渡河过程的某个状态，其中 F、W、S、H 分别表示摆渡人、狼、羊和干草是否在起始岸，取 1 表示在起始岸，取 0 表示在目的岸。

因为 4 个状态变量都有 2 种取值，所以共有 16 种可能状态，包括初始状态和目标状态：

$S_0=(1, 1, 1, 1)$，　$S_1=(1, 1, 1, 0)$，　$S_2=(1, 1, 0, 1)$，　$S_3=(1, 1, 0, 0)$

$S_4=(1, 0, 1, 1)$，　$S_5=(1, 0, 1, 0)$，　$S_6=(1, 0, 0, 1)$，　$S_7=(1, 0, 0, 0)$

$S_8=(0, 1, 1, 1)$，　$S_9=(0, 1, 1, 0)$，　$S_{10}=(0, 1, 0, 1)$，　$S_{11}=(0, 1, 0, 0)$

$S_{12}=(0, 0, 1, 1)$，　$S_{13}=(0, 0, 1, 0)$，　$S_{14}=(0, 0, 0, 1)$，　$S_{15}=(0, 0, 0, 0)$

其中，状态 S_3、S_6、S_7、S_8、S_9、S_{12} 不符合题设要求，S_0 和 S_{15} 分别是初始状态和目标状态。

用 10 个节点表示符合题设的状态，若一种状态能够转移到另一种状态，则在相应节点间连条边，于是该问题转化为寻找从节点 S_0 到 S_{15} 的通路。这样的通路有两条，如图 6.10 所示，即有两种渡河方案。

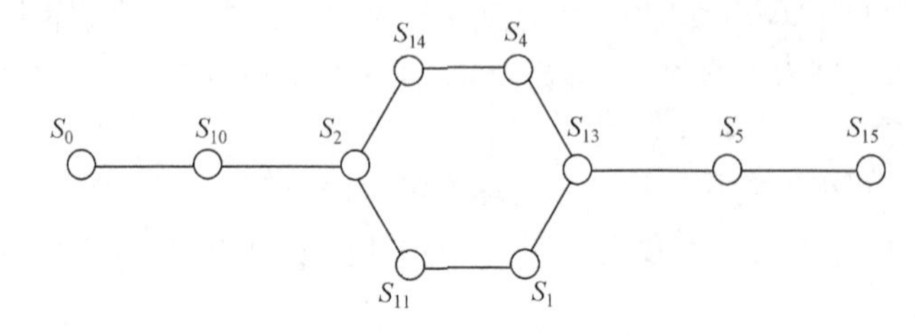

图 6.10　例 6.2.3 的状态转移图

6.2.2　无向图的连通性

图的连通性是图论研究的主要内容，在计算机科学、通信网及电力网中有重要应用，如计算机网络的可靠性问题等。

1. 连通图

定义 6.2.2　在无向图 G 中，若节点 u 和 v 间存在一条路，则称 u 和 v 是连通的，否则称为不连通的。若无向图 G 是平凡图或 G 中任何两个节点都是连通的，则称 G 为连通图，否则称 G 是非连通图。

约定　任一节点 u 与自身连通。

图中节点的连通性可看作节点间的一种关系。定义图 G 的节点集 V 上的连通关系为

$$R=\{<u, v>|u, v\in V\wedge u \text{ 与 } v \text{ 连通}\}$$

容易验证 R 是 V 上的等价关系。利用商集 $V/R=\{V_1, V_2, \cdots, V_m\}$ 将 V 进行划分，使得两个节点 v_j 和 v_k 是连通的当且仅当它们属于同一个划分块 V_i。导出子图 $G(V_1)$，$G(V_2)$，…，$G(V_m)$ 称为图 G 的连通分支或极大连通子图，m 称为连通分支数，记作 $W(G)$。

任何图都可划分为若干个连通分支，G 是连通图当且仅当图 G 的连通分支数 $W(G)=1$。

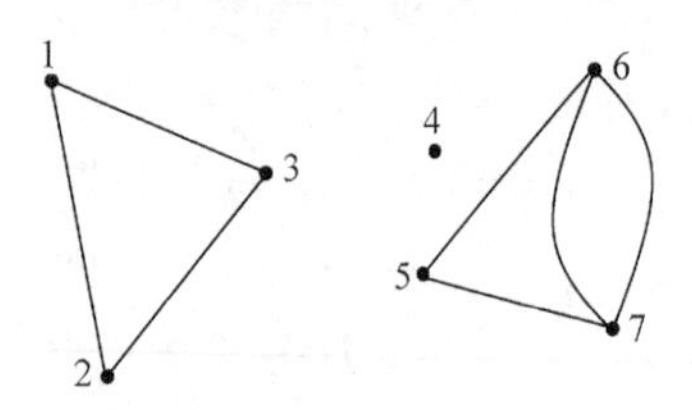

图 6.11　连通分支与划分

【例 6.2.4】　图 6.11 中，连通分支为 $V_1=\{1, 2, 3\}$，$V_2=\{4\}$，$V_3=\{5, 6, 7\}$，则 $\{V_1, V_2, V_3\}$ 构成节点集 $V=\{1, 2, 3, 4, 5, 6, 7\}$ 的一个划分，$W(G)=3$。

【例 6.2.5】　设 7 国代表 a、b、c、d、e、f、g 参加国际会议，每人都会一种或一种以上语言。a 会英语，b 会英语和意大利语，c 会英语、汉语和俄语，d 会日语和意大利语，e 会汉语和德语，f 会法语、日语和俄语，g 会法语和德语。他们中任意两人能否交谈(必要时可通过别人翻译)？

解　将每个代表和各种语言分别表示为节点，每个代表与其会的语言间用线段连接，

如图 6.12(a)所示。若两人能直接通话，则用线段将其相连，得图 6.12(b)，则任意两个代表能否交谈的问题转化为判断图 6.12(b)是否为连通图的问题，易知图 6.12(b)是连通图，即任意两人交谈是可行的。

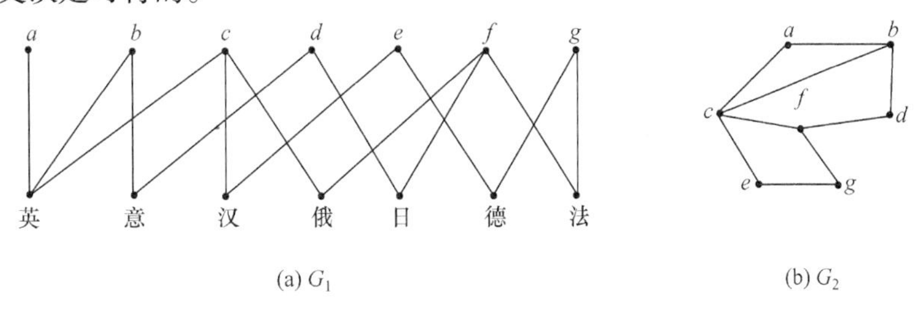

图 6.12 代表间的通话情况

实际问题中，除研究图的连通性外，还需要研究图连通的程度，用以度量某些系统的可靠性。连通图的连通程度不一样，去掉一些节点或边不会影响整个图的连通性，但去掉另一些节点或边却会使整个图分成不连通的几个部分。例如，例 6.2.5 的图 6.12(b)中，若去掉任一节点，得到的图仍然是连通的，交谈仍可继续进行。但若去掉 f 和 c，得到的图不再连通，对话将无法继续进行。

在图的连通性讨论中，这些节点和边起到关键作用，它们的存在与否直接影响到图的连通性。如何刻画连通图的连通程度，引入割集和连通度的概念。

2. 点割集与边割集

定义 6.2.3 在图 G 中删去节点 v 是指把节点 v 及与之关联的所有边都删除。删去边 $e=(u, v)$是指保留节点 u 和 v，仅将 u 和 v 间的边删去。

定义 6.2.4 设 $G=<V, E>$是连通无向图，若节点集 $V_1 \subset V$，满足以下性质：

(1)删去 V_1 后的子图不连通。

(2)删去 V_1 的任何真子集后，得到的子图仍是连通的，

则称 V_1 是 G 的点割集。

特别地，若$\{v\}$为点割集，则称节点 v 为割点。

【例 6.2.6】 分析图 6.13 中各图的割点和点割集。

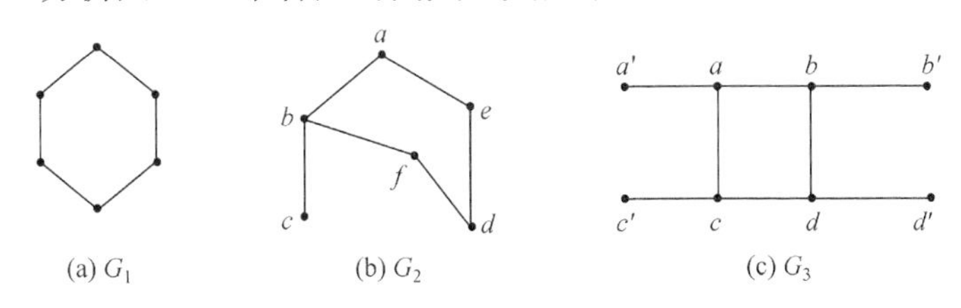

图 6.13 图的点割集

解 图 6.13(a)的 G_1 中没有割点，任意两个非邻接的节点组成的集合都是点割集。

图 6.13(b)的 G_2 中，b 为割点，$\{f, e\}$、$\{a, d\}$、$\{a, f\}$、$\{b\}$为点割集，$\{f, b\}$不是点割集，因为它的真子集$\{b\}$是点割集。

图 6.13(c)的 G_3 中，a、b、c、d 均为割点，点割集为$\{a\}$、$\{b\}$、$\{c\}$、$\{d\}$。

定义 6.2.5 设 $G=<V, E>$是连通无向图，若边集 $E_1 \subset E$，且满足以下性质：

(1) 删去 E_1 后的子图不连通。

(2) 删去 E_1 的任何真子集后，得到的子图仍是连通的，

则称 E_1 是 G 的边割集。

特别地，若 $\{e\}$ 为边割集，则称边 e 为割边或桥。

【例 6.2.7】 求图 6.14 中各图的割边和边割集。

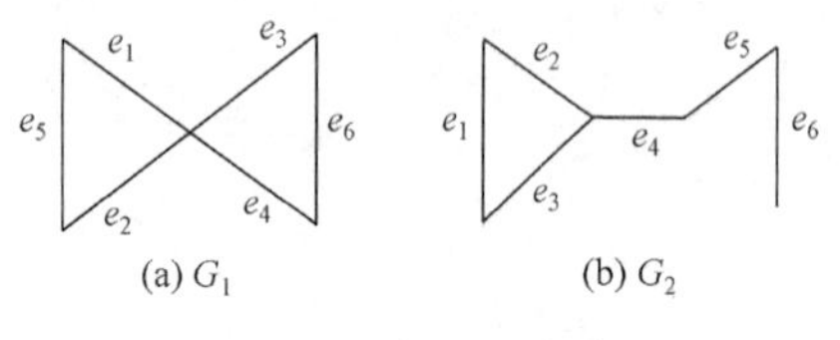

图 6.14 图的边割集

解 图 6.14(a) 中无割边，边割集有 $\{e_1, e_2\}$、$\{e_3, e_4\}$、$\{e_3, e_6\}$ 等。

图 6.14(b) 中，e_4、e_5、e_6 为割边，$\{e_4\}$、$\{e_5\}$、$\{e_6\}$、$\{e_1, e_2\}$、$\{e_1, e_3\}$、$\{e_2, e_3\}$ 为边割集，$\{e_1, e_5\}$ 不是边割集，因为它的真子集 $\{e_5\}$ 中的边 e_5 是割边。

割点或割边都是图连通的关键部分，然而并不是所有的图都有割点或割边。没有割点或割边的图需要去掉多少个节点或多少条边，才会变得不连通？

定义 6.2.6 (1) 设 G 是非完全图，称 $\kappa(G)=\min\{|V'| \mid V'$为 G 的点割集$\}$ 为 G 的点连通度或连通度。若 $\kappa(G)\geqslant k$，则称 G 为 k 点-连通图。

(2) 设 G 是非平凡图，称 $\lambda(G)=\min\{|E'| \mid E'$为 G 的边割集$\}$ 为 G 的边连通度。若 $\lambda(G)\geqslant k$，则称 G 为 k 边-连通图。

注 (1) 点连通度 $\kappa(G)$ 是从 G 上产生一个不连通子图所需删去节点的最少数目，边连通度 $\lambda(G)$ 是从 G 上产生一个不连通子图所需删去的边的最少数目。

(2) 若 G 为非连通图，则 $\kappa(G)=0$，$\lambda(G)=0$。

(3) 若图 G 中存在割点，则 $\kappa(G)=1$；若图 G 中存在割边，则 $\lambda(G)=1$。

(4) 对完全图 K_n，有 $\kappa(K_n)=n-1$。

因为 K_n 中 n 个节点彼此连通，所以删去任意 $m(m<n)$ 个节点后仍然连通，而删去 $n-1$ 个节点后成为平凡图，这也是点连通度定义在非完全图上的原因。

显然，若 e 为图 G 的割边，则 $W(G-\{e\})>W(G)$。

点(边)连通度越小，连接两个节点的路越少，图的连通性越弱，因此在交通及通信网络中，图的割点和割边对整个网络的连通性影响较大，适当增加路径的冗余可以增强网络的健壮性。

在连通无向图 G 中，有割边一定有割点；反之，有割点未必有割边。如何判断割点和割边？

定理 6.2.2 节点 v 是连通无向图 G 的割点当且仅当存在节点 u 和 w，使得 u 和 w 间的任一条路都通过 v。

证明 必要性是显然的。

充分性。因为 v 是割点，所以删去 v 后的子图 G'中至少包含两个连通分支，取 u 和 w 分别属于不同的两个分支。设 C 是 G 中 u 和 w 间的任一条路，若 $v\notin C$，则删去 v 后，C 仍在子图 G'中，即在子图 G'中 u 和 w 仍连通，同属一个连通分支，矛盾。因此，$v\in C$，即 v 在 u 和 w 间的任一条路上。

定理 6.2.3 边 e 是连通无向图 G 的割边当且仅当 e 不含于 G 的任一圈中。

证明 证明其逆否命题成立。

必要性。因为边 e 含于 G 的某个圈中，所以删去 e 后图仍连通，即 e 不是割边。

充分性。设 $e=(u, v)$ 不是割边，则删去 e 后的子图 G' 中 u、v 间有路 P，由定理 6.2.1 知，u 与 v 间必有通路 P'，而 P' 和 e 在 G 中形成圈，故 e 在 G 的某个圈中。

此定理中，通路 P' 不一定唯一，所以圈也不一定唯一。定理中的“圈”改为“闭迹”后，命题也成立。但定理中的“圈”不能用“回路”代替。如图 6.15 所示，图中有回路 $de_4ce_1ae_2be_3ce_4d$，其中 e_4 是割边，但却在该回路中。

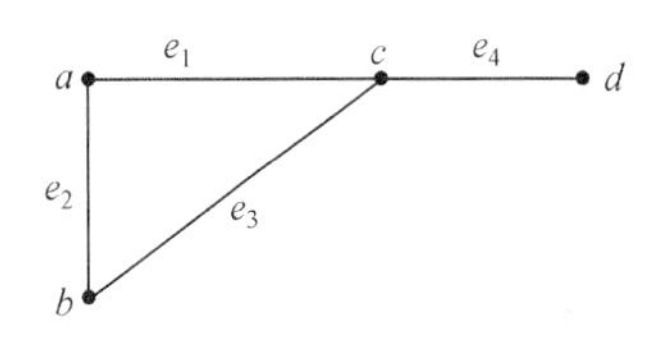

图 6.15　回路与割边

下面举例说明连通性的应用。

【例 6.2.8】　设有 $2n$ 台电话交换器，如果每一台交换器至少与另外 n 台交换器架有直接线路，问任意两台交换器间是否总能通话？

分析　此问题等价于：在 $2n$ 个节点的简单无向图 G 中，若任一节点 v 有 $\deg(v)\geqslant n$，问 G 是否连通？

解　设 G 不连通，则存在两个(或更多)连通分支 G_1 和 G_2，即 $G=G_1\cup G_2$ 且 G_1 和 G_2 互不连通。因为 G 中共有 $2n$ 个节点，所以 G_1 和 G_2 中必有一个图中节点数小于或等于 n，不妨设是 G_1，即 $|V(G_1)|\leqslant n$。对于 $\forall v^*\in V(G_1)$，因为 G_1 是简单无向图，所以 $\Delta(G_1)\leqslant n-1$，即 $\deg(v^*)$ 至多为 $n-1$，此时与 $\deg(v)\geqslant n$ 矛盾。因此，任意两台交换器间总能通话。

注　题设条件 $\deg(v)\geqslant n$ 是必不可少的，若将 n 换成 $n-1$，则结论将不成立。

6.2.3　有向图的连通性

定义 6.2.7　在有向图 $G=<V, E>$ 中，若从节点 u 到 v 有路，则称节点 u 可达节点 v。

约定　任一节点到自身总是可达的。

可达性是有向图节点集上的二元关系，具有自反性和传递性，不一定有对称性。

定义 6.2.8　在简单有向图 $G=<V, E>$ 中，

(1) 若任意两个节点都相互可达，则称 G 是强连通的。

(2) 若任意两个节点至少有一方可达，则称 G 是单侧连通的。

(3) 若略去其边的方向后为连通无向图，则称 G 是弱连通的。

显然，强连通图必是单侧连通图，单侧连通图必是弱连通图，反之不然。

【例 6.2.9】　图 6.16(a) 是强连通的，图 6.16(b) 是单侧连通的，图 6.16(c) 是弱连通的，但不是单侧连通的。

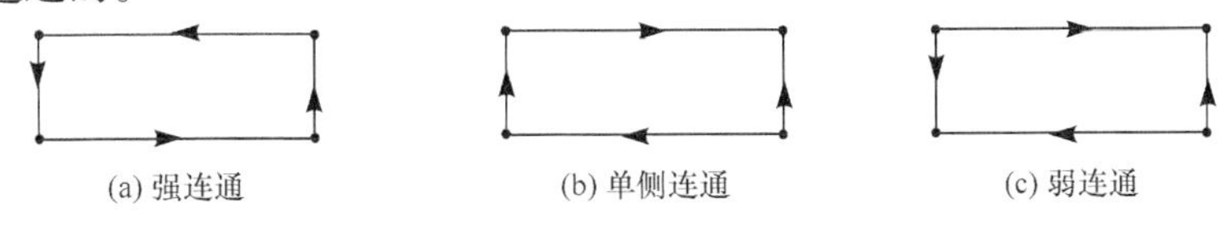

图 6.16　有向图的连通性

下面讨论有向图连通性的判断方法。

定理 6.2.4　简单有向图 G 是强连通的当且仅当 G 中存在包含每个节点至少一次的回路。

证明　充分性。若 G 中有一条有向回路，经过每个节点至少一次，则 G 中任意两点相互可达，即 G 是强连通图。

必要性。设 G 是强连通图，任取 $u, v, w\in V$，则 u 到 v 有路，v 到 u 也有路，uvu 构成一条有向回路。若该有向回路不包含 w，而 u 到 w、w 到 u 均有路，则 $uvuwu$ 又构成一条新

的有向回路。因为 G 中节点有限，所以一直下去，最终可以作出包含图中所有节点的回路。

定理 6.2.5 简单有向图 G 是单侧连通的当且仅当 G 中存在包含每个节点至少一次的通路。

定义 6.2.9 简单有向图 G 中，G'是 G 的子图，若 G'是强连通的(单侧连通的、弱连通的)，且没有包含 G'的更大子图 G''是强连通的(单侧连通的、弱连通的)，则称 G'是 G 的强分图(单侧分图、弱分图)。

【例 6.2.10】 图 6.17(a)是单侧连通的，其单侧分图和弱分图都是其本身，图 6.17(c)是图 6.17(a)的强分图，图 6.17(b)不是其强分图。

图 6.17(d)是弱连通的，其弱分图是其本身，图 6.17(e)和(f)是其单侧分图，其强分图为图 6.17(g)。

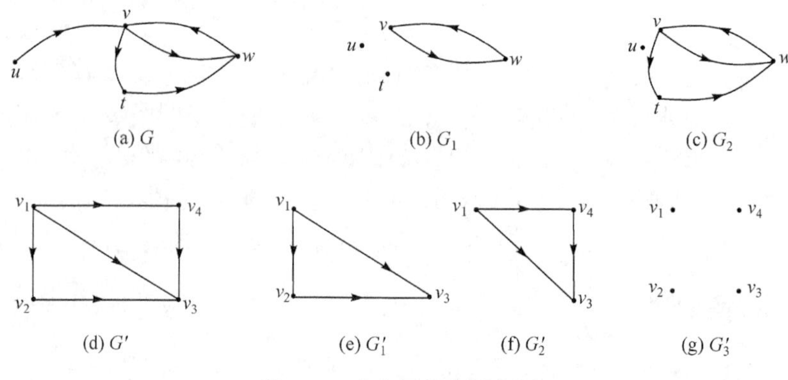

图 6.17 有向图的连通分图

由强分图的定义容易得到以下定理。

定理 6.2.6 简单有向图中，每个节点位于且仅位于一个强分图中，每个节点至少位于一个单侧分图中。

注 若将此定理中的“强分图”换成“弱分图”，结论仍然成立；但若换成“单侧分图”，结论则不成立。

因为可以验证关系 $R=\{<u, v>|u, v\in V$ 且 u 与 v 在同一弱分图中$\}$是 V 上的等价关系，而关系 $R=\{<u, v>|u, v\in V$ 且 u 与 v 在同一单侧分图中$\}$在 V 上不满足传递性，所以 R 不是等价关系。

例如，图 6.18(a)是单侧分图，有两个单侧分图，如图 6.18(b)所示，显然，$<a, c>\in R$，$<c, b>\in R$，c 属于不同的单侧分图。

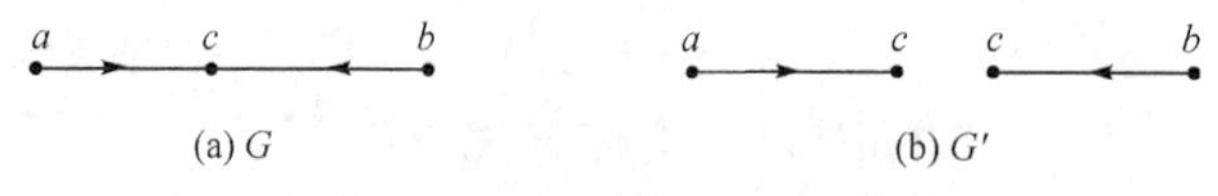

图 6.18 有向图的节点与单侧分图

6.3 图的矩阵表示

在关系的讨论中，用关系图或关系矩阵表示关系，关系图比较直观形象，对节点间的联系一目了然，而关系矩阵便于在计算机中存储和操作。而图也是一种关系，利用矩阵可以刻画图的一些性质。

6.3.1 邻接矩阵

定义 6.3.1 设简单图 $G=<V, E>$有 n 个节点 $V=\{v_1, v_2, \cdots, v_n\}$，$n$ 阶方阵 $\boldsymbol{A}(G)=(a_{ij})_{n\times n}$ 称为 G 的邻接矩阵，其中

$$a_{ij}=\begin{cases}1, & v_i\text{邻接}v_j\\0, & v_i\text{不邻接}v_j\end{cases}$$

图的邻接矩阵反映节点间的邻接关系，其元素只取 0 或 1，因此邻接矩阵是布尔矩阵。若图 G 非简单图，也可相应定义邻接矩阵，此时邻接矩阵未必是布尔矩阵。

【例 6.3.1】 求图 6.19 中各图的邻接矩阵。

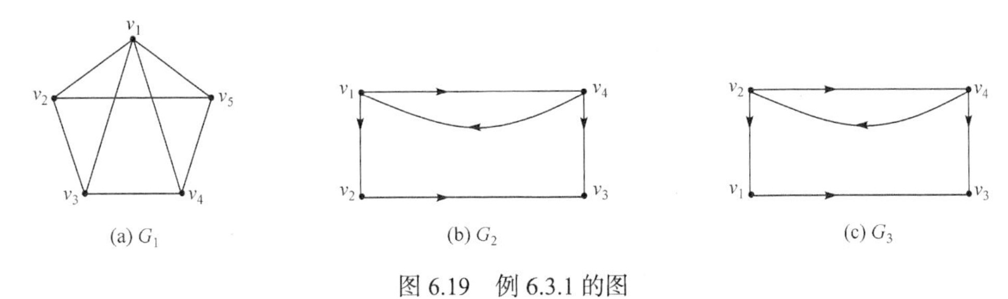

图 6.19 例 6.3.1 的图

解 图 G_1 和 G_2、G_3 的邻接矩阵分别如下：

$$\boldsymbol{A}(G_1)=\begin{pmatrix}0&1&1&1&1\\1&0&1&0&1\\1&1&0&1&0\\1&0&1&0&1\\1&1&0&1&0\end{pmatrix},\quad \boldsymbol{A}(G_2)=\begin{pmatrix}0&1&0&1\\0&0&1&0\\0&0&0&0\\1&0&1&0\end{pmatrix},\quad \boldsymbol{A}(G_3)=\begin{pmatrix}0&0&1&0\\1&0&0&1\\0&0&0&0\\0&1&1&0\end{pmatrix}$$

显然，简单图的邻接矩阵的主对角线元素全为 0，无向图的邻接矩阵是对称的，有向图的邻接矩阵不一定对称。

一个图的邻接矩阵与节点的标定有关，若将例 6.3.1 中图 G_2 的节点 v_1 与 v_2 互换，得到图 G_3，那么将 G_2 的邻接矩阵 $\boldsymbol{A}(G_2)$ 的第 1、2 行对换，第 1、2 列对换，便得图 G_3 的邻接矩阵 $\boldsymbol{A}(G_3)$。显然图 G_2 和图 G_3 是同构的。

一般地，若两个矩阵 $\boldsymbol{A}$ 和 $\boldsymbol{B}$ 可以通过交换行和列而相互得出，则称它们是置换等价的，即存在初等矩阵 $\boldsymbol{P}$，使得 $\boldsymbol{A}=\boldsymbol{P}^{\mathrm{T}}\boldsymbol{B}\boldsymbol{P}$。

可以利用邻接矩阵判断两个图是否同构：若其邻接矩阵是置换等价的，则这两个图同构。

规定 略去节点标定次序任意性的考虑，取图的任一邻接矩阵为该图的矩阵表示。

图的邻接矩阵反映图的很多特征。

(1) 无向图的邻接矩阵中，行(列)中 1 的个数等于相应节点的度数；有向图的邻接矩阵中，行中 1 的个数等于相应节点的出度，列中 1 的个数等于相应节点的入度。

(2) 完全图 K_n 的邻接矩阵中除主对角线元素外其余元素全为 1。

(3) 若有向图的邻接矩阵的元素除主对角线元素外全为 1，则此图为强连通图。

下面讨论利用邻接矩阵求两节点间长度为 l 的路的条数的方法。

设有向图 $G=\langle V, E\rangle$，其邻接矩阵为 $\boldsymbol{A}(G)=(a_{ij})_{n\times n}$，通过两个邻接矩阵的乘法运算，先计算从节点 v_i 到 v_j 的长为 2 的路的数目。

每条 v_i 到 v_j 的长为 2 的路，中间必经过另一个节点 v_k，形成 $v_ie_1v_ke_2v_j(1\leqslant k\leqslant n)$ 的路，则由邻接矩阵的定义，有 $a_{ik}=a_{kj}=1$，即 $a_{ik}\cdot a_{kj}=1$；反之，若 G 中无路 $v_ie_1v_ke_2v_j$，则 $a_{ik}=0$ 或 $a_{kj}=0$，即 $a_{ik}\cdot a_{kj}=0$。因此，v_i 到 v_j 的长为 2 的所有路的数目为

$$a_{i1}\cdot a_{1j}+a_{i2}\cdot a_{2j}+\cdots+a_{in}\cdot a_{nj}=\sum_{k=1}^{n}a_{ik}a_{kj}$$

将 $\sum_{k=1}^{n}a_{ik}a_{kj}$ 记作 $a_{ij}^{(2)}$，这恰好是两个邻接矩阵的乘积 $\boldsymbol{A}(G)\cdot\boldsymbol{A}(G)$，即 $(\boldsymbol{A}(G))^2$ 中第 i 行第 j 列交点的元素，所以

$$(\boldsymbol{A}(G))^2=\begin{pmatrix}a_{11} & \cdots & a_{1n}\\ \vdots & & \vdots\\ a_{n1} & \cdots & a_{nn}\end{pmatrix}\cdot\begin{pmatrix}a_{11} & \cdots & a_{1n}\\ \vdots & & \vdots\\ a_{n1} & \cdots & a_{nn}\end{pmatrix}=\begin{pmatrix}a_{11}^{(2)} & \cdots & a_{1n}^{(2)}\\ \vdots & & \vdots\\ a_{n1}^{(2)} & \cdots & a_{nn}^{(2)}\end{pmatrix}$$

其中，$a_{ij}^{(2)}$ 表示从 v_i 到 v_j 的长为 2 的路的数目；$a_{ii}^{(2)}$ 表示从 v_i 到 v_i 的长为 2 的回路的数目。

一般地，

$$(a_{ij}^{(l)})_{n\times n}=(\boldsymbol{A}(G))^l=\begin{pmatrix}a_{11}^{(l)} & a_{12}^{(l)} & \cdots & a_{1n}^{(l)}\\ \vdots & \vdots & & \vdots\\ a_{n1}^{(l)} & a_{n2}^{(l)} & \cdots & a_{nn}^{(l)}\end{pmatrix}$$

其中，$a_{ij}^{(l)}=\sum_{k=1}^{n}a_{ik}\cdot a_{kj}^{(l-1)}$，$a_{ij}^{(l)}$ 表示从 v_i 到 v_j 的长为 l 的路的数目；$a_{ii}^{(l)}$ 表示从 v_i 到 v_i 的长为 l 的回路的数目。

综上所述，有下列定理。

定理 6.3.1 设 $\boldsymbol{A}(G)$ 是图 G 的邻接矩阵，则 $(\boldsymbol{A}(G))^l$ 中第 i 行第 j 列的元素 $a_{ij}^{(l)}$ 等于 G 中连接 v_i 和 v_j 的长度为 l 的路的数目。

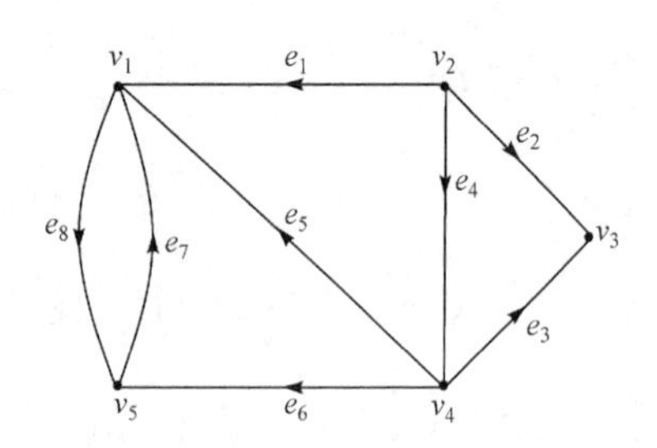

图 6.20 例 6.3.2 的图

【例 6.3.2】 求图 6.20 的邻接矩阵 $\boldsymbol{A}$，并计算 $\boldsymbol{A}^2$、$\boldsymbol{A}^3$、$\boldsymbol{A}^4$、$\boldsymbol{A}^5$。

解 邻接矩阵 $\boldsymbol{A}=\begin{pmatrix}0&0&0&0&1\\1&0&1&1&0\\0&0&0&0&0\\1&0&1&0&1\\1&0&0&0&0\end{pmatrix}$，$\boldsymbol{A}^2=\boldsymbol{A}\cdot\boldsymbol{A}=\begin{pmatrix}1&0&0&0&0\\1&0&1&0&2\\0&0&0&0&0\\1&0&0&0&1\\0&0&0&0&1\end{pmatrix}$，

$\boldsymbol{A}^3=\boldsymbol{A}\cdot\boldsymbol{A}^2=\begin{pmatrix}0&0&0&0&1\\2&0&0&0&1\\0&0&0&0&0\\1&0&0&0&1\\1&0&0&0&0\end{pmatrix}$，$\boldsymbol{A}^4=\boldsymbol{A}\cdot\boldsymbol{A}^3=\begin{pmatrix}1&0&0&0&0\\1&0&0&0&2\\0&0&0&0&0\\1&0&0&0&1\\0&0&0&0&1\end{pmatrix}$，$\boldsymbol{A}^5=\boldsymbol{A}\cdot\boldsymbol{A}^4=\begin{pmatrix}0&0&0&0&1\\2&0&0&0&1\\0&0&0&0&0\\1&0&0&0&1\\1&0&0&0&0\end{pmatrix}$

由 $a_{25}^{(1)}=0$ 知 v_2 和 v_5 不邻接；由 $a_{25}^{(2)}=2$ 知 v_2 到 v_5 长度为 2 的路有两条，分别为 $v_2e_1v_1e_8v_5$ 和 $v_2e_4v_4e_6v_5$。

由 $a_{11}^{(2)}=a_{11}^{(4)}=1$，$a_{11}^{(1)}=a_{11}^{(3)}=a_{11}^{(5)}=0$ 知，v_1 长度为 2 和 4 的回路各有一条，但没有环及长度为 3、5 的回路。

长度为 4 的路（含回路）共有 $\sum_{i=1}^{5}\sum_{j=1}^{5}a_{ij}^{(4)}=7$ 条，其中回路共有 $\sum_{i=1}^{5}a_{ii}^{(4)}=2$ 条。长度不超过 5 的回路共有 $\sum_{l=1}^{5}\sum_{i=1}^{5}a_{ii}^{(l)}=4$ 条。

6.3.2 可达性矩阵

在实际问题中，对于有向图更关心其节点间是否连通，而不仅仅是它们之间是否存在路、存在多少条路及每条路的长度。

定义 6.3.2 设简单有向图 $G=<V, E>$，$V=\{v_1, v_2, \cdots, v_n\}$，$|V|=n$。假定 G 的节点已经编序，则 n 阶方阵 $\boldsymbol{P}=(p_{ij})_{n\times n}$ 称为图 G 的可达性矩阵，其中

$$p_{ij}=\begin{cases}1, & \text{从}v_i\text{到}v_j\text{至少有一条路}\\ 0, & \text{从}v_i\text{到}v_j\text{无路}\end{cases}$$

可达性矩阵反映图中任意两个节点间是否有路及回路。

注 (1)有向图的可达性矩阵不一定对称。

(2)若有向图 G 是强连通的，则其可达性矩阵 $\boldsymbol{P}$ 的所有元素均为 1，反之亦然。

在第 4 章关系中，关系的传递闭包描述了节点经过若干步“传递”后到达的终点。若将有向图的邻接矩阵看作节点集上的关系矩阵，则可达性矩阵 $\boldsymbol{P}$ 即为传递闭包的关系矩阵 $\boldsymbol{M}_t$，于是可以用 Warshall 算法计算可达性矩阵 $\boldsymbol{P}$。

还可以利用图的邻接矩阵得到可达性矩阵，方法如下：

(1)令 $\boldsymbol{B}_n=\boldsymbol{A}+\boldsymbol{A}^2+\cdots+\boldsymbol{A}^n$，其中 n 为图 G 的节点数，$\boldsymbol{A}$ 为 G 的邻接矩阵。

(2)将 $\boldsymbol{B}_n$ 中不为 0 的元素全换成 1，0 保持不变，得到的矩阵即为可达性矩阵 $\boldsymbol{P}$。

【例 6.3.3】 求图 6.20 中图的可达性矩阵。

解 因为 $\boldsymbol{B}_5=\boldsymbol{A}+\boldsymbol{A}^2+\boldsymbol{A}^3+\boldsymbol{A}^4=\begin{pmatrix}2&0&0&0&3\\7&0&2&1&6\\0&0&0&0&0\\5&0&1&0&5\\3&0&0&0&2\end{pmatrix}$，所以可达性矩阵 $\boldsymbol{P}=\begin{pmatrix}1&0&0&0&1\\1&0&1&1&1\\0&0&0&0&0\\1&0&1&0&1\\1&0&0&0&1\end{pmatrix}$。

上述计算可达性矩阵的过程比较烦琐，计算量较大。可达性矩阵 $\boldsymbol{P}$ 表示节点间是否有路，其元素取 0 或 1，故 $\boldsymbol{P}$ 是布尔矩阵。至于节点间路的数目暂不考虑，所以求可达性矩阵时，可将邻接矩阵 $\boldsymbol{A}$ 视为布尔矩阵 $\boldsymbol{A}^{(1)}$，作布尔乘积得到各次幂 $\boldsymbol{A}^{(i)}$ $(i=2, 3, \cdots, n)$，最后进行布尔加法得到可达性矩阵 $\boldsymbol{P}$，即

$$\boldsymbol{P}=\boldsymbol{A}^{(1)}+\boldsymbol{A}^{(2)}+\cdots+\boldsymbol{A}^{(n)}$$

其中，$\boldsymbol{A}^{(i+1)}=\boldsymbol{A}^{(i)}\cdot\boldsymbol{A}^{(1)}$ $(i=1, 2, \cdots, n-1)$，“·”为布尔乘法，“+”是布尔加法。

【例 6.3.4】 设图 G 的邻接矩阵为 $A=\begin{pmatrix}0&0&0&1\\1&0&1&1\\0&1&0&1\\0&1&0&0\end{pmatrix}$，求该图的可达性矩阵 P。

解 $A^{(2)}=\begin{pmatrix}0&1&0&0\\0&1&0&1\\1&1&1&1\\1&0&1&1\end{pmatrix}$， $A^{(3)}=\begin{pmatrix}1&0&1&1\\1&1&1&1\\1&1&1&1\\0&1&0&1\end{pmatrix}$， $A^{(4)}=\begin{pmatrix}0&1&0&1\\1&1&1&1\\1&1&1&1\\1&1&1&1\end{pmatrix}$

故

$$P=A^{(1)}+A^{(2)}+A^{(3)}+A^{(4)}=\begin{pmatrix}1&1&1&1\\1&1&1&1\\1&1&1&1\\1&1&1&1\end{pmatrix}$$

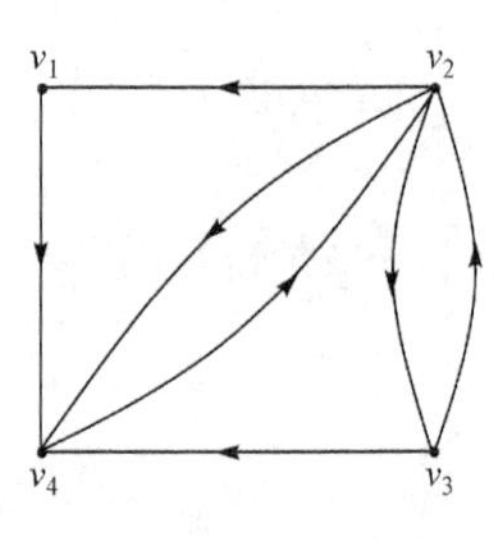

图 6.21 例 6.3.4 的图

由此可知，图 G 中任意两个节点均可达，是强连通图，如图 6.21 所示，从图形上直接观察与结论相符。

若将无向图中每条无向边看成具有相反方向的两条边，则可达性矩阵的概念可推广到无向图上，此时可达性矩阵称为连通矩阵。

6.3.3 完全关联矩阵

实际应用中有时还关注节点与边的关联程度。

定义 6.3.3 设无向图 $G=\langle V, E\rangle$，其中 $V=\{v_1, v_2,\cdots, v_n\}$，$E=\{e_1, e_2,\cdots, e_m\}$，则称 $n\times m$ 阶矩阵 $M(G)=(m_{ij})_{n\times m}$ 为图 G 的完全关联矩阵，其中

$$m_{ij}=\begin{cases}2, & v_i\text{关联环}e_j\\1, & v_i\text{关联边}e_j\\0, & v_i\text{不关联边}e_j\end{cases}\quad (i=1, 2,\cdots, n; j=1, 2,\cdots, m)$$

【例 6.3.5】 求图 6.22 的完全关联矩阵 M。

解 将图中节点和边按下标顺序编序，则其完全关联矩阵为

$$M=\begin{array}{c}\\v_1\\v_2\\v_3\\v_4\\v_5\end{array}\begin{array}{c}\begin{matrix}e_1&e_2&e_3&e_4&e_5&e_6&e_7\end{matrix}\\\begin{pmatrix}1&1&0&0&1&1&0\\1&1&1&0&0&0&0\\0&0&1&1&0&1&0\\0&0&0&1&1&0&2\\0&0&0&0&0&0&0\end{pmatrix}\end{array}$$

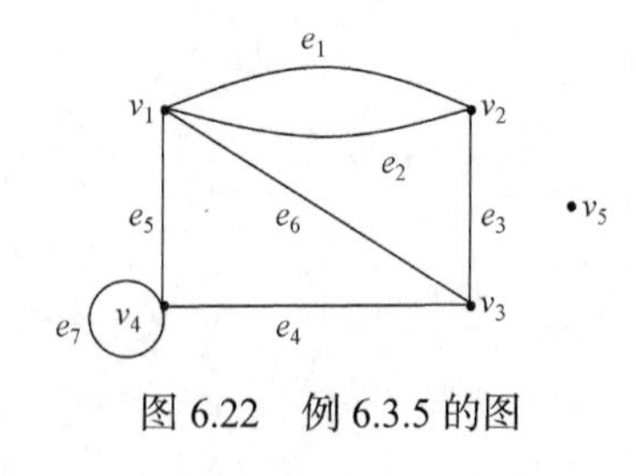

图 6.22 例 6.3.5 的图

无向图的完全关联矩阵的性质如下：

(1) 每列或有且仅有两个 1 或仅有一个 2，每行元素的和是对应节点的度数。

(2) 元素全为 0 的行对应孤立点，平行边对应的两列相同。

(3) 对同一个图，当节点或边的排序不同时，其对应的完全关联矩阵 $M(G)$ 仅是行序和列序不相同，矩阵中非零元素或零元素的总数不会改变。

定义 6.3.4 设简单有向图 $G=<V, E>$，$V=\{v_1, v_2, \cdots, v_n\}$，$E=\{e_1, e_2,\cdots, e_m\}$，称 $n\times m$ 阶矩阵 $\boldsymbol{M}(G)=(m_{ij})_{n\times m}$ 为有向图 G 的完全关联矩阵，其中

$$m_{ij}=\begin{cases}1, & v_i\text{是}e_j\text{的起点}\\ -1, & v_i\text{是}e_j\text{的终点}\\ 0, & v_i\text{与}e_j\text{不关联}\end{cases}\quad (i=1, 2,\cdots, n;\ j=1, 2,\cdots, m)$$

【例 6.3.6】 求图 6.23 中图的完全关联矩阵。

解 将图的节点和边按下标顺序编序，则其完全关联矩阵为

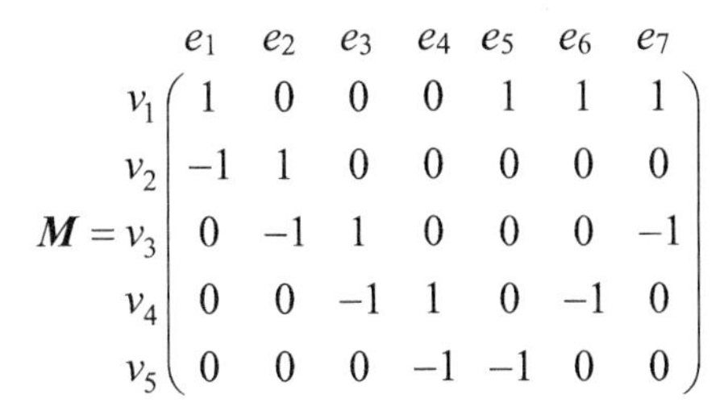

$$\begin{array}{c} \\ \boldsymbol{M}= \end{array}\begin{array}{c} \\ v_1\\ v_2\\ v_3\\ v_4\\ v_5\end{array}\begin{array}{c}\begin{matrix}e_1 & e_2 & e_3 & e_4 & e_5 & e_6 & e_7\end{matrix}\\ \begin{pmatrix}1 & 0 & 0 & 0 & 1 & 1 & 1\\ -1 & 1 & 0 & 0 & 0 & 0 & 0\\ 0 & -1 & 1 & 0 & 0 & 0 & -1\\ 0 & 0 & -1 & 1 & 0 & -1 & 0\\ 0 & 0 & 0 & -1 & -1 & 0 & 0\end{pmatrix}\end{array}$$

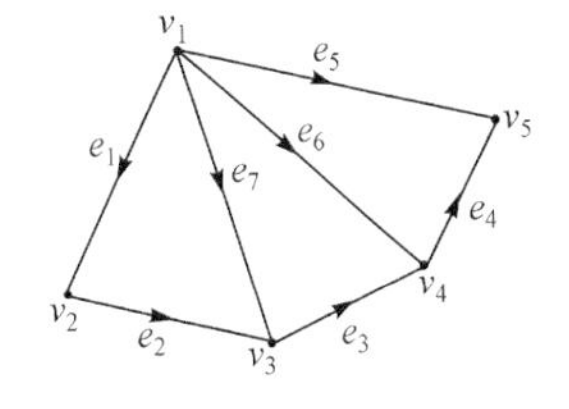

图 6.23 例 6.3.6 的图

简单有向图的完全关联矩阵有下列性质：

(1) 每列有且仅有一个 1 和一个−1，1 的总个数等于−1 的总个数，都为图 G 的边数。

(2) 每行 1 的个数是对应节点的出度，−1 的个数是对应节点的入度。

(3) 元素全为 0 的行对应孤立点。

(4) 对同一个图，当节点或边的排序不相同时，其对应的完全关联矩阵仅有行序和列序的差别。

6.3.4 图的连通性判断

利用图的矩阵可以判断图的连通性。

(1) 无向图 G 为连通图的必要条件是 G 的完全关联矩阵中没有全为 0 的行。

(2) 无向图 G 为连通图当且仅当 G 的连通矩阵除主对角线元素外所有元素均为 1。

(3) 有向图 G 为强连通图当且仅当 G 的可达性矩阵除主对角线元素外所有元素均为 1。

(4) 有向图 G 为弱连通图当且仅当以 G 的邻接矩阵 $\boldsymbol{A}$ 及其转置矩阵 $\boldsymbol{A}^{\mathrm{T}}$ 组成的矩阵 $\boldsymbol{A}'=\boldsymbol{A}\oplus\boldsymbol{A}^{\mathrm{T}}$，作为邻接矩阵而求得的可达性矩阵，除主对角线元素外所有元素均为 1。

(5) 有向图 G 为单侧连通图当且仅当 G 的可达性矩阵 $\boldsymbol{P}$ 及其转置矩阵 $\boldsymbol{P}^{\mathrm{T}}$ 组成的矩阵 $\boldsymbol{P}'=\boldsymbol{P}\oplus\boldsymbol{P}^{\mathrm{T}}$，除主对角线元素外所有元素均为 1。

其中，运算 $\oplus$ 为布尔加法。

利用图的可达性矩阵还可以求得图的所有强分图。

设 $\boldsymbol{P}=(p_{ij})$ 是有向图 G 的可达性矩阵，定义 n 阶方阵 $\boldsymbol{C}=\boldsymbol{P}\cdot\boldsymbol{P}^{\mathrm{T}}=(c_{ij})$，其中

$$c_{ij}=\begin{cases}1, & i=j\\ p_{ij}\wedge p_{ji}, & i\neq j\end{cases}$$

其中，“·”为布尔乘法。

由此定义，若节点 v_i 到 v_j 可达，则 $p_{ij}=1$；若节点 v_j 到 v_i 可达，则 $p_{ji}=1$。于是 v_i 到 v_j

相互可达当且仅当 c_{ij}=1。因此，若 $\boldsymbol{C}$ 的第 i 行元素中非零元素的列标分别为 $j_1, j_2, \cdots, j_k$，则以 $v_{j_1}, v_{j_2}, \cdots, v_{j_k}$ 为顶点的子图便是原图的一个强分图。

【例 6.3.7】 试判断图 6.24 中图的连通性，并求其所有强分图。

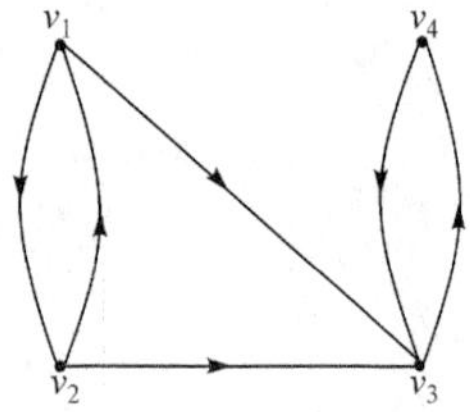

图 6.24　例 6.3.7 的图

解 $\boldsymbol{A}=\begin{pmatrix} 0 & 1 & 1 & 0 \\ 1 & 0 & 1 & 0 \\ 0 & 0 & 0 & 1 \\ 0 & 0 & 1 & 0 \end{pmatrix}$，　$\boldsymbol{P}=\begin{pmatrix} 1 & 1 & 1 & 1 \\ 1 & 1 & 1 & 1 \\ 0 & 0 & 1 & 1 \\ 0 & 0 & 1 & 1 \end{pmatrix}$

$\boldsymbol{P}\oplus\boldsymbol{P}^{\mathrm{T}}=\begin{pmatrix} 1 & 1 & 1 & 1 \\ 1 & 1 & 1 & 1 \\ 1 & 1 & 1 & 1 \\ 1 & 1 & 1 & 1 \end{pmatrix}$，　$\boldsymbol{P}\cdot\boldsymbol{P}^{\mathrm{T}}=\begin{pmatrix} 1 & 1 & 0 & 0 \\ 1 & 1 & 0 & 0 \\ 0 & 0 & 1 & 1 \\ 0 & 0 & 1 & 1 \end{pmatrix}$

因为图 G 的可达性矩阵元素不全为 1，所以 G 不是强连通图，又因为 $\boldsymbol{P}\oplus\boldsymbol{P}^{\mathrm{T}}$ 元素全为 1，所以 G 是单侧连通的，有 2 个强分图，分别是 $\{v_1, v_2\}$ 和 $\{v_3, v_4\}$ 导出的子图。

6.4　欧拉图和哈密顿图

6.4.1　欧拉图

18 世纪中叶，欧拉解决了著名的哥尼斯堡七桥问题，开创了图论的新天地。东普鲁士的哥尼斯堡城有一条横贯全城的普雷格尔河，河中有两个岛屿，七座桥将两岸和两个岛连接起来，如图 6.25(a)所示。城中居民经常到此散步，久而久之有人提出这样一个问题：能不能不重复地从某地出发，走完每座桥一次且仅一次，最后再回到出发点。这个问题似乎不难，很多人都做了尝试，却都没能获得成功。

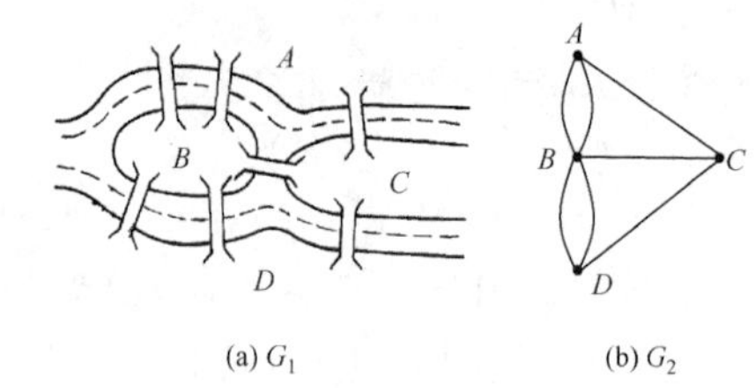

图 6.25　哥尼斯堡七桥问题

于是有人写信给瑞士数学家欧拉以寻求答案。人们的失败使欧拉猜想，也许这样的路根本就不存在。经过认真研究，欧拉把实际问题简化为平面上的点与线的组合，陆地与桥的关系用一个抽象的图形描述，其中四个陆地分别用四个点表示，而把桥看作点间的边，于是哥尼斯堡七桥问题就成为图 6.25(b)中是否存在经过每条边一次且仅一次的回路问题，或者说，能否从某个点出发一笔(每条边只能画一次)画出整个图。欧拉在 1736 年发表了一篇论文，提出一种简单的准则，证明自己的猜想。同时还提出并解决了一个具有普遍意义的问题：在什么样的图中才能找到一条通过图中每条边一次且仅一次的回路？这篇论文被认为是图论的起源，建立了欧拉图类存在性的完整理论，欧拉被称为图论之父。哥尼斯堡七桥问题引发了网络理论的研究，对解决最短邮路等问题很有帮助。

定义 6.4.1　设无向图 G 中没有孤立点，经过 G 中每条边一次且仅一次的路(或回路)，称为欧拉路(或欧拉回路)。具有欧拉回路的图称为欧拉图，记作 E 图。

规定　平凡图是欧拉图。

显然，欧拉图必然是连通图，欧拉回路(或欧拉路)是经过图中所有边的路中长度最短的回路(或路)。

欧拉发现图 6.25(b)的哥尼斯堡七桥问题是连通的，且从某点出发，中间每经过一点总有进去的一条边和出来的一条边，所以除起点和终点外，每个节点都应该和偶数条边相邻接。若起点和终点不重合，则起点和终点必与奇数条边相邻接。于是得到判定欧拉路(或欧拉回路)的方法。

定理 6.4.1 设 G 是简单连通无向图，则

(1) G 有欧拉路当且仅当 G 中仅有两个奇数度节点。

(2) G 有欧拉回路当且仅当 G 中没有奇数度节点。

由此定理，哥尼斯堡七桥问题中奇数度节点不只有两个，所以不存在欧拉回路，甚至也不存在欧拉路，故该问题无解。

哥尼斯堡七桥问题看似是一个几何问题，但是其中桥的准确位置和长度并不重要，重要的是陆地间桥的连接情况，即各节点和边的邻接状态，所以欧拉将这类问题称为位置几何学。该定理也称为一笔画定理，从而彻底解决了一笔画问题。

判断一个图是否是欧拉图，也称为“一笔画问题”，以下两种情况的连通图均可一笔画出：

(1)若只有两个奇数度节点，则任选一个奇数度节点，都能一笔画到另一个奇数度节点。

(2)若没有奇数度节点，则任选一个节点，都能一笔画出该图。

【例 6.4.1】 图 6.26 中的三个无向图，哪些是欧拉图？

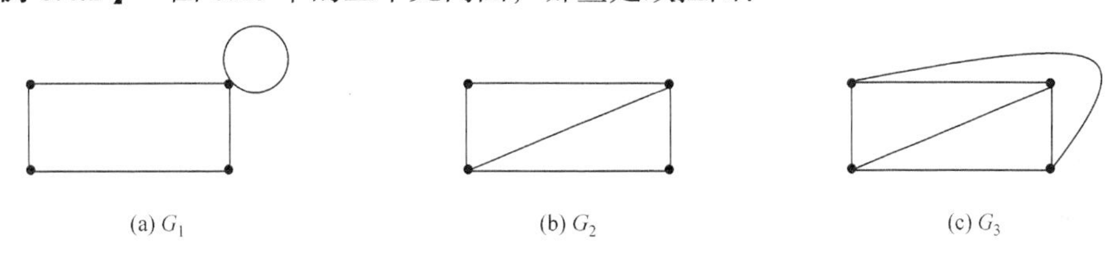

(a) G_1　　(b) G_2　　(c) G_3

图 6.26　例 6.4.1 的图

解 图 6.26(a)中 G_1 有三个节点度数为 2，一个节点度数为 4，所以是欧拉图。

图 6.26(b)中 G_2 有两个 2 度节点，两个 3 度节点，所以不是欧拉图，但存在欧拉路。

图 6.26(c)中 G_3 有四个 3 度节点，所以不是欧拉图，也不存在欧拉路。

欧拉路和欧拉回路的概念可以推广到有向图中。

定义 6.4.2 在无孤立节点的有向图中，经过每条边一次且仅一次的单向路(或回路)称为单向欧拉路(或单向欧拉回路)。具有单向欧拉回路的图称为有向欧拉图。

定理 6.4.2 设 G 是有向图，则

(1) G 有单向欧拉回路当且仅当 G 是强连通的，且每个节点的入度等于其出度。

(2) G 有单向欧拉路当且仅当 G 是单侧连通的，且除两个节点外，每个节点的入度等于其出度，而这两个节点中，一个节点的入度比出度大 1，另一个节点的入度比出度小 1。

定理 6.4.2 可以看作定理 6.4.1 的推广，因为在有向图中，任一节点若其出度等于其入度，则该节点总度数为偶数。若出度与入度之差为 1，则该节点的总度数为奇数。

对无奇数度节点的连通图 $G=\langle V, E\rangle$，按 Fleury 算法可以得到一条欧拉回路。

Fleury 算法：连通图的欧拉回路。

输入：图 G 的节点集 V、边集 E。

输出：欧拉回路。

步骤 1　任取 $v_0 \in V$，令 $P=v_0$。

步骤 2　设 $P=v_0e_1v_1e_2\cdots e_iv_i$ 是已选取的一条简单通路，按下面方法从 $E-\{e_1, e_2, \cdots, e_i\}$ 中选取下一条边 e_{i+1}：

(1) 与 v_i 相关联。

(2) 若与 v_i 相关联的边中，e_{i+1} 不是 $G-\{e_1, e_2, \cdots, e_i\}$ 的割边，则优先选取 e_{i+1}。

步骤 3　将 $e_{i+1}=(v_i, v_{i+1})$ 及 v_{i+1} 添加到 P 末尾。

步骤 4　重复步骤 2 和步骤 3 的过程，直到遍历 E 中的所有边，P 即为欧拉回路。

6.4.2　哈密顿图

哈密顿图是图论中与欧拉图类似的著名问题。爱尔兰数学家、物理学家哈密顿(William Rowan Hamilton)在 1859 年发明一种游戏——“周游世界”：在一个正 12 面体上有 20 个节点代表世界上 20 个著名城市，每条棱表示城市间的一条交通线。要求游戏者从任意一个节点出发沿棱前进，经过每个节点一次且仅一次，并回到出发点。这个游戏蕴含的数学原理使数学家着迷了一百多年，至今仍然是一个热门课题。为研究方便，将原图压缩到一个平面上考虑，如图 6.27 所示，按其中所给的编号顺序前进，便得到一条周游路线。

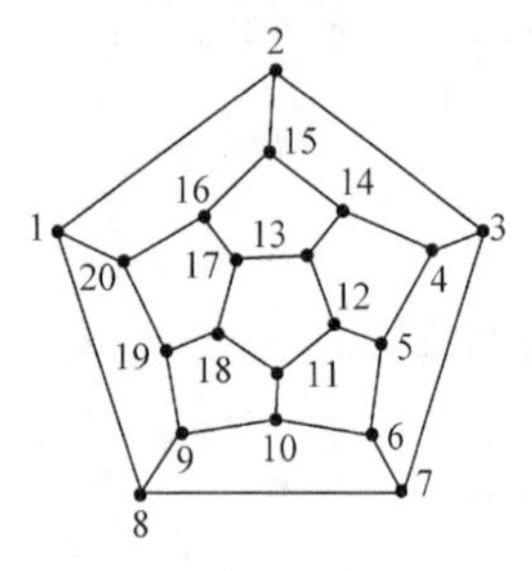

图 6.27　哈密顿图

定义 6.4.3　图 G 中，经过每个节点一次且仅一次的路(或回路)，称为哈密顿路(或哈密顿回路)。具有哈密顿回路的图称为哈密顿图，记为 H 图。

规定　平凡图是哈密顿图。

欧拉图问题考虑边的可行遍性，哈密顿图问题考虑的是点的可行遍性，一条欧拉路是图中所有边的一个全排列，而一条哈密顿路是图中所有节点的一个全排列。

注　若图中存在哈密顿回路，则一定存在哈密顿路；反之不然。

例如，例 6.2.5 的图 6.12(b)中存在一条哈密顿回路 $abdfgeca$，若将 7 位代表按此顺序安排在一张圆桌旁，就可以使每个人都能与其两边的代表直接交谈。

【例 6.4.2】　图 6.28 中的图，哪些是哈密顿图？

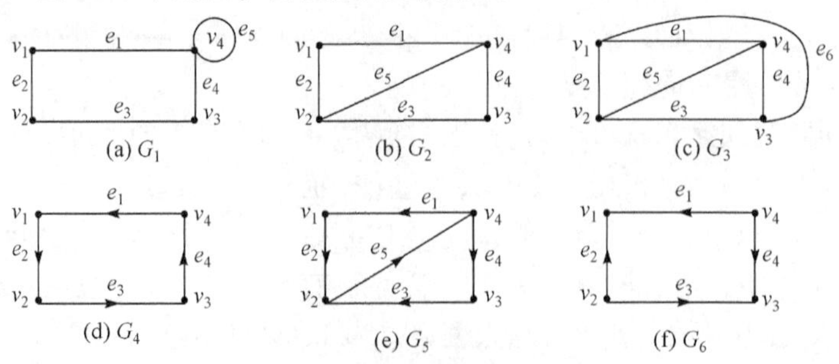

图 6.28　例 6.4.2 的图

解 图 6.28(a)～(d)都有哈密顿回路，它们都是哈密顿图。图 6.28(e)只有哈密顿路，没有哈密顿回路。图 6.28(f)既没有哈密顿路，又没有哈密顿回路。

虽然哈密顿回路与欧拉回路在形式上极其相似，但目前为止还未找到判定一个图为哈密顿图的充要条件，这成为图论中久而未解的主要问题之一。下面分别介绍哈密顿图的必要条件和充分条件。

定理 6.4.3（哈密顿回路的必要条件） 若图 $G=\langle V, E\rangle$具有哈密顿回路，则对节点集 V 的每个非空子集 S，均有 $W(G-S)\leqslant|S|$，其中 $W(G-S)$是 $G-S$ 的连通分支数。

证明 设 C 是 G 的一条哈密顿回路，$S=\{a_1, a_2, \cdots, a_m\}$。在 C 中删去 S 的任一节点 a_1，则 $C-a_1$ 连通非回路，即 $W(C-a_1)=1$。若再删去 S 中另一节点 a_2，至多形成 2 个连通分支，即 $W(C-a_1-a_2)\leqslant 2$。由归纳法得 $W(C-S)\leqslant|S|$。

同时，$C-S$ 是 $G-S$ 的一个生成子图，故 $C-S$ 中的连通分支数必大于或等于 $G-S$ 中的连通分支数，即 $W(G-S)\leqslant W(C-S)$，故 $W(G-S)\leqslant|S|$。

此定理是哈密顿图的必要条件，但不是充分条件。如图 6.29 所示的彼得松图，记作 P 图。对节点集的任一非空子集 S，均有 $W(P-S)\leqslant|S|$成立，但 P 图不是哈密顿图。

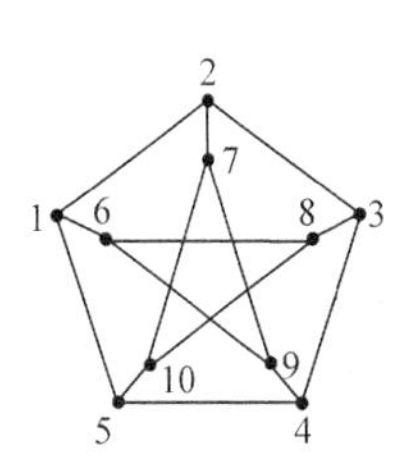

图 6.29　彼得松图

经常使用定理 6.4.3 的逆否命题判断图不是哈密顿图，即若存在节点集 V 的非空子集 S，使 $W(G-S)>|S|$，则 G 不是哈密顿图。

特别地，若图 G 有割点，则 G 一定不是哈密顿图。因为若 u 是图 G 的割点，则 $W(G-\{u\})\geqslant 2$。

定理 6.4.4（哈密顿路的充分条件） 设图 G 是 n 阶简单图，

(1)若对$\forall u, v\in V$，都有 $\deg(u)+\deg(v)\geqslant n-1$，则 G 中存在一条哈密顿路。

(2)若对$\forall u, v\in V$，都有 $\deg(u)+\deg(v)\geqslant n$，则 G 中存在一条哈密顿回路。

定理 6.4.4 是存在哈密顿路的充分条件，但不是必要条件。如图 6.30 所示的六边形中，任意两个节点的度数之和为 $4<6-1$，但图中明显有哈密顿路及哈密顿回路。

下面通过例子说明定理 6.4.4。

【例 6.4.3】 某学校 7 天内安排 7 门课程的考试，要求同一教师任教的两门课程的考试不能安排在接连的 2 天内。若任一教师的任课门数不超过 4 门。试验证：符合上述要求的考试安排总是可行的。

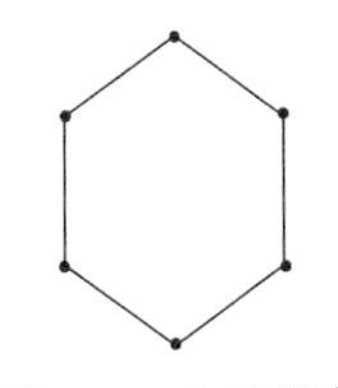
图 6.30　六边形中的哈密顿路

证明 设 G 是具有 7 个节点的图，每个节点对应一门课程，如果两个节点之间有一条边连接，说明这两个节点对应的课程由不同教师担任。因为每个教师所任课程数不超过 4，所以每个节点与其余的 6 个节点间的无关联边最多为 3 条，即 G 中任意一个节点关联边数至少是 3，故任意两个节点的度数之和至少是 6。由定理 6.4.4 可知，G 中有一条哈密顿路，即考试安排总可满足要求。

【例 6.4.4】 今有 n 个人，已知其中任意两人合起来认识其余的 $n-2$ 个人。试证明：

(1)当 $n\geqslant 3$ 时，这 n 个人能排成一排，使得中间每人认识两边的人，而两端的两人只认识他旁边的一个人。

(2)当 $n\geqslant 4$ 时，这 n 个人能排成一个圆圈，使每个人都认识两旁的人。

证明 将 n 个人看作 n 个节点，若两人认识，则用边将其相连。任取节点 u 和 v，有下面两种可能情况：

(1) 当 u 和 v 邻接时，由题设 $\deg(u)+\deg(v)\geqslant n-2$，则 $\deg(u)+\deg(v)\geqslant n-2+2=n$，由定理 6.4.4 知，结论成立。

(2) 当 u 和 v 不邻接时，任取 $n-2$ 人中的一人 w，则 w 必与 u、v 都邻接。此时，$\deg(u)+\deg(v)=2(n-2)=(n-1)+(n-3)=n+(n-4)$，所以当 $n\geqslant 3$ 时，$\deg(u)+\deg(v)\geqslant n-1$，故存在哈密顿路；当 $n\geqslant 4$ 时，$\deg(u)+\deg(v)\geqslant n$，故存在哈密顿回路。

判断图中存在哈密顿回路的条件是图论中的核心问题之一，已得到许多成果，极大地推动了图论的发展。该问题已发展成为旅行商问题：用一个赋权完全图表示一些城市间的交通图，节点表示城市，边权表示城市间的距离或旅行费用。一个旅行推销员从一个城市出发，经过每个城市恰一次，又回到出发点，应如何选择旅行路线，使总权最小？即在一个赋权完全图中找一条权最小的哈密顿回路。

旅行商问题至今仍未找到计算量是 n 的多项式函数的计算方法，利用“最邻近法”可以求得从给定节点出发的最短哈密顿回路的近似解，步骤如下。

算法：最短哈密顿回路的最邻近算法。

输入：图 G 的节点集 V、边集 E、边权集 W、初始节点 v_0。

输出：v_0 出发的最短哈密顿回路的近似解。

步骤 1　选取与 v_0 最邻近(即权最小)的节点(若与 v_0 最邻近的节点不唯一，则任选其中一个)，记作 v_1，构成初始路径 $L=v_0v_1$。

步骤 2　设 $L=v_0e_1v_1e_2\cdots e_iv_i$ 为已选取的一条最短哈密顿路，从不在 L 上的其余节点中任选一个与 v_i 最邻近的节点记作 v_{i+1}，并将连接 v_i 与 v_{i+1} 的边加到 L 上。

步骤 3　重复步骤 2，直到 L 上包含图的所有节点为止。

步骤 4　将连接 v_0 与最后加入的节点的边加入路 L 上。

6.5　平面图与图着色

研究图时，节点的位置、连线的曲直长短都不重要，只要它们是同构的，都表示同一个图。在印刷线路板、集成电路的布线等问题中，经常要考虑线路尽量减少交叉的情况，以避免元器件间的相互干扰。日常生活中，设计交通路线、各种管道铺设、城市规划等都是平面图的问题。图的平面性是图的理论研究和实际应用的重要部分。本节讨论的都是无向图。

6.5.1　平面图

1. 平面图的基本概念

定义 6.5.1　若能将无向图 G 的所有节点和边画在一个平面上，使任意两条边除端点外没有其他交点，则称 G 为平面图，否则称为非平面图。在平面上将平面图画出来且其任意两条边恰在端点处才相交，这样画出的图称为平面图的平面嵌入或平面表示。

有些图表面上看存在相交边，但如果移动某些边，能使其不相交，此图仍然是平面图。例如，图 6.31(a)和图 6-31(c)都是平面图，图 6.31(b)和图 6-31(d)分别是它们的平面嵌入。

图 6.31(e)和图 6-31(g)不是平面图，它们无论怎么画，总有边相交，图 6-31 (f)和图 6-31(h)分别是其中的一种情况。图 6-31(e)和图 6-31(g)是平面图研究中的两个有重要意义的图，分别记作 K_5 和 $K_{3,3}$。

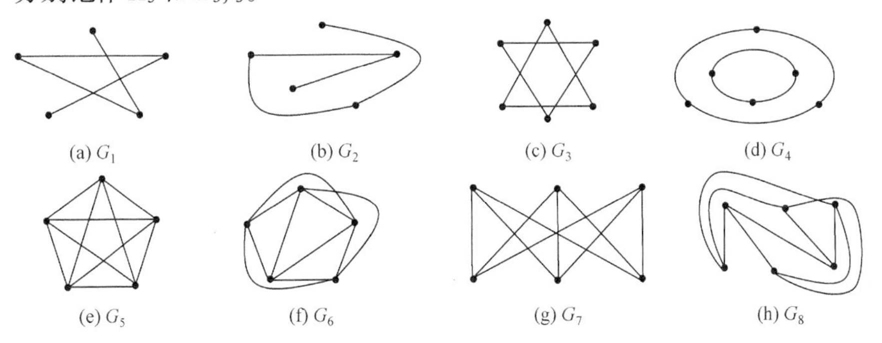

图 6.31　平面图和非平面图

平面图中除了节点和边外，还有一个重要的概念——面。

定义 6.5.2　设 G 是连通平面图，若由图中的边围成的区域内不包含节点也不包含边，则称这样的区域为 G 的一个面，记作 r。包围一个面的各条边构成的回路称为该面的边界，面的边界的长度称为该面的次数或度数，记为 $\deg(r)$。至少有一条公共边的两个面称为邻接面。面积有限的面称为有限面或内部面，面积无限的面称为无限面或外部面。

显然，在节点数 $n \geqslant 3$ 的简单图中，任何一个有限面至少由三条边围成，任何一个平面图有且仅有一个无限面。

【例 6.5.1】　图 6.32 中 G_1 有 6 个节点 9 条边，将平面分成 5 个面。r_1 的边界为 $abda$。r_3 的边界可看作从节点 c 出发按逆时针方向围绕 r_3 走一圈的回路 $cdefec$，其中边(e, f)走了两次。在图形之外的面 r_5 是无限面，其边界为 $adea$，于是 $\deg(r_1)=3$，$\deg(r_2)=3$，$\deg(r_3)=5$，$\deg(r_4)=4$，$\deg(r_5)=3$，$\sum_{i=1}^{5}\deg(r_i)=18$。

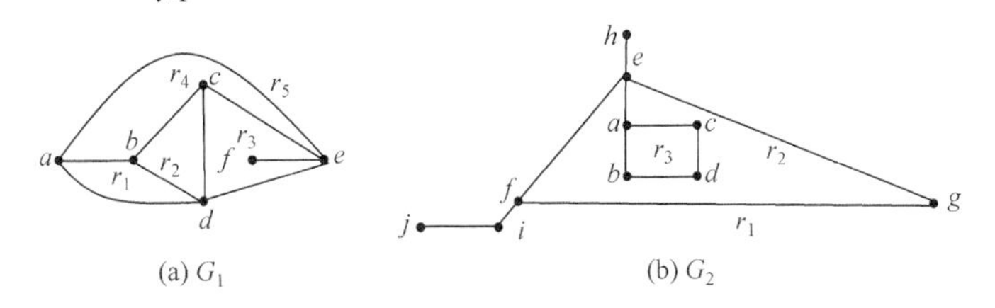

图 6.32　平面图的面的次数和边数

图 6.32 中 G_2 有 10 个节点 11 条边 3 个面，其中无限面 r_1 的边界为 $hefijifgeh$，$\deg(r_1)=9$，r_2 的边界为 $efgeabdcae$，$\deg(r_2)=9$，r_3 的边界为 $abdca$，$\deg(r_3)=4$，于是 $\sum_{i=1}^{3}\deg(r_i)=22$。

由于每条边或者是两个面的公共边，或者是一个面的两条边界，所以有以下结论。

定理 6.5.1　任意连通平面图中，面的次数之和等于其边数的两倍，即 $\sum_{i=1}^{r}\deg(r_i)=2e$，其中 r、e 分别为平面图的面数和边数。

2. 欧拉定理

欧拉在研究多面体时发现其节点数、边数和棱数间的关系，在平面图中也有类似的结果。

定理 6.5.2（欧拉定理） 设连通平面图 G 有 v 个节点 e 条边 r 个面，则有欧拉公式

$$v-e+r=2$$

证明 对边数进行归纳证明。

(1) 当 $e=0$ 时，G 为孤立点，则 $v=1$，$e=0$，$r=1$，故 $v-e+r=2$ 成立。当 $e=1$ 时，若边是自回路，即 $v=1$，$e=1$，$r=2$，则 $v-e+r=2$ 成立；若边是非自回路，即 $v=2$，$e=1$，$r=1$，则 $v-e+r=2$ 成立。

(2) 设 G 含有 k 条边，即 $e_k=k$ 时，欧拉公式成立，即 $v_k-e_k+r_k=2$。

(3) 在含有 k 条边的图 G 上再加上一条边，使其仍为连通图，可能有图 6.33 中的三种情况，其中 G 表示一个平面图。

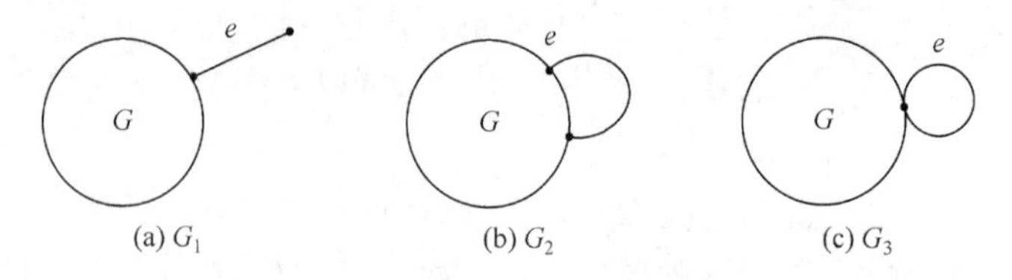

图 6.33 平面图添加一条边

图 6.33 (a) G_1 中，节点数 $v=v_k+1$，边数 $e=e_k+1$，面数 $r=r_k$。

图 6.33 (b) G_2 中，节点数 $v=v_k$，边数 $e=e_k+1$，面数 $r=r_k+1$。

图 6.33 (c) G_3 中，节点数 $v=v_k$，边数 $e=e_k+1$，面数 $r=r_k+1$。

对上述三种情况，欧拉公式均成立。

欧拉定理在拓扑学中提供了一个基本不变量，表达了图的三个量之间永恒的关系式，用于证明后面的五色定理。

【例 6.5.2】 若 G 是平面图，有 k 个连通分支，则 $v-e+r=k+1$。

证明 设 v_i、e_i、r_i 分别是第 i 个连通分支 G_i 的节点数、边数、非无限面的面数，其中 $i=1, 2, \cdots, k$。对每个 G_i，由欧拉公式有 $v_i-e_i+(r_i+1)=2$，所以 $\sum_{i=1}^{k}(v_i-e_i+(r_i+1))=2k$。

而 $\sum_{i=1}^{k}v_i=v$，$\sum_{i=1}^{k}e_i=e$，$\sum_{i=1}^{k}(r_i+1)=\left(\sum_{i=1}^{k}r_i+1\right)+(k-1)=r+(k-1)$，于是 $v-e+r=k+1$。

此结论是欧拉定理的推广。

注 欧拉定理只适用于连通平面图，不满足欧拉定理的连通图，则不是平面图。然而确定其面数并不容易，直接使用欧拉定理比较困难，但容易得到下列平面图满足的一些条件。

定理 6.5.3 设 G 是有 v 个节点 e 条边 r 个面的简单连通平面图，若 $v\geqslant 3$，则 $e\leqslant 3v-6$。

证明 当 $v=3$ 时，因为 G 是简单连通平面图，所以 $e=2$ 或 $e=3$，此时 $e\leqslant 3v-6$。

当 $v>3$ 时，因为 G 是连通的，所以 $e\geqslant 3$。又因为 G 是简单图，所以一个面不可能由一

条边或两条边围成，即一个面至少由三条边围成，故每个面的次数不小于 3，而各面总次数之和为 $2e$，且 $2e \geqslant 3r$，即 $r \leqslant \frac{2}{3}e$，由欧拉公式得 $2+e-v=r \leqslant \frac{2}{3}e$。因此，$e \leqslant 3(v-2)=3v-6$。

推论 若简单连通平面图 G 的每个面至少由 $k(k \geqslant 3)$ 条边围成，则 $e \leqslant \frac{k}{k-2}(v-2)$。

不满足定理 6.5.3 及推论中不等式的图一定不是平面图，这两个不等式是判别平面图的必要条件，但不是充分条件。

【例 6.5.3】 如图 6.31(e)所示的 K_5，其中 $v=5$，$e=10$，故 $3\times5-6<10$，即 $e \leqslant 3v-6$ 不成立，所以 K_5 不是平面图。

如图 6.31(g)所示的 $K_{3,3}$，称为二部图，其中 $v=6$，$e=9$，故 $e \leqslant 3v-6$ 成立，但 $K_{3,3}$ 不是平面图。以下证明 $K_{3,3}$ 不是平面图。

假设 $K_{3,3}$ 是平面图，任取 3 个节点，其中必有 2 个节点不邻接，即它们必通过另外的节点(至少一个)才能相连，所以每个面至少有 4 个节点相连，即每个面的次数不少于 4。由推论中的不等式应有 $e \leqslant \frac{4}{4-2}(v-2)=2(v-2)$ 成立，但事实上 $K_{3,3}$ 中有 6 个节点、9 条边，而 $2\times(6-2)<9$，矛盾。因此，$K_{3,3}$ 不是平面图。

3. 平面图的判断

K_5 和 $K_{3,3}$ 是非平面图的两个最小模型，1930 年波兰数学家库拉托夫斯基(Kazimierz Kuratowski)找到了判断非平面图的一种方法。

首先，在图的某边上插入一个新的 2 度节点，使一条边分为两条边，或在一条边上去掉一个原有的 2 度节点，原来的两条边成为一条边，都不会影响图的平面性，如图 6.34 所示。

图 6.34　插入或去掉 2 度节点

定义 6.5.3 给定图 G_1 和 G_2，若它们同构或者通过反复插入或去掉 2 度节点后，使 G_1 和 G_2 同构，则称此两图是在 2 度节点内的同构图或称 G_1 和 G_2 是同胚图。

例如，图 6.35 中，G_1、G_2、G_3 与 K_3 同胚，G_4 与 K_4 同胚。

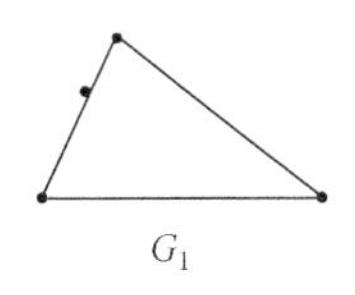
G_1

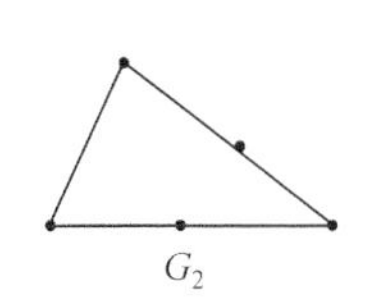
G_2

G_3

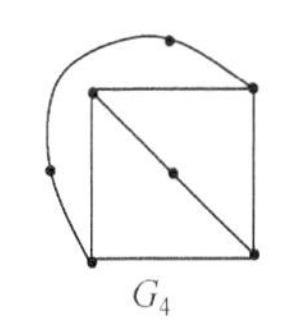
G_4

图 6.35　图的同胚

定理 6.5.4 (库拉托夫斯基定理) 图 G 是平面图当且仅当它不含有与 K_5 或 $K_{3,3}$ 同胚的子图。

K_5 和 $K_{3,3}$ 常称为库拉托夫斯基图。

在实际应用中，经常使用定理 6.5.4 的逆否定理判断图不是平面图：一个图是非平面图的充要条件是它包含一个与 K_5 或 $K_{3,3}$ 同胚的子图。

6.5.2 平面图的对偶图

定义 6.5.4 设平面图 $G=<V, E>$有 n 个面 $r_1, r_2, \cdots, r_n$，若图 $G^*=<V^*, E^*>$满足下列条件：

(1)对 G 的任一个面 r_i，内部恰有一个节点 $v_i^* \in V^*$。

(2)对 G 的有公共边界 e_k 的两个面 r_i 与 r_j，恰有 $e_k^*=(v_i^*, v_j^*)$且 e_k^* 与 e_k 相交。

(3)当且仅当 e_k 只是一个面 r_i 的边界时，v_i^* 存在一个环 e_k^* 与 e_k 相交，则称 G^*是 G 的对偶图。

例如，图 6.36(a)所示的平面图 G 的对偶图 G^*为图 6.36(b)，其中图 G 的节点和边用“·”与实线表示，其对偶图 G^*的节点和边用“*”与虚线表示。

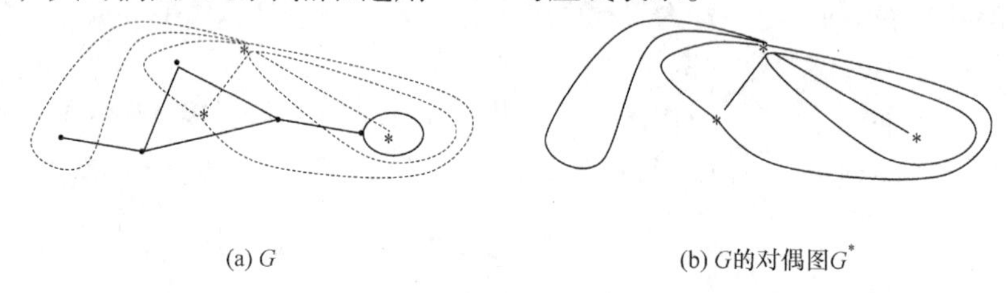

图 6.36 平面图及其对偶图

平面图 G 和它的对偶图 G^*间有如下关系：

(1)平面图 G 的对偶图 G^*仍然是平面图。

(2)若 G^*的节点 v_i^* 位于 G 的面 r_i 中，则 $\deg(v_i^*)=\deg(r_i)$。

(3)若 G 是连通平面图，则 $G^{**} \cong G$。

定义 6.5.5 若平面图 G 与其对偶图 G^*同构，则称 G 是自对偶图。

图 6.37 中的图都是自对偶图，其中图 6.37(b)和(c)分别是轮型图 W_4 和 W_5。可以证明轮型图都是自对偶图。

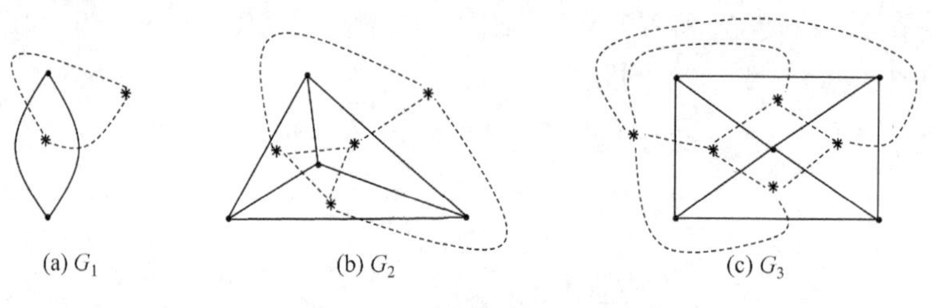

图 6.37 自对偶图

6.5.3 平面图的着色

图着色问题起源于地图着色：在绘制地图时，若相邻国家着不同颜色，则任何地图能够只用四种颜色全部着完。这个看似简单的问题，令许多数学家绞尽脑汁却一无所获，成为世界难题，历史上称为“四色猜想”。

定义 6.5.6 图的正常(节点)着色是指：对它的每个节点指定一种颜色，使得没有两个邻接的节点着以同一种颜色。

若图 G 在着色时用了 n 种颜色，则称 G 是 n 色的。

图 G 着色时所需的最少颜色数，称为 G 的着色数，记作 $\chi(G)$。

在地图着色时，每个国家的实际形状和大小无关紧要，重要的是若彼此邻接，则不能着以同色，其实质在于地图的拓扑结构。利用对偶图的概念，图着色问题转化为其对偶图的节点着色问题。下面主要讨论图的点着色问题。

定理 6.5.5 对完全图 K_n 有 $\chi(K_n)=n$。

定理 6.5.6 设简单连通平面图 $G=\langle V, E\rangle$，节点数为 $v(v\geqslant 3)$，边数为 e，则 G 中至少存在节点 u，使得 $\deg(u)\leqslant 5$。

证明 用反证法。若结论不真，即 $\forall u\in V$，且 $\deg(u)\geqslant 6$，有 $2e=\sum\deg(u)\geqslant 6v$ 成立，即 $e\geqslant 3v>3v-6$，与定理 6.5.3 矛盾。因此，命题成立。

利用定理 6.5.6，采用数学归纳法可以证明以下定理。

定理 6.5.7 任一平面图 G 最多是 5 色的。

定理 6.5.8（四色定理） 任何平面图 G 至多是 4 色的。

该定理是在 1976 年 6 月，由美国数学家阿佩尔和黑肯利用大型计算机分析了 2000 多种复杂的地图，包括几百万种情况，做了 100 多亿个逻辑判断，经过 1200 个机时的计算证明出来的。但有些学者仍不满意其烦琐的证明过程，还在努力寻找更简洁的不用计算机的证明方法。

确定一个图的色数是一件困难的事，许多学者为之作出了大量工作，也得到很多重要结果，但目前还没有一个普遍有效的方法确定一个图的色数，韦尔奇·鲍威尔（Welch Powell）提出了一种图着色的算法。

算法：图的着色数 Powell 算法。

输入：图 $G=\langle V, E\rangle$，$V=\{v_1, v_2, \cdots, v_n\}$，节点的度数序列 $\{d_1, d_2, \cdots, d_n\}$。

输出：图 G 中各节点的着色法。

步骤 1 将图 G 的节点按度数递减进行降序排列。

步骤 2 用第一种颜色对第一个节点着色，并按排序次序，对与前面着色点不邻接的每个节点着上同样的颜色。

步骤 3 按排列次序用第二种颜色对尚未着色的节点重复步骤 2。

步骤 4 用第三种颜色继续以上做法，直至所有节点全部着上色。

【例 6.5.4】 用 Powell 算法对图 6.38 着色，并求 $\chi(G)$。

解 G 中有 8 个节点、17 条边。

(1)将各节点按度数递减排序为 $A_5A_3A_7A_1A_4A_2A_8A_6$。

(2)用第一种颜色对 A_5 着色，并对不邻接的 A_1 着以相同颜色。

(3)对 A_3 及其不邻接点 A_4、A_8 着第二种颜色。

(4)对 A_7 及其不邻接点 A_2、A_6 着第三种颜色。

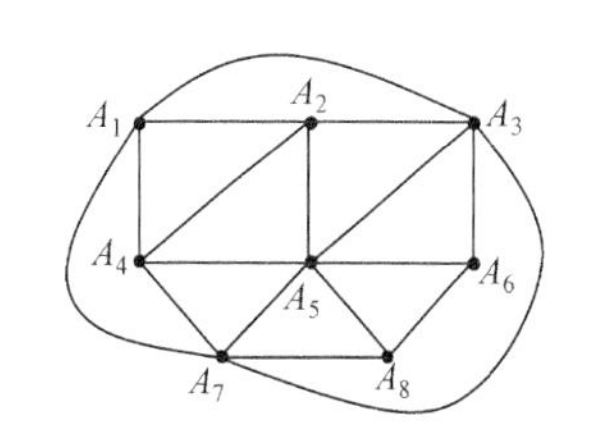

图 6.38 图的着色

至此，用三种颜色着完所有节点。又因为 A_1、A_2、A_3 彼此邻接，按着色要求，不可能只用两种颜色，所以 $\chi(G)=3$。

需要注意，Powell 算法只给出图的一种着色法，并不是总能直接给出图的着色数。

许多实际问题可以转化为图的色数问题，如排课表问题、考试时间安排、货物存储、信道分配等。

6.6 二部图与匹配

6.6.1 二部图基本概念

定义 6.6.1 若无向图 $G=<V, E>$的节点分为两个不相交的子集 V_1和 V_2，同一子集中的任意两个节点都不邻接，则称 G 为二部图或二分图、偶图，记作 $G=<V_1, V_2>$。若 V_1 中每个节点都与 V_2 中每个节点邻接，则称 G 为完全二部图，记作 $K_{n,m}$，其中 $n=|V_1|$，$m=|V_2|$。

图 6.39 中 G_1～G_6 都是二部图，其中图 6.39(a)和(b)是 $K_{3,3}$，图 6.39(c)和(d)是 $K_{2,3}$。

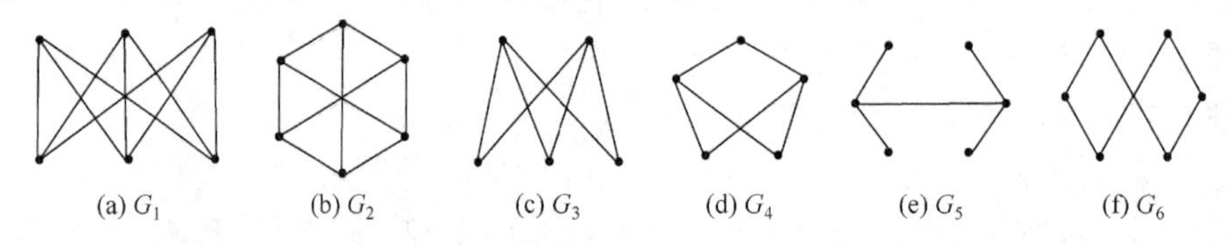

图 6.39 二部图

二部图中每条边关联的两个节点分别位于两个互补节点集，用两种颜色即可对二部图进行着色，任意邻接的两个节点都着相反的颜色，并且每条回路的长度必为偶数。

定理 6.6.1 简单无向图 G 是二部图当且仅当 G 中所有回路的长度都为偶数。

6.6.2 匹配

定义 6.6.2 设 $G=<V, E>$是简单无向图，若 $M\subseteq E$ 且 M 中任意两条边都没有公共端点，则称 M 是 G 的一个匹配。若在 M 中添加任何新边都不再是匹配，则称 M 是 G 的一个极大匹配。边数最多的极大匹配称为最大匹配，最大匹配中的边数称为匹配数。

例如，$K_{2,3}$ 和 $K_{3,3}$ 的匹配数分别为 2、3，最大匹配不唯一。

下面讨论利用交错路和增广路求最大匹配的方法。

定义 6.6.3 设 M 是图 $G=<V, E>$的一个匹配，由在 M 中的边和不在 M 中的边交替出现构成的路称为 G 的 M-交错路。起点和终点都不与 M 中的边邻接的 M-交错路称为 G 的 M-增广路。

注 增广路的长度必为奇数，第一条和最后一条边都不属于 M。

在图 G 的一条 M-增广路中，不在 M 中的边数比在 M 中的边数多 1，若在此路中删除 M 中的边，添加不在 M 中的边，则得到一个新的匹配。若 G 中还存在增广路，则重复上述步骤，直到 G 中不存在 M-增广路为止，便得到 G 的最大匹配。

定理 6.6.2 图 G 的匹配 M 是最大匹配当且仅当 G 中不存在 M-增广路。

在简单二部图 $G=<V_1, V_2>$中求最大匹配的关键是寻找增广路，用增广路求最大匹配的算法称为匈牙利算法，其基本思路是从任一初始匹配开始，寻找关于该匹配的增广路，从而扩大该匹配，直到不能再扩大为止。

对 G 的任意一个匹配 M，首先将 V_1 中所有不是 M 中的边的节点用*标记，然后交替进行以下步骤：

(1)在 V_1 中选一个新标记的节点，如 a_i，用(a_i)标记不通过 M 的边与 a_i 邻接且未标记

过的 V_2 的所有节点。对 V_1 中所有新标记的节点重复此过程。

(2) 在 V_2 中选一个新标记的节点，如 b_i，用 (b_i) 标记通过 M 的边与 b_i 邻接且未标记过的 V_1 的所有节点。对 V_2 中所有新标记的节点重复此过程。

直至标记到一个 V_2 的不与 M 中任何边邻接的节点，或已不可能标记更多节点为止。

第一种情况说明存在增广路 P，这时删除 P 中属于 M 的边，把 P 中不属于 M 的边加到 M 中，得到一个新的匹配 M'。第二种情况说明不存在关于 M 的增广路，M 即最大匹配。

匈牙利算法也称为标记法，其复杂度为 $O(n^3)$，其中 $n=|V(G)|$。

二部图能有效地解决任务或人员的分配、各种网络模型中的存在性等问题。

【例 6.6.1】 某软件公司中标 4 个项目 P_1、P_2、P_3 和 P_4，计划由 5 个程序员 Q_1、Q_2、Q_3、Q_4 和 Q_5 完成。每个程序员能完成的项目情况如下：Q_1 能完成 P_1、P_3，Q_2 只能完成 P_3，Q_3 能完成 P_1、P_2 和 P_4，Q_4 能完成 P_1、P_2 和 P_4，Q_5 能完成 P_1 和 P_3。如何安排任务，使每个项目都能完成?

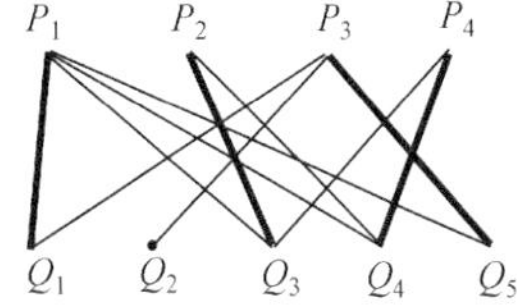

图 6.40　二部图及最大匹配

解 设 $V_1=\{P_1, P_2, P_3, P_4\}$，$V_2=\{Q_1, Q_2, Q_3, Q_4, Q_5\}$，若 Q_i 能完成 P_j，则 Q_i 与 P_j 间用边相连，则该问题等价于图 6.40 所示的二部图中寻找最大匹配的问题。利用标记法得到一个最大匹配 $M'=\{P_1Q_1, P_2Q_3, P_3Q_5, P_4Q_4\}$，如图 6.40 中粗线所示。

6.7 树与生成树

树是图论中最重要的内容，是一种重要的非线性结构，也是研究和应用最广泛的一种图，如决策树、最小生成树、计算机中文件管理的目录树、数据编码、数据库系统的实体-联系模型等。它有简单形式和良好性质，被广泛应用于数据结构、算法设计、软件工程、计算机网络、算法优化等领域。一般树分为无向树和有向树，本节介绍无向树。为方便起见，本节中讨论的回路均指简单回路。

6.7.1 树的基本概念

点割集和边割集是一个图保持连通性的关键，去掉这些集合中的节点和边将影响整个图的连通性。而在连通图中，去掉回路上的任何一条边都不会影响图的连通性，每条回路上任意去掉一条边便得到一个无回路的子图，且保持原图的连通性，但去掉子图中任何一条边都不再保持连通性，因此这种子图是保持连通性的关键，称为树。

定义 6.7.1 连通且无回路的无向图称为无向树，简称为树，用 T 表示。树中度数为 1 的节点称为树叶，度数大于 1 的节点称为分支点或内点。每个连通分支都是树的无向图称为森林，平凡图也是树，称为平凡树。

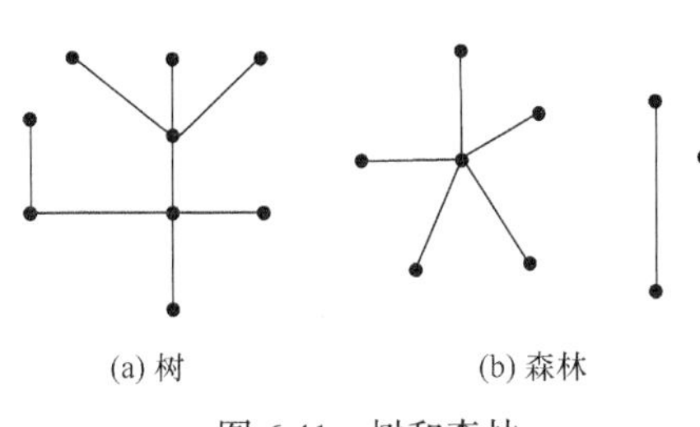

(a) 树　　(b) 森林

图 6.41　树和森林

如图 6.41(a) 所示是一棵具有 6 片树叶、3 个分支点的树，图 6.41(b) 是森林。

树 (非平凡树) 具有若干等价定义。

定理 6.7.1 给定无向图 T，节点数为 v，边数为 e，以下关于树的定义是等价的：

(1) 无回路的连通图；

(2) 无回路且 $e=v-1$；

(3) 连通且 $e=v-1$；

(4) 无回路，但增加一条新边后恰得一回路；

(5) 连通且每条边都是割边；

(6) 任意两个节点间恰有一条通路。

证明 (1)⇒(2)。

只需证 $e=v-1$，对节点数 v 进行归纳证明。设图 T 是无回路的连通图，

① 当 $v=2$ 时，因为 T 连通无回路，所以 $e=1$，于是 $e=v-1$ 成立。

② 设 $v=k-1$ 时命题成立，即 $e=v-1=(k-1)-1=k-2$。

③ 考察 T 中含 k 个节点的情形。因为 T 连通无回路，所以其中至少有一个节点 u 的度数为 1，在 T 中删去节点 u，得到 T'，此时 T' 中含有 $k-1$ 个节点，由假设②，有 $e_{T'}=k-2$，而 u 是 1 度节点，故 $e_T=e_{T'}+e_u=k-1$，因此命题在 $v=k$ 时也成立。

综上所述，$e=v-1$ 成立。

(2)⇒(3)。

只需证 T 连通，用反证法证明。

若 T 不连通，设 T 有 $k(k\geqslant 2)$ 个连通分支 $T_1, T_2, \cdots, T_k$，每个连通分支 $T_i(i=1, 2, \cdots, k)$ 都是树，节点数分别为 $v_1, v_2, \cdots, v_k$，则边数为 v_1-1，v_2-1，⋯，v_k-1。图 T 中，$v=v_1+v_2+\cdots+v_k$，$e=v_1-1+v_2-1+\cdots+v_k-1=v-k$，而 $e=v-1$，故 $k=1$，与 $k\geqslant 2$ 矛盾，所以 T 是连通的。

(3)⇒(4)。

对节点数 v 进行归纳，证明 T 中无回路。

① 当 $v=2$ 时，$e=v-1=2-1=1$，自然无回路。

② 假设 $v=k-1$ 时，结论成立。

③ 当 $v=k$ 时，据题设 $e=v-1<v$，则 T 中至少有一个 1 度节点 u'；否则，对 $\forall u\in V$，有 $\deg(u)\geqslant 2$，又 $2e=\sum\deg(u)\geqslant 2v$，即 $e\geqslant v$，矛盾。删去 u' 得 T'，据②知所设 T' 无回路，从而 $T=T'\cup\{u\}$ (即在 T' 中增加一个 1 度节点) 也无回路。

设增加边 (u_i, u_j)，因为 T 连通，所以 u_i 与 u_j 间原有路 l，已证 T 无回路，故 u_i 与 u_j 间原路仅有一条，于是 l 与边 (u_i, u_j) 恰成一个回路。因此，在 T 中任意增加一条边后恰得一回路。

(4)⇒(5)。

任取节点 u_i 与 u_j，据题设，增加边 (u_i, u_j) 恰得一回路，回路中去掉边 (u_i, u_j) 得 u_i、u_j 间一条路，所以 T 连通。又因为 T 中无回路，所以任一边 e 不含于任一闭迹中，由定理 6.2.3 知，e 是割边，故 T 中每条边都是割边。

(5)⇒(6)。

因为 T 连通，所以任意两个节点间有路。若节点 u_i、u_j 间有两条路 l_1、l_2，则 l_1、l_2 形成一个回路，而回路中任一边均非割边，与条件中每一边均为割边矛盾。因此，任意两个节点间仅有一条路，于是任意两个节点间恰有一条路。

(6)⇒(1)。

因为任意两个节点间有路，所以 T 连通。若 T 中有回路，则回路上任意两个节点间必

有两条路，与条件矛盾，所以 T 中没有回路，因此 T 是树。

在树中，少一条边便不连通，多一条边就有回路，所以在节点数给定的所有图中，树是边最少的连通图，也是边最多的无回路图，因此树可以用作典型的数据结构及各类网络的主干网。

非平凡树有下列定理。

定理 6.7.2 任一非平凡树至少存在两片树叶。

证明 设任意树 $T=<V, E>$，$|V|=v$，$|E|=e$，则 $e=v-1$，于是 $2e=2v-2$。

又因为 T 连通，即无孤立节点，所以若 T 中没有 1 度节点，即 $\forall u\in V$，有 $\deg(u)\geqslant 2$，则 $2e=\sum\deg(u)\geqslant 2v$，导致矛盾。

若 T 中仅有一个 1 度节点，其余 $v-1$ 个节点的度数至少为 2，则 $2e=\sum\deg(u)\geqslant 2(v-1)+1=2v-1$，导致矛盾。因此，$T$ 中至少有两片树叶。

6.7.2 生成树

一个图本身并非是树，但它的某些子图可能是树，其中非常重要的是生成树。

定义 6.7.2 若连通图 G 的生成子图 T 是树，则称 T 为 G 的生成树。T 中的边称为 T 的树枝，在 G 中但不在 T 中的边称为 T 的弦，所有弦的集合称为 T 的补或余树，记作 $\overline{T}$ 。

【例 6.7.1】 图 6.42(b)是图 6.42(a)的一棵生成树，e_1、e_3、e_7、e_8 为其树枝，e_2、e_4、e_5、e_6 为其弦。图 6.42(c)是图 6.42(b)的余树。

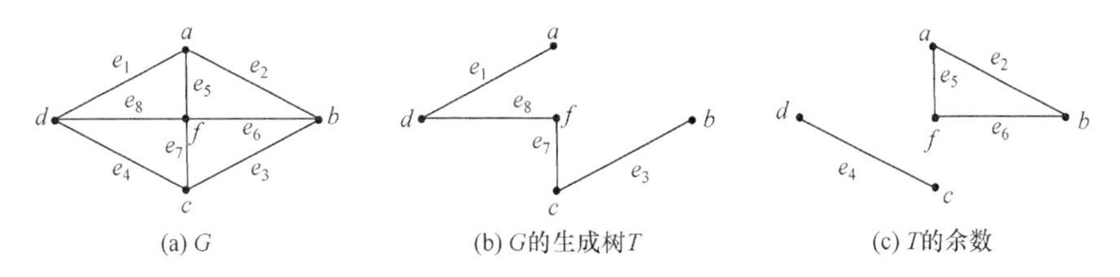

图 6.42 图的生成树和余树

注 一个图的生成树可能不唯一。

定理 6.7.3 任何连通图至少有一棵生成树。

证明 设 G 为连通图，若 G 中无回路，则 G 自身就是一棵生成树。

若 G 中只有一条回路，则从此回路中任意删去一条边便无回路，即得一棵生成树。

若 G 中有多条回路，重复上述做法，直至得到一棵生成树。

在一个 n 个节点 m 条边的连通图中，其生成树 T 恰有 $n-1$ 条边，T 的弦共有 $m-(n-1)=m-n+1$ 条边，因此需删去 $m-n+1$ 条边才能得到一棵生成树。称 $m-n+1$ 为连通图的秩。

构造生成树的方法很多，定理 6.7.3 的证明过程实际上已经给出了在连通图中寻找生成树的一种方法，称为“破圈法”。

例如，图 6.43(a)中，任取一个回路$\{e_2, e_3, e_5\}$，删去边 e_3，在回路$\{e_1, e_5, e_4, e_7\}$中删去边 e_7，还有回路$\{e_4, e_5, e_6\}$，继续在此回路中删去边 e_4，余下的边集$\{e_1, e_2, e_5, e_6\}$便是图 6.43(a)的一棵生成树，如图 6.43(b)所示。

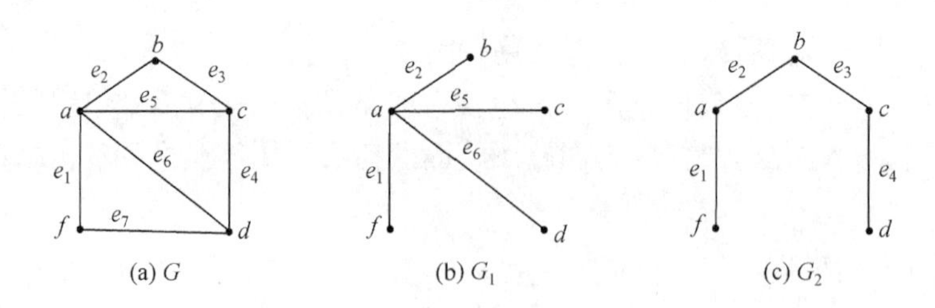

图 6.43　破圈法和避圈法构造的生成树

还可以利用“避圈法”构造生成树：在图 G 中任取一条边 e_1，在余下的边中找一条与 e_1 不形成回路的边 e_2，然后再找一条与 $\{e_1, e_2\}$ 不形成回路的边 e_3，重复这个过程，直至找到的边数比图 G 中节点数少 1，即得一棵生成树，如图 6.43(c)所示。

在避圈法中按边的不同选法，有深度优先和广度优先两种方法构造生成树。

深度优先生成树：任选一个节点标记为 0，并开始搜索，选一条未标记的边走到下一个节点，将该节点标记为 1，走过的边进行标记；每次都从最新标记的节点向下搜索，若标记为 i 的节点无法向下标记，即与 i 点相邻的边或相邻节点都已标记，则退回到标记为 i–1 的点继续搜索，直到所有的节点都被标记。

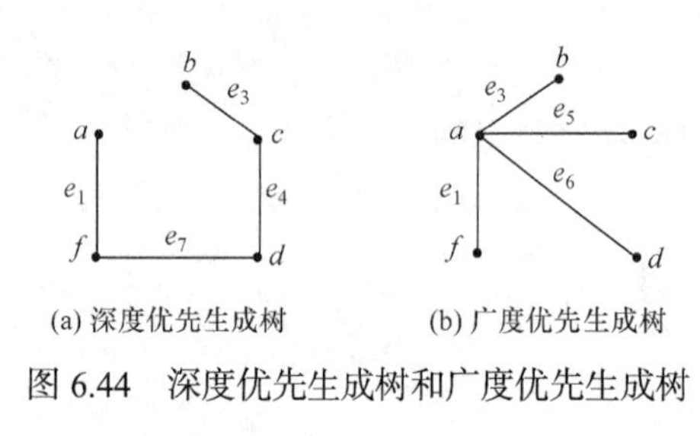

图 6.44　深度优先生成树和广度优先生成树

广度优先生成树：任选一节点作为根节点标记为 0，并开始搜索，选与根节点邻接的第二层的节点依次进行标记，再对第三层的节点依次进行标记，直到所有节点都被标记。

例如，图 6.43(a)的深度优先生成树和广度优先生成树分别如图 6.44(a)和(b)所示。

6.7.3　最小生成树

生成树在交通运输网络、网络通信、现代科学管理及工程技术等领域有非常重要的应用。

【例 6.7.2】　某学校建有 5 栋教学楼，按图 6.45(a)中无向边的方式在各教学楼间铺设网线。为使这 5 栋教学楼互通网络，问至少需铺几条网线？

解　此问题等价于图 6.45(a)的生成树中有多少条边？图 6-45(b)和图 6-45(c)都是图 6-45(a)的生成树。

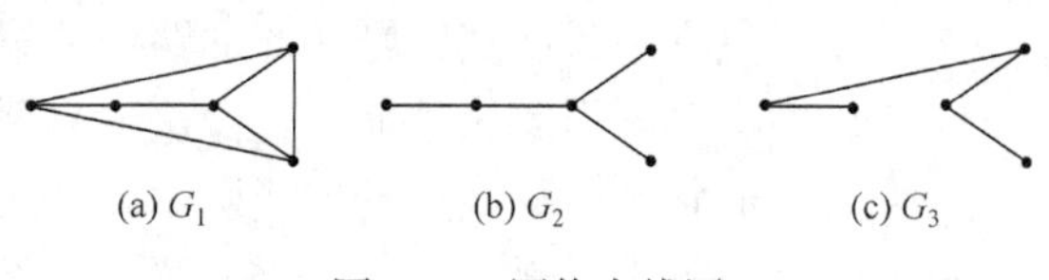

图 6.45　网络布线图

若已知各教学楼间铺设网线的费用，怎样设计方案，才能使总成本最少？这便是最小生成树问题，它是用图论方法解决运筹学问题的重要方法之一，是赋权图的最优化问题。

定义 6.7.3　设 G 是连通图，对其每条边 e，指定一个正数 $C(e)$，称 $C(e)$为边 e 的权，带有边权的图称为边权图或弧权图。若只给图的节点赋权，则称为点权图，记作 $G=\langle V, E, C\rangle$，其中 C 是各边或节点权的集合。赋有权的图称为带权图或网络。本节讨论边权图。

赋权图有许多实际应用。例如，货物运输系统中，权表示运输费用；在城市道路网中，权表示通行车辆密度；在交通网络中，权表示两城市的距离等。

生成树是保证连通性的边数最小的子图。设 T 是图 G 的生成树，T 中所有树枝权之和称为 T 的树权，记作 $W(T)$。

定义 6.7.4 赋权连通图 G 中，树权最小的生成树称为 G 的最小生成树。

最小生成树的算法很多，主要有 Kruskal 算法、Prime 算法和管梅谷算法。这些算法都在已构造的生成树上，添加没有使用过的具有规定性质且权最小的边，从而得到一棵最小生成树。它们是一种能得到全局最优解的贪心算法。

算法：图的最小生成树 Kruskal 算法。

输入：图 $G=\langle V, E\rangle$，$|V|=n$，$E=\{e_1, e_2, \cdots, e_m\}$，边的权序列$\{w_1, w_2, \cdots, w_m\}$。

输出：图 G 的最小生成树的边集 TE。

步骤 1　令 $TE=\varnothing$，选取 G 中最小权的边，记作 e_1，置边数 $i=1$，$TE=TE\cup\{e_1\}$。

步骤 2　当 $i=n-1$ 时结束，否则转步骤 3。

步骤 3　设已选取的边集 $TE=\{e_1, e_2, \cdots, e_i\}$，从 $E-TE$ 中选取与 TE 不构成回路的最小权边 e_{i+1}，置 $TE=TE\cup\{e_{i+1}\}$。

步骤 4　置 $i=i+1$，转步骤 2。

算法：图的最小生成树 Prime 算法。

输入：图 $G=\langle V, E\rangle$，$|V|=n$，$E=\{e_1, e_2, \cdots, e_m\}$，边的权序列$\{w_1, w_2, \cdots, w_m\}$。

输出：图 G 的最小生成树的边集 TE。

步骤 1　任选 G 中一个节点，记作 v_1，置 $TV=\{v_1\}$，$TE=\varnothing$。

步骤 2　在$\{(u, v)|u\in TV, v\in V-TV\}$中选取最小权边 $e=(u, v)$，置 $TE=TE\cup\{e\}$，$TV=TV\cup\{v\}$。

步骤 3　当 $TV=V$ 时结束，否则转步骤 2。

算法：图的最小生成树管梅谷算法。

输入：图 $G=\langle V, E\rangle$，$|V|=n$，$E=\{e_1, e_2, \cdots, e_m\}$，边的权序列$\{w_1, w_2, \cdots, w_m\}$。

输出：图 G 的最小生成树的边集 TE。

步骤 1　置 $G_0=G$，$i=0$。

步骤 2　当 $i=m-n+1$ 时，结束算法，否则转步骤 3。

步骤 3　设 C 为 G_i 中的一条回路，e_i 为 C 上最大权边，置 $G_{i+1}=G_i-e_i$。

步骤 4　置 $i=i+1$，转步骤 2。

【例 6.7.3】　用 Kruskal 算法求图 6.46(a)的最小生成树，并求其树权。

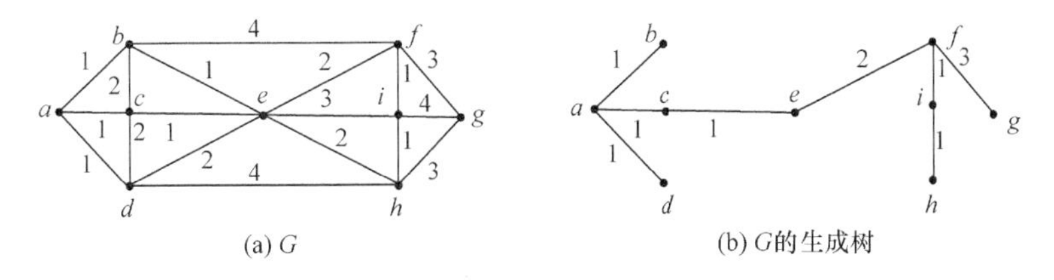

图 6.46　Kruskal 算法

解　图 6.46(a)的最小生成树如图 6.46(b)所示，其边为 ab、ac、ad、ce、fi、ih、ef、

fg，最小生成树 T_0 的树权为 11。

注 图的最小生成树也可能不唯一。

利用最小生成树求最短哈密顿回路的近似解。

算法：最短哈密顿回路的抄近路算法。

输入：图 G 的节点集 V、边集 E、边权集 W、初始节点 v_0。

输出：v_0 出发的最短哈密顿回路的近似解。

步骤 1 构造图 G 的一棵最小生成树 T。

步骤 2 将 T 的每条边加一条与原边权值相同的平行边，得到图 G'。

步骤 3 构造图 G' 的一条欧拉回路 E。

步骤 4 从 v_0 出发沿 E 访问图 G' 的每个节点，若遇到重复出现的节点，则跳过该节点到下一个节点，直到遍历图的所有节点为止。

6.8 根树及其应用

6.8.1 根树的基本概念

定义 6.8.1 若有向图不考虑其边的方向时是树，则称为有向树。

在有向树中最重要的是根树，在计算机科学中有许多应用，用以表示多种数据或逻辑关系，如决策树、语法树、查找树等。

定义 6.8.2 一棵有向树，若恰有一个节点的入度为 0，其余所有节点的入度都为 1，则称此树为根树，入度为 0 的节点称为树根，出度为 0 的节点称为树叶，出度不为 0 的节点称为分支点或内点。在根树 T 中，从树根到每个节点 v 有唯一的单向通路，其长度称为节点 v 的层数或深度，记作 $l(v)$。所有节点层数的最大值称为树高或树的深度，记作 $h(T)$。

显然根节点的层数为 0，称为第 0 层节点，应注意有些书中定义根为第一层。

从根树的结构可以看出，树中每个节点都可看作原来树中的某棵子树的根，因此根树可以采用下列递归定义。

定义 6.8.3 根树包含一个或多个节点，这些节点中某一个称为根，其余所有节点被分成有限棵子根树。

该定义将 n 个节点的根树用节点数少于 n 的根树来定义，最后得到的每一棵树都是只有一个节点的根树，它们都是原来根树的树叶。

例如，图 6.47(c)和(d)都是根树，图 6.47(d)是根树的自然表示法，即树根在下，树叶在上。在图论中通常将根树画成图 6.47(c)的形式，其树根在上，有向边的方向都向下方或斜下方，所以此时可以省略有向边上的箭头，位于同一层的节点画在一条水平线上。图 6.47(c)中 v_0 是树根，v_4、v_6、v_7、v_8、v_9、v_{10} 是树叶，v_1、v_2、v_3、v_5 是分支点，v_0 在第 0 层，v_1、v_2、v_3 在第 1 层，树高为 3，在 v_9、v_{10} 处达到。

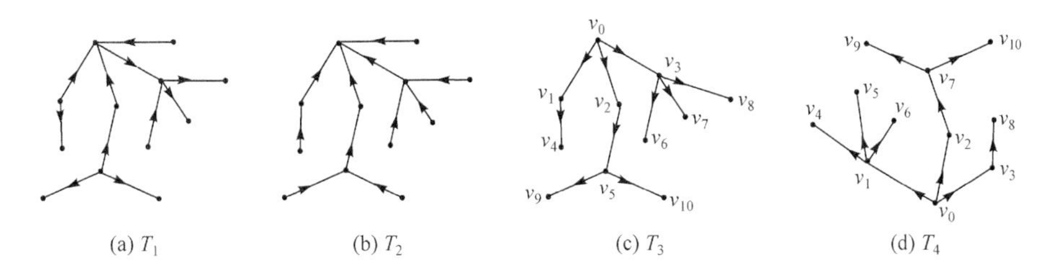

图 6.47　有向图和根树

有时称图 6.47(b)为内向树，可表示某些比赛，其中树叶表示参赛运动员，分支点表示各级的获胜者。图 6.47(c)称为外向树，可表示计算机中文件的管理，树根为根目录，分支点表示文件夹，树叶表示各个文件。本节主要讨论外向树。

一棵根树可看作一棵家族树，家族中成员间的关系有如下定义。

定义 6.8.4　设 T 是一棵非平凡的根树，若 v_i 可达 v_j，则称 v_i 是 v_j 的祖先，v_j 为 v_i 的后代。若 $\langle v_i, v_j\rangle$ 是根树的有向边，则称 v_i 是 v_j 的父亲，而 v_j 是 v_i 的儿子。若 v_j、v_k 的父亲相同，则称 v_j 与 v_k 是兄弟。由 v 和它的所有后代及所有与这些后代相关联的边形成的子图称为以 v 为根的子树。

【例 6.8.1】　A、B 两个学院进行篮球赛，规则为“连胜两场或先胜三场者获胜并结束比赛”。问比赛结果如何？

解　若节点表示比赛场次，节点边上的字母表示胜方，则比赛的可能结果可用图 6.48 所示的根树表示。依树的方向，从根到树叶的每条路表示一种可能结果，则有 10 种可能情况。

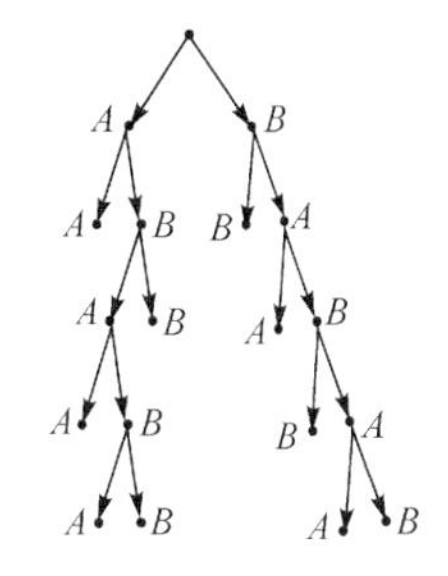

图 6.48　根树表示比赛结果

【例 6.8.2】　代数结构的操作可用根树表示。分支点表示运算符，树叶表示操作数，则表达式 $(a\div b)+c\times d\times e$ 表示为图 6.49(a)。用树表示代数结构是图论在计算机科学中的一个重要应用，通过对树的不同遍历可得到原代数结构的表达式串。这种串对于计算机程序识别代数结构非常方便，尤其在编译程序中。

【例 6.8.3】　命题公式可以用根树表示。分支点表示命题联结词，树叶表示命题变元或常元，则命题公式 $(P\wedge\neg Q)\rightarrow(\neg R\vee\neg P)$ 表示为图 6.49(b)。

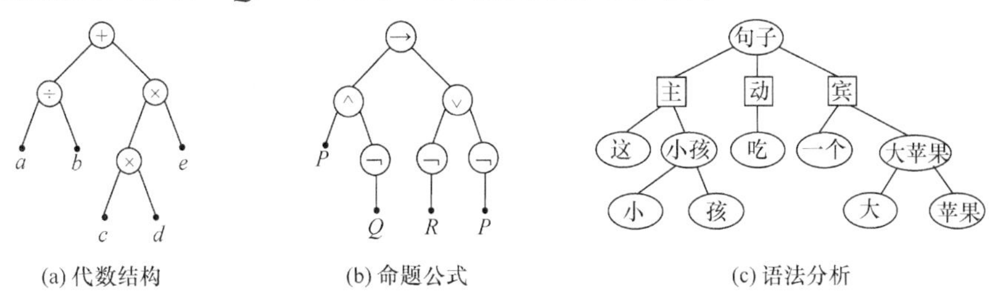

图 6.49　根树的应用

【例 6.8.4】　语句的语法分析也可用根树进行。例如，“这小孩吃一个大苹果”表示为图 6.49(c)所示的根树。语句中的成分一目了然地展现在根树中。

6.8.2 二叉树

定义 6.8.5 节点出度最大值为 m 的根树称为 m 叉树。若每个节点的出度或为 m 或为 0，则称其为完全 m 叉树。若所有树叶处于同一层，则称其为正则 m 叉树。

完全 m 叉树可看作每局有 m 位选手参赛的单淘汰赛计划表，其中树叶数 t 表示参赛选手的总数，分支点数 i 表示比赛局数。因为每局比赛淘汰 $m-1$ 位选手，每局的第一名才能参加下轮比赛，所以 i 局比赛共淘汰 $(m-1)i$ 位选手，最后决出一位冠军，故 $t=(m-1)i+1$。

因此，得到下列定理。

定理 6.8.1 设完全 m 叉树的树叶数为 t，分支点数为 i，则 $(m-1)i=t-1$。

证明 在完全 m 叉树中，根的度数为 m，每片树叶的度数为 1，其余每个分支点的度数都为 $m+1$。设该树的边数为 n，则由握手定理知，$2n=m+(m+1)(i-1)+t$，而 $n=t+i-1$，所以 $(m-1)i=t-1$。

此定理也可用数学归纳法证明，留给读者。

【例 6.8.5】 有 24 盏电灯拟共用一个电源插座，问至少需要多少块具有四插座的接线板？

解 将插座看作完全四叉树的根，每个接线板看作分支点，灯泡看成树叶，则此问题等价于求总的分支点数。由定理 6.8.1 知，$i=\frac{1}{3}(24-1)$，因为这不是一个整数，所以 i 取为 $\left[\frac{1}{3}(24-1)\right]+1=8$，故至少需要 8 块接线板。

定义 6.8.6 对同一层的节点或边规定了次序的根树称为有序树。通常规定同一层的节点从左到右排序。

在 m 叉树中，二叉树具有许多良好性质，所以其应用最广泛。

在有序二叉树中，每个节点 v 至多有两个儿子，分别称为 v 的左儿子和右儿子。

二叉树便于计算机处理，而任何一棵有序树都可以改为一棵相应的二叉树，方法如下。

(1) 从树根开始，保留每个父亲与最左边儿子的连线，删去与其他儿子的连线。

(2) 若一个节点原为前一个节点最左边的儿子，则在二叉树中，该节点为前一节点的左儿子；若一节点原为前一节点的兄弟，则在二叉树中，该节点为前一节点的右儿子。

【例 6.8.6】 如图 6.50(a) 所示的树，用上述方法改为如图 6.50(b) 所示的二叉树。反之，图 6.50(b) 也可以还原为图 6.50(a)。

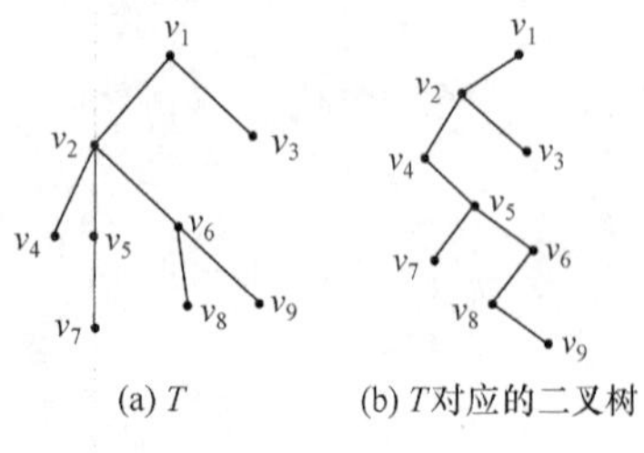

图 6.50 m 叉树及其相应二叉树

类似地，用下面的方法可将有序森林改写为一棵相应的二叉树：

(1) 先将森林中的每棵树转换为二叉树。

(2) 除第一棵二叉树外，依次将剩余的每棵二叉树作为左边二叉树的根节点的右子树，直至所有的二叉树都连在一棵二叉树上。

在计算机科学及实际应用的优化问题中，常常考虑二叉树的通路长问题。

定义 6.8.7 在根树中，从树根到节点 v 的单向通路所含的边数称为 v 的通路长度，记作 $L(v)$，分支点的通路长度称为内部通路长度，树叶的通路长度称为外部通路长度。

可以用数学归纳法证明内、外部通路长度间有如下关系。

定理 6.8.2 设完全二叉树分支点数为 n，内部通路长度总和为 I，外部通路长度总和为 E，则 $E=I+2n$。

6.8.3 最优二叉树

下面考虑带权二叉树的优化问题。

定义 6.8.8 设 T 为具有 t 片树叶的二叉树，其树叶分别带权 $w_1, w_2, \cdots, w_t$，称 T 为带权二叉树。

定义 6.8.9 在带权二叉树 T 中，记带权 w_i 的树叶为 v_i，其通路长度为 $L(v_i)$，则称 $W(T)=\sum_{i=1}^{t} w_i L(v_i)$ 为 T 的树权。在所有带权 $w_1, w_2, \cdots, w_t$ 的二叉树中，$W(T)$ 最小的树称为最优二叉树。

【例 6.8.7】 给定权值 1、2、3，则图 6.51 中 3 棵二叉树的树权分别为

$$W(T_1)=1\times1+2\times2+3\times2=11$$

$$W(T_2)=2\times1+1\times2+3\times2=10$$

$$W(T_3)=3\times1+1\times2+2\times2=9$$

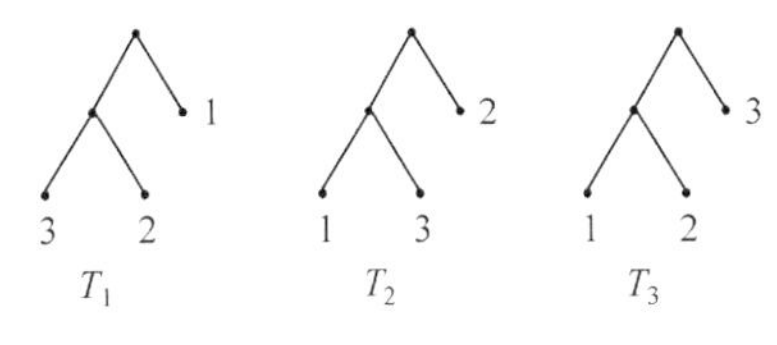

图 6.51 例 6.8.7 的二叉树

T_3 是否是最优二叉树？答案是肯定的。

定理 6.8.3 设 T 为带权 $w_1\leqslant w_2\leqslant\cdots\leqslant w_t$ 的最优二叉树，则带最小权 w_1、w_2 的两片树叶 v_1、v_2 是兄弟且与它们父亲的通路长度最长。

定理 6.8.4 设 T 是带权 $w_1\leqslant w_2\leqslant\cdots\leqslant w_t$ 的最优二叉树，若删去带权 w_1、w_2 的两片树叶 v_1、v_2，将权 w_1+w_2 加给 v_1、v_2 的父亲 v，得到的带权 $w_1+w_2, w_3, \cdots, w_t$ 的二叉树 T' 仍为最优二叉树。

最优二叉树的构造方法很多，其中 Huffman 算法是最经典的，其思想为权值大的节点用短路径，权值小的节点用长路径。

算法：构造最优二叉树的 Huffman 算法。

输入：t 个非负权值 $w_1, w_2, \cdots, w_t$，且 $w_1\leqslant w_2\leqslant\cdots\leqslant w_t$。

输出：图 G 的最优二叉树。

步骤 1 初始化集合 $S=\{w_1, w_2, \cdots, w_t\}$。

步骤 2 在 S 中选择两个最小权 w_1 和 w_2，得一个分支点 v_1，其权为 $w_{12}=w_1+w_2$，且 w_1、w_2 对应的节点成为 v_1 的两片树叶，画连线 $<w_{12}, w_1>$ 和 $<w_{12}, w_2>$。

步骤 3 在 S 中删去权 w_1 和 w_2，然后加入新的权 w_{12}。

步骤 4 重复步骤 2 和步骤 3，直到 S 中只有一个权值为止。

6.8.4 根树的遍历

二叉树经常用于某种数据结构，此时需要对每个节点进行访问。若对一棵根树的每个

节点都访问一次且仅一次，称为树的行遍或遍历。对完全有序二叉树主要有下面三种遍历方法：

(1) 前序遍历或先根遍历，访问的顺序为树根、左子树、右子树。

(2) 中序遍历或中根遍历，访问的顺序为左子树、树根、右子树。

(3) 后序遍历或后根遍历，访问的顺序为左子树、右子树、树根。

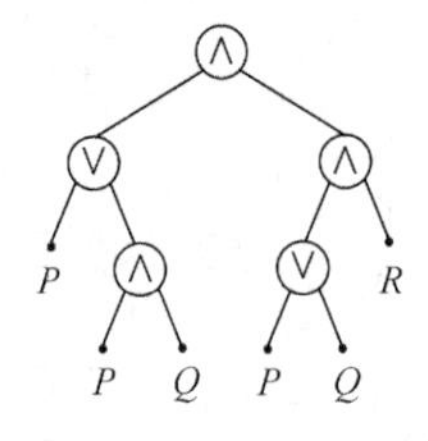

图 6.52 树的遍历

【例 6.8.8】 用完全有序二叉树表示命题公式：$(P\vee(P\wedge Q))\wedge((P\vee Q)\wedge R)$，并用三种遍历法访问该树，写出访问结果。

解 用图 6.52 的完全有序二叉树表示该命题公式，三种遍历法的访问结果如下。

(1) 前序遍历结果为

$$\wedge(\vee P(\wedge PQ))(\wedge(\vee PQ)R)$$

消去全部括号得

$$\wedge\vee P\wedge PQ\wedge\vee PQR$$

其运算规则为，每个命题联结词与其后面紧接的两个命题公式进行运算。由于命题联结词在两个运算对象之前，故称为前缀表示法或波兰表示法。

(2) 中序遍历结果为

$$(P\vee(P\wedge Q))\wedge((P\vee Q)\wedge R)$$

中序遍历访问的结果与原命题公式相同。

(3) 后序遍历结果为

$$(P(PQ\wedge)\vee)((PQ\vee)R\wedge)\wedge$$

消去全部括号得

$$PPQ\wedge\vee PQ\vee R\wedge\wedge$$

其运算规则为，每个命题联结词与其前面紧接的两个命题公式进行运算。由于命题联结词在两个运算对象之后，故称为后缀表示法或逆波兰表示法。

这种遍历法得到的串对便于计算机程序识别表达式，尤其是在编译程序中，用栈数据结构处理十分方便。栈及树的遍历问题还将在“数据结构”“编译原理”课程中详细学习。

6.9 网络优化问题

图与网络是运筹学的一个经典和重要的分支，所研究的问题涉及计算机科学与信息技术、通信与网络技术、经济管理、工程、交通运输等诸多领域。

【例 6.9.1】 (1) 中国邮递员问题。

一名邮递员负责投递某个街区的邮件。如何设计一条最短的投递路线(从邮局出发，经过投递区内每条街道至少一次，最后返回邮局)？该问题是我国管梅谷教授 1960 年首先提出的，所以国际上称为中国邮递员问题(最小欧拉回路)。

(2)旅行商问题。

一名推销员准备前往若干城市推销产品。如何设计一条最短的旅行路线(从驻地出发，经过每个城市恰好一次，最后返回驻地)(最小哈密顿回路)?

(3)最短路问题。

一名货车司机奉命在最短的时间内将一车货物从甲地运往乙地。从甲地到乙地的公路网纵横交错，这名司机应选择哪条线路?假设货柜车的运行速度是恒定的，那么此问题相当于寻找一条从甲地到乙地的最短路。

(4)公路连接问题。

某地区有若干主要城市，现准备修建高速公路把这些城市连接起来，使得从其中任何一个城市都可以经高速公路直接或间接到达另一个城市。假定已知任意两个城市之间修建高速公路的成本，那么应如何决定在哪些城市间修建高速公路，使得总成本最小(最小生成树)?

上述问题有两个共同特点：一是它们的目的都是从若干可能的安排或方案中寻求某种意义下的最优安排或方案，称为最优化或优化问题；二是它们都易于用图的形式描述和表达。这种与图相关的结构称为网络。与图和网络相关的最优化问题就是网络最优化或网络优化问题。由于多数网络优化问题是以网络上的流为研究对象的，网络优化常被称为网络流或网络流规划等。

6.9.1 最短路径问题

最短路径问题是在带权图的两个节点间寻找具有最短距离的路径。最短路径问题是图论应用中的重要部分，可以解决交通、网络寻优、设备更新、某些整数规划和动态规划等问题。

1. 最短路径的数学描述

定义 6.9.1 设 u、v 是带权图 $G=\langle V, E, W\rangle$中的节点，边 $e=(v_i, v_j)$的权记作 $W(e)=w_{ij}$。称 u 到 v 的路 P 中各边的权之和为该路的长度，记作 $W(P)$，即 $W(P)=\sum\limits_{(v_i,v_j)\in P} w_{ij}$。从 u 到 v 的具有最小权的路 $P^*(u, v)$称为 u 到 v 的最短路径，$W(P^*)$称为 u 到 v 的距离，记作 $d(u, v)$，即 $d(u, v)=\min\limits_{P\in L(u,v)}\{W(P)\}$，其中 $L(u, v)$为 u 到 v 的所有路的集合。

2. 一个节点到其余各节点的最短路径算法

给定带非负权连通图 G 的节点 s(称为源点)，从 s 到其余各节点的最短路径，称为单源最短路径。

目前公认的解决单源最短路径问题的最有效算法是 Dijkstra 算法，这是一种贪心算法。在许多计算机专业课程如“数据结构”“运筹学”等中都有详细介绍。该算法基于以下结论：若 $u, v_{i_1}, v_{i_2}, \cdots, v_{i_k}, v$ 是从 u 到 v 的最短路径，则 $u, v_{i_1}, v_{i_2}, \cdots, v_{i_k}$ 必然是从 u 到 v_{i_l} $(1\leqslant l\leqslant k)$的最短路径。

基本思想是以源点为中心，根据权值最小原则向外层层扩展，直到扩展到终点为止。设置节点集合 S，首先将源点 s 加入该集合，然后依据源点到其余节点的路径长度，选择路径长度最小的节点加入集合，利用所加入节点，更新源点到其余节点的路径长度，然后再选取最小边的节点，依次进行，直到全部节点都加入 S 中，即得 s 到所有节点的最短路径长度。该算法的时间复杂度为 $O(n^2)$。

对赋权有向图 $G=\langle V, E, W\rangle$，其中 $V=\{v_1, v_2, \cdots, v_n\}$，$E=\{e_1, e_2, \cdots, e_m\}$，$W: E\to\mathbf{R}$。设 $S\subseteq V$，$u\in V$，$V'=V-S$，w_{ij} 为边 $\langle v_i, v_j\rangle\in E$ 的权。约定：$w_{ii}=0$；如果不存在节点 v_i 到 v_j 的边，则 $w_{ij}=\infty$。

定义节点 u 到节点集 V'的距离为：

$$d(u, V')=\min_{v\in V'}\{d(u,v)\}$$

节点 u 到使得 $d(u, V')$成立的节点 v 的通路称为节点 u 到节点集 V'的最短通路。于是节点 u 到节点集 V'的距离等价于

$$d(u, V')=\min_{\substack{v\in V\\ x\in V'}}\{d(u,v)+w(v,x)\}$$

设指定的源节点为 v_1，S 是已确定最短通路的节点集，L 表示节点 u 到各节点的通路的长度的当前最小值。

算法：最短路径的 Dijkstra 算法。

输入：赋权有向图 $G=\langle V, E, W\rangle$，源点 v_1

输出：源点 v_1 到其余节点的最短通路的长度

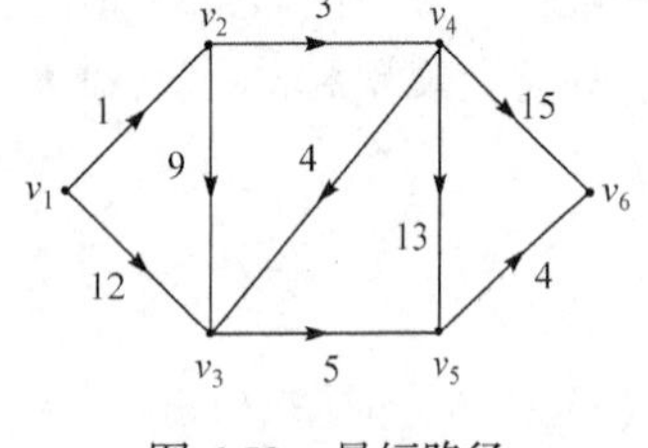

图 6.53　最短路径

步骤 1：初始化，$u=v_1$，$L(u)=0$，$L(v_i)=\infty\ (i=2,3,\cdots,n)$，$S=\varnothing$。

步骤 2：若$|S|=n$，则转步骤 5。

步骤 3：从 $V-S$ 中选取具有最小值 $L(v)$ 的 v，令 $S=S\cup\{v\}$。

步骤 4：对于$\forall x\in V-S$，令 $L(x)=\min\{L(x), L(v)+w(v, x)\}$；转步骤 2。

步骤 5：输出 u 到其他各节点的最短通路的长度 $L(v_i)\ (i=2,3,\cdots,n)$。

【例 6.9.2】　用 Dijkstra 算法计算图 6.53 中节点 v_1 到其余各节点的最短路径。

解　节点 v_1 到各节点的最短路径的 Dijkstra 算法的执行过程见表 6.1。具体过程概述如下：

(1) l 为 1 时，$S=\{v_1\}$，表中第一行第一列的值置为 0，表示从 v_1 到 v_1 的最短路径权值为 0。第一行中的其他数值表示从 v_1 出发，只经由 S 中的节点而到达其余各节点的暂定最短路径权值。例如，到节点 v_2 的暂定最短路径权值为 1，到节点 v_3 的暂定最短路径权值为 12。此外，由于从 v_1 出发只经由 S 中的节点无法到达节点 v_4、v_5、v_6，这些节点的暂定最短路径权值均为∞。

(2) l 为 2 时，算法在第一行中选取具有最小暂定最短路径权值的节点加入 S 中，即 $S=\{v_1, v_2\}$。同时，更新第二行中从 v_1 出发只经由 S 中的节点而到达其余各节点的暂定最短路径权值。例如，从 v_1 到 v_3 的暂定最短路径为 $v_1\to v_2\to v_3$，其权值更新为 10。从 v_1 到 v_4 的暂定最短路径为 $v_1\to v_2\to v_4$，相应权值也由∞更新为 4。

表 6.1　Dijkstra 算法求解过程

l	v_1	v_2	v_3	v_4	v_5	v_6
1	0	$\underline{1}(v_1)$	12	∞	∞	∞
2			10	$\underline{4}(v_2)$	∞	∞
3			$\underline{8}(v_4)$		17	19
4					$\underline{13}(v_3)$	19
5						$\underline{17}(v_5)$

类似于上述操作步骤，算法在五次迭代后结束。此时，下划线所示的数值表示从 v_1 出发到各节点的最短路径的长度。括号中的节点表示到达该节点的最短路径的上一个节点。

例如，从 v_1 到 v_6 的最短路径为 $v_1 \to v_2 \to v_4 \to v_3 \to v_5 \to v_6$，最短路径长度为 17。

各节点进入 S 的顺序为 1、2、4、3、5、6。节点 v_1 到其余各节点的最短路径和距离见表 6.2。

表 6.2　v_1 到其余各节点的最短路径和距离

节点	最短距离	最短路径
2	1	$v_1 \to v_2$
3	8	$v_1 \to v_2 \to v_4 \to v_3$
4	4	$v_1 \to v_2 \to v_4$
5	13	$v_1 \to v_2 \to v_4 \to v_3 \to v_5$
6	17	$v_1 \to v_2 \to v_4 \to v_3 \to v_5 \to v_6$

3. 任意两节点间最短路径算法

在 n 个节点的带权有向图中，任意两节点间的最短路径，可以重复执行 Dijkstra 算法，每次都以一个节点为起始节点。这样做，存在大量重复计算，效率不高。Floyd 算法可以一次性地求出任意两节点间的最短路径和距离。当存在负权值边时，Floyd 算法比 Dijkstra 算法效率高。

定义 6.9.2　带权图 $G=<V, E, W>$中 $V=\{v_1, v_2, \cdots, v_n\}$，$w_{ij}$ 为边 $e(v_i, v_j)$ 的权，则 n 阶方阵 $\boldsymbol{A}(G)=(a_{ij})_{n\times n}$ 称为带权图 G 的带权邻接矩阵，其中

$$a_{ij}=\begin{cases}0, & i=j \\ w_{ij}, & v_i\text{邻接}v_j \\ \infty, & v_i\text{不邻接}v_j\end{cases}$$

Floyd 算法的基本思想是递推产生一个矩阵序列 $D^{(0)}, D^{(1)}, \cdots, D^{(n)}$，其中 $D^{(k)}(i,j)$表示从节点 v_i 到节点 v_j 中间节点编号不大于 k 的最短路径长度，$D^{(n)}(i,j)$表示从节点 v_i 到节点 v_j 的最短路径长度，$D^{(n)}$称为图的距离矩阵。更新迭代公式为

$$D^{(k)}(i,j)=\min\{D^{(k-1)}(i,j), D^{(k-1)}(i,k)+D^{(k-1)}(k,j)\}$$

其中，k 是迭代次数，$i, j, k=1, 2, \cdots, n$。

用后继矩阵 path 记录两节点间的最短路径，$\text{path}(i, j)$ 表示从节点 v_i 到节点 v_j 中间节点编号不大于 k 的最短路径上节点 v_i 的后一个节点的编号。约定：若节点 v_i 到节点 v_j 无路径时，$\text{path}(i, j) = 0$。求得最短路径后，通过追溯 path 的列值可以得到从节点 v_i 到节点 v_j 的最短路径。

算法：最短路径的 Floyd 算法。

输入：赋权有向图 $G=<V, E, W>$，赋权邻接矩阵 $\boldsymbol{A}(G)$。

输出：图 G 的距离矩阵 $\boldsymbol{D}_n$。

步骤 1　初始化。对所有 i 和 j，$d(i,j)=a(i,j)$；当 $a(i,j)=\infty$时，$\text{path}(i,j)=0$，否则 $\text{path}(i,j)=j$；置 $k=1$。

步骤 2　更新 $d(i,j)$、$\text{path}(i,j)$。对所有 i 和 j，若 $d(i, k)+d(k, j)\geqslant d(i, j)$，则转步骤 3；否则 $d(i, j)=d(i, k)+d(k, j)$，$\text{path}(i, j)= \text{path}(i, k)$，$k=k+1$，转步骤 3。

步骤 3　重复步骤 2，直到 $k=n+1$ 为止。

【例 6.9.3】　用 Floyd 算法得到图 6.53 中各节点间的距离矩阵为

$$\boldsymbol{D}=\begin{pmatrix} 0 & 1 & 8 & 4 & 13 & 17 \\ \infty & 0 & 7 & 3 & 12 & 16 \\ \infty & \infty & 0 & \infty & 5 & 9 \\ \infty & \infty & 4 & 0 & 9 & 13 \\ \infty & \infty & \infty & \infty & 0 & 4 \\ \infty & \infty & \infty & \infty & \infty & 0 \end{pmatrix}$$

6.9.2　最大流问题

网络理论在运输网络、通信网络、电路网络及社区发现等领域得到广泛应用。

1. 最大流问题的数学描述

定义 6.9.3　无自回路的有向连通赋权图称为网络，记作 $N=<V, E, C>$。每条弧$<v_i, v_j>$的权称为该弧的容量，记作 $C(v_i, v_j)$或 C_{ij}。入度为 0 的节点称为发点或源，用 s 表示；出度为 0 的节点称为收点或汇，用 t 表示，其余节点为中间点。具有单个源和单个汇的网络称为运输网络或容量网络。

运输网络可看作运输问题“货物从产地 s 通过中转站运往销地 t”的一般模型，发点为产地，收点为销地，其他节点为中转站，有向边表示道路，容量表示该道路的最大运输能力。在运输网络中需要考虑实际流量，这与有向边的容量和每个节点的转运能力有关。

定义 6.9.4　对运输网络，定义在弧集上的非负函数 f 为网络上的流；对每条弧$<u, v>$，$f(u, v)$ 称为该弧上的流量。如果流 f 满足：

(1) 对每条弧$<u, v>$，都有

$$0\leqslant f(u, v)\leqslant C(u, v) \qquad \text{(容量限制)}$$

(2) 除发点和收点外，对每个中间点 v，都有

$$\sum_{\substack{u\in V \\ <u,v>\in E}} f(u,v) = \sum_{\substack{w\in V \\ <v,w>\in E}} f(v,w) \qquad \text{(平衡条件)}$$

(3) 对发点 s 和收点 t，满足

$$\sum_{\substack{v \in V \\ <s,v> \in E}} f(s,v) = \sum_{\substack{u \in V \\ <u,t> \in E}} f(u,t)$$

则称流 f 为网络的一个可行流，发点的流出量 $\sum_{\substack{v \in V \\ <s,v> \in E}} f(s,v)$ 称为流 f 的值或流 f 的总流量，具有最大值的流称为最大流。

对运输物资来说，条件 (1) 表示通过边的流量不超过该边的容量；条件 (2) 表示每个中间站都保持出入平衡，即流入总量等于流出总量；条件 (3) 表示从发点流出的流量等于流入收点的流量。

定义 6.9.5 设 f 是运输网络 N 上的一个流，使 $f(u, v)=C(u, v)$ 的弧称为饱和弧，使 $f(u, v)<C(u, v)$ 的弧称为非饱和弧，使 $f(u, v)=0$ 的弧称为空弧或零流弧，$f(u, v)>0$ 的弧称为非零流弧。

显然可行流是存在的，任何网络都有一个零流。

图 6.54 所示网络中，每条弧旁的序偶的第一个数表示弧的容量，第二个数表示弧的流量。

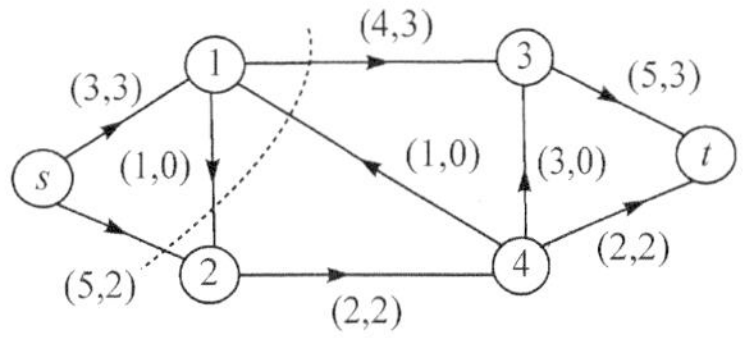

图 6.54 运输网络

2. 最大流最小割定理

运输网络中总希望从发点到收点运输物资的数量达到最大，网络最大流的大小由网络中最狭窄处瓶颈的容量所决定。

定义 6.9.6 设运输网络 $N=<V, E, C>$，非空集合 $S \subset V$ 且发点 $s \in S$，记 $\bar{S}=V-S$，收点 $t \in \bar{S}$，集合

$$(S,\bar{S})=\{<u, v> \mid <u, v> \in E \text{ 且 } u \in S \text{ 且 } v \in \bar{S}\}$$

称为网络 N 的分离 s 和 t 的一个割集，简称割集。

$$C(S,\bar{S})=\sum_{<u,v> \in (S,\bar{S})} C(u,v)$$

称为割集 $(S,\bar{S})$ 的容量。所有割集中容量最小的称为最小割。

例如，图 6.54 中的虚线表示一个割集 $(S,\bar{S})=\{<s, 2>, <1, 2>, <1, 3>\}$，$S=\{s, 1\}$，$\bar{S}=\{2, 3, 4, t\}$，$C(S,\bar{S})=10$，最小割集容量为 5。

由定义 6.9.6 知，网络 N 的割集 $(S,\bar{S})$ 为起点在 S 中，终点在 $\bar{S}$ 中的弧的集合。若删除割集中的所有弧，则 s 与 t 不再连通，若只删除部分弧，s 与 t 仍连通，所以割集是从 s 到 t 的必经之路。

福特 (L. R. Ford) 和富尔克森 (D. R. Fulkerson) 于 1956 年提出了关于最大流问题的最大流最小割定理，揭示了最小割容量与最大流之间的关系，并提供了一种求最大流的方法。最大流问题实质是安排各弧的流量在不超过其容量的前提下，使整个网络的流量达到最大。

定理 6.9.1 (Ford-Fulkerson 定理) 运输网络中，最大流的流量等于最小割集的容量。

3. 确定最大流的标记法

定义 6.9.7 在运输网络$N=<V, E, W>$中，设发点$s=v_0$，收点$t=v_k$，称节点序列$P=v_0v_1v_2\cdots v_{k-1}v_k$是从$s$到$t$的一条道路，其中对任意$0\leqslant i\leqslant k-1$，都有$<v_i, v_{i+1}>\in E$或$<v_{i+1}, v_i>\in E$。规定$P$的方向为从$s$到$t$，$P$中与$P$的方向一致的弧称为前向弧或正向弧，记作$P^+$；方向相反的弧称为后向弧或反向弧，记作$P^-$。若对$P$中每条前向弧$<u, v>$都有$f(u, v)<C(u, v)$，且每条后向弧$<p, q>$都有$f(p, q)>0$，则称该道路是增广链。

增广链的存在能够使道路的流量得到增加，福特和富尔克森在 1957 年提出利用增广链得到最大流问题的一种算法——标记法(Ford-Fulkerson 算法)。

标记法寻找网络中最大流的基本思想是，当网络的一个可行流不是最大流时，寻找增广链，使网络的流量得到增加，直到最大为止。即首先给出一个初始流(如零流)，若存在关于它的增广链，则调整该路上每条弧上的流量，得到新的流量更大的可行流。对于新的流，若仍存在增广链，则用同样的方法使流的值增大，继续此过程，直到不存在关于新得到流的增广链为止，则该流即所求的最大流。

最大流的标记法包括两个过程：一是标记过程，寻找增广链；二是增流过程，沿增广链增加网络的流量。

1)标记过程

每个节点v的标记形式为$[u\pm, \theta_v]$，其中u为v在可能的增广链中的前一个节点，±号用于区分连接这两个点的边是前向弧(+号)还是后向弧(–号)；θ_v表示从u到v可以增加的最大流量。

步骤 1　初始化，发点s标记为$[s+, \infty]$，表示从s流出的流量可以任意。

步骤 2　选择一个已标记的节点v_i，对v_i的所有未标记的邻接点v_j，按以下规则标记：

(1)若$<v_i, v_j>$是前向弧且饱和，则v_j不标记。

(2)若$<v_i, v_j>$是前向弧且未饱和，令$\theta(v_j)=\min[\theta(v_i), c(v_i, v_j)-f(v_i, v_j)]$，则$v_j$标记为$[v_i+, \theta(v_j)]$，表示从$v_i$正向流出，可增广流量$\theta(v_j)$。

(3)若$<v_j, v_i>$是后向弧且$f(v_j, v_i)=0$，则节点v_j不标记。

(4)若$<v_j, v_i>$是后向弧且$f(v_j, v_i)>0$，令$\theta(v_j)=\min[\theta(v_i), f(v_j, v_i)]$，则$v_j$标记为$[v_i-, \theta(v_j)]$，表示从$v_j$流向$v_i$，可增广流量$\theta(v_j)$。

步骤 3　重复步骤 2，直到收点t，可能出现以下两种情况：

(1)t尚未标记，但无法继续标记，说明已不存在增广链，当前流就是最大流；所有已标记的节点在S中，未获标记节点在$\overline{S}$中，S与$\overline{S}$间的弧即最小割集，算法结束。

(2)t获得标记，找到一条增广链，由t标记回溯找出该增广链，此时转到增流过程。

2)增流过程

从收点t开始按标记的第一个元素所标明的顺序，反向对增广链流量进行调整。

步骤 1　设t回溯的增广链为P，令

$$\delta=\min\{\min_{<v_i,v_i>\in P^+}[C(v_i,v_j)-f(v_i,v_j)]$$

调整增广链P中的流量如下：

$$f'(v_i,v_j)=\begin{cases} f(v_i,v_j)+\delta, & <v_i,v_j>\in P^+ \\ f(v_i,v_j)-\delta, & <v_i,v_j>\in P^- \end{cases}$$

得到新的可行流 f'。

步骤 2　去掉所有节点的标记，转到标记过程的步骤 2。

【例 6.9.4】　用标记法求图 6.54 所示运输网络的最大流，各边从零流开始。

解　整个标记过程如图 6.55 所示，左边是标记过程，其中粗线部分表示找到的一条增广链，右边是增流过程。

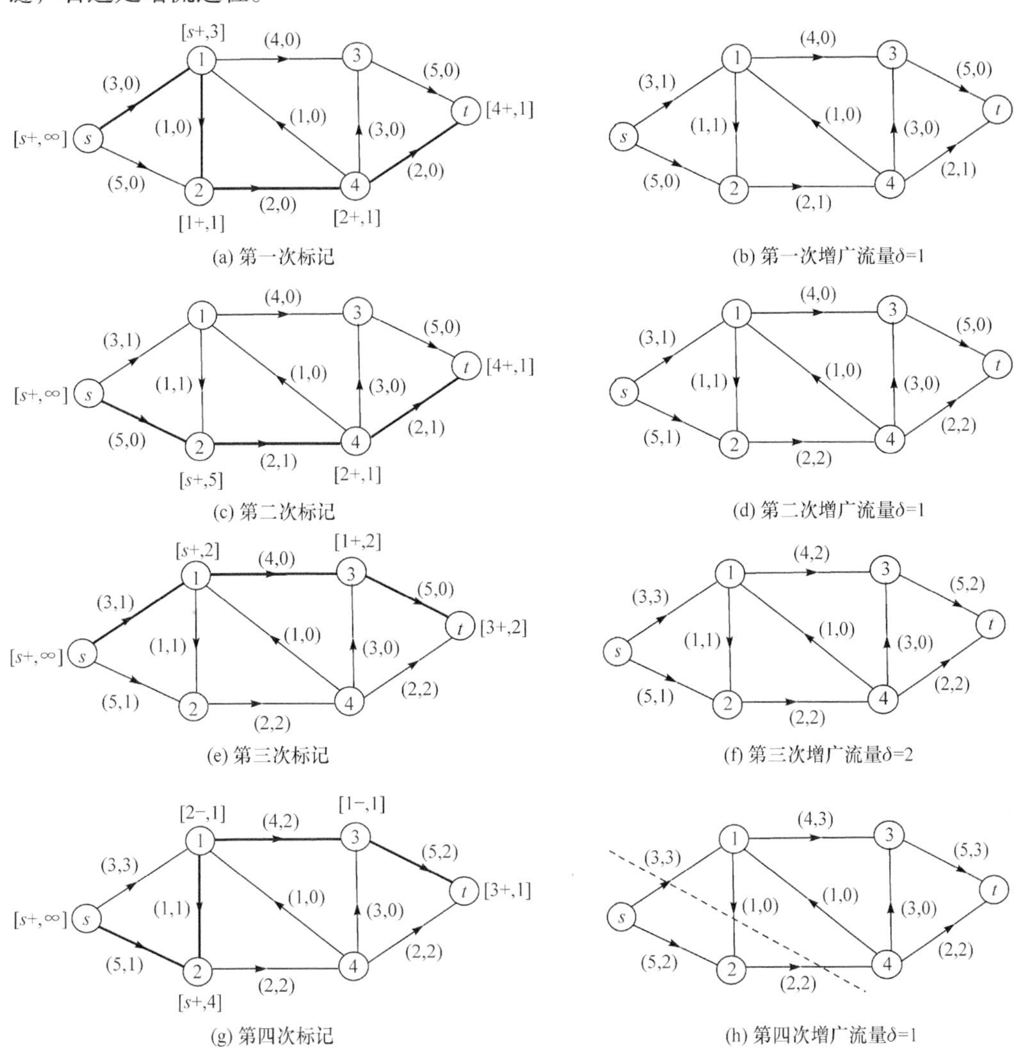

图 6.55　标记法求最大流

在图 6.55 (g) 的增广链 $P=s213t$ 中，因为弧<1, 2>是反向弧，所以减少该弧上的流量，节点 1 的标记为[2−, 1]。该网络的最大流为 5，最小割集为$\{<s, 1>, <2, 4>\}$，$S=\{s, 2\}$，$\bar{S}=\{1, 3, 4, t\}$。

4. 多端网络

对多发点多收点的多端网络，利用虚拟节点的方法，增加一个虚的总发点和一个虚的总收点，原来的发点和收点都作为网络的中间点，转化为单源单汇网络。总发点到原发点的每条弧容量等于原发点发出的弧的容量，总收点与此类似。新网的最大流也是原网的最大流，如图 6.56 所示。根据标记法求得其最大流为 21。

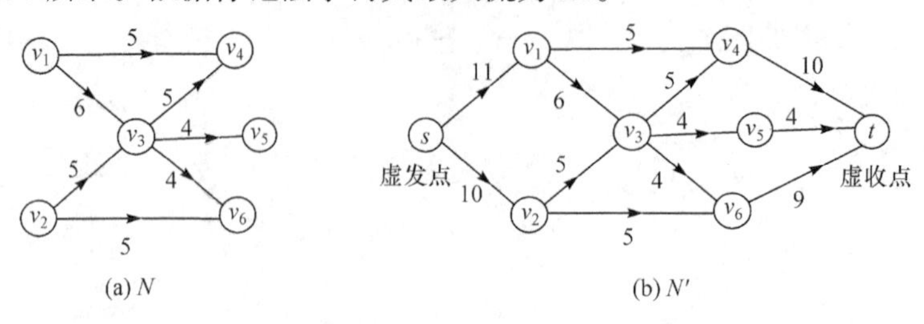

图 6.56　多端网络

6.9.3　最小费用流及其求法

1. 最小费用流

网络最短路径及最大流算法只涉及流量，并没有考虑网络流的费用问题，在许多实际问题中，需要考虑最小费用。例如，运输问题中，总希望在完成运输任务的同时，寻求一个使总的运输费用最小的运输方案。

定义 6.9.8　设运输网络 $N=<V, E, C>$，对每条弧 $<u, v>$ 定义单位流量费用 $b(u, v)$，则 $N=<V, E, C, B>$ 称为费用容量网络，$b(f)=\sum\limits_{<u,v>\in E} b(u,v)f(u,v)$ 称为流 f 的总费用。在费用容量网络中，具有相同流量 f 的可行流中，总费用最小的可行流称为流量 f 的最小费用流。

最小费用最大流问题就是从发点到收点，如何选择路径及分配经过路径的流量，在流量最大的前提下，使得所用费用最小。

定义 6.9.9　设费用容量网络 $N=<V, E, C, B>$，关于可行流 f 的增广链 P 的费用就是以单位调整量 $\delta=1$ 调整可行流 f 时付出的费用，即

$$b(f')-b(f)=\sum_{<u,v>\in P^+} b(u,v)-\sum_{<u,v>\in P^-} b(u,v)$$

2. 最小费用最大流的对偶法

对偶法的思想是，始终保持网络中的可行流是最小费用流，即利用发点和收点间的最短路径，找到最小费用增广链，然后调整该链上的流量，得到增加流量后的最小费用流。重复此过程，最终成为最小费用的最大流。

设费用容量网络 $N=<V, E, C, B>$，其增广费用网络图 $N(f)=<V, E_f, W_f>$ 的构造方法如下。

对 $\forall <v_i, v_j>\in E$，

(1) 若 $f(v_i, v_j)=0$，则 $<v_i, v_j>\in E_f$，$w_f(v_i, v_j)=b(v_i, v_j)$，即原弧保持不变，单位费用作为权。

(2) 若 $f(v_i, v_j)=C(v_i, v_j)$，则 $<v_j, v_i>\in E_f$，$w_f(v_i, v_j)=-b(v_i, v_j)$，即饱和弧变为反向虚线弧，

以单位费用的负数为权。

(3) 若 $0<f(v_i, v_j)<C(v_i, v_j)$，则 $<v_i, v_j>\in E_f$，$w_f(v_i, v_j)=b(v_i, v_j)$，$<v_j, v_i>\in E_f$，$w_f(v_j, v_i)=-b(v_i, v_j)$，即非饱和弧以单位费用为权，添加一条反向虚线弧，以单位费用的负数为权。

最小费用最大流的对偶法的步骤如下。

步骤 1　用 Ford-Fulkerson 算法求出该容量网络的最大流量 $f_{\max}$。

步骤 2　取初始可行流 $f=0$。

步骤 3　对当前可行流，构造增广费用网络图，用最短路径算法求出增广费用网络图中从发点到收点的最短路径。

步骤 4　将最短路径还原为原网络图中的最小费用增广链 P，在 P 上，对当前可行流进行流量调整，得到新的可行流。若其流量等于最大流量 $f_{\max}$，则当前可行流即所求的最小费用最大流，算法结束；否则转步骤 3。

【例 6.9.5】　求如图 6.57 所示费用容量网络的最小费用最大流，其中弧上的两个数字分别表示容量和单位流量的费用。

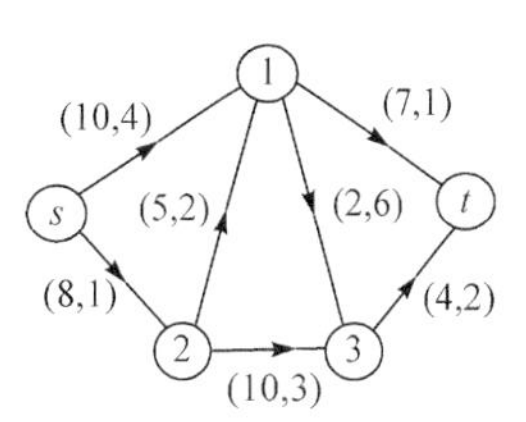

图 6.57　例 6.9.5 的费用容量网络

解　该网络的最大流量 $f_{\max}=11$，最小费用为 55。求解过程如图 6.58 所示，左边为增广费用网络图，其中粗线部分表示最短路径；右边为可行流，其中粗线部分表示增广链，弧上的三个数字分别表示弧的容量、单位流量的费用和弧的流量。各参数见表 6.3。

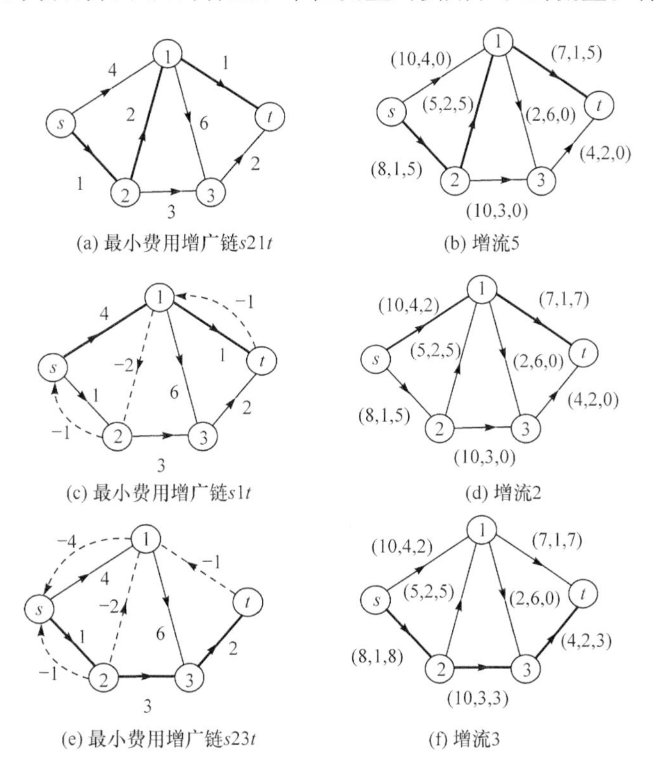

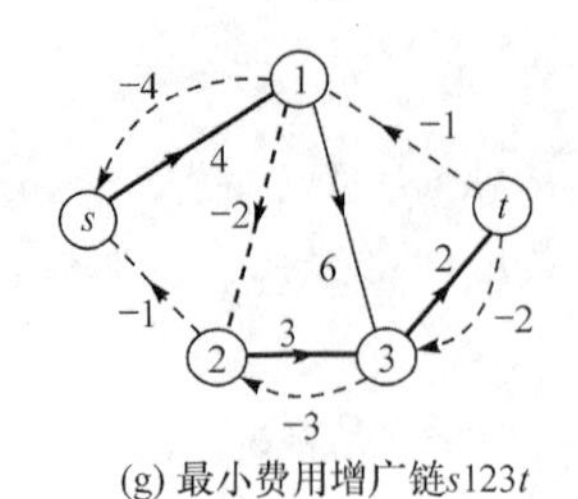

(g) 最小费用增广链s123t

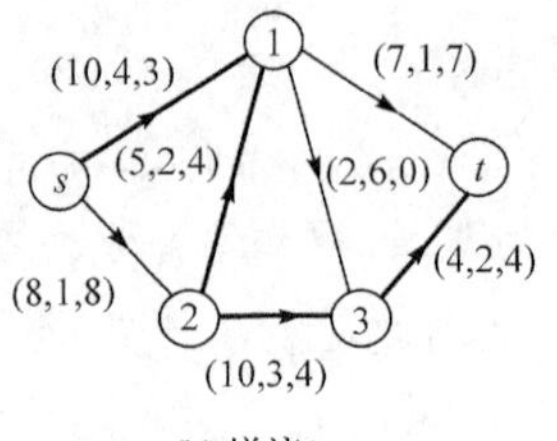

(h) 增流1

图 6.58 最小费用最大流

表 6.3 最小费用最大流的参数

迭代次数	s 到 t 的最短路	流量调整量	总流量	最小费用增广链的费用	总费用
1	s21t	5	5	4	20
2	s1t	2	7	5	30
3	$s23t$	3	10	6	48
4	$s123t$	1	11	7	55

6.10 图论的应用

6.10.1 公交站点可达性查询

1. 问题描述

某市的公交系统包括若干条公交线路，每条线路包括若干站点，举例如下。

1 路：黄土坡(公汽车场)\财经大学(西区)\金鼎园\虹山新村(景秀山庄小区)\学府路(阳光果香小区)\冶金工校\苏家塘\昆明理工大学西区(建设路)\地台寺\建设路\府甬道口(文林街)\云南大学(青云街)\青云街\华山西路\文庙(新大新百货)\金鹰购物中心\得胜桥(青年路)\塘子巷\白塔路口(世博大厦)\市博物馆\东站(环城南路)。

2 路：黄土坡(昆瑞路)\财经大学(西区)\麻园\西园路口(工人医院、昆瑞路)\西站\建设路\府甬道\云南大学\青云街\华山西路\文庙(新大新百货)\小花园(银河证券)\东风广场\塘子巷\和平村\北京路(环城南路口)\昆明站(站前广场)。

3 路：……

现要求开发一个公交线路查询系统，系统应满足以下查询需求：

给定任意两个站点 s_i、s_j，从 s_i 出发能否直达 s_j？若从 s_i 出发不能直达 s_j，能否通过有限次换乘到达 s_j？最少换乘次数是多少？最少换乘方案是什么？

2. 数学模型及求解方法

在实际应用环境中，往往需要面对一些规模大、复杂性高的问题。此时，为抓住问题核心，分析问题本质，往往先忽略问题的一些细节，对其进行抽象，并为之建立相应的数学模型。通过此模型，研究分析问题，探索解决问题的正确及有效的方法，为系统的实现奠定坚实的基础。根据以上解决问题的思路，下面先建立公交线路可达性查询的数学模型，并对其加以分析。

1) 公交线路模型

为方便研究和讨论，先建立一个公交线路图模型来描述一个公交线路系统。该模型中，节点代表公交站点，站点 x 与 y 之间的有向边，表示从站点 x 出发沿某一线路一站可达站点 y。例如，一个包含 7 个站点和 5 条线路的线路模型如图 6.59 所示。

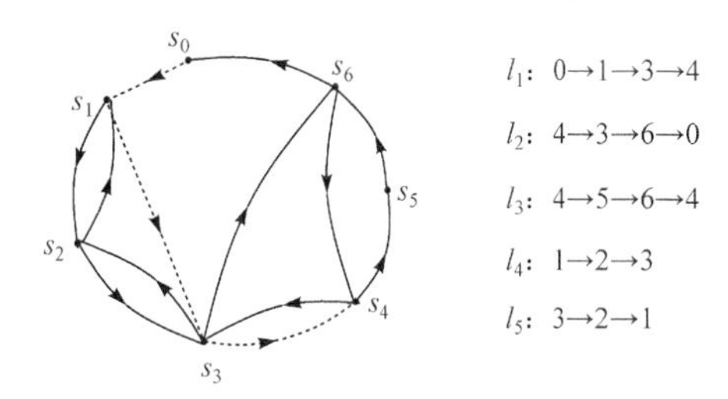

图 6.59 公交线路图模型示例

线路图模型真实地描述了现实公交线路系统。线路图模型具有以下特点：

第一，现实公交系统中的一条公交线路在模型中对应两条线路，即公交线路的“来程”“去程”视为模型中两条线路，如 l_4、l_5。来程、去程不全一致的线路，如 l_1、l_2。

第二，现实公交系统中可能存在“环状线路”，即该条线路的起点站和终点站是同一站点，这种情况在模型中由线路 l_3 描述。

在上述线路模型中，任意给定起点站 s_i 与目的站 s_j，s_i 与 s_j 之间的“可达关系”有如下两种情形。

情形 1：s_i 直达 s_j。若 s_i 站与 s_j 站在同一条线路中出现，则 s_i 直达 s_j。例如，给定起点站为 s_0，目的站为 s_4，在线路模型中 s_0、s_4 同时为线路 l_1 上的站点，故从 s_0 出发乘坐 l_1 路车无须换乘可直达 s_4。

情形 2：s_i 换乘可达 s_j。线路模型中有些站点之间不能直接可达，必须通过有限次换乘可达。例如，给定起点站为 s_0，目的站为 s_5，在线路模型中 s_0、s_5 不在五条线路中的任何一条上，故从 s_0 出发无法直达 s_5，但可以通过换乘到达。例如，从 s_0 出发通过线路 l_1 到达 s_4，然后换乘 l_3 到达 s_5。

对于换乘可达的情况，注意到给定站点 s_i、s_j，从 s_i 出发到达 s_j 的换乘方案可以有多种。例如，给定 s_0、s_5，第一种换乘方案是，从 s_0 出发通过线路 l_1 到达 s_4，然后换乘 l_3 到达 s_5，这个“换乘”方案中换乘次数为 1 次；第二种换乘方案是，从 s_0 出发通过线路 l_4 到达 s_3，然后换乘 l_2 到达 s_6，再换乘 l_3 到达 s_5，这个“换乘”方案中换乘次数为 2 次。显然，在线路模型中，从 s_0 出发要到达 s_5 还有其他换乘方案，在所有这些换乘方案中，有的换乘方案换乘次数多，有的换乘方案换乘次数少，如果以“换乘次数”作为衡量从 s_i 出发到达 s_j 的代价，那么任意给定 s_i、s_j，如何求解从 s_i 出发到达 s_j 的最小代价换乘方案呢？下面介绍一种基于关系运算求解最少换乘方案的方法。

2) 直达关系及其关系复合运算

设站点集合 $S=\{s_1, s_2, \cdots, s_n\}$，定义二元关系 R 为站点间的“直达”关系，记为 xRy，仅表示从 x 站出发直达 y 站。关系 R 是站点间直达的二元关系，那么 $R \circ R$ 表示站点间的什么关系呢？假定 $x \not R z$，即从 x 出发不能直达 z。若 $x(R \circ R)z$，仅当 $\exists y(xRy \wedge yRz)$，即至少存在一个站点 y，从 x 出发可直达 y，并且从 y 出发可直达 z，则 $x(R \circ R)z$ 表示从 x 出发换乘 1 次可达 z。类似地，有下面的结果：

(1) xRy 表示“x 直达 y”。

(2) $x(R\circ R)y$ 表示“x 换乘一次可达 y”。

(3) $x(R\cup R\circ R)y$ 表示“x 至多换乘一次可达 y”(注意(2)、(3)的含义是不一样的)。

(4) $<x, y>\notin(R\cup R\circ R)$ 表示“x 至多换乘一次不可达 y”。

(5) $xR^n y$ 表示“x 换乘 $n-1$ 次可达 y”。

(6) $x(R\cup R^2\cup\cdots\cup R^n)y$ 表示“x 至多换乘 $n-1$ 次可达 y”。

(7) $<x, y>\notin t(R)$ 表示“在现有公交系统中 x 不可达 y”，其中 $t(R)$ 为 R 的传递闭包。

从上述分析可以看到，直达关系 R 及其复合关系描述了站点之间各种可能的“可达”关系。若能在计算机中表示、存储直达关系 R 及其复合关系，则可用计算机回答关于站点之间各种可达关系的查询。

3) 可达关系矩阵的表示及构造

本节介绍站点间的直达关系 R，以及 R 的复合关系的“可达矩阵”表示，并给出构造站点集“可达矩阵”的方法。

二元关系可以用关系矩阵表示，用可达性关系矩阵 $\boldsymbol{A}^{(0)}$ 表示直达关系 R。设公交线路集为 L，站点集 $S(|S|=n)$，则 $\boldsymbol{A}^{(0)}$ 是一个 $n\times n$ 的矩阵。任意 $\boldsymbol{A}^{(0)}[i][j]$为非 0 元，表示从 s_i 出发直达 s_j，相应的数值表示从 s_i 出发到 s_j 可能采用的线路方案数。例如，$\boldsymbol{A}^{(0)}[1][3]=2$ 表示从 s_1 出发不用换乘可达 s_3，且能采用的线路方案数为 2，分别对应两条线路：第一，s_1 开始由线路 l_1 可达 s_3；第二，s_1 开始由线路 l_4 可达 s_3。若 $\boldsymbol{A}^{(0)}[i][j]=0$，则表示从 s_i 出发无法直达 s_j。例如，$\boldsymbol{A}^{(0)}[0][2]=0$，观察线路图，不难看出从 s_0 出发无法直达 s_2。对于图 6.59 中的公交线路图模型，其 $\boldsymbol{A}^{(0)}$ 可达矩阵见表 6.4。

表 6.4 可达矩阵 $\boldsymbol{A}^{(0)}$

$\boldsymbol{A}^{(0)}$	s_0	s_1	s_2	s_3	s_4	s_5	s_6
s_0	1	1	0	1	1	0	0
s_1	0	1	1	2	1	0	0
s_2	0	1	1	1	0	0	0
s_3	1	1	1	1	1	0	1
s_4	1	0	0	1	1	1	2
s_5	0	0	0	0	1	1	1
s_6	1	0	0	0	1	1	1

$TP_{1,5}=\{\varnothing\}$表示 s_1 到 s_5 不可直达，故线路方案为空

$TP_{1,4}=\{l_1\}$表示 s_1 到 s_4 可直达，直达线路为 l_1

$TP_{1,3}=\{l_1, l_4\}$表示 s_1 到 s_3 可直达，直达线路为 l_1、l_4

$TP_{4,6}=\{l_2, l_3\}$表示 s_4 到 s_6 可直达，直达线路为 l_2、l_3

给定公交线路集合 $L=\{l_1, l_2, \cdots, l_m\}$，可以用下面的算法 1 构造 $\boldsymbol{A}^{(0)}$。

算法 1：由线路集合 L 构造 $\boldsymbol{A}^{(0)}$。

输入：集合 $L=\{l_1, l_2, \cdots, l_m\}$，其中任意线路 $l_i=<s_{i1}, s_{i2}, \cdots, s_{ip}>$，设 L 中不同站点数为 n，则初始时 $\boldsymbol{A}^{(0)}$ 为 $n\times n$ 的全 0 矩阵。

输出：直接可达矩阵 $\boldsymbol{A}$。

步骤 1　for ($i\leftarrow 0$ to $m-1$) do

步骤 2　对于 $l_i=<s_{i1}, s_{i2}, \cdots, s_{ip}>$

步骤 3　　for ($j\leftarrow 0$ to $p-1$)

步骤 4　　　for ($k\leftarrow j+1$ to $p-1$) do

步骤 5　　　　$\boldsymbol{A}^{(0)}[j][k]=\boldsymbol{A}^{(0)}[j][k]+1$

步骤 6　　　end for

步骤 7　　　end for

步骤 8　　end for

对于 $\boldsymbol{A}^{(0)}[i][j]=0$ 的项，意味着从 s_i 出发无法直达 s_j，但是否可通过换乘可达？如果可达，那么从 s_i 出发最少换乘多少次可达 s_j？下面回答这两个关键问题。

首先定义一个关于可达性矩阵的新运算，记为⊗，其运算规则类似于矩阵乘法，具体为

$$\boldsymbol{A}^{(q+1)} = \boldsymbol{A}^{(q)} \otimes \boldsymbol{A}^{(0)} \quad (q=0, 1, 2, \cdots)$$

其中，$\boldsymbol{A}^{(q+1)}[i][j]\,(i, j=0, 1, \cdots, n-1)$，由下列运算规则求得。

(1) 若 $\boldsymbol{A}^{(0)}[i][j]$为非 0 元，则 $\boldsymbol{A}^{(q+1)}[i][j]= \boldsymbol{A}^{(0)}[i][j]$。

(2) 若 $\boldsymbol{A}^{(0)}[i][j]$为 0 元，则

$$\boldsymbol{A}^{(q+1)}[i][j]=\sum_{k=0}^{n-1}\boldsymbol{A}^{(q)}[i][k]\cdot \boldsymbol{A}^{(0)}[k][j] \tag{6.10.1}$$

其中，“·”为布尔乘积。

用下列算法 2 构造式(6.10.1)中的可达性矩阵 $\boldsymbol{A}^{(q)}$。

算法 2：构造可达性矩阵 $\boldsymbol{A}^{(q)}$。

输入：直达矩阵 $\boldsymbol{A}^{(0)}$，如果 $\boldsymbol{A}^{(0)}[i][j]=m$，则 $\mathrm{TP}_{i,j}$ 中包含 m 种线路直达方案，设线路图中共有 n 个站点。

输出：可达性矩阵 $\boldsymbol{A}^{(q)}$。

步骤 1　$q\leftarrow 0$

步骤 2　while（$\boldsymbol{A}^{(q)}$ 中仍有 0 元，或者 $q<n$）do

步骤 3　　　for（$i \leftarrow 0$ to $n-1$）

步骤 4　　　　for（$j \leftarrow 0$ to $n-1$）do

步骤 5　　　　　if（$\boldsymbol{A}^{(q)}[i][j]\neq 0$）then

步骤 6　　　　　　$\boldsymbol{A}^{(q+1)}[i][j]= \boldsymbol{A}^{(q)}[i][j]$

步骤 7　　　　　else for（$k \leftarrow 0$ to $n-1$）do

步骤 8　　　　　　$\boldsymbol{A}^{(q+1)}[i][j]= \boldsymbol{A}^{(q+1)}[i][j]+ \boldsymbol{A}^{(q)}[i][k]\cdot \boldsymbol{A}^{(0)}[k][j]$

步骤 9　　　　　　if（$\boldsymbol{A}^{(q)}[i][k]\neq 0 \wedge \boldsymbol{A}^{(0)}[k][j]\neq 0$）then

步骤 10　　　　　　　$\mathrm{TP}_{i,j}=\mathrm{TP}_{i,j}\cup \mathrm{TP}_{i,k}\times \mathrm{TP}_{k,j}$

步骤 11　　　　　　end if

步骤 12　　　　　end for

步骤 13　　　　　end if

步骤 14　　　　end for

步骤 15　　　end for

步骤 16　　$q\leftarrow q+1$

步骤 17　　end while

其中，“·”为布尔乘积，“×”为集合的笛卡儿积运算。

由 $\boldsymbol{A}^{(0)}$，得到 $\boldsymbol{A}^{(1)} = \boldsymbol{A}^{(0)} \otimes \boldsymbol{A}^{(0)}$，见表 6.5。

表 6.5　可达矩阵 $A^{(1)}$

$A^{(1)}$	s_0	s_1	s_2	s_3	s_4	s_5	s_6
s_0	1	1	②	1	1	①	③
s_1	③	1	1	2	1	①	④
s_2		1	1	1	②	$\boxed{0}$	①
s_3	1	1	1	1	1	②	2
s_4	1	②	①	1	1	1	1
s_5	②	$\boxed{0}$	$\boxed{0}$	①	1	1	1
s_6	1	①	$\boxed{0}$	②	1	1	1

矩阵 $A^{(1)}$ 中三种数值的含义解释如下。

(1)不带圈的值 $A^{(1)}[i][j]$，是 $A^{(0)}$ 中的非 0 元，直接由 $A^{(0)}[i][j]$得到，表示从 s_i 出发可直达 s_j，相应的数值表示可选择的线路方案数。

(2)带圆圈的值 $A^{(1)}[i][j]$，通过式(6.10.1)得到，用 $A^{(1)}[1][6]=4$ 说明求解方法及其含义。由式(6.10.1)可知

$$
\begin{aligned}
A^{(1)}[1][6] &= \sum_{k=0}^{6} A^{(0)}[1][k]\cdot A^{(0)}[k][6] \\
&= A^{(0)}[1][0]\cdot A^{(0)}[0][6] + A^{(0)}[1][1]\cdot A^{(0)}[1][6] \\
&\quad + A^{(0)}[1][2]\cdot A^{(0)}[2][6] + A^{(0)}[1][3]\cdot A^{(0)}[3][6] \\
&\quad + A^{(0)}[1][4]\cdot A^{(0)}[4][6] + A^{(0)}[1][5]\cdot A^{(0)}[5][6] \\
&\quad + A^{(0)}[1][6]\cdot A^{(0)}[6][6] \\
&= 0+0+0+2\times 1+1\times 2+0+0=4
\end{aligned}
$$

在 $A^{(0)}$ 中，$A^{(0)}[1][6]=0$，说明从 s_1 出发不能直达 s_6。经过运算后，$A^{(1)}$ 中 $A^{(1)}[1][6]=4$，说明从 s_1 出发通过换乘 1 次可达 s_6，且可选择的换乘线路方案数为 4。如何确定具体是哪四种换乘方案？在 $A^{(0)}$ 中，$A^{(0)}[1][3]=2$，说明从 s_1 出发可直达 s_3，可选择的线路数为 2，分别是 $L_1=\{l_1,l_4\}$，即从 s_1 出发通过 l_1 可直达 s_3，或者从 s_1 出发通过 l_4 可直达 s_3。$A^{(0)}[3][6]=1$ 说明从 s_3 出发可直达 s_6，通过的线路是 $L_2=\{l_2\}$。因此，运算过程 $A^{(0)}[1][3]\cdot A^{(0)}[3][6]=2$，含义是从 s_1 出发换乘 1 次可达 s_6，具体的换乘线路方案有两种，分别是 $L_1\times L_2=\{<l_1, l_2>, <l_4, l_2>\}$，分别表示如下。

第一种方案：从 s_1 出发通过 l_1 直达 s_3，换乘 l_2 可达 s_6。

第二种方案：从 s_1 出发通过 l_4 到达 s_3，换乘 l_2 可达 s_6。

由于在求解 $A^{(1)}[1][6]$ 的过程还有非 0 项 $A^{(0)}[1][4]\cdot A^{(0)}[4][6]=2$，用类似的分析方法可知，从 s_1 出发到 s_6 还有其他两种换乘方案。

第三种方案：从 s_1 出发通过 l_1 到达 s_4，换乘 l_2 可达 s_6。

第四种方案：从 s_1 出发通过 l_1 到达 s_4，换乘 l_3 可达 s_6。

(3)带方框的值为运算后 $A^{(1)}$ 中的 0 元，若 $A^{(1)}[i][j]=0$，说明从 s_i 出发至多换乘 1 次无法到达 s_j。

由 $\boldsymbol{A}^{(1)}$ 和 $\boldsymbol{A}^{(0)}$，得到 $\boldsymbol{A}^{(2)}=\boldsymbol{A}^{(1)}\otimes\boldsymbol{A}^{(0)}$，见表 6.6。

表 6.6　可达矩阵 $\boldsymbol{A}^{(2)}$

$\boldsymbol{A}^{(2)}$	s_0	s_1	s_2	s_3	s_4	s_5	s_6
s_0	1	1	②	1	1	①	③
s_1	③	1	1	2	1	①	④
s_2	①	1	1	1	②	[2]	①
s_3	1	1	1	1	1	②	2
s_4	1	②	①	1	1	1	1
s_5	②	[3]	[1]	①	1	1	1
s_6	1	①	[3]	②	1	1	1

观察 $\boldsymbol{A}^{(2)}$，可以看到 $\boldsymbol{A}^{(2)}$ 中已经没有 0 元，这说明由图 6.59 给定的公交线路系统中，所有站点之间至多通过 2 次换乘均可到达。

不带圈数值是直接可达的情况，带圆圈的数值是换乘 1 次可达的情况，带虚线方框的数值是换乘 2 次可达的情况。给定站点 s_i、s_j，根据 $\boldsymbol{A}^{(2)}$ 中的值，很容易回答从 s_i 出发到 s_j 是否可直达，如果不能直达，则最少换乘次数是多少？例如，给定站点 s_1 和 s_3，因为 $\boldsymbol{A}^{(2)}$[1][3]=2，且不带圈，所以“从 s_1 出发可直达 s_3，且有两种线路方案”。给定站点 s_5 和 s_1，因为 $\boldsymbol{A}^{(2)}$[5][1]=3，且值为带虚线方框，所以从 s_5 出发最少通过 2 次换乘到达 s_1，换乘方案有三种。

6.10.2　计算机鼓轮的设计——布鲁英序列

设旋转鼓轮的表面已被等分成 2^4 个部分，如图 6.60 所示，其中每一部分或为绝缘体或为导体，空白部分表示绝缘体，给出信号 0，阴影部分表示导体，给出信号 1，这样鼓轮的位置用一个二进制数表示。由 4 个触头 a、b、c、d 的位置可以获得一定的信息，图 6.60 中的信息为 1101。若将鼓轮沿顺时针方向旋转一格，则 4 个触头 a、b、c、d 获得信息 1010。

问鼓轮上 16 个部分如何安排导体和绝缘体，才能使鼓轮每旋转一个部分，4 个触头能得到一组与以前不同的四位二进制数，转过一周得到 0000 到 1111 的 16 个不同的二进制数？

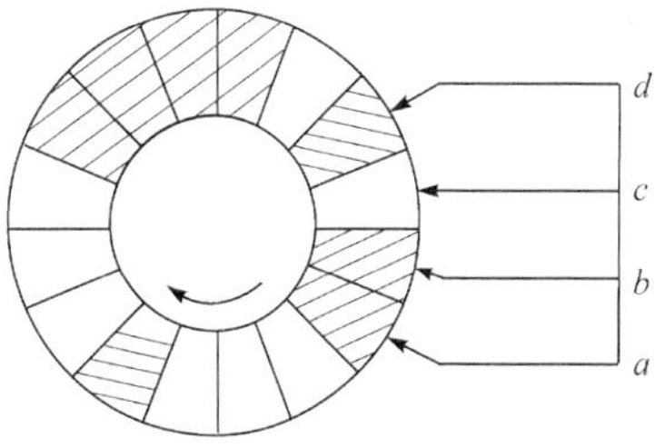

图 6.60　计算机鼓轮

设有一个 8 个节点的有向图见图 6.61，其节点分别记作三位二进制数{000, 001, 010, 011, 100, 101, 110, 111}。设 $\alpha_i\in\{0, 1\}$，每个节点 $\alpha_1\alpha_2\alpha_3$ 可引出两条有向边，其终点分别是 $\alpha_2\alpha_3 0$ 及 $\alpha_2\alpha_3 1$。这两条边分别记为 $\alpha_1\alpha_2\alpha_3 0$ 及 $\alpha_1\alpha_2\alpha_3 1$。按照这种方法，对于 8 个节点的有向图可得 16 条边，在这种图的任一条路中，任一节点的射入边和射出边必是 $\alpha_1\alpha_2\alpha_3\alpha_4$ 和 $\alpha_2\alpha_3\alpha_4\alpha_5$ 的形式，即射入边标记的后三位数与射出边标记的前三位数相同。

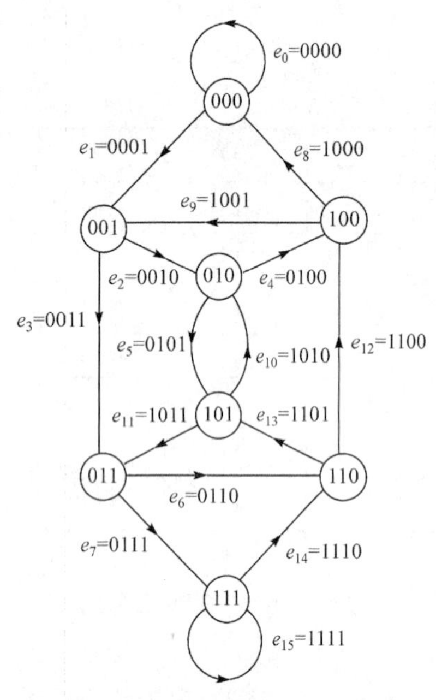

图 6.61　8 个节点有向图

因为图 6.61 中 16 条边被记为 16 个不同的二进制数，所以鼓轮转动所得到的 16 个不同位置触点上的二进制信息，即对应于图中的一条欧拉回路。根据定理 6.4.2，在图中可找到一条欧拉回路，如 $e_0e_1e_2e_4e_9e_3e_6e_{13}e_{10}e_5e_{11}e_7e_{15}e_{14}e_{12}e_8$，根据邻接边的标记，16 个二进制数可写成对应的二进制数序列 0000100110101111。显然，欧拉回路不是唯一的，所以对应的二进制数序列也不唯一。把这个序列写成环状，即与所求的鼓轮设计相对应。

上述鼓轮可以推广到有 n 个触头的情况。只要构造 2^{n-1} 个节点的有向图，设每个节点标记为 $n-1$ 位二进制数，从节点 $\alpha_1\alpha_2\cdots\alpha_{n-1}$ 出发，有一条终点为 $\alpha_2\alpha_3\cdots\alpha_{n-1}0$ 的边，该边记为 $\alpha_1\alpha_2\cdots\alpha_{n-1}0$；还有一条终点为 $\alpha_2\alpha_3\cdots\alpha_{n-1}1$ 的边，该边记为 $\alpha_1\alpha_2\cdots\alpha_{n-1}1$。这样构造的有向图，其每一个节点的出度和入度都是 2，所以是欧拉图。由于邻接边的标记是第一条边的后 $n-1$ 位二进制数与第二条边的前 $n-1$ 位二进制数相同，有一种 2^n 个二进制数的环形排列与所求的鼓轮相对应。

6.10.3　资源分配图

多道程序的计算机系统可同时执行多个程序。事实上，程序共享计算机系统中的资源，如 CPU、主存储器、编译程序和输入输出设备等，操作系统负责分配这些资源给各个程序。当一个程序要求使用某种资源时就发出请求，操作系统必须保证这一请求得到满足。

例如，程序 A 控制着资源 r_1，请求资源 r_2；而程序 B 控制着资源 r_2，请求资源 r_1，此时对资源的请求就发生冲突。这种状态称为处于“死锁”状态。必须解决请求的冲突，资源分配图能够发现和纠正死锁。

假设某一程序对一些资源的请求在该程序运行完之前必须都得到满足。在请求的时间里，被请求的资源是不能利用的，程序控制着可利用的资源，但对不可利用的资源则必须等待。

令 $P_t=\{P_1, P_2, \cdots, P_m\}$表示计算机系统在 t 时刻的程序集合，$Q_t\subseteq P_t$ 是正在运行的程序集合，或者称为 t 时刻至少分配一部分所请求的资源的程序集合。$R_t=\{r_1, r_2, \cdots, r_n\}$是系统在 t 时刻的资源集合。资源分配图 $G_t=<R_t, E>$是有向图，表示 t 时刻系统中资源分配状态。每个资源 $r_i(i=1, 2, \cdots, n)$看作图中一个节点，有向边$<r_i, r_j>\in E$ 当且仅当程序 $P_k\in Q_t$ 已分配到资源 r_i 且等待资源 r_j。

例如，令 $R_t=\{r_1, r_2, r_3, r_4\}$，$Q_t=\{P_1, P_2, P_3, P_4\}$，则资源分配状态如下。

P_1 占用资源 r_4 且请求资源 r_1；

P_2占用资源r_1且请求资源r_2和r_3；

P_3占用资源r_2且请求资源r_3；

P_4占用资源r_3且请求资源r_1和r_4。

于是，得到资源分配图G_t=<R_t, E>，如图 6.62 所示。可以证明，在 t 时刻计算机系统处于死锁状态当且仅当资源分配图G_t中包含强分图。于是，图 6.62 所示的图G_t是强连通的，即此时计算机系统处于死锁状态。

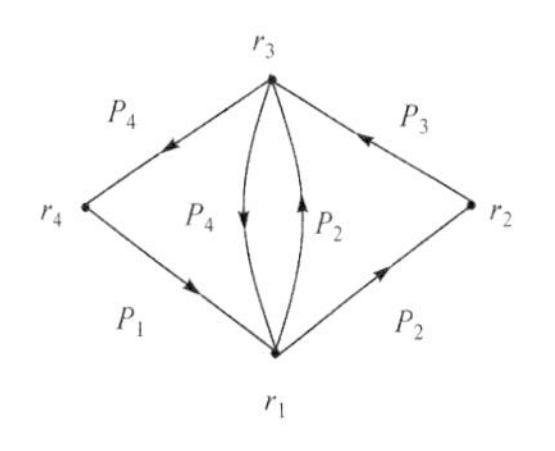

图 6.62　资源分配图

6.10.4　前缀码

20 世纪 50 年代初随着通信事业的发展，提出了编码理论，用以解决信息传输的可靠性问题。数字通信在现代科学技术中起着重要作用，常用 0 和 1 组成的二进制序列作为英文字母的传送信息，这种转换应该满足一定的规律，这就是编码问题。有多种编码方法，选择编码方法时应保证收到信息后，能通过一定的方法判断信息是否有错，具有这种能力的编码称为检错码。在发现错误时能够纠正错误的编码称为纠错码。

在电报编码中，26 个英文字母用 0 或 1 组成的序列表示，用不等长的二进制序列表示时，长度为 1 的序列有 2 个，长度为 2 的序列有 2^2 个，长度为 3 的序列有 2^3 个，…，则有 $2+2^2+2^3+\cdots+2^i \geqslant 26$，即 $2^{i+1}-2\geqslant 26$，$i\geqslant 4$，所以用长度不超过 4 的二进制序列就可表示 26 个不同英文字母。但字母的使用频率不同，用等长的序列表示所有字母是不科学的。为减少信息量，希望用较短的序列表示高频字母，用较长的序列表示低频字母，这样可以缩短信息串的总长度。这时接收端收到信息串后如何把不同长度的信息串分开，从而破译该密码？例如，用 00 表示 a，01 表示 b，0001 表示 c，那么收到信息串 0001 时，就无法确定传递的内容是 ab 还是 c。下面利用前缀码解决这个问题。

定义 6.10.1　一个序列中，从第一个符号到中间的某个符号所组成的子序列，称为该序列的前缀。给定一个序列集合，若其中没有一个序列是另一个序列的前缀，则称该序列集合为前缀码。

例如，{000, 001, 01, 10, 11}是前缀码，{00, 10, 010, 0101}不是前缀码，因为 010 是 0101 的前缀。

下面讨论二叉树与前缀码的关系。

给定一棵二叉树，将每位父亲的左侧边标为 0，右侧边标为 1，若某个父亲只有一个儿子，那么对应的边标 0 或 1 均可，从树根到树叶的单向通路上各边标记所组成的二进制序列称为该片树叶的标记序列。于是，没有一片树叶的标记序列是另一片树叶标记序列的前缀。这是因为，若有某个标记序列是某片树叶 a 标记序列的前缀，则这一前缀的对应点必定不是树叶，而是树叶 a 的祖先。因此，一棵二叉树树叶的标记序列集合一定是一个前缀码。

若给定一个前缀码，设其中最长序列的字长为 h，画一棵高为 h 的完全正则二叉树，用上述方法对该前缀码中的每个序列的相应节点加以标记，将该节点的所有后裔和射出的边全删去，若还有没有标记的树叶也删去，这样得到一棵二叉树，其树叶就对应给定的前缀码。显然，非树叶节点的标记序列是树叶节点标记序列的前缀。

综上所述，前缀码与二叉树的树叶集合间建立了一一对应关系。

于是在信息传输中，就可以按事先规定好的前缀码发送一串信息，接收方则根据已规定好的前缀码进行译码。

在考虑传输信号的频率时，选择怎样的前缀码，才能使传输的二进制位数最少？这便是最佳前缀码问题。若将字母出现的频率作为树叶的权，那么最佳前缀码便是由最优二叉树生成的前缀码。用最优前缀码传输是传送费用最节省的二进制编码方案。

【例 6.10.1】 图 6.63(a)所示的二叉树对应的前缀码为{011, 010, 00, 1}。在前缀码{000, 001, 01, 10}中，最长序列的字长为 3，所以作一个高度为 3 的正则二叉树见图 6.63(b)，对应前缀码中序列的节点用方框标记，则删剪后的二叉树为图 6.63(c)。

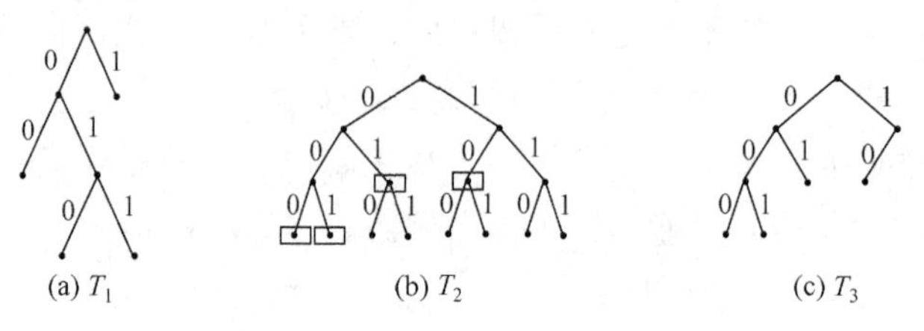

图 6.63　前缀码与二叉树

【例 6.10.2】 据统计，26 个英文字母出现的频率见表 6.7，试构造 d、e、g、n、o、s、t、u 对应的前缀码，设计一个最佳前缀码传输“good student”。若接收到的序列为 0110010111110011111，则表示什么含义？

表 6.7　英文字母的使用频率

字母	a	b	c	d	e	f	g	h	i	j	k	l	m
频率/%	82	14	28	38	131	29	20	53	63	1	4	34	25
字母	n	o	p	q	r	s	t	u	v	w	x	y	z
频率/%	71	80	20	1	68	61	5	25	9	15	2	20	1

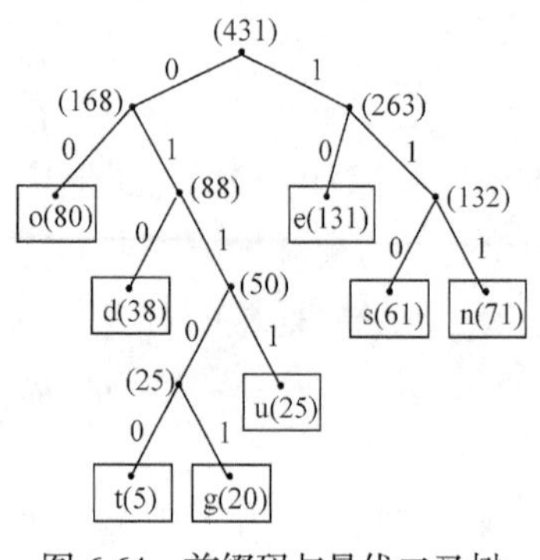

图 6.64　前缀码与最优二叉树

解　为计算方便，省略频率的百分比，先将给定字母的频率从小到大进行排序：

t(5)，g(20)，u(25)，d(38)，s(61)，n(71)，o(80)，e(131)

然后用 Huffman 算法构造最优二叉树并进行编码，如图 6.64 所示。

由图 6.64 可知，d、e、g、n、o、s、t、u 对应的前缀码见表 6.8。

表 6.8　例 6.10.2 的前缀码

字母	d	e	g	n	o	s	t	u
前缀码	010	10	01101	111	00	110	01100	0111

于是，“good student”对应的编码为

$$0110100000101100110001110101011101100$$

若接收到的序列为 01100101111100111111，则可译为

$$01100,\ 10,\ 111,\ 110,\ 0111,\ 111$$

表示 ten sun。

因为最优二叉树的构造方法不同，所以最优前缀码是不唯一的，但它们的权都是相同的。

利用 Huffman 算法得到的最优二叉树生成的前缀码称为 Huffman 编码，是一种最优前缀码。这种基于统计概率的 Huffman 编码，利用变长码使冗余量达到最小的编码方法，能够实现数据的无损压缩，以节省数据传输和处理时间，减少所占用的存储器容量。

6.11　典型例题分析

【例 6.11.1】　n 元正整数序列$(d_1, d_2, \cdots, d_n)$称为 n 阶无向图的度数序列当且仅当 $d_1 \leqslant d_2 \leqslant \cdots \leqslant d_n$ 且 $d_i = \deg(v_i)$，其中 v_i 是图的任一节点。在下列序列中，哪些能构成无向图的度数序列？哪些能构成简单无向图的度数序列？为什么？

(1) (1, 1, 1, 2, 3)；(2) (2, 2, 2, 2, 2)；(3) (3, 3, 3, 3)；(4) (1, 2, 3, 4, 5)；(5) (1, 3, 3, 3)。

相关知识　无向图的节点度数、握手定理

分析　无向图中节点的度数是指与之关联的边的条数，一条边总关联两个节点，所以所有节点度数之和为边数的两倍，且奇数度节点的个数是偶数。而简单图中没有环和平行边，若节点数为 n，则每个节点的度数至多为 $n-1$。

解　(1)、(2)、(3)能构成简单无向图的度数序列，(4)中有 3 个奇数度节点，所以其不能构成无向图的度数序列。

(5)只能构成无向图的度数序列，不能构成简单无向图的度数序列。若其不然，设图 $G=\langle V, E\rangle$为简单无向图且 $V=\{v_1, v_2, v_3, v_4\}$，$\deg(v_1)=1$，$\deg(v_i)=3\ (i=2, 3, 4)$。由于 $\deg(v_1)=1$，故 v_1 只能与 v_2、v_3、v_4 之一邻接。不妨设 v_1 与 v_2 邻接，于是，v_2 的度数能达到 3，而其余都不能达到 3 度，与假设矛盾。

图 6.65 中，G_1，G_2，G_3，G_4 分别是度数序列为(1)、(2)、(3)、(5)的实现图。

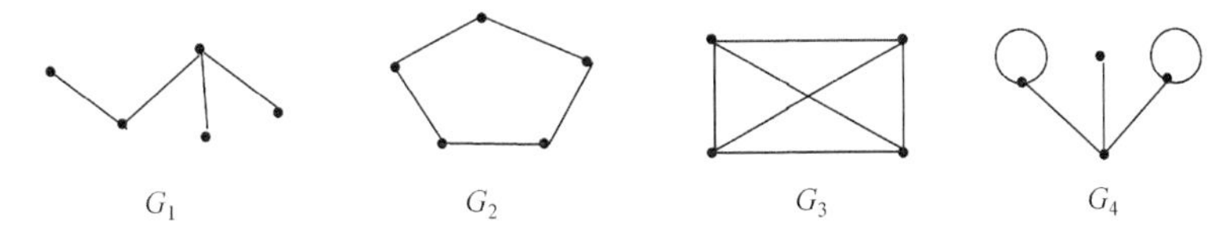

图 6.65　例 6.11.1 的图

【例 6.11.2】 在无向图 $G=\langle V, E\rangle$ 中每个节点的度数都为 3 且 $|E|=2|V|-3$，计算 $|V|$ 和 $|E|$，在同构意义下 G 是否唯一？

相关知识 节点度数、握手定理、图的同构

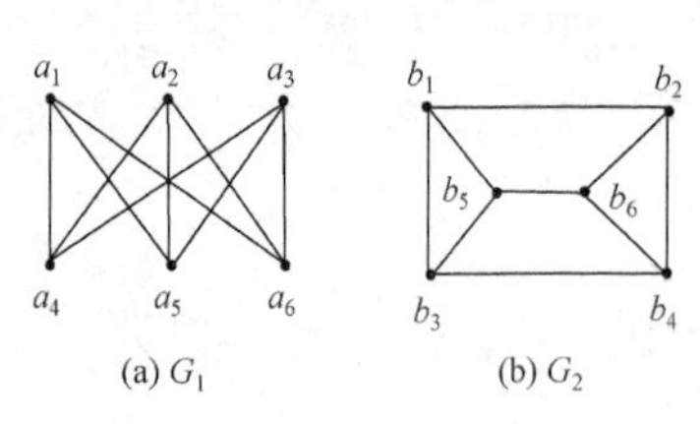

(a) G_1 (b) G_2

图 6.66 例 6.11.2 不同构的图

分析 考察节点度数的有关性质，特别是握手定理，而节点数相同、边数相同、节点度数相同是两个图同构的必要条件，而非充分条件。

解 因为每个节点的度数都为 3，由握手定理知，$3|V|=2|E|$，而 $|E|=2|V|-3$，于是 $|V|=6$，$|E|=9$。

图 6.66 中 G_1 和 G_2 是满足题设条件的两个不同构的无向图，因此在同构意义下 G 不唯一。

【例 6.11.3】 对 n 阶简单无向自补图 G，证明 $n\equiv0\,(\mathrm{mod}\ 4)$ 或 $n\equiv1\,(\mathrm{mod}\ 4)$，且有 $\dfrac{n(n-1)}{4}$ 条边。

相关知识 补图、图的同构

分析 与其补图同构的图为自补图，而同构的图具有相同的边数和节点数，图及其补图构成完全图，利用它们之间的边数关系证明。

证明 因为 G 是自补图，所以 G 与其补图 $\overline{G}$ 同构，且 G 与 $\overline{G}$ 具有相同的边数，于是 K_n 中的 $\dfrac{n(n-1)}{2}$ 条边在 G 与 $\overline{G}$ 中各一半，即 $|E(G)|=\dfrac{n(n-1)}{4}$。

因为 $|E(G)|$ 是整数，所以 $n(n-1)$ 能被 4 整除。而 n 与 $n-1$ 是连续整数，必然一个是奇数一个是偶数，且 4 整除 n 或整除 $n-1$，于是 $n\equiv0\,(\mathrm{mod}\ 4)$ 或 $n\equiv1\,(\mathrm{mod}\ 4)$。

【例 6.11.4】 $n\,(n\geqslant2)$ 个城市用 k 条公路连接，证明：若 $k>\dfrac{(n-1)(n-2)}{2}$，则人们总可以通过连接的公路在任意两个城市间旅行。

相关知识 节点度数、无向图的连通性、连通分支

分析 解决实际问题时，先将其抽象为图，然后利用图的相关知识进行求解。此问题等价于：在 n 个节点的简单无向图 G 中，若 $|E|>\dfrac{(n-1)(n-2)}{2}$，则 G 连通。问题的关键是掌握节点度数、图的边数、节点数之间的数量关系。

证明图的连通性主要有直接证明法和反证法两种。直接证明法中需要对图中任意两个节点，构造它们间的一条路，这往往是非常困难的。因此，常用反证法证明，假设图不连通，则其有多个连通分支，将各连通分支的边数放到最大情况，即每个连通分支都是完全图，然后根据完全图的节点度数和节点数间的关系，推出矛盾。反证法是证明存在性和唯一性问题的常用方法。

证明 将 n 个城市作为 n 个节点，若两城市间有公路连接，则对应节点间用线段连接，于是形成图 G。设 G 不连通，则至少存在两个连通分支 G_1 和 G_2，即 $G=G_1\cup G_2$，且 G_1 与 G_2 互不连通。记 $|V(G_1)|=n_1$，$|V(G_2)|=n_2$，显然 $n_1+n_2=n$，$n_1\leqslant n-1$，$n_2\leqslant n-1$，则

$$|E|=|E(G_1)|+|E(G_2)|\leqslant|E(K_{n_1})|+|E(K_{n_2})|$$

$$=\frac{n_1(n_1-1)}{2}+\frac{n_2(n_2-1)}{2}\leqslant\frac{(n-1)((n_1-1)+(n_2-1))}{2}$$
$$=\frac{(n-1)(n-2)}{2},$$

与题设矛盾。因此，G 是连通图，即人们总可以通过连接的公路在任两城市间旅行。

【例 6.11.5】 (1) n 取何值时，无向完全图 $K_n(n\geqslant 3)$ 有一条欧拉回路？

(2) 无向完全图 $K_n(n\geqslant 3)$ 中共有多少条不同的哈密顿回路？

相关知识 无向完全图、节点度数、欧拉回路、哈密顿回路、组合计数原理

分析 图中存在欧拉回路当且仅当图中所有节点的度数都为偶数，而无向完全图中每个节点度数相同，且由节点数确定，因而容易确定 n。判断哈密顿回路尚没有一个充要条件，在无向完全图中可通过下列方法构造一条哈密顿回路：从某节点出发，依次选取与前一节点不同的邻接点，得到一条哈密顿回路。

解 (1) 因为无向完全图 K_n 中每个节点的度数均为 $n-1$，所以当 n 为奇数时，完全图 K_n 中有欧拉回路。

(2) 对 $\forall v_1\in K_n$，选与 v_1 相邻的节点，不妨设为 v_2，共有 $n-1$ 种选法，选与 v_2 相邻的节点 v_3 共有 $n-2$ 种选法，…，选与 v_{n-1} 相邻的节点 v_n 只有 1 种选法，选与 v_n 相邻的节点 v_1 只有 1 种选法。由乘法原理知，从 v_1 出发的哈密顿回路共有 $(n-1)!$ 条，从任一节点出发的哈密顿回路共有 $n!$ 条。但回路 $v_1v_2\cdots v_{n-1}v_nv_1$ 中任一阶段均可作为始点(终点)，于是有 $\frac{n!}{n}=(n-1)!$ 条不同的哈密顿回路。而 K_n 是无向图，所以 K_n 中有 $\frac{(n-1)!}{2}$ 条不同的哈密顿回路。

【例 6.11.6】 有桥的图是否是欧拉图或哈密顿图？

相关知识 连通图、桥、欧拉图、哈密顿图

分析 欧拉回路包含图中所有边，若删除任一条边，不会改变图的连通性，因此可以判断欧拉图中没有桥；或者根据欧拉图中所有节点的度数都是偶数，若删去其中的桥，该图不再连通，该桥的两个端点必位于不同的连通分支中，且其度数为奇数，成为连通分支中唯一的奇数度节点，于是产生矛盾。是否是哈密顿图，可以利用哈密顿回路的必要条件证明。

解 (1) 欧拉图中没有桥。假设图 G 是欧拉图。

方法一：由于 G 是欧拉图，至少存在一条欧拉回路 C，且 C 中含有 G 的所有边。对 $\forall e\in E(G)$ 有 $e\in C$，删去 e 后的图仍连通，由桥的定义知 e 不是桥。由 e 的任意性，G 中没有桥。

方法二：设 $e=(u,v)$ 是 G 中的桥，于是 G 中删去 e 后至少得到两个连通分支 G_1、G_2，不妨设 $u\in V(G_1)$，$v\in V(G_2)$。因为 G 是欧拉图，所以 G 中每个节点的度数均为偶数，而在 G_1 和 G_2 中，u 和 v 的度数为奇数。对 $\forall w\in V(G_1)$ 且 $w\neq u$，必有 $\deg(w)$ 为偶数，即 u 是 G_1 中唯一的奇数度节点；同理 v 是 G_2 中唯一的奇数度节点，与奇数度节点必有偶数个矛盾，所以 G 中没有桥。

(2) 有桥的图不是哈密顿图。

假设哈密顿图 G 中有桥 $e=(u,v)$，取子集 $S=\{u\}\subseteq V(G)$，则 $W(G-S)\geqslant 2$。而 G 是哈密顿图，由哈密顿图的必要条件得 $W(G-S)\leqslant|S|=1$，矛盾。因此，有桥的图不是哈密顿图。

【例 6.11.7】 证明在无向完全图 $K_n(n\geqslant 3)$ 中任意删除 3 条边后得到的图是哈密顿图。

相关知识 无向完全图、哈密顿图

分析 利用判断哈密顿回路的充分条件证明，即证明图中任意两个不同节点的度数之和大于等于 n。

证明 设 K_n 中任意删除 3 条边后的图为 G，假设 G 中存在两个节点 v_1 和 v_2 且 $\deg(v_1)+\deg(v_2)<n-1$，删除这两个节点得到子图 G_1，则删除的边数不多于 $n-1$，G_1 有 $n-2$ 个节点，于是

$$|E(G_1)|\geqslant|E(G)|-(n-1)=\frac{n(n-1)}{2}-(n-3)-(n-1)=\frac{(n-2)(n-3)}{2}+1$$

然而，在有 $n-2$ 个节点的简单无向图中，边数最多为$|E(K_{n-2})|=\frac{(n-2)(n-3)}{2}$，矛盾。因此，$G$ 中任意两个节点 v_1 和 v_2 都有 $\deg(v_1)+\deg(v_2)\geqslant n$，于是 G 是哈密顿图。

【例 6.11.8】 若无向图 G 的节点数 $n\geqslant 11$，则 G 与其补图 $\overline{G}$ 中至少有一个不是平面图。

相关知识 补图、平面图

分析 考察平面图的性质：①有限平面图中，面的次数之和等于边数的两倍。②欧拉定理，即连通平面图中节点数 v、边数 e 和面数 r 满足 $v-e+r=2$。③连通平面图中节点数 v 和边数 e 满足 $e\leqslant 3v-6$。④一个图是平面图当且仅当它不包含与 K_5 或 $K_{3,3}$ 在 2 度节点内同构的子图。本题由上述性质③及 G、$\overline{G}$、K_n 的边数关系，用反证法进行证明。

证法一：

假设 G 与 $\overline{G}$ 都是平面图，设其边数分别为 e_1、e_2，于是 $e_1\leqslant 3n-6$，$e_2\leqslant 3n-6$，$e_1+e_2\leqslant 6n-12$。而 n 个节点的完全图 K_n 的边数为$\frac{n(n-1)}{2}$，即 $e_1+e_2=\frac{n(n-1)}{2}$。当 $n\geqslant 11$ 时，有 $e_1+e_2\leqslant 54$ 且 $e_1+e_2=\frac{11(11-1)}{2}=55$，矛盾，所以 G 与 $\overline{G}$ 至少有一个不是平面图。

证法二：

假设 G 与 $\overline{G}$ 都是平面图，设其边数分别为 e_1、e_2，则 $e_1\leqslant 3n-6$，$e_2\leqslant 3n-6$。由补图的定义知，$e_2=\frac{n(n-1)}{2}-e_1$。而 $\frac{n(n-1)}{2}=e_1+e_2\leqslant 2(3n-6)$，即 $n^2-13n+24\leqslant 0$，得 $\frac{13-\sqrt{73}}{2}\leqslant n\leqslant\frac{13+\sqrt{73}}{2}<11$，与 $n\geqslant 11$ 矛盾，所以 G 与 $\overline{G}$ 至少有一个不是平面图。

【例 6.11.9】 设 G 是连通简单平面图，节点数为 v，面数为 r，证明：

(1)若 $v\geqslant 3$，则 $r\leqslant 2v-4$。

(2)若 $\delta(G)=4$，其中 $\delta(G)$ 为 G 的最小度，则 G 中至少有 6 个节点度数小于等于 5。

相关知识 图的最小度、平面图、欧拉公式

分析 由简单连通平面图的必要条件即节点数与边数的不等式关系及欧拉公式，容易求解节点数与面数的关系。

证明 (1)设图 G 的边数为 e，由欧拉公式 $v-e+r=2$，得 $r=e+2-v$。因为 G 是 $v\geqslant 3$ 的连通平面图，所以 $e\leqslant 3v-6$，于是 $r\leqslant 2v-4$。

(2)设 G 中有 x 个节点度数小于等于 5。由握手定理知，$2e=\sum_{v\in V}\deg(v)$，而 $\delta(G)=4$，得

$\sum_{v\in V}\deg(v)\geqslant 4x+6(v-x)$，即 $e\geqslant 3v-x$，则 $3v-x\leqslant e\leqslant 3v-6$。因此，$G$ 中至少有 6 个节点的度数小于等于 5。

【例 6.11.10】 设树 T 有 3 个 3 度节点，1 个 2 度节点，其余都是树叶。求 T 有几片树叶？并画出不同构的树。

相关知识 树的定义、节点度数、握手定理、图的同构

分析 牢记树的六个等价定义，尤其是边数和节点数间的关系，再利用握手定理，确定树叶数。

解 设 T 有 x 片树叶，则 T 的节点数 $v=3+1+x$，边数 $e=v-1$。由握手定理知，$\sum\deg(v)=3\times3+1\times2+x=2e=2(3+1+x-1)$，得 $x=5$。

满足条件的不同构的树如图 6.67 所示。

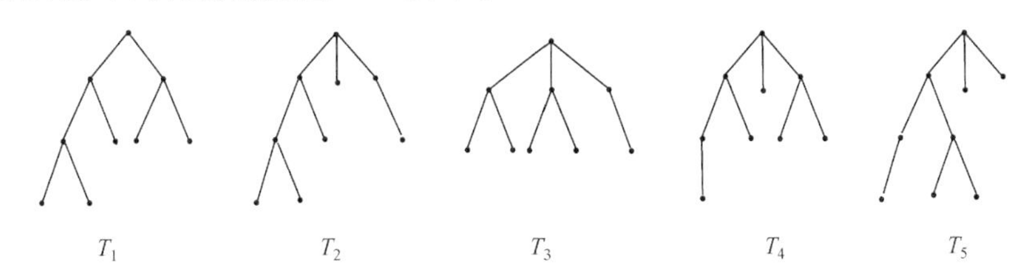

图 6.67 例 6.11.10 的不同构的树

【例 6.11.11】 设 T 是节点数大于等于 2 的非平凡无向树，度数最大的节点有 2 个，其度数为 $k(k\geqslant2)$，求 T 的树叶有几片？

相关知识 无向树、树叶、节点度数

分析 由握手定理及树中节点数与边数的关系容易计算。

解 设 T 有 x 片树叶，y 个节点的度数在 2 与 $k-1$ 间，则 T 有 $x+y+2$ 个节点，由握手定理有，$\sum\deg(v)=2|E(T)|=2(x+y+2-1)$。

又因树叶的度数为 1，2 个节点的度数为 k，得 $2(x+y+2-1)\geqslant x+2k+2y$，于是 $x\geqslant 2k-2$，即 T 至少有 $2k-2$ 片树叶。

【例 6.11.12】 设 G 是连通图且 e 是 G 的一条边。证明：e 是 G 的割边当且仅当 e 属于 G 的每一棵生成树。

相关知识 连通图、割边、生成树

分析 图的生成树是含边最少的连通子图，若增加一条边，则形成一条回路；若删除割边，则图不再连通。因此，采用反证法证明。

证明 充分性。设 e 是 G 的割边，若 G 中有一棵生成树 T 不包含 e，则 $T\cup\{e\}$必包含一个回路 C 且 $e\in C$。在 C 中删除 e 后 G 仍连通，与 e 是割边矛盾。因此，G 的每棵生成树都包含 e。

必要性。设 e 属于 G 的每一棵生成树，若 e 不是 G 的割边，则 $G-\{e\}$是连通图，所以 $G-\{e\}$中必存在生成树 T_1。而 $V(G-\{e\})=V(G)$，所以 T_1 也是 G 的生成树，但 T_1 中不包含 e，与 e 属于 G 的每一棵生成树矛盾。因此，e 是 G 的割边。

【例 6.11.13】 信息中心 A 与 8 个部门院系 B、C、D、E、F、G、H、K 之间拟建立信息联网工程，实际测算的费用如图 6.68(a)所示(单位：万元)。若不建立部分网线也能使中

心与各部门各院系都能相通(直接或中转)，则最小的建网费用是多少万元?

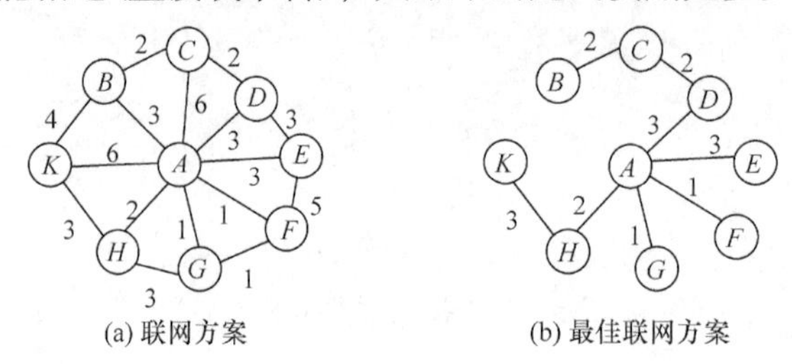

(a) 联网方案　　(b) 最佳联网方案

图 6.68　例 6.11.13 的图

相关知识　最小生成树

分析　最佳联网方案即图 6.68(a)的最小生成树，而连通图至少有一棵生成树，可以利用 Kruskal 算法和 Prime 算法寻找最小生成树。

解　由 Kruskal 算法得到一个最佳联网方案如图 6.68(b)所示，最小建网费用为 $W(T)=17$(万元)。

小　　结

本章利用非空节点集、边集及点边间的联系讨论图，需要深刻理解图论中图的基本概念，掌握图的节点度数、子图、补图、图同构的概念，掌握路、回路、简单路和基本路的定义。深刻理解图的连通性等概念，掌握矩阵对图的连通状况、节点邻接状况等的表示。重点掌握几种特殊图的性质、特征及应用。

1. 基本内容

(1)图的定义、节点和边的关联与相邻、节点的度数。

(2)子图、补图、图的同构。

(3)路、回路、连通图与非连通图、点割集与边割集、强(单侧、弱)连通与强(单侧、弱)分图。

(4)图的矩阵表示(邻接矩阵、可达性矩阵、完全关联矩阵)。

(5)欧拉路、欧拉图的性质与判定；哈密顿路、哈密顿图的性质与判定。

(6)平面图、欧拉定理、平面图中节点数和边数之间关系的不等式；库拉托夫斯基定理。

(7)对偶图与着色问题、五色定理与四色定理。

(8)树、子树、生成树、带权树等及最小生成树的算法。

(9)根树、m 叉树。

(10)二叉树的性质及最优二叉树的算法。

2. 基本要求

(1)掌握图的定义，节点的度数，以及节点的入度、出度与边数的关系。

(2)掌握子图、补图的概念，能判断两个图是否同构。

(3)掌握图的矩阵表示法，熟悉图的邻接矩阵、可达性矩阵、完全关联矩阵的算法。

(4)理解图中路径等概念，掌握判断有向图、无向图连通性的方法。

(5) 掌握欧拉路与欧拉图、哈密顿路与哈密顿图的定义、性质及判断方法。

(6) 掌握平面图的概念、性质及判定方法。

(7) 了解图着色概念，会进行着色并计算着色数。

(8) 掌握树的六个等价定义及性质，掌握连通图的生成树的概念，并能用 Kruskal 算法求最小生成树。

(9) 掌握根树、有序树、m 叉树的概念，掌握最优二叉树的算法。

3. 重点和难点

重点：深刻理解图的定义及基本性质，掌握路和图的连通性及造成不连通的点(边)割集，判定欧拉图和哈密顿图，平面图及着色，树及根树的概念、性质和应用。

难点：图的连通性，点连通度、边连通度，桥与割点的判断，特殊图的判定，树的讨论及应用。

上 机 练 习

1. 对给定图，编写程序求其可达性矩阵。
2. 编写函数，计算图中任意两个节点间指定长度的路及回路的数量。
3. 构造判断无向图的连通性及有向图的连通类型的算法。
4. 编程判断给定的图是否具有欧拉(回)路，若有，给出所有欧拉(回)路。
5. 设计求图中任意两点间最短路径的算法。
6. 构造加权图的最小生成树及其树权的算法。
7. 已知一组通信符号的使用频率，编写程序求其对应的前缀码。

习 题 6

1. 试证明：n 个节点的简单无向图中任一节点度数至多为 $n-1$。

2. 设无向图 $G=\langle V, E\rangle$，$|E|=8$。已知有 5 个 2 度节点，其他节点度数均小于 3。问 G 中至少有多少个节点？

3. 设图 G 有 10 条边，3 度和 4 度节点各 2 个，其余节点度数均小于 3，问 G 中至少有几个节点？在最少节点的情况下，写出 G 的度数序列、$\Delta(G)$、$\delta(G)$。

4. 设无向图 $G=(n, m)$，k 度节点有 n_k 个，每个节点或是 k 度节点或是 $k+1$ 度节点。证明：$n_k=n(k+1)-2m$。

5. 证明：(1) 在任意有向完全图中，所有节点入度的平方和等于所有节点的出度平方和。

(2) 在简单无向图 $G=(n, m)$ 中，$\delta(G)\leqslant\dfrac{2m}{n}\leqslant\Delta(G)$。

6. 能否画出满足下列度数序列的简单无向图？若可以，请画出相应的图；若不能，请说明理由。

(1) (0, 1, 3, 3, 3)。 (2) (3, 3, 2, 2)。

(3) (3, 3, 3, 3, 3, 3)。 (4) (3, 2, 2, 2, 1)。

(5) (7, 6, 5, 4, 3, 3, 2)。 (6) (1, 1, 1, 2, 3)。

(7) (2, 3, 3, 4, 6, 5)。 (8) (1, 3, 3, 4, 5, 6, 6)。

7. 设 G 是自补图，

(1)证明 G 对应的完全图的边数必是偶数。

(2)试画出不同构的 5 个节点的自补图。是否存在 3 个或 6 个节点的自补图?

8. 试画出满足下列条件的图。

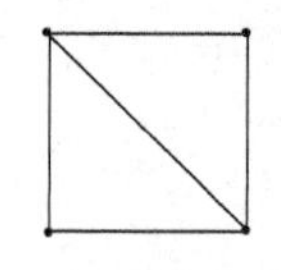

图 6.69　习题 9 的图

(1)4 个节点 2 条边的所有非同构的简单无向图。

(2)3 个节点 2 条边的所有非同构的简单有向图。

(3)5 个节点 3 条边的所有非同构的简单无向图及其补图。

(4)完全图 K_4 的所有非同构的生成子图，并指出其自补图。

9. 试画出图 6.69 的所有不同构的生成子图。

10. 试判断图 6.70 的各组图是否同构，并说明理由。

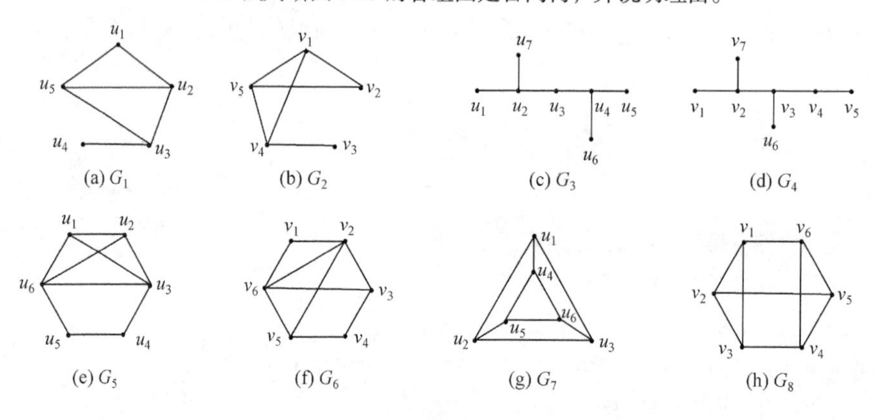

图 6.70　习题 10 的图

11. 对下列命题给出证明或反例。

(1)若无向图 G 中只有两个奇数度节点，则这两个节点一定是连通的。

(2)若有向图 G 中只有两个奇数度节点，则它们一个可达另一个或互相可达。

(3)若 (n, m) 图是连通的，则 $m \geqslant n-1$。

12. 若简单无向图 G 是不连通的，则 G 的补图 $\overline{G}$ 是连通的。

13. 设 n 阶简单无向图 G 有 m 条，证明：

(1)若每对节点 u 和 v，都有 $\deg(u)+\deg(v) \geqslant n-1$，则 G 是连通的。

(2)若 G 的边数 $m > \mathrm{C}_{n-1}^{2}$，则 G 是连通的。

14. 设 $V=\{a, b, c, d\}$，下面的边集 E 能否与 V 构成强连通图。

(1) $E=\{\langle a, b\rangle, \langle a, c\rangle, \langle b, d\rangle, \langle c, d\rangle, \langle d, a\rangle\}$。

(2) $E=\{\langle a, d\rangle, \langle b, a\rangle, \langle b, c\rangle, \langle b, d\rangle, \langle d, c\rangle\}$。

(3) $E=\{\langle a, c\rangle, \langle b, a\rangle, \langle b, c\rangle, \langle d, a\rangle, \langle d, c\rangle\}$。

(4) $E=\{\langle a, d\rangle, \langle b, a\rangle, \langle b, d\rangle, \langle c, d\rangle, \langle d, c\rangle\}$。

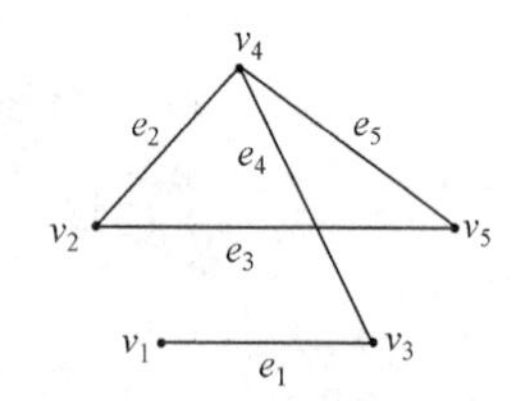

图 6.71　习题 15 的图

15. 试求图 6.71 的邻接矩阵、完全关联矩阵。

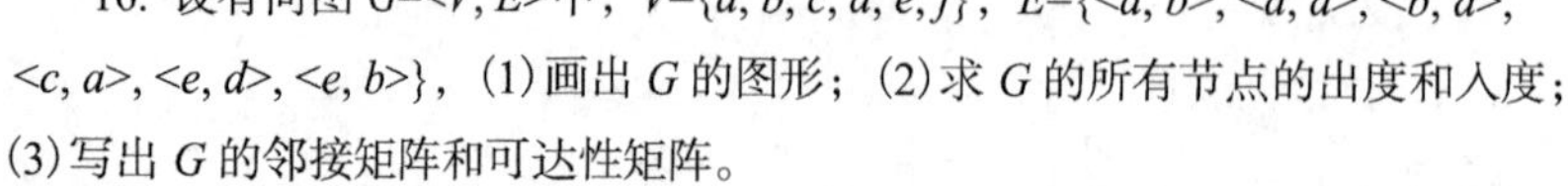

16. 设有向图 $G=\langle V, E\rangle$ 中，$V=\{a, b, c, d, e, f\}$，$E=\{\langle a, b\rangle, \langle a, d\rangle, \langle b, d\rangle, \langle c, a\rangle, \langle e, d\rangle, \langle e, b\rangle\}$，(1)画出 G 的图形；(2)求 G 的所有节点的出度和入度；(3)写出 G 的邻接矩阵和可达性矩阵。

17. 在有向图 G 中 $V=\{1, 2, 3, 4, 5\}$，$E=\{\langle 1, 2\rangle, \langle 1, 4\rangle, \langle 2, 3\rangle, \langle 3, 4\rangle, \langle 3, 5\rangle, \langle 5, 2\rangle\}$，求 G 的邻接矩

阵 $\boldsymbol{A}$ 和可达性矩阵 $\boldsymbol{P}$，并求图中长度为 3 和 4 的回路的数目。

18. 在图 6.72 所示的有向图中，试求：

(1) G_1 中长度为 2 的路的总数和回路总数。

(2) G_2 中长度为 4 的路的总数和回路总数。

19. 在图 6.73 所示的有向图 G 中，

(1) v_1 到自身长度分别为 1、2、3、4、5 的回路有多少条？

(2) v_1 到 v_4、v_4 到 v_1 长度为 4 的路各有多少条？

(3) 长度为 5 的路共有多少条？其中有多少条是回路？

(4) 长度不超过 5 的回路共有多少条？

(5) 写出 G 的邻接矩阵、可达性矩阵和完全关联矩阵，并判断它们的连通性。若不是强连通图，求出相应的强分图和单侧分图。

20. 在图 6.74 中，

(1) 给出具有 3 条边和 4 条边的边割集。

(2) 求一个最小的点割集。

(3) 证明：$\kappa(G)=\lambda(G)$。

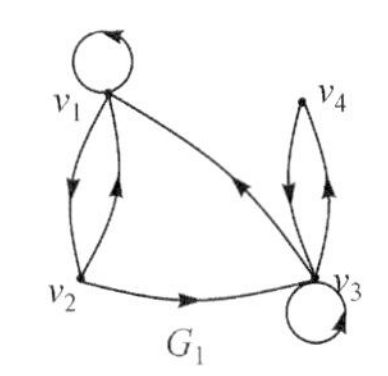

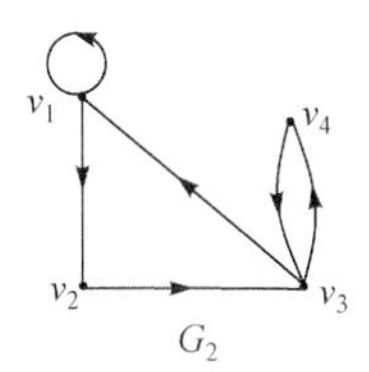

图 6.72　习题 18 的图

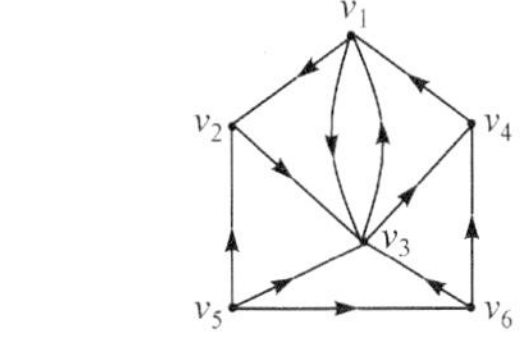

图 6.73　习题 19 的图

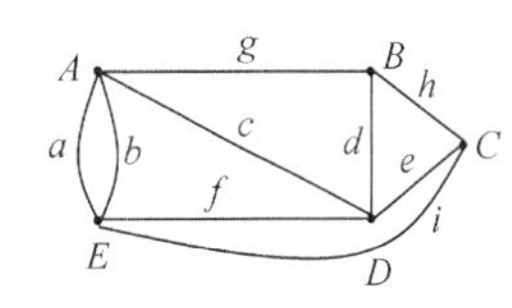

图 6.74　习题 20 的图

21. 图 6.75 中各图能否一笔画出？

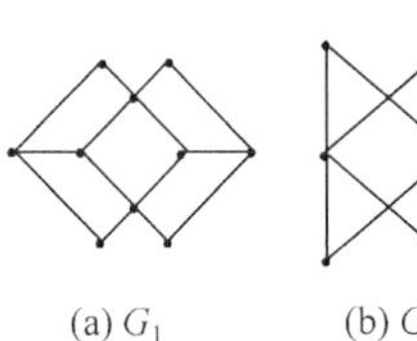

(a) G_1　(b) G_2

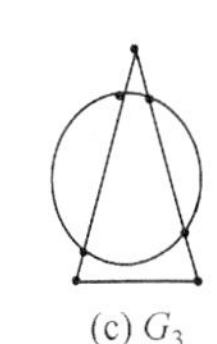

(c) G_3

(d) G_4

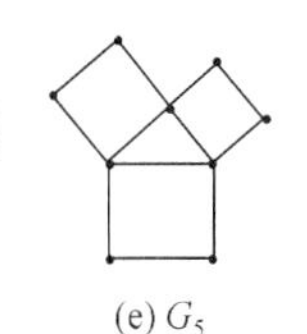

(e) G_5

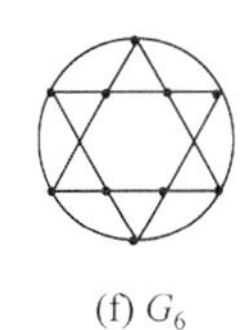

(f) G_6

图 6.75　习题 21 的图

22. 设连通无向图 G 有 $k\,(k\geqslant2)$ 个奇数度节点，试问在 G 中至少需添加多少条边才能使其成为欧拉图？并证明你的结论。

23. 画一个分别满足下列条件的图。

(1) 有欧拉回路和哈密顿回路。

(2) 有欧拉回路，但没有哈密顿回路。

(3) 没有欧拉回路，但有哈密顿回路。

(4) 既没有欧拉回路，也没有哈密顿回路。

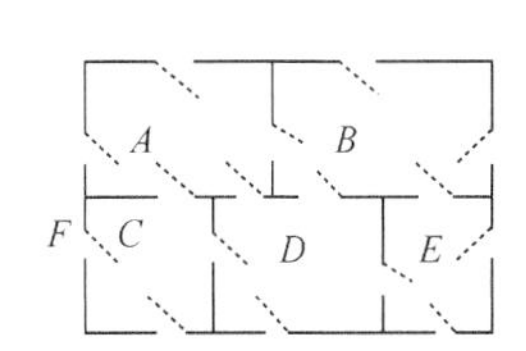

图 6.76　习题 24 的图

24. 图 6.76 是一个展览馆的平面图，馆里各相邻房间之间都有门（共 16 扇）。一个参观者来到展览馆门外，他想在参观过程中，把馆里所有的门都不重复地穿行一遍后出来，这个想法是否能实现？

25. 若有向图 G 有一条单向的欧拉回路，它是否一定是强连通的？反之呢？请说明理由。

26. 试判断图 6.77 中各图是否是哈密顿图。

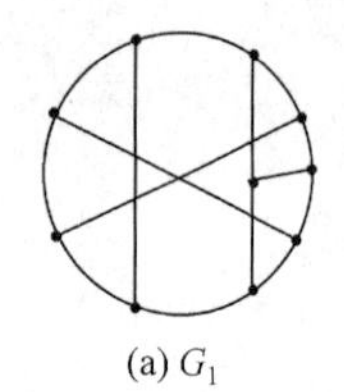
(a) G_1

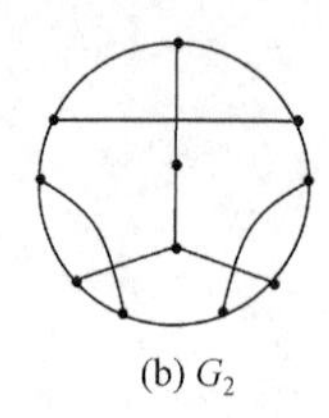
(b) G_2

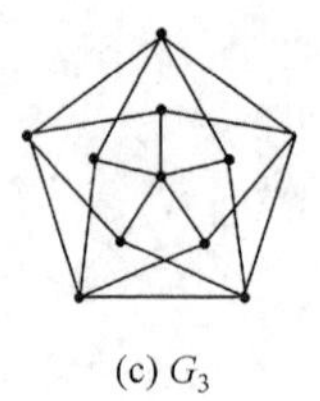
(c) G_3

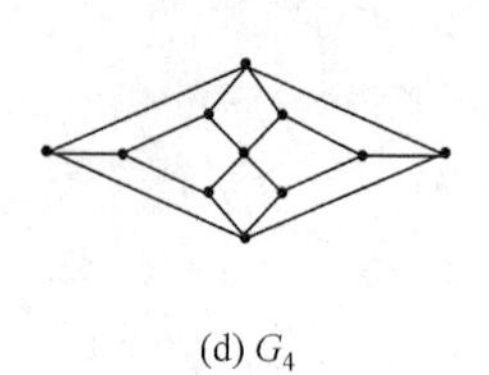
(d) G_4

图 6.77　习题 26 的图

27. 安排 $2k(k\geqslant 2)$ 个人去完成 k 项任务。已知每个人均能与另外 $2k-1$ 个人中的 k 个人中的任何人组成小组(每组 2 个人)去完成他们共同熟悉的任务，问这 $2k$ 个人能否分成 k 组(每组 2 人)，每组完成一项他们共同熟悉的任务？

28. 设计一种由 9 个 A，9 个 B，9 个 C 组成的圆形玩具，使得字母$\{A, B, C\}$组成的长度为 3 的 27 个字的每个字仅出现一次。

29. 一次学术会议的理事会共有 20 个人参加，他们之间有的相互认识但有的相互不认识。但对任意两个人，他们各自认识的人的数目之和不小于 10。问能否把这 20 个人排在圆桌旁，使得任意一个人认识其旁边的两个人?根据是什么?

30. 设有 a、b、c、d、e、f、g 七个人，已知 a 会讲英语，b 会讲英语、汉语，c 会讲英语、俄语，d 会讲日语、汉语，e 会讲德语、俄语，f 会讲法语、日语，g 会讲法语、德语。试用图论方法安排圆桌座位，使每人都能与其身边的人交谈。

31. 某工厂生产由 6 种颜色的纱织成的双色布。已知在所有品种中，每种颜色至少分别与其他 5 种颜色中的 3 种颜色搭配。试证明：可以挑出 3 种双色布，它们恰好有 6 种颜色。

32. 判断图 6.78 中哪些是平面图。

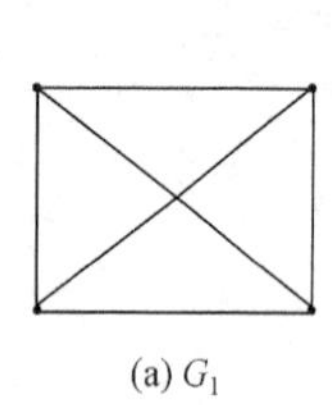
(a) G_1

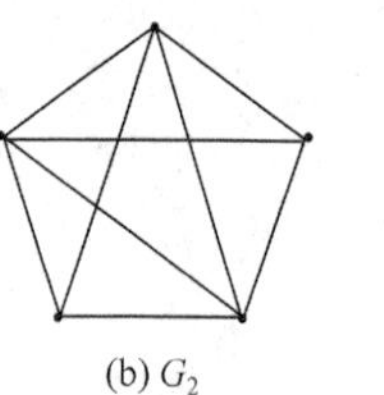
(b) G_2

(c) G_3

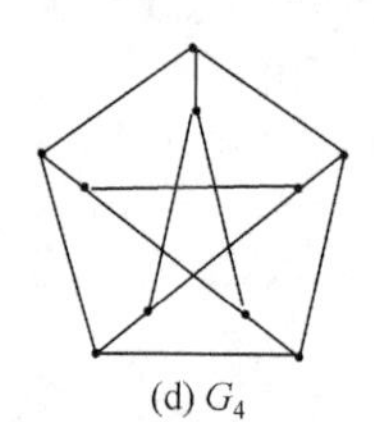
(d) G_4

图 6.78　习题 32 的图

33. 在有 $n(n>2)$ 个节点的简单无向完全图 G 中，哪些是欧拉图？哪些是平面图？

34. 若图 G 是 (n, m) 平面图，并且 G 的所有面全由长度为 3 的回路围成，证明：$m=3n-6$。

35. n 阶简单无向图 G 由图 H 和两个孤立点组成，若图 H 不含孤立点，G 的补图 $\overline{G}$ 为平面图，试证明图 H 是连通图。

36. 若 G 是每个面由 4 条或 4 条以上的边围成的连通平面图，证明：$e\leqslant 2v-4$，其中 e 和 v 分别是 G 的边数和节点数。

37. 已知一个平面图中节点数为 10，每个面均由 4 条边围成，求该平面图的边数和面数。

38. 简单连通平面图 G 有 6 个节点，12 条边，试确定每个面的次数。

39. 一个连通平面图 G 有 10 条边，1 度节点有 2 个，其余都是 6 度的节点，求 G 的节点数和面数。

40. 设 G 为简单连通平面图，证明 G 中至少有一个节点的度数小于等于 5。

41. 用 Powell 算法对图 6.79 中各图着色，并求其着色数。

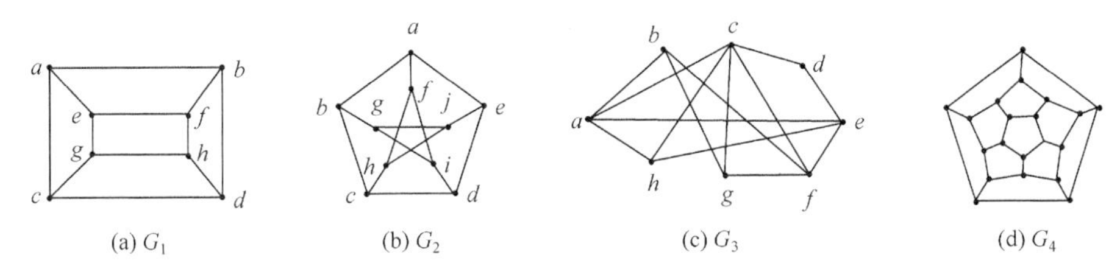

(a) G_1　(b) G_2　(c) G_3　(d) G_4

图 6.79　习题 41 的图

42. 某系有 10 位老师 $a_1, a_2, \cdots, a_{10}$，秋季学期开设 7 门课程 $b_1, b_2, \cdots, b_7$，a_1能承担 b_1、b_5和 b_6，a_2能承担 b_2、b_6和 b_7，a_3能承担 b_3和 b_4，a_4能承担 b_1和 b_5，a_5能承担 b_6和 b_7，a_6只能承担 b_3，a_7能承担 b_2和 b_3，a_8能承担 b_1和 b_3，a_9只能承担 b_1，a_{10}只能承担 b_5。如何安排课程使没有课上的老师人数最少？

43. 试求下列问题。

(1) 一棵树有 8 个节点，4 度、3 度、2 度的分支点各有一个，问该树有几片树叶？试画出所有不同构的这种树。

(2) 一棵树有 3 个 3 度节点，1 个 2 度节点，其余都是树叶。问该树有几片树叶？试画出两棵不同构的这种树。

44. 设树 T 是完全 m 叉树 $(m>1)$，其叶子节点数为 t。

(1) 用数学归纳法证明：树 T 的分支节点数 $i=(t-1)/(m-1)$。

(2) 若 $m=5$，$t=17$，求树 T 的边数。

45. 证明：(1) 完全二叉树中，节点个数必是奇数，边数等于 $2(n-1)$，其中 n 是树叶数。

(2) 设 T 是二叉树，其出度为 2 的节点有 n_2 个，树叶数为 n_0，证明 $n_0=n_2+1$。

46. 在完全图 K_5 中，

(1) 有多少棵生成树？

(2) 有多少个不同构的有 4 条边的生成子图和生成树？

47. 分别画出满足下列条件的树或图。

(1) 所有不同构的 5 阶和 6 阶无向树。

(2) 所有不同构的具有 3 个节点的树和 3 个节点的二叉树。

48. 设一台计算机有一条加法命令可计算 3 个数的和，如果要计算 9 个数的和，至少要执行几次加法命令？并用树表示该运算。

49. 设图 $G=\langle V, E\rangle$，其中 $V=\{a, b, c, d, e, f\}$，$E=\{\langle a, b\rangle, \langle a, c\rangle, \langle a, e\rangle, \langle b, d\rangle, \langle b, e\rangle, \langle c, e\rangle, \langle d, e\rangle, \langle d, f\rangle\}$，边权分别为 5、2、1、2、6、1、9、3。(1) 试画出图 G。(2) 写出 G 的邻接矩阵和可达性矩阵。(3) 求 G 的最小生成树及其权值。

50. 某发电厂 a 要向 b、c、d、e 四个地点送电，已知发电厂可以和 b、c、d 直接架接电线，地点 e 可以和 b 与 d 直接架设电线，其他出于地理原因无法直接架设电线，在 a、b、c、d 和 e 之间架设电线时不能有回路存在，否则会造成浪费。请找出所有电线架设方案，使从 a 可向 b、c、d、e 供电。

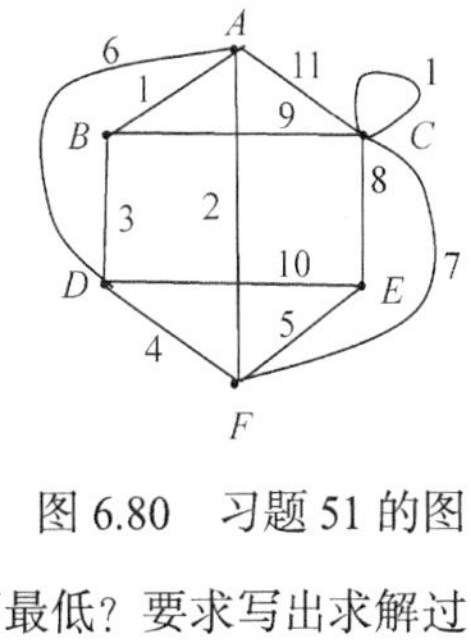

图 6.80　习题 51 的图

51. 有 6 个村庄 $V_i\,(i=1, 2, \cdots, 6)$ 欲修建道路使村村可通。现已有修建方案，如赋权无向图 6.80 所示，其中边表示道路，边上的数字表示修建该道路所需费用。试问应选择修建哪些道路可使得任意两个村庄之间是可通的且总的修建费用最低？要求写出求解过程，画出符合要求的最低费用的道路网络图，并计算其费用。

52. 对图 6.81 的两个无向赋权图，分别求一棵最小生成树并计算其权，要求写出解的过程。

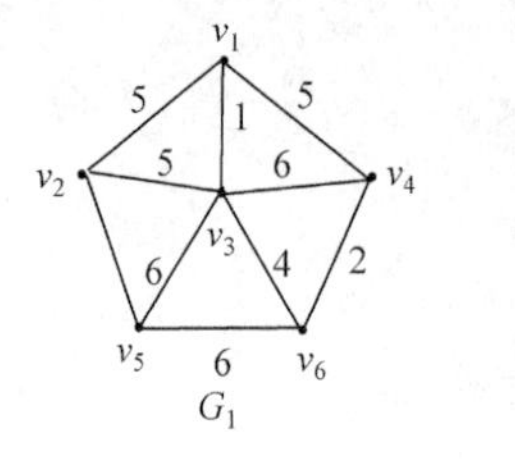

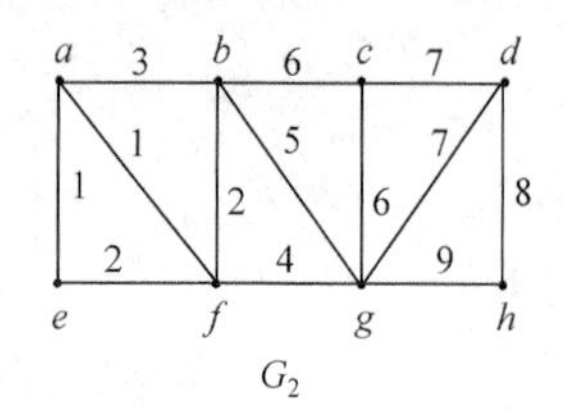

图 6.81　习题 52 的图

53. 某城市拟在六个区之间架设有线电话网，其网点间的距离由下列有权矩阵 $\boldsymbol{M}$ 给出，请绘出赋权图，给出架设线路的最优方案，并计算线路的总长度，其中

$$\boldsymbol{M}=\begin{pmatrix} 0 & 1 & 0 & 2 & 9 & 0 \\ 1 & 0 & 4 & 0 & 8 & 5 \\ 0 & 4 & 0 & 3 & 0 & 10 \\ 2 & 0 & 3 & 0 & 7 & 6 \\ 9 & 8 & 0 & 7 & 0 & 0 \\ 0 & 5 & 10 & 6 & 0 & 0 \end{pmatrix}。$$

54. 世界六大城市间的航线距离见表 6.9，求连接此六大城市的最短距离航线。

表 6.9　城市间的距离　　　　（单位：英里）

	伦敦	墨西哥	纽约	巴黎	北京	东京
伦敦	—	5558	3469	214	5074	5959
墨西哥	5558	—	2090	5725	7753	7035
纽约	3469	2090	—	3636	6844	6757
巴黎	214	5725	3636	—	5120	6053
北京	5074	7753	6844	5120	—	1307
东京	5959	7035	6757	6053	1307	—

55. 某城市改造建立一个新区，如图 6.82 所示，节点表示新区内各单位及居民小区，边表示道路，边上的数字表示道路的长度。需要在该新区建一所医院，请为医院选择合适的地址。

56. 图 6.83 所示的网络中每条弧旁的数字，第一个表示网络的容量，第二个表示网络的单位运费。

(1)用标记法求最大流及最小割集。

(2)求网络输送最大流的最小费用。

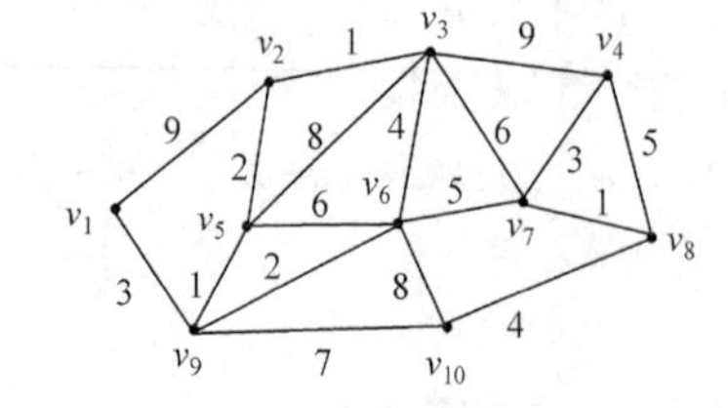

图 6.82　习题 55 的图

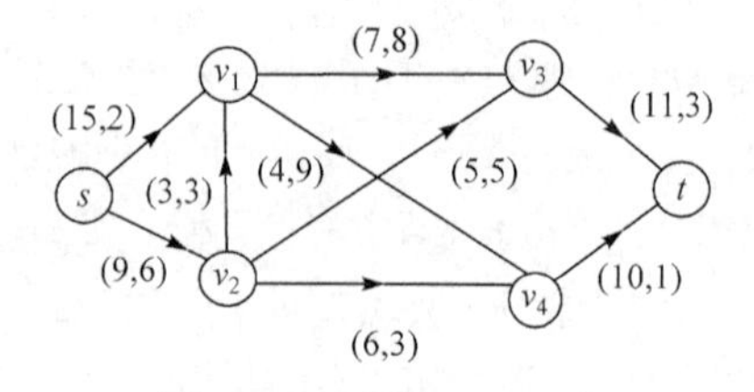

图 6.83　习题 56 的网络

57. 某公司甲、乙两个分厂生产某产品各 80 件和 70 件，全部运往 a、b、c 三地，其中 a 地需 40 件，b 地需 50 件，c 地需 60 件。从甲公司运往 a、b、c 三地的单位运费分别是 0.5 万元、0.6 万元、0.3 万元。从乙公司运往 a、b、c 三地的单位运费分别是 0.3 万元、0.4 万元、0.2 万元。如何调运，使得在满足各地需求的情况下，总支出调运成本最小？

58. 某县遭水灾，县政府组织人员对全县各乡(镇)、村进行巡视。该县的乡(镇)、村公路网如图 6.84 所示。

(1)分三组进行巡视，请设计总路程最短且各组尽可能均衡的巡视路线。

(2)假设巡视人员在各乡(镇)停留时间 T=2h，各村停留时间 t=1h，汽车行驶速度 V=35km/h。要在 24h 内完成巡视，至少应分几组？给出这种分组下的最佳巡视路线。

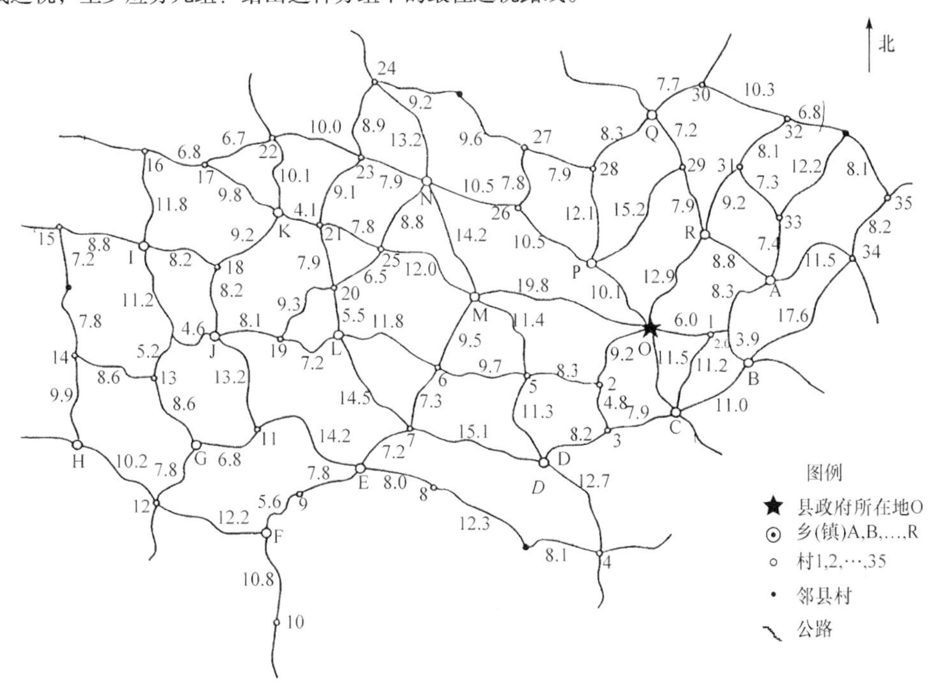

图 6.84　习题 58 的网络

59. 构造一棵权数为 1、4、9、16、25、36、49、64、81、100 的最优二叉树，并求其对应的前缀码。

60. 画出命题公式 $(P\wedge(\neg P\vee Q))\vee((\neg P\vee Q)\wedge\neg Q)$ 的二叉树表示，并写出三种遍历结果。

第四篇　代 数 系 统

代数结构又称为近世代数或抽象代数，是近代数学重要分支之一，也是计算机科学重要的研究工具。代数结构是建立在抽象集合基础上以代数运算为研究对象的学科，用代数的方法从不同的研究对象中概括出一般的数学模型，并研究其规律和性质。

代数学的研究历史十分悠久，人们一直十分关注代数方程的根式解，1770 年法国数学家约瑟夫·拉格朗日(Joseph-Louis Lagrange)提出方程根的排列置换理论，1831 年法国数学家埃瓦里斯特·伽罗瓦(Evariste Galois)在前人研究成果的基础上，系统地研究了方程根的排列置换性质，并提出群的概念。他通过研究与方程相关的群的性质(现称为伽罗瓦群)，彻底解决了五次以上方程是否有根式解的问题，成为群论的创建者。伽罗瓦群的思想是现代数学最重要的概念之一，对近代数学的发展产生了极其深远的影响，导致代数学研究对象和方法发生重大变革，开辟了代数学的一个崭新天地。

抽象代数学的研究对象是各种各样抽象的代数系统，不是以某一具体对象为研究对象，而是把一些形式上不相同的对象，撇开其个性抽出其共性，用统一的方法描述、研究和推理，从而得到一些反映事物本质的结论，其研究成果适用于这一类对象中的每个对象，不仅是数学的一些分支如数论、范畴论等的基础，还在力学、物理学、生物学、化学、计算机科学等领域得到广泛应用。代数系统的概念和方法是研究计算机科学与工程的重要数学工具，半群理论在自动机和形式语言中有重要作用，有限域理论是编码理论的数学基础，在通信中发挥重要作用，格和布尔代数理论是电路设计、计算机硬件设计、通信系统设计的重要工具。抽象代数在网络中关于纠错码的能力、描述机器可计算的函数、研究运算的复杂性、分析程序设计语言的语义、信息安全及密码学等方面都有广泛的应用。

本篇主要介绍代数系统的一般理论和性质，分析讨论群、环、域等重要代数系统，并深入研究格和布尔代数等特殊的代数系统。

第 7 章　代 数 结 构

本章从一般代数系统的引入出发，在集合、关系和函数等概念基础上，研究更为复杂的对象——代数系统，研究代数系统的性质和特殊元素及代数系统间的关系。

7.1　代数系统的基本概念

7.1.1　*n* 元运算及代数系统

通俗地说，代数系统研究的是对象的集合及其上的运算组成的数学结构，其中的运算决定了代数系统的性质。

【例 7.1.1】 整数集上的加法、减法、乘法、除法运算；谓词公式集合上公式的否定、合取、析取、条件、双条件运算；矩阵集合上的加法、乘法、幂、逆运算；集合的交、并、差运算；关系的复合、逆、闭包运算；位串的按位与、按位或、按位非等。

定义 7.1.1 设 A、B 是非空集合，从 A^n 到 B 的映射 f: $A^n \to B$，称为集合 A 上的一个 n 元运算，其中 $n(n \geqslant 1)$ 是自然数，称为运算的元数。若 $B \subseteq A$，则称该运算在 A 上封闭。

例如，例 7.1.1 中整数集上的加法、减法、乘法是封闭的二元运算。谓词公式集合上，否定是一元运算，合取、析取、条件、双条件是二元运算，都是封闭的。关系的复合运算是二元运算，逆运算是一元运算，都是封闭的。

【例 7.1.2】 (1) 设 f_1：$x \to \dfrac{1}{x}$，$A=\mathbf{R}-\{0\}$，$\mathbf{R}$ 是实数集，则 f_1 是 A 上封闭的一元运算，但不是 $\mathbf{R}$ 上的运算。

(2) 设 f_2：$(x, y) \to 2x+5y$，$x, y \in \mathbf{R}$，则 f_2 是 $\mathbf{R}$ 上封闭的二元运算。

(3) 设 f_3：$(x, y) \to x-y$，$x, y \in \mathbf{N}$，$\mathbf{N}$ 是自然数集，则 f_3 是 $\mathbf{N}$ 上的二元运算，但不封闭，因为 $x-y$ 可能为负数。

(4) 设 M_n 为 $n(n \geqslant 2)$ 阶实矩阵集合，方阵的行列式是其上一元运算，但求逆矩阵不是其上的运算，因为并不是所有的方阵都可逆。

(5) 设 A 是任意字符串的集合，对 $\forall a, b \in A$，定义运算$\circ$：$a \circ b=ab$，即将字符 b 并在 a 后面，称为并置运算，$\circ$是二元运算。若设 A 是单字母集，则运算$\circ$不是 A 上的封闭运算。

(6) 设 A 是集合，S 是 A 上所有函数的全体，则求逆函数不是 S 上的运算，因为不是所有函数都存在逆函数，只有双射函数才有逆函数。

一般用运算符表示运算，如$-$、$\neg$、$\sim$等符号表示一元运算，$\oplus$、$\otimes$、$*$等表示二元运算。可以用函数的解析公式表示一个运算，也可以用一张表表示运算，称为运算表，如九九乘法表、命题联结词的真值表等。

例如，$A=\{a_1, a_2, \cdots, a_n\}$为有限集，表 7.1 定义了 A 上的一个二元运算$*$，其中(i, j)位置上的值表示元素 $a_i * a_j$。

表 7.1 二元运算表

$*$	a_1	a_2	$\cdots$	a_n
a_1	a_1*a_1	a_1*a_2	$\cdots$	a_1*a_n
a_2	a_2*a_1	a_2*a_2	$\cdots$	a_2*a_n
$\vdots$	$\vdots$	$\vdots$		$\vdots$
a_n	a_n*a_1	a_n*a_2	$\cdots$	a_n*a_n

【例 7.1.3】 设 $A=\{1, 2, 3\}$，定义 A 上的二元运算$*$：$x*y=(x+y) \bmod 3$，则其运算表见表 7.2。

表 7.2 例 7.1.3 中运算$*$的运算表

$*$	1	2	3
1	2	0	1
2	0	1	2
3	1	2	0

定义 7.1.2 一个非空集合 A 连同若干个定义在 A 上的运算 $f_1, f_2, \cdots, f_k$ 所组成的系统称为一个代数系统或代数结构，简称为代数，记作 $<A, f_1, f_2, \cdots, f_k>$。若 A 是有限集，则称为有限代数系统，否则称为无限代数系统。

两个代数系统，当且仅当它们的集合及运算完全相同时，才称为相等的代数系统。

在一个代数系统中，一般将一元运算写在二元运算的后面。

【例 7.1.4】 (1) 设 A 是有限集，$\wp(A)$ 是 A 的幂集，∩、∪、~是集合间的交、并、补运算，则 $<\wp(A), \cap, \cup, \sim>$ 构成一个代数系统，称为集合代数。

(2) 设 M_n 为 $n(n \geqslant 2)$ 阶实矩阵集合，⊕、⊗ 和∗分别表示矩阵的加法、乘法及转置，则 $<M_n, \oplus, \otimes, *>$ 是代数系统。

(3) 设 A 为命题公式集合，¬、∧、∨分别是否定、合取、析取联结词，则 $<A, \wedge, \neg>$、$<A, \vee, \neg>$、$<A, \wedge, \vee, \neg>$ 都是代数系统，称为命题代数。

(4) 设 $\mathbf{Z}$ 是整数集，对整数的普通乘法×、加法+，$<\mathbf{Z}, \times>$、$<\mathbf{Z}, +, \times>$ 是代数系统。

7.1.2 二元运算的性质

有些代数系统形式不同，但运算具有一些共同性质。

定义 7.1.3 设∗和Δ是定义在集合 A 上的二元运算，对 $\forall x, y, z \in A$，

(1) 若 $x*y \in A$，则称∗在 A 上封闭。

(2) 若 $x*y=y*x$，则称∗是可交换的，或称∗在 A 上满足交换律。

(3) 若 $(x*y)*z=x*(y*z)$，则称∗是可结合的，或称∗在 A 上满足结合律。

(4) 若 $x*x=x$，则称∗是等幂的。若 A 中存在 u 满足 $u*u=u$，则称 u 是关于运算∗的幂等元。

(5) 若∗和Δ都是可交换的，且 $x*(x\Delta y)=x$，$x\Delta(x*y)=x$，则称∗和Δ满足吸收律。

(6) 若 $x*(y\Delta z)=(x*y)\Delta(x*z)$ 或 $(y\Delta z)*x=(y*x)\Delta(z*x)$，则分别称∗对Δ是左可分配或右可分配的，或者称∗对Δ满足左分配律或右分配律。

一般地，若∗对Δ满足分配律，则有广义分配律：

$$x*(y_1\Delta y_2\Delta\cdots\Delta y_n)=(x*y_1)\Delta(x*y_2)\Delta\cdots\Delta(x*y_n)$$

$$(y_1\Delta y_2\Delta\cdots\Delta y_n)*x=(y_1*x)\Delta(y_2*x)\Delta\cdots\Delta(y_n*x)$$

注 分配律不是对称的，即∗对Δ可分配，不能保证Δ对∗可分配。

若代数系统中的运算∗是可结合的，则当 n 为正整数时，记 $x*x*\cdots*x=x^n$，称为 x 的 n 次幂。一般地，$x^{n+1}=x^n*x$。

【例 7.1.5】 (1) 普通加法和乘法在 **N**、**Z**、**Q**、**R** 上都是可交换、可结合的，但减法不满足交换律和结合律。

(2) 矩阵乘法不可交换，矩阵乘法对矩阵加法是可分配的。

(3) 关系的传递闭包运算对并运算是不可分配的。

(4) 命题公式的合取、析取运算可交换，条件运算不可交换。

(5) 关系的复合运算不满足等幂律，恒等关系对复合运算是幂等元。

(6) 集合的交、并运算满足交换律、等幂律、吸收律。空集 ∅ 是集合上交运算的幂等元。

【例 7.1.6】 设 $A=\{\alpha, \beta\}$，在 A 上定义两个二元运算∗和Δ见表 7.3，试问运算Δ与∗间是否可分配？

表 7.3　例 7.1.6 中运算∗和Δ的运算表

(a) ∗

$*$	α	β
α	α	β
β	β	α

(b) Δ

Δ	α	β
α	α	α
β	α	β

解　因为 $\alpha\Delta(\alpha*\beta)=\alpha\Delta\beta=\alpha$，$(\alpha\Delta\alpha)*(\alpha\Delta\beta)=\alpha*\alpha=\alpha$，所以 $\alpha\Delta(\alpha*\beta)=(\alpha\Delta\alpha)*(\alpha\Delta\beta)$。而 $(\alpha*\beta)\Delta\alpha=\beta\Delta\alpha=\alpha$，$(\alpha\Delta\alpha)*(\beta\Delta\alpha)=\alpha*\alpha=\alpha$，故 $(\alpha*\beta)\Delta\alpha=(\alpha\Delta\alpha)*(\beta\Delta\alpha)$。

其余情况可类似证明，所以Δ对∗是可分配的。

而 $\beta*(\alpha\Delta\beta)=\beta*\alpha=\beta$，$(\beta*\alpha)\Delta(\beta*\beta)=\beta\Delta\alpha=\alpha$，但 $\alpha\neq\beta$，所以 $\beta*(\alpha\Delta\beta)\neq(\beta*\alpha)\Delta(\beta*\beta)$，故运算∗对Δ不可分配。

7.1.3　代数系统的特异元

在代数系统中，除关注运算的性质外，还考虑运算的特异元，也称为代数常元。

定义 7.1.4　设∗是定义在集合 A 上的二元运算，对 $\forall x\in A$，

(1) 若 $\exists e_\ell\in A$，使得 $e_\ell*x=x$，则称 e_ℓ 为运算∗的左幺元或左单位元。

(2) 若 $\exists e_r\in A$，使得 $x*e_r=x$，则称 e_r 为运算∗的右幺元或右单位元。

(3) 若 $\exists e\in A$，使得 $x*e=e*x=x$，e 既是左幺元又是右幺元，则称 e 为运算∗的幺元或单位元。

【例 7.1.7】　设 $\mathbf{R}$ 是实数集，∗是 $\mathbf{R}$ 上的二元运算，对 $\forall x, y\in\mathbf{R}$，有 $x*y=y$。试问 $\mathbf{R}$ 中是否存在左幺元、右幺元和幺元？

解　因为对 $\forall x, y\in\mathbf{R}$，均有 $x*y=y$，所以所有实数都是运算∗的左幺元。

但没有右幺元。若不然，设 c 是运算∗的右幺元，有 $(c+1)*c=c+1$，由运算∗的定义得 $(c+1)*c=c$，故 $c=c+1$，矛盾。因此，运算∗中无右幺元，从而没有幺元。

定义 7.1.5　设∗是定义在集合 A 上的二元运算，对 $\forall x\in A$，

(1) 若 $\exists\theta_\ell\in A$，使得 $\theta_\ell*x=\theta_\ell$，则称 θ_ℓ 为运算∗的左零元。

(2) 若 $\exists\theta_r\in A$，使得 $x*\theta_r=\theta_r$，则称 θ_r 为运算∗的右零元。

(3) 若 $\exists\theta\in A$，使得 $x*\theta=\theta*x=\theta$，θ 既是左零元又是右零元，则称 θ 为运算∗的零元。

显然，幺元和零元都是幂等元。

定义 7.1.6　设代数系统 $\langle A, *\rangle$，∗是定义在 A 上的二元运算，且 e 是运算∗的幺元。对 A 中的某个元素 a，

(1) 若 $\exists b\in A$，使 $b*a=e$，则称 b 为 a 的左逆元。

(2) 若 $\exists b\in A$，使 $a*b=e$，则称 b 为 a 的右逆元。

(3) 若 $\exists b\in A$，使 $a*b=b*a=e$，则称 b 为 a 的逆元，a 为可逆元。

显然，若 b 是 a 的逆元，则 a 也是 b 的逆元，称 a 与 b 互为逆元。幺元 e 是可逆元，其逆元是其本身。

利用运算表判断代数系统 $\langle A, *\rangle$ 中运算∗的性质及特异元，方法如下。

(1) 运算∗是封闭的当且仅当运算表中每个元素都属于 A。

(2) 运算∗是可交换的当且仅当运算表关于主对角线对称。

(3) 运算∗是等幂的当且仅当运算表的主对角线上每个元素与它所在的行(列)的表头元素相同。

(4) A 关于运算*有零元当且仅当该元素所对应的行和列中的元素都与之相同。

(5) A 关于*有幺元当且仅当该元素所对应的行和列依次与运算表的表头元素都相同。

(6) 设 A 中有幺元，元素 a 与 b 互逆当且仅当位于 a 所在行 b 所在列的交点元素为幺元，同时 b 所在行 a 所在列的交点元素也为幺元。

【例 7.1.8】 设集合 $S=\{a, b, c, d, f\}$，定义运算*见表 7.4，代数系统 $<S, *>$ 中是否存在幺元、零元、可逆元？

表 7.4 例 7.1.8 中的运算*

*	a	b	c	d	f
a	a	b	c	d	f
b	b	d	a	c	d
c	c	a	b	a	b
d	d	a	c	b	c
f	f	d	a	c	f

解 由运算表 7.4 知，a 为运算*的幺元，没有零元。求逆元时，只需考察运算表中结果为 a 的情况。

因为 $a*a=a$，所以 a 以自身为逆元。

因为 $b*c=c*b=a$，所以 b 与 c 互为逆元。

因为 $c*d=a$，所以 c 是 d 的左逆元，d 是 c 的右逆元。

因为 $d*b=a$，所以 d 是 b 的左逆元，b 是 d 的右逆元。

因为 $f*c=a$，所以 f 是 c 的左逆元，c 是 f 的右逆元。

于是，$<S, *>$ 中各元素的逆元情况见表 7.5。

表 7.5 例 7.1.8 中各元素的逆元

元素	a	b	c	d	f
左逆元	a	c、d	b、f	c	无
右逆元	a	c	b、d	b	c

注 一般地，一个元素的左逆元和右逆元不一定存在，若存在也不一定相等，还可能不唯一，此时运算表中该元素对应的列或行中没有幺元。

代数系统中特异元有如下性质。

定理 7.1.1 设*是定义在集合 A 上的二元运算，关于运算*，

(1) 若 A 中有左幺元 e_ℓ 和右幺元 e_r，则 $e_\ell=e_r=e$，且 e 是 A 中唯一的幺元。

(2) 若 A 中有左零元 θ_ℓ 和右零元 θ_r，则 $\theta_\ell=\theta_r=\theta$，且 θ 是 A 中唯一的零元。

(3) 若 A 中有幺元 e，每个元素都有左逆元，且*是可结合的，则每个元素的左逆元必定也是其右逆元，且每个元素的逆元唯一。

元素 x 的逆元如果存在则是唯一的，通常将 x 的唯一逆元记作 x^{-1}。

定理 7.1.2 设 $|A|>1$，若代数系统 $<A, *>$ 中存在幺元 e 和零元 θ，则 $e\neq\theta$。

证明 用反证法。假设 $e=\theta$，由 $|A|>1$，则存在元素 $x\in A$，且 $x\neq e=\theta$，由 e 和 θ 的定义知，$x = x*e = x*\theta=\theta=e$，矛盾。因此，$e\neq\theta$。

【例 7.1.9】 整数集 **Z** 上的模 n 同余关系的商集 $Z_n=\{[0], [1], \cdots, [n-1]\}$ 称为模 n 剩余类

集，定义运算 $\oplus_n$ 和 $\otimes_n$：$[x]\oplus_n[y]=[(x+y) \bmod n]$，$[x]\otimes_n[y]=[(xy) \bmod n]$。当 $n=4$ 时，运算 $\oplus_4$ 和 $\otimes_4$ 的运算表见表 7.6。

表 7.6　例 7.1.9 中 $\oplus_4$ 和 $\otimes_4$ 的运算表

(a) $\oplus_4$

$\oplus_4$	[0]	[1]	[2]	[3]
[0]	[0]	[1]	[2]	[3]
[1]	[1]	[2]	[3]	[0]
[2]	[2]	[3]	[0]	[1]
[3]	[3]	[0]	[1]	[2]

(b) $\otimes_4$

$\otimes_4$	[0]	[1]	[2]	[3]
[0]	[0]	[0]	[0]	[0]
[1]	[0]	[1]	[2]	[3]
[2]	[0]	[2]	[0]	[2]
[3]	[0]	[3]	[2]	[1]

显然，运算 $\oplus_4$ 和 $\otimes_4$ 都是封闭的、可交换的、不等幂的。

对于运算 $\oplus_4$，幺元为[0]，无零元，每个元素都可逆，[1]与[3]互为逆元，[2]的逆元是其本身。

对于运算 $\otimes_4$，幺元为[1]，零元为[0]，[0]和[2]没有逆元，[3]的逆元是其本身。

定义 7.1.7　设$*$是定义在集合 A 上的二元运算，θ为运算$*$的零元，对$\forall x, y, z\in A$，$x\neq\theta$，

(1) 若 $x*y=x*z$，则 $y=z$，称$*$满足左消去律。

(2) 若 $y*x=z*x$，则 $y=z$，称$*$满足右消去律。

(3) 若$*$既满足左消去律又满足右消去律，则称$*$满足消去律。元素 x 称为可约的或可消去的。

例如，普通加法和乘法在 **N**、**Z**、**Q**、**R** 上满足消去律，矩阵的加法满足消去律，但矩阵乘法不满足消去律，集合的交、并运算不满足消去律，命题公式的合取、析取运算不满足消去律。

7.2　半群与独异点

若将某种运算规律看作代数系统的基本性质，则具有同一性质的代数系统构成特定的代数系统，如半群、独异点、群、环、域、格、布尔代数等，各自形成一套比较完整的体系。半群和独异点是单运算代数系统，也是最基本、最简单的代数系统之一，20 世纪 60 年代由于在时序线路、形式语言和自动机中的应用而得到广泛重视。

7.2.1　半群

1. 半群定义

定义 7.2.1　设$<S, *>$是代数系统，其中 S 是非空集合，$*$是 S 上的二元运算。若运算$*$满足下列条件：

(1) $*$是封闭的，即对$\forall x, y\in S$，有 $x*y\in S$。

(2) $*$是可结合的，即对$\forall x, y, z\in S$，有 $(x*y)*z=x*(y*z)$，则称代数系统$<S, *>$为半群。

若半群$<S, *>$中的集合 S 是有限的，则称为有限半群。

【例 7.2.1】　(1) $<\mathbf{Z}, +>$、$<\mathbf{N}, \times>$、$<\mathbf{Q}, +>$、$<\mathbf{R}, \times>$都是半群，其中+和×为普通加法与乘法。

(2) $<\wp(A), \cup>$、$<\wp(A), \cap>$都是半群，其中$\cap$、$\cup$分别为集合的交、并运算。

(3) $<B_n, +>$、$<B_n, \times>$都是半群，其中 B_n 为 n 阶布尔矩阵，+和×为布尔加法与乘法。

(4) $<\mathbf{Z}^+, ->$和$<\mathbf{R}', \div>$都不是半群，其中 $\mathbf{Z}^+$为正整数集，$\mathbf{R}'=\mathbf{R}-\{0\}$，−和÷为普通减法和除法。

【例 7.2.2】 设 $A=\{a, b, c\}$，A 上二元运算∗定义见表 7.7，验证$<A, *>$是半群。

表 7.7 例 7.2.2 中的运算

∗	a	b	c
a	a	b	c
b	a	b	c
c	a	b	c

证明 (1) 表 7.7 中每个元素都属于 A，故∗是封闭的。

(2) 对$\forall x, y\in A$，都有 $x*y=y$，故 A 中每个元素都是左幺元。

对$\forall x, y, z\in A$，有

$$x*(y*z)=x*z=z=y*z=(x*y)*z$$

故∗是可结合的。因此，$<A, *>$是半群。

2. 子半群

定理 7.2.1 设$<S, *>$是半群，$B\subseteq S$，且运算∗在 B 上封闭，则$<B, *>$也是半群。通常称$<B, *>$为$<S, *>$的子半群。

证明 (1) 运算∗在 B 上封闭，即对$\forall x, y\in B$，都有 $x*y\in B$。

(2) 由于 $B\subseteq S$，且运算∗在 S 上可结合，则对$\forall x, y, z\in B\subseteq S$，有 $x*(y*z)=(x*y)*z$，即∗在 B 上可结合。

综上所述，$<B, *>$也是半群。

例如，设×为普通乘法，则$<[0, 1], \times>$、$<[0, 1), \times>$和$<\mathbf{Z}, \times>$都是$<\mathbf{R}, \times>$的子半群。

3. 半群中的幂运算

由于半群中的运算具有结合律，于是定义元素的幂。

定义 7.2.2 在半群$<S, *>$中，$\forall x\in S$，定义 x 的 n 次幂 x^n 如下：

$$x^1=x, \qquad x^{n+1}=x^n*x \quad (n\in\mathbf{Z}^+)$$

不难证明，对$\forall n, m\in\mathbf{Z}^+$，有

$$x^m*x^n=x^{m+n} \quad \text{(第一指数律)}$$

$$(x^m)^n=x^{mn} \quad \text{(第二指数律)}$$

容易验证，有限半群中存在幂等元。

定理 7.2.2 设$<S, *>$是半群，若 S 是有限集合，则存在元素 $a\in S$，使得 $a*a=a$。

【例 7.2.3】 给定正整数 k，令 $N_k=\{0, 1, \cdots, k-1\}$，对$\forall a, b\in N_k$，定义 $a\otimes_k b=ab \pmod k$。证明：$<N_k, \otimes_k>$是半群，并举例说明存在 $c\in N_k$，使得 $c\otimes_k c=c$。

证明 (1) 由带余除法可知，存在非负整数 m 和 r，使得 $ab=mk+r\,(0\leqslant r\leqslant k-1)$，于是

$a\otimes_k b=r\in N_k$。因此，$\otimes_k$在 N_k上封闭。

(2) 对$\forall a, b, c\in N_k$，设 $a\otimes_k b=r_1$，$(a\otimes_k b)\otimes_k c=r_1\otimes_k c=r_2$，其中 $ab=m_1k+r_1$，$r_1c=m_2k+r_2$，于是

$$(ab)c=(m_1k+r_1)c=m_1kc+r_1c=m_1kc+m_2k+r_2=(m_1c+m_2)k+r_2$$

设 $b\otimes_k c=r_3$，$a\otimes_k(b\otimes_k c)=a\otimes_k r_3=r_4$，其中 $bc=m_3k+r_3$，$ar_3=m_4k+r_4$，于是

$$a(bc)=a(m_3k+r_3)=am_3k+ar_3=am_3k+m_4k+r_4=(am_3+m_4)k+r_4$$

所以，$r_4-r_2=(m_1c+m_2-(am_3+m_4))k$。

因为 $k\neq 0$，所以若 $m_1c+m_2-(am_3+m_4)=0$，则 $r_2=r_4$，即$(a\otimes_k b)\otimes_k c=a\otimes_k(b\otimes_k c)$，从而命题得证。

若 $m_1c+m_2-(am_3+m_4)\neq 0$，则 $r_4=(m_1c+m_2-(am_3+m_4))k+r_2$，于是 $a(bc)=(m_1c+m_2)k+r_2=(ab)c$，即 $a\otimes_k(b\otimes_k c)=r_2$。因此，$a\otimes_k(b\otimes_k c)=(a\otimes_k b)\otimes_k c$，即 $\otimes_k$可结合，所以$<N_k, \otimes_k>$是半群。

由于 N_k是有限集，故由定理 7.2.2 可知，$\exists c\in N_k$，使得 $c\otimes_k c=c$。

例如，$k=6$ 时，$\otimes_k$的运算表见表 7.8。

表 7.8　例 7.2.3 的运算 $\otimes_k$

$\otimes_k$	0	1	2	3	4	5
0	0	0	0	0	0	0
1	0	1	2	3	4	5
2	0	2	4	0	2	4
3	0	3	0	3	0	3
4	0	4	2	0	4	2
5	0	5	4	3	2	1

由表 7.8 可知，0、1、3、4 是运算 $\otimes_k$的幂等元，即有 $0\otimes_k 0=0$，$1\otimes_k 1=1$，$3\otimes_k 3=3$，$4\otimes_k 4=4$。

7.2.2　独异点

由半群可以得到一种特殊的半群——独异点，这是一种更强的代数系统。

1. 独异点的定义

定义 7.2.3　含有幺元的半群称为独异点或含幺半群。

【例 7.2.4】　(1) 代数系统$<\mathbf{Z}, \times>$、$<\mathbf{Z}^+, \times>$、$<\mathbf{R}, \times>$都是独异点，其幺元都为 1。

(2) $<\wp(A), \cup>$是有幺元——空集 $\varnothing$ 的独异点。

(3) $<R_A, \circ>$是有幺元——恒等关系 I_A的独异点，其中 R_A为集合 A 上二元关系的集合，$\circ$为关系的复合运算。

(4) 代数系统$<\mathbf{N}-\{0\}, +>$是半群，但关于运算+不存在幺元，故不是独异点。

(5) 设 A 是非单字母的字符串集合，字符串的并置运算$\circ$：$a\circ b=ab$，则$<A, \circ>$是独异点，幺元为空串。

独异点的运算表具有下列性质。

定理 7.2.3　设$<S, *>$是独异点，则在关于$*$的运算表中任何两行和两列互不相同。

注　此定理是独异点的必要条件，可以利用此定理的逆否命题，判断某个代数系统不是独异点，即若在关于$*$的运算表中有两行或两列及以上相同，则$<S, *>$中无幺元，从而不是独异点。

定理 7.2.4 设$<S, *>$是独异点，对$\forall a, b\in S$，且 a、b 均有逆元，则

(1) $(a^{-1})^{-1}=a$。

(2) $a*b$ 有逆元，且$(a*b)^{-1}=b^{-1}*a^{-1}$。

证明 (1)因为 a^{-1} 是 a 的逆元，即 $a*a^{-1}=a^{-1}*a=e$，所以 a^{-1} 的逆元$(a^{-1})^{-1}$ 就是 a，即$(a^{-1})^{-1}=a$。

(2)由于$*$可结合，于是$(a*b)*(b^{-1}*a^{-1})=a*(b*b^{-1})*a^{-1}=a*e*a^{-1}=a*a^{-1}=e$。

同理，$(b^{-1}*a^{-1})*(a*b)=e$。

由逆元定义可知，$b^{-1}*a^{-1}$ 为 $a*b$ 的逆元，所以$(a*b)^{-1}=b^{-1}*a^{-1}$。

2. 子独异点

定义 7.2.4 设$<S, *>$是独异点，$B\subseteq S$，且运算$*$在 B 上封闭，S 的幺元 $e\in B$，则$<B, *>$也是独异点，称为$<S, *>$的子独异点。

注 若$<B, *>$是$<S, *>$的子独异点，则运算$*$对 B 是封闭的，而且两者的幺元一致。

【例 7.2.5】 (1)对独异点$<R_A, \circ>$，设 F_A 是 A 上函数的全体，则$<F_A, \circ>$是$<R_A, \circ>$的子独异点。

(2) 设 $A=\left\{\left.\begin{pmatrix} a_1 & 0 & \cdots & 0 \\ 0 & a_2 & \cdots & 0 \\ \vdots & \vdots & & \vdots \\ 0 & 0 & \cdots & a_n \end{pmatrix}\right| a_1, a_2, \cdots, a_n \in \mathbf{R}\right\}$，$B=\left\{\left.\begin{pmatrix} a_1 & 0 & \cdots & 0 \\ 0 & 0 & \cdots & 0 \\ \vdots & \vdots & & \vdots \\ 0 & 0 & \cdots & 0 \end{pmatrix}\right| a_1 \in \mathbf{R}\right\}$，运算$*$为矩阵乘法，$\boldsymbol{E}$ 为 n 阶单位阵，则$<\boldsymbol{A}, *>$是独异点，幺元为 $\boldsymbol{E}$，$<B, *>$也是独异点，但幺元为 $\begin{pmatrix} 1 & 0 & \cdots & 0 \\ 0 & 0 & \cdots & 0 \\ \vdots & \vdots & & \vdots \\ 0 & 0 & \cdots & 0 \end{pmatrix}$，故$<B, *>$不是$< A, *>$的子独异点。

定义 7.2.5 在独异点$<S, *>$中，e 为幺元，$\forall x\in S$ 的 n 次幂 x^n 定义为

$$x^0=e, \qquad x^{n+1}=x^n*x \quad (n\in\mathbf{N})$$

7.3 群与子群

群是一种特殊的独异点，在代数系统中，群论是最基本的内容，是研究其他代数系统的基础。群论起源于高次代数方程的求解问题，已经发展成内容丰富、应用广泛的数学分支，在抽象代数和整个数学中占有重要地位。在数学、物理、通信和计算机科学等许多领域都有广泛的应用，如自动机理论、编码理论、快速加法器的设计、密码安全等方面。

7.3.1 群的定义

定义 7.3.1 设$<G, *>$是代数系统，其中 G 是非空集合，$*$是 G 上的二元运算。若运算$*$满足下列条件：

(1)在 G 上封闭，即对$\forall x, y\in G$，有 $x*y\in G$。

(2) 在 G 上可结合，即对$\forall x, y, z\in G$，有 $(x*y)*z=x*(y*z)$。

(3) G 中关于$*$存在幺元 e，即对$\forall x\in G$，有 $x*e=e*x=x$。

(4) 每个元素都有逆元，即对$\forall x\in G$，存在 $x^{-1}\in G$，使得 $x*x^{-1}=x^{-1}*x=e$，

则称代数系统$<G, *>$为群。

定义 7.3.2 设$<G, *>$是群，若 G 是有限集合，则称$<G, *>$为有限群，G 中元素个数称为该群的阶，记为$|G|$。若 G 是无限集合，则称$<G, *>$为无限群，其阶记为$|G|=\infty$。只含幺元的群称为平凡群。

【例 7.3.1】 (1) $<\mathbf{Z}, +>$、$<\mathbf{Q}, +>$、$<\mathbf{R}, +>$关于普通加法“+”构成群，分别称为整数加群、有理数加群、实数加群，幺元均为 0，对任意元素 x 其逆元为$-x$。

(2) $<\mathbf{R}, \times>$关于普通乘法“×”不构成群，幺元为 1，但 0 没有逆元。

(3) $<\mathbf{R}-\{0\}, \times>$是群，幺元为 1，任意元素 x 均可逆，且其逆元为$\frac{1}{x}$。

(4) $<f_A, \circ>$是群，其中 f_A 是集合 A 上双射函数的全体，$\circ$为函数的复合运算，幺元为恒等函数 I_A，每个双射函数的逆元是其逆函数 f^{-1}。

(5) $<Z_n, \oplus_n>$是群，其中 $Z_n=\{[0], [1], \cdots, [n-1]\}$，幺元为$[0]$，任意元素$[x]$的逆元$[x]^{-1}=[n-x]$，称为模 n 剩余类群。

(6) $<\mathbf{Z}-\{0\}, \times>$不是群，因为除了$\pm1$ 外，对$\forall x\in\mathbf{Z}$，$x^{-1}=\frac{1}{x}\notin\mathbf{Z}$。

(7) $<\wp(A), \cap>$、$<\wp(A), \cup>$关于集合的交和并运算均不能构成群，虽然分别有幺元 A 和 $\varnothing$，但对任意子集 $B\neq A$ 且 $B\neq\varnothing$，都没有逆元。

【例 7.3.2】 设代数系统$<G, *>$，其运算$*$的定义见表 7.9。

表 7.9 Klein 四元群

$*$	a	b	c	d
a	a	b	c	d
b	b	a	d	c
c	c	d	a	b
d	d	c	b	a

显然，运算$*$是封闭的、可结合的，幺元为 a，G 中每个元素都有逆元，即

$$a^{-1}=a, \quad b^{-1}=b, \quad c^{-1}=c, \quad d^{-1}=d$$

故$<G, *>$是群。

该群称为 Klein 四元群，其中每个元素的逆元都是其自身，且运算可交换。

【例 7.3.3】 设 $G_4=\{<p_1, p_2, p_3, p_4>|p_i\in\{0, 1\}, 1\leqslant i\leqslant 4\}$，对$\forall x=<x_1, x_2, x_3, x_4>$，$y=<y_1, y_2, y_3, y_4>\in G_4$，定义 G_4 上的二元运算 $\oplus$ 为 $x\oplus y=<x_1\overline{\vee}y_1, x_2\overline{\vee}y_2, x_3\overline{\vee}y_3, x_4\overline{\vee}y_4>$，其中$\overline{\vee}$是不可兼或。试证明$<G_4, \oplus>$是群。

证明 对$\forall x=<x_1, x_2, x_3, x_4>$，$y=<y_1, y_2, y_3, y_4>$，$z=<z_1, z_2, z_3, z_4>\in G_4$，因为 $x_i\overline{\vee}y_i\in\{0, 1\}$，所以 $x\oplus y=<x_1\overline{\vee}y_1, x_2\overline{\vee}y_2, x_3\overline{\vee}y_3, x_4\overline{\vee}y_4>\in G_4$，即 $\oplus$ 封闭。

因为$(x\oplus y)\oplus z=<(x_1\overline{\vee}y_1)\overline{\vee}z_1, (x_2\overline{\vee}y_2)\overline{\vee}z_2, (x_3\overline{\vee}y_3)\overline{\vee}z_3, (x_4\overline{\vee}y_4)\overline{\vee}z_4>$，分析$(x_i\overline{\vee}y_i)\overline{\vee}z_i$

及 $x_i \overline{\vee}(y_i \overline{\vee} z_i)$ 的取值情况见表 7.10。

表 7.10　例 7.3.3 中 $(x_i \overline{\vee} y_i)\overline{\vee} z_i$ 及 $x_i \overline{\vee}(y_i \overline{\vee} z_i)$ 的取值

$(x_i \overline{\vee} y_i)\overline{\vee} z_i$	x_i	y_i	z_i	$x_i \overline{\vee}(y_i \overline{\vee} z_i)$
0	0	0	0	0
	1	1	0	
	0	1	1	
	1	0	1	
1	1	1	1	1
	0	0	1	
	0	1	0	
	1	0	0	

于是，$(x_i \overline{\vee} y_i)\overline{\vee} z_i = x_i \overline{\vee}(y_i \overline{\vee} z_i)$，$(x \oplus y)\oplus z = x \oplus (y \oplus z)$，即 $\oplus$ 可结合。

因为 $x \oplus 0 = <x_1 \overline{\vee} 0, x_2 \overline{\vee} 0, x_3 \overline{\vee} 0, x_4 \overline{\vee} 0> = <x_1, x_2, x_3, x_4> = <0 \overline{\vee} x_1, 0 \overline{\vee} x_2, 0 \overline{\vee} x_3, 0 \overline{\vee} x_4> = 0 \oplus x$，所以 $0 = <0, 0, 0, 0>$ 是幺元。

对 $\forall x \in G_4$，因为 $x \oplus x = <x_1 \overline{\vee} x_1, x_2 \overline{\vee} x_2, x_3 \overline{\vee} x_3, x_4 \overline{\vee} x_4> = <0, 0, 0, 0>$，所以 x 可逆，其逆元为其本身。

综上所述，$<G_4, \oplus>$ 是群。

7.3.2　群的性质

群是特殊的半群和独异点，半群和独异点的性质在群中也成立。但由于群中任意元素均有唯一逆元，群还有一些特殊的性质。

定理 7.3.1　设 $<G, *>$ 是群，则

(1) G 中没有零元。

(2) 对 $\forall a, b \in G$，群方程 $a*x=b$ 和 $y*a=b$ 在 G 中必有唯一解，分别为 $x=a^{-1}*b$ 和 $y=b*a^{-1}$。

(3) 对 $\forall a, b, c \in G$，若 $a*b=a*c$ 或 $b*a=c*a$，则必有 $b=c$。

(4) 幺元 e 是唯一的幂等元。

证明　(1) 设幺元为 e，零元为 θ。

当 $|G|=1$ 时，群 $<G, *>$ 中的唯一元为幺元 $e \neq \theta$。

当 $|G|>1$ 时，对 $\forall x \in G$，有 $x*\theta=\theta*x=\theta \neq e$，即 θ 不存在逆元，与群中任一元素均有逆元矛盾。因此，命题成立。

(2) 先证存在性。设 a 的逆元为 a^{-1}，因为 $a*(a^{-1}*b)=(a*a^{-1})*b=e*b=b$，所以令 $x=a^{-1}*b \in G$，群方程 $a*x=b$ 在 G 中有解。

再证唯一性。若另有解 y，满足 $a*y=b$，则 $a^{-1}*b = a^{-1}*(a*y)=(a^{-1}*a)*y=y$，即 $y=a^{-1}*b=x$。因此，$a*x=b$ 在 G 中必有唯一解。

(3) 设 a 的逆元为 a^{-1}，则

$$b*a=c*a \Leftrightarrow (b*a)*a^{-1}=(c*a)*a^{-1} \Leftrightarrow b*(a*a^{-1})=c*(a*a^{-1}) \Leftrightarrow b*e=c*e \Leftrightarrow b=c$$

同理可证，当 $a*b=a*c$ 时，$b=c$。

(4) 因为 $e*e=e$，所以幺元 e 是幂等元。若存在 $a\in G$，$a\neq e$ 且 $a*a=a$，则

$$e=a*a^{-1}=(a*a)*a^{-1}=a*(a*a^{-1})=a*e=a$$

矛盾。因此，群中只有唯一的幂等元 e。

注 定理 7.3.1(3) 说明群运算满足消去律。

因为独异点的运算表中任何两行或两列都不相同，所以群的运算表中也没有相同的两行或两列。此外，群还有更强的特征。

定义 7.3.3 设 S 是非空集合，从 S 到 S 的双射，称为 S 上的置换。

例如，设 $S=\{a, b, c, d, e\}$，定义双射 f：$a\to b, b\to d, c\to e, d\to c, e\to a$，即 S 的置换，表示为

$$\begin{pmatrix} a & b & c & d & e \\ b & d & e & c & a \end{pmatrix}$$

定理 7.3.2 群 $<G, *>$ 的运算表中每一行和每一列都是 G 的一个置换。

注 (1) 常使用定理 7.3.2 的逆否命题，即在代数系统 $<G, *>$ 的运算表中某一行(列)不是 G 的置换，则 $<G, *>$ 不是群。

(2) 其逆命题不成立。

【例 7.3.4】 设代数系统 $<G, *>$，其中 $G=\{a, b, c, d\}$，$*$ 定义见表 7.11。

表 7.11 例 7.3.4 的运算表

*	a	b	c	d
a	a	b	c	d
b	b	c	d	a
c	c	a	a	b
d	d	a	b	c

显然，表 7.11 的第二列及第三行不是 G 的置换，故 $<G, *>$ 不是群，甚至不是半群。

事实上，尽管运算 $*$ 封闭，幺元为 a，但不满足结合律，因为

$$d*(c*b)=d*a=d\neq c=b*b=(d*c)*b$$

7.3.3 子群

定义 7.3.4 设 $<G, *>$ 是群，S 是 G 的非空子集，若 $<S, *>$ 是群，则称 $<S, *>$ 是 $<G, *>$ 的子群。

若 $<G, *>$ 是群，显然 $<\{e\}, *>$ 和 $<G, *>$ 都是 $<G, *>$ 的子群，称为平凡子群，其中 e 是群 $<G, *>$ 中关于运算 $*$ 的幺元。

【例 7.3.5】 对群 $<\mathbf{R}, +>$ 而言，$<\mathbf{Z}, +>$、$<\mathbf{N}, +>$、$<\{偶数\}, +>$、$<\mathbf{Q}, +>$ 都是其子群，但 $<\mathbf{R}^+, +>$、$<\{奇数\}, +>$ 都不是其子群。

【例 7.3.6】 Klein 四元群 $G=<\{a, b, c, d\}, *>$，容易验证其子群只有其本身及表 7.12 所示的四个群 $G_1=<\{a\}, *>$、$G_2=<\{a, b\}, *>$、$G_3=<\{a, c\}, *>$、$G_4=<\{a, d\}, *>$。

表 7.12　Klein 四元群的子群

(a) G_1

*	a
a	a

(b) G_2

*	a	b
a	a	b
b	b	a

(c) G_3

*	a	c
a	a	c
c	c	a

(d) G_4

*	a	d
a	a	d
d	d	a

按定义判断子群比较复杂，下面讨论子群的几种较简便的判断方法。

定理 7.3.3　设 $<G, *>$ 是群，S 是 G 的非空子集，

(1) 若对 $\forall x, y\in S$，都有 $x*y\in S$ 且 $x^{-1}\in S$，则 $<S, *>$ 是 $<G, *>$ 的子群。

(2) 若对 $\forall x, y\in S$，都有 $x*y^{-1}\in S$，则 $<S, *>$ 是 $<G, *>$ 的子群。

(3) 若 S 是有限集，运算 $*$ 在 S 上封闭，则 $<S, *>$ 是 $<G, *>$ 的子群。

证明　设 e 是 G 中关于运算 $*$ 的幺元。

(1) 由条件知运算 $*$ 在 S 上封闭。因为运算 $*$ 在 G 中可结合，所以运算 $*$ 在 S 中也可结合。

对 $\forall x\in S$，有 $x^{-1}\in S$，而 $e=x*x^{-1}=x^{-1}*x\in S$，可知 e 是 S 中关于运算 $*$ 的幺元，x^{-1} 是 x 在 S 中的逆元，所以 $<S, *>$ 是群，即 $<S, *>$ 是 $<G, *>$ 的子群。

(2) 因为运算 $*$ 在 G 中可结合，所以运算 $*$ 在 S 中也可结合。

对 $\forall x\in S$，因为 $e=x*x^{-1}\in S$，即 $e\in S$。

又因为 $x, e\in S$，所以 $x^{-1}=e*x^{-1}\in S$，即 S 中每个元素都有逆元且在 S 中。

对 $\forall x, y\in S$，有 $y^{-1}\in S$。又因为 $y=(y^{-1})^{-1}$，所以 $x*y=x*(y^{-1})^{-1}\in S$，即 $*$ 在 S 上封闭。

而 $S\subseteq G$ 且 $S\neq\varnothing$，所以 $<S, *>$ 是 $<G, *>$ 的子群。

(3) 证明留给读者。

【例 7.3.7】　在例 7.3.3 的群 $<G_4, \oplus>$ 中，设 $H=\{<0,0,0,0>, <1,1,1,1>\}$，证明：$<H, \oplus>$ 是 $<G_4, \oplus>$ 的子群。

证明　设 $h_1=<0,0,0,0>$，$h_2=<1,1,1,1>$，则 $H=\{h_1, h_2\}\subset G_4$。又

$$h_1\oplus h_1=<0\overline{\vee}0, 0\overline{\vee}0, 0\overline{\vee}0, 0\overline{\vee}0>=<0,0,0,0>$$

$$h_1\oplus h_2=<0\overline{\vee}1, 0\overline{\vee}1, 0\overline{\vee}1, 0\overline{\vee}1>=<1,1,1,1>$$

同理，$h_2\oplus h_1=<1,1,1,1>$，$h_2\oplus h_2=<0,0,0,0>$。

因此，运算 $\oplus$ 在 H 上封闭。由定理 7.3.3(3) 知，$<H, \oplus>$ 是 $<G_4, \oplus>$ 的子群。

【例 7.3.8】　设 $<G, *>$ 是有限群，e 为幺元。R 是 G 上的等价关系，且对 $\forall x, y, z\in G$，$<x*z, y*z>\in R$ 当且仅当 $<x, y>\in R$。令 $B=\{b|b\in G\wedge <b, e>\in R\}$，证明：$<B, *>$ 是 $<G, *>$ 的子群。

证明　因为 R 是等价关系，具有自反性，所以 eRe，故 $e\in B$，即 $B\neq\varnothing$。

对 $\forall x, y\in B$，有 $<x, e>\in R\wedge<y, e>\in R$，而 R 具有对称性，故 $<e, y>\in R$，再由 R 的传递性，于是 $<x, y>\in R$，而

$$<x, y>\in R\Leftrightarrow<x*e, y*e>\in R\Leftrightarrow<x*(y^{-1}*y), y*(y^{-1}*y)>\in R\Leftrightarrow<(x*y^{-1})*y, (y*y^{-1})*y>\in R$$

$$\Leftrightarrow<x*y^{-1}, y*y^{-1}>\in R\Leftrightarrow<x*y^{-1}, e>\in R$$

$$\Leftrightarrow x*y^{-1}\in B$$

故由定理 7.3.3(2) 知，$<B, *>$ 是 $<G, *>$ 的子群。

定理 7.3.4 设$<S, *>$是群$<G, *>$的子群，则$<G, *>$中幺元 e 也是$<S, *>$的幺元。

证明 设$<S, *>$的幺元为 e_1，则对$\forall x\in S$，有 $e_1 * x=x=e * x$，由消去律得 $e_1=e$。命题得证。

7.3.4 群中的幂运算

群$<G, *>$中元素 x 的 n 次幂运算定义如下：

$$x^0=e, \qquad x^{n+1}=x^n * x, \qquad x^{-n}=(x^{-1})^n \quad (n\in\mathbf{N})$$

注 群中元素可进行任意整数次幂运算，半群中元素只有正整数次幂，独异点中元素有非负整数次幂。

例如，在群$<\mathbf{Z}, +>$中

$$1^5=5, \qquad 3^3=9, \qquad 5^0=0$$

$$(-3)^{-1}=3, \qquad (-3)^2=(-3)+(-3)=-6, \qquad (-3)^{-2}=((-3)^{-1})^2=3^2=3+3=6$$

利用群中元素的幂运算可以构造其子群。

定理 7.3.5 设$<G, *>$是群，S 是 G 的非空子集，令 H={S 中元素的各种整数次幂之积}，则$<H, *>$是 G 中包含 S 的最小子群，称为 S 生成的子群。

7.4 阿贝尔群与循环群

在群论中有三类特殊群：交换群或阿贝尔群、循环群、变换群或置换群，在计算机科学等领域有广泛应用。

7.4.1 阿贝尔群

定义 7.4.1 若群$<G, *>$中运算$*$可交换，则称该群为阿贝尔群或交换群。

注 运算$*$可交换在运算表中反映为关于主对角线是对称的，故很容易由群的运算表确定其是否为阿贝尔群。

【例 7.4.1】 设 $S=\{a, b, c, d\}$，在 S 上定义双射函数 f: $f(a)=b$, $f(b)=c$, $f(c)=d$, $f(d)=a$。对$\forall x\in S$，构造复合函数

$$f^2(x)=f\circ f(x)=f(f(x))$$
$$f^3(x)=f\circ f^2(x)=f(f^2(x))=f(f(f(x)))$$
$$f^4(x)=f\circ f^3(x)=f(f^3(x))=f(f(f(f(x))))$$

记 f^0 为 S 上的恒等映射，即 $f^0(x)=x\,(x\in S)$。由 f 的定义得，$f^4(x)=f^0(x)$。记 $f^1=f$，构造集合 $A=\{f^0, f^1, f^2, f^3\}$，证明$<A, \circ>$是阿贝尔群。

证明 由复合运算$\circ$的定义，得运算表 7.13。

表 7.13 例 7.4.1 的运算表

$\circ$	f^0	f^1	f^2	f^3
f^0	f^0	f^1	f^2	f^3
f^1	f^1	f^2	f^3	f^0
f^2	f^2	f^3	f^0	f^1
f^3	f^3	f^0	f^1	f^2

显然，运算$\circ$是封闭的，f^0是幺元，f^0和f^2的逆元是其本身，f^1和f^3互为逆元。由5.2节可知，函数的复合运算是可结合的，所以$<A, \circ>$是群。

运算表7.13关于主对角线对称，所以$<A, \circ>$是阿贝尔群。

【例 7.4.2】 设G是所有n阶实可逆矩阵的集合，运算$\circ$为矩阵乘法，证明$<G, \circ>$不是阿贝尔群。

证明 设$\forall \boldsymbol{A}, \boldsymbol{B}, \boldsymbol{C} \in G$，则$|\boldsymbol{A}| \neq 0$，$|\boldsymbol{B}| \neq 0$，其中$|\boldsymbol{A}|$、$|\boldsymbol{B}|$分别为$\boldsymbol{A}$、$\boldsymbol{B}$的行列式。而$|\boldsymbol{A} \circ \boldsymbol{B}|=|\boldsymbol{A}||\boldsymbol{B}| \neq 0$，即$\boldsymbol{A} \circ \boldsymbol{B}$是可逆矩阵，所以$\boldsymbol{A} \circ \boldsymbol{B} \in G$，运算$\circ$是封闭的。

由矩阵乘法的定义有$(\boldsymbol{A} \circ \boldsymbol{B}) \circ \boldsymbol{C}=\boldsymbol{A} \circ (\boldsymbol{B} \circ \boldsymbol{C})$，所以运算$\circ$是可结合的。

设$\boldsymbol{E}$是n阶单位阵，则$\boldsymbol{A} \circ \boldsymbol{E}=\boldsymbol{E} \circ \boldsymbol{A}=\boldsymbol{A}$，所以$\boldsymbol{E}$是$G$中的幺元。

又因为$|\boldsymbol{A}| \neq 0$，所以存在矩阵$\boldsymbol{A}^{-1}=\dfrac{\boldsymbol{A}^*}{|\boldsymbol{A}|}$，其中$\boldsymbol{A}^*$为$\boldsymbol{A}$的伴随矩阵，使得$\boldsymbol{A} \circ \boldsymbol{A}^{-1}=\boldsymbol{A}^{-1} \circ \boldsymbol{A}=\boldsymbol{E}$，所以$G$中任何元素均有逆元。因此，$<G, \circ>$是群。

对矩阵乘法运算$\circ$，一般地$\boldsymbol{A} \circ \boldsymbol{B} \neq \boldsymbol{B} \circ \boldsymbol{A}$，所以运算$\circ$不可交换。因此，$<G, \circ>$不是阿贝尔群。

定理 7.4.1 群$<G, *>$是阿贝尔群当且仅当对$\forall a, b \in G$，总有$(a*b)^2=a^2*b^2$。

证明 充分性。对$\forall a, b \in G$，则

$$(a*b)^2=(a*b)*(a*b)=a*(b*a)*b=a*(a*b)*b$$

因为$<G, *>$是群，具有消去律，于是$a*b=b*a$，所以$<G, *>$是阿贝尔群。

必要性。因为$<G, *>$是阿贝尔群，所以对$\forall a, b \in G$，有$a*b=b*a$。而

$$(a*b)^2=(a*b)*(a*b)=a*(b*a)*b=a*(a*b)*b=(a*a)*(b*b)=a^2*b^2$$

故命题成立。

注 在阿贝尔群中，有$(a*b)^n=a^n*b^n$，$n \in \mathbf{Z}$。

7.4.2 循环群

循环群是最简单也是研究比较透彻的一类阿贝尔群。

1. 循环群的定义

定义 7.4.2 设$<G, *>$为群，若G中存在元素a，使得G中任意元素x都是a的幂，即存在$i \in \mathbf{Z}$，使得$x=a^i$，则称该群为循环群，元素a称为生成元，也称群$<G, *>$由a生成，记作$G=(a)$。G的所有生成元的集合称为G的生成集。

【例 7.4.3】 (1)整数加群$<\mathbf{Z}, +>$是无限循环群，生成集为$\{-1, 1\}$。

(2)模n剩余类加群$<Z_n, \oplus_n>$是交换群，其中$Z_n=\{[0], [1], [2], \cdots, [n-1]\}$，运算$\oplus_n$: $[x]\oplus_n[y]=[x+y]$，同时也是由[1]生成的循环群。

【例 7.4.4】 给定整数m，集合$G=\{km|k \in \mathbf{Z}\}$，则$<G, +>$关于普通加法为无限循环群。对$\forall x \in G$，必存在$k_1 \in \mathbf{Z}$，使得$x=k_1 m$，而

$$k_1 m = \underbrace{m + m + \cdots + m}_{k_1\text{个}} = m^{k_1}$$

所以m是循环群$<G, +>$的生成元。各元素与生成元的关系表示为

$$\cdots\leftarrow m^{-k}\leftarrow\cdots\leftarrow m^{-2}\leftarrow m^{-1}\leftarrow m^0=0\rightarrow m^1\rightarrow m^2\rightarrow m^3\rightarrow\cdots\rightarrow m^k\rightarrow\cdots$$

定理 7.4.2 任何循环群必定是阿贝尔群。

证明 设$<G, *>$是循环群，其生成元为 a。对$\forall x, y\in G$，必存在 $s, t\in \mathbf{Z}$，使得 $x=a^s$，$y=a^t$。而 $x*y = a^s*a^t = a^{s+t} = a^{t+s} = a^t*a^s = y*x$，故$<G, *>$是阿贝尔群。

注 一个群若不是阿贝尔群，则必定不是循环群。

定理 7.4.3 设$<G, *>$是由元素 a 生成的有限循环群，若 G 的阶为 n，则 $a^n=e$，且

$$G=\{a, a^2, a^3, \cdots, a^{n-1}, a^n=e\}$$

其中，e 为$<G, *>$的幺元，n 是使 $a^n=e$ 成立的最小正整数。

2. 群中元素的周期

定义 7.4.3 设$<G, *>$是群，e 是幺元，$a\in G$。若存在 $n\in \mathbf{N}$，使得 $a^n=e$，则称 a 的周期是有限的，满足该等式的最小正整数 n 称为 a 的周期或阶，也称 a 是 n 阶元，记作$|a|=n$。若不存在这样的最小正整数，则称 a 的周期是无限的或 a 是无限阶元。

定理 7.4.4 设$<G, *>$是群，e 是幺元，则

(1) e 的周期为 1。

(2) 对$\forall a\in G$，a 与其逆元 a^{-1} 的周期相同。

(3) 若$<G, *>$是有限群，则任意元素 a 都有有限周期，且$|a|\leqslant|G|$。

【例 7.4.5】 设 $G=\{a, b, c, d\}$，在 G 上定义运算$*$见表 7.14。证明$<G, *>$是循环群，并求各元素的阶。

表 7.14 例 7.4.5 的运算表

$*$	a	b	c	d
a	a	b	c	d
b	b	a	d	c
c	c	d	b	a
d	d	c	a	b

证明 由运算表 7.14 可知，运算$*$是封闭的，a 是幺元，b 的逆元是其本身，c 与 d 互逆。

容易验证运算$*$是可结合的，所以$<G, *>$是群。因为

$$c*c = c^2 = b,\qquad c^3 = c*c^2 = c*b = d,\qquad c^4 = c*c^3 = c*d = a$$

$$d*d = d^2 = b,\qquad d^3 = d*d^2 = d*b = c,\qquad d^4 = d*d^3 = d*c = a$$

所以群$<G, *>$是循环群。

因为 $b*b=b^2=a$，$b^3=b*b^2=b$，所以 b 的阶为 2，b 不是生成元。$<G, *>$的生成元为 c 和 d，c 和 d 的阶都为 4，且 $G=\{c, c^2, c^3, c^4=a\}$或 $G=\{d, d^2, d^3, d^4=a\}$。

各元素与生成元的关系表示为

$$\to c^4=a\to c^1\to c^2\to c^3 \to\qquad \to d^4=a\to d^1\to d^2\to d^3\to$$

注 (1)一个循环群的生成元可以不唯一。

(2)有限循环群的生成元的周期与该循环群的阶一致。

关于循环群的生成元和子群容易验证下列定理。

定理 7.4.5 设 $G=(a)$：

(1)若 a 的周期为无穷大，则 G 只有两个生成元 a 和 a^{-1}。

(2)若 a 的周期为 n，则 a^t 是 G 的生成元当且仅当 t 与 n 互质，且 G 有 $\varphi(n)$ 个生成元，其中 $\varphi(n)$ 为小于 n 且与 n 互质的质数的个数。

定理 7.4.6 无限循环群有无限多个子群，其中除单位元群$\{e\}$是一阶子群外，其余子群均为无限循环群。n 阶循环群的子群的个数等于 n 的正因子的个数。

7.5 陪集与拉格朗日定理

代数系统是定义了运算的集合，而集合的元素间可能存在某种等价关系，从而将集合划分为若干子集。本节介绍利用群的子群对群中元素进行分类的方法——陪集划分，然后通过分类研究原群的性质，得到关于有限群结构的重要定理——拉格朗日定理。陪集在编码理论，尤其是译码研究中起着重要作用。

7.5.1 陪集及其基本性质

定义 7.5.1 设$<G, *>$是群，A、B 均为 G 的非空子集，定义 $AB=\{a*b|a\in A, b\in B\}$和 $A^{-1}=\{a^{-1}|a\in A\}$，分别称为 A 与 B 的积和 A 的逆。

定义 7.5.2 设$<H, *>$是群$<G, *>$的子群，$a\in G$，则集合

$$aH=\{a*x|x\in H\}, \qquad Ha=\{x*a|x\in H\}$$

分别称为由 a 所确定的 H 在 G 中的左陪集和右陪集，简称为 H 关于 a 的左陪集和右陪集。元素 a 称为陪集 aH 和 Ha 的代表元素。

【例 7.5.1】 设 $G=\mathbf{R}\times\mathbf{R}$，$G$ 上的二元运算 $\oplus$ 定义为$\forall<x_1, y_1>, <x_2, y_2>\in G$，有

$$<x_1, y_1>\oplus<x_2, y_2>=<x_1+x_2, y_1+y_2>$$

显然，$<G, \oplus>$封闭，满足结合律、交换律，具有幺元$<0, 0>$，G 中任何元素$<x, y>$均有逆元$<-x, -y>$，故$<G, \oplus>$是阿贝尔群。

设 $H=\{<x, y>|x\in\mathbf{R}\wedge y=2x\}$，则 $H\subseteq G$。对$\forall<x_1, y_1>, <x_2, y_2>\in H$，有 $y_1=2x_1$，$y_2=2x_2$，且$<x_2, y_2>^{-1}=<-x_2, -y_2>$，于是

$$<x_1, y_1>\oplus<x_2, y_2>^{-1}=<x_1+(-x_2), y_1+(-y_2)>.=<x_1+(-x_2), 2x_1+(-2x_2)>$$
$$=<x_1+(-x_2), 2(x_1+(-x_2))>\in H$$

由子群的判断定理 7.3.3 可知，$<H, \oplus>$是$<G, \oplus>$的子群。

对$\forall a=<x_0, y_0>\in G$，$H$ 关于 a 的左陪集为

$$aH=<x_0, y_0>H=\{<x_0+x, y_0+y>|<x, y>\in H\}=\{<x_0+x, y_0+2x>|x\in\mathbf{R}\}$$

例 7.5.1 具有明显的几何意义：$G=\mathbf{R}\times\mathbf{R}$ 是整个实平面，H 是通过原点的直线 $y=2x$，

左陪集$<x_0, y_0>H$是通过点(x_0, y_0)且平行于H的直线，即对H进行了一次平移，如图7.1所示。

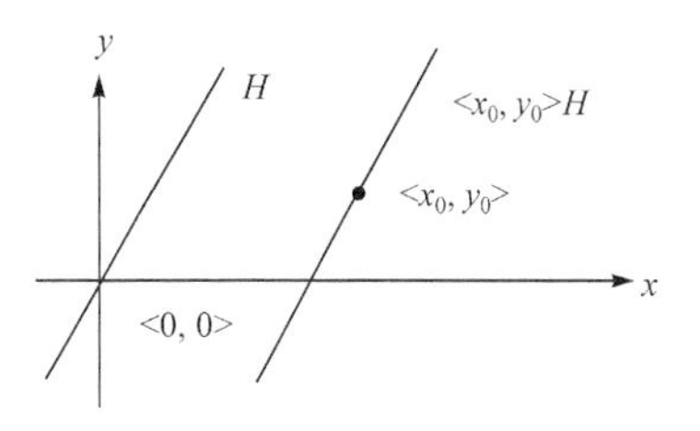

图7.1　陪集

【例7.5.2】　在集合$N_6=\{0,1,2,3,4,5\}$上定义运算$\oplus_6$：对$\forall a, b\in N_6$，有$a\oplus_6 b=(a+b)(\text{mod } 6)$。求群$<N_6, \oplus_6>$的子群$<\{0, 3\}, \oplus_6>$的所有左、右陪集。

解　左、右陪集分别为

$$0H=\{0\oplus_6 0, 0\oplus_6 3\}=\{0, 3\},\quad H0=\{0\oplus_6 0, 3\oplus_6 0\}=\{0, 3\}$$

$$1H=\{1\oplus_6 0, 1\oplus_6 3\}=\{1, 4\},\quad H1=\{0\oplus_6 1, 3\oplus_6 1\}=\{1, 4\}$$

$$2H=\{2\oplus_6 0, 2\oplus_6 3\}=\{2, 5\},\quad H2=\{0\oplus_6 2, 3\oplus_6 2\}=\{2, 5\}$$

$$3H=\{3\oplus_6 0, 3\oplus_6 3\}=\{3, 0\},\quad H3=\{0\oplus_6 3, 3\oplus_6 3\}=\{3, 0\}$$

$$4H=\{4\oplus_6 0, 4\oplus_6 3\}=\{4, 1\},\quad H4=\{0\oplus_6 4, 3\oplus_6 4\}=\{4, 1\}$$

$$5H=\{5\oplus_6 0, 5\oplus_6 3\}=\{5, 2\},\quad H5=\{0\oplus_6 5, 3\oplus_6 5\}=\{5, 2\}$$

于是，$0H=H0=3H=H3$，$1H=H1=4H=H4$，$2H=H2=5H=H5$，且$0H\cup 1H\cup 2H=G$。

左、右陪集具有下列性质。

(1) $eH=He=H$，其中e为幺元。

(2) $aH=H\Leftrightarrow a\in H$，$Ha=H\Leftrightarrow a\in H$。

(3) $aH=bH\Leftrightarrow a\in bH\Leftrightarrow b^{-1}*a\in H$，$Ha=Hb\Leftrightarrow a\in Hb\Leftrightarrow a*b^{-1}\in H$。

(4) $|aH|=|Ha|=|H|$。

由例7.5.2可知，N_6关于子群$\{0, 3\}$的所有不同陪集形成N_6的一个划分，而集合的划分与集合元素间的等价关系存在密切联系，下面讨论利用陪集建立群中元素间的等价关系。

设$<H, *>$是群$<G, *>$的子群，定义G上的二元关系R：$\forall a, b\in G$，aRb当且仅当$b\in aH$。下面证明R是G上的等价关系。

(1) 对$\forall a\in G$，$a=a*e\in aH$，所以aRa，即R是自反的。

(2) 对$\forall a, b\in G$，

$$aRb\Leftrightarrow b\in aH\Leftrightarrow \exists h(h\in H\wedge b=a*h)\Leftrightarrow \exists h(h\in H\wedge h^{-1}\in H\wedge a=b*h^{-1})\Leftrightarrow a\in bH\Leftrightarrow bRa$$

即R是对称的。

(3) 对$\forall a, b, c\in G$，

$$\begin{aligned} aRb\wedge bRc &\Leftrightarrow \exists h_1\exists h_2(h_1\in H\wedge h_2\in H\wedge b=a*h_1\wedge c=b*h_2)\\ &\Leftrightarrow \exists h_1\exists h_2(h_1\in H\wedge h_2\in H\wedge h_1*h_2\in H\wedge c=a*h_1*h_2)\\ &\Leftrightarrow c\in aH\\ &\Leftrightarrow aRc \end{aligned}$$

即R是传递的。因此，R是G上的等价关系。

下面讨论R的等价类与陪集的关系。

7.5.2　拉格朗日定理

定理7.5.1 (拉格朗日定理)　设$<H, *>$是群$<G, *>$的子群，则

(1) $R=\{<a, b>|a\in G，b\in G$且$a^{-1}*b\in H\}$是G上的等价关系。对$a\in G$，若记$[a]_R=\{x|x\in G$

且$<a, x>\in R\}$，则$[a]_R=aH$。

(2)若$<G, *>$是有限群，$|G|=n$，$|H|=m$，则$m|n$。

证明 (1)由于$a^{-1}*b\in H\Leftrightarrow\exists h(h\in H\wedge a^{-1}*b=h)\Leftrightarrow\exists h(h\in H\wedge b=a*h)\Leftrightarrow b\in aH$，由 7.5.1 节的讨论知$R$是$G$上的等价关系。

对$\forall a\in G$，$b\in[a]_R\Leftrightarrow<a, b>\in R\Leftrightarrow a^{-1}*b\in H\Leftrightarrow b\in aH$，所以$[a]_R=aH$。

(2)因为R是G上的等价关系，G是有限集合，所以R将G划分成有限个不同的等价类$[a_1]_R$, $[a_2]_R, \cdots, [a_k]_R$，使得$G=\bigcup_{i=1}^{k}[a_i]_R=\bigcup_{i=1}^{k}a_iH$。

又对$\forall h_1, h_2\in H$且$h_1\neq h_2$，$a\in G$，必有$a*h_1\neq a*h_2$，所以$|a_iH|=|H|=m(i=1, 2, \cdots, k)$，于是

$$n=|G|=|\bigcup_{i=1}^{k}a_iH|=\sum_{i=1}^{k}|a_iH|=\sum_{i=1}^{k}|H|=km$$

即$k=\dfrac{n}{m}$，k为某一正整数，所以$m|n$。

若$<H, *>$是群$<G, *>$的子群，则G中与H相关的所有互不相同的左陪集或右陪集形成G的一个划分，即$G=\bigcup_{i=1}^{k}a_iH$或$G=\bigcup_{i=1}^{k}Ha_i$，此时称为G关于H的左陪集或右陪集分解，关系R称为左陪集或右陪集关系。

注 (1)此定理可作为判断群的子集是子群的必要条件。

(2)此定理的逆定理不成立，即若$|G|=n$，m是n的因子，则阶数为m的子群不一定存在，但对循环群却成立。

由拉格朗日定理直接得到如下两个推论。

推论一 任何质数阶群只有平凡子群。

推论二 设$<G, *>$是n阶有限群，幺元为e，则

(1)对$\forall a\in G$，a的周期必是n的因子，且$a^n=e$。

(2)若n为质数，则$<G, *>$必为循环群。

注 此推论说明：一个质数阶群一定是循环群，且任一与幺元不同的元素都是其生成元。

【例 7.5.3】 在$K=\{e, a, b, c\}$上定义运算$*$见表 7.15。证明：$<K, *>$是群，但不是循环群。

表 7.15 例 7.5.3 的运算表

$*$	e	a	b	c
e	e	a	b	c
a	a	e	c	b
b	b	c	e	a
c	c	b	a	e

证明 $<K, *>$是例 7.3.2 中的 Klein 四元群，且每个元素关于运算$*$的逆元都是其本身。

幺元e不可能是K的生成元，其余元素的逆元是其自身，即$a^2=b^2=c^2=e$，所以a、b、c的阶都为 2，即a、b、c中任意两个元素都不可能由其余一个元素的幂次生成，故$<K, *>$不是循环群。

群的左、右陪集是一个等价关系的等价类，所以它们还具有等价类的一切性质。

定理 7.5.2 设$<H, *>$是群$<G, *>$的子群，aH 和 bH 是任意两个左陪集，则 $aH=bH$ 或 $aH \cap bH=\varnothing$。

【例 7.5.4】 设 $G=<N_{12}, \oplus_{12}>$，其中 $N_{12}=\{0,1,2,\cdots,11\}$，运算 $\oplus_{12}$ 定义为对$\forall a, b \in N_{12}$，有 $a \oplus_{12} b=(a+b)(\bmod 12)$。求 $H=(3)$在 G 中所有的左陪集。

解 因为 $H=(3)=\{0, 3, 6, 9\}$，$|G|=12$，$|H|=4$，所以 H 的不同左陪集有三个，即

$$0H=3H=6H=9H=H=\{0, 3, 6, 9\}$$

$$1H=4H=7H=10H=\{1, 4, 7, 10\}$$

$$2H=5H=8H=11H=\{2, 5, 8, 11\}$$

7.5.3 正规子群

群$<G, *>$关于子群$<H, *>$的左、右陪集未必相等，因为群中运算不一定是可交换的，而例 7.5.2 中却有 $aH=Ha$，$\forall a \in G$。这是怎样的一种特殊情况呢?

定义 7.5.3 设$<H, *>$是群$<G, *>$的子群，若对$\forall a \in G$，都有 $aH=Ha$ 成立，则称$<H, *>$是$<G, *>$的正规子群或不变子群，这时左、右陪集简称为陪集。

例 7.5.2 中的子群$<\{0, 3\}, \oplus_6>$是群$<N_6, \oplus_6>$的正规子群。

注 (1)“等式 $aH=Ha$ 成立”是指对$\forall h_1 \in H$，必存在 $h_2 \in H$，使得 $a*h_1= h_2*a$，而不要求对$\forall h \in H$，都有 $a*h=h*a$。

(2)显然阿贝尔群的子群都是正规子群，平凡子群也都是正规子群。

定理 7.5.3 设$<H, *>$是群$<G, *>$的子群，则$<H, *>$是$<G, *>$的正规子群当且仅当对$\forall a \in G$，$\forall h \in H$，都有 $a*h*a^{-1} \in H$。

证明 必要性。对$\forall a \in G$，$\forall h \in H$，有 $a*h \in aH=Ha$，则$\exists h_1 \in H$，使得 $a*h=h_1*a$，所以 $a*h*a^{-1}=h_1 \in H$。

充分性。对$\forall a \in G$, $\forall h \in H$, 由 $a*h*a^{-1} \in H$ 知, $\exists h_2 \in H$, 使得 $a*h*a^{-1}=h_2$, 即 $a*h=h_2*a \in Ha$, 所以 $aH \subseteq Ha$。

对$\forall a \in G$，$\forall h \in H$，$a^{-1} \in G$，于是 $a^{-1}*h*(a^{-1})^{-1} \in H$，即 $a^{-1}*h*a \in H$，所以$\exists h_3 \in H$，使得 $a^{-1}*h*a=h_3$，即 $h*a=a*h_3$，所以 $Ha \subseteq aH$。

因此，对$\forall a \in G$，都有 $aH=Ha$，即 H 是 G 的正规子群。

7.6 同态与同构

在图论中讨论了两个图之间的同构关系，同构的图具有相同的结构。在代数系统中，既要研究一个代数系统的内部性质和结构，又要研究多个代数系统之间的关系。本节利用映射研究代数系统间的同态和同构关系，使表面上不同的代数系统实质上具有相同的结构。

代数系统的同态或同构，是指在它们之间存在一种特殊映射——保持运算的映射，同态或同构是研究两个代数系统之间关系的强有力工具。代数中最基本、最重要的课题就是搞清楚各种代数系统在同构意义下的分类问题。

7.6.1 同态与同构的定义

定义 7.6.1 设$<A, *>$和$<B, \Delta>$是代数系统，$*$和Δ分别是 A 和 B 上的二元(或 n 元)运算。设 f 是 A 到 B 的映射，使得对$\forall x, y \in A$，都有

$$f(x*y)=f(x)\Delta f(y) \tag{7.6.1}$$

则称 f 为$<A, *>$到$<B, \Delta>$的同态映射，简称为同态，并称$<A, *>$与$<B, \Delta>$同态，记作 $A \sim B$。令 $f(A)=\{y|y=f(x), x\in A\}$，称代数系统$<f(A), \Delta>$为$<A, *>$的同态象。

同态映射是保持运算的函数，同态的两个代数系统之间的联系可由图 7.2 描述。式(7.6.1)的左边表示将元素 x 和 y 先在 A 中做$*$运算得 $x*y$，然后将运算结果 $x*y$ 通过映射 f 作用到 B 中，得到象 $f(x*y)$。式(7.6.1)的右边表示先将元素 x 和 y 分别通过映射 f 作用到 B 中的元素 $f(x)$ 和 $f(y)$，然后将映射结果 $f(x)$ 和 $f(y)$ 在 B 中进行Δ运算，得到 $f(x)\Delta f(y)$。对同态映射而言，这两个结果是一样的，即“先做(A 中的)运算后映射等于先映射后做(B 中的)运算”。

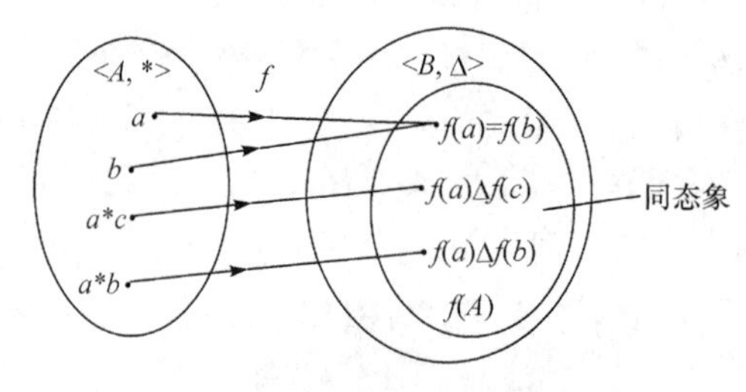

图 7.2 同态代数系统之间的联系

【例 7.6.1】 (1)设 M_n 为 n 阶实矩阵集合，$*$为矩阵乘法，作映射 $f: M_n\to\mathbf{R}$，$f(\boldsymbol{A})=\det(\boldsymbol{A})$，$\forall \boldsymbol{A}\in M_n$，其中 $\det(\boldsymbol{A})$为矩阵 $\boldsymbol{A}$ 的行列式，则$<M_n, *>$与$<\mathbf{R}, \times>$同态，其中$\times$为普通乘法。

(2)设 k 为自然数，$N_k=\{0, 1, \cdots, k-1\}$，作映射 f: $\mathbf{N}\to N_k$，满足 $f(n)=n \pmod k$，$\forall n\in\mathbf{N}$，则$<\mathbf{N}, +>$与$<N_k, \oplus_k>$同态。

(3)对实数加法群$<\mathbf{R}, +>$和实数乘法群$<\mathbf{R}, \times>$，作映射 f: $\mathbf{R}\to\mathbf{R}$，满足 $f(x)=\mathrm{e}^x$，$\forall x\in\mathbf{R}$，则$<\mathbf{R}, +>$与$<\mathbf{R}, \times>$同态。

【例 7.6.2】 设代数系统$<\mathbf{Z}, \times>$，其中 $\mathbf{Z}$ 为整数集，$\times$为普通乘法，代数系统$<B, \otimes>$，其中 B={正, 负, 零}，定义$\otimes$见表 7.16。

表 7.16 例 7.6.2 的 ⊗ 运算表

⊗	正	负	零
正	正	负	零
负	负	正	零
零	零	零	零

作映射 f: $\mathbf{Z}\to B$，

$$f(n)=\begin{cases}\text{正}, & n>0\\ \text{负}, & n=0\\ \text{零}, & n<0\end{cases}$$

显然，对$\forall a, b\in\mathbf{Z}$，$f(a\times b)$有下面三种情况：

(1) 当$a\times b>0$时，$f(a\times b)$=正，即a与b同号且都不为0时，$f(a)$与$f(b)$同正负，此时$f(a)\otimes f(b)$=正。

(2) 当$a\times b<0$时，$f(a\times b)$=负，即a与b异号且都不为0时，$f(a)$与$f(b)$异正负，此时$f(a)\otimes f(b)$=负。

(3) 当$a\times b=0$时，$f(a\times b)$=零，即a与b其中之一为0时，$f(a)$与$f(b)$其中之一也为零，此时$f(a)\otimes f(b)$=零。

综上所述，f是$<\mathbf{Z}, \times>$到$<B, \otimes>$的同态映射，于是$\mathbf{Z}\sim B$。

注 (1) 在同态意义下，复杂的代数系统可以转化为较简单的代数系统，这样能使其特征更明显，方便讨论。

(2) 两个代数系统间可能存在多个同态。

定义 7.6.2 设f是$<A, *>$到$<B, \Delta>$的同态，若

(1) f为满射，则称f为满同态。

(2) f为单射，则称f为单同态。

(3) f为双射，则称f为同构映射，并称$<A, *>$和$<B, \Delta>$同构，记作$A\cong B$。

例如，例 7.6.1 (1)、(2) 中的映射f是满同态，(3) 中的映射f是单同态。

【例 7.6.3】 正实数乘法群$<\mathbf{R}^+, \times>$与实数加法群$<\mathbf{R}, +>$同构。作映射f: $\mathbf{R}^+\to\mathbf{R}$,

$$f(x)=\ln x \quad (\forall x\in\mathbf{R}^+)$$

则f是同构映射。

若$f(x)=\log_{10}x$，$\forall x\in\mathbf{R}^+$，f也是同构映射。

此例说明，在某种映射作用下，$\mathbf{R}^+$上的乘法运算和$\mathbf{R}$上的加法运算可以相互转换。因此，在一个代数系统中实现复杂运算时，可以通过某种映射将其转化为另一个代数系统中较简单的运算进行处理，然后再将处理结果通过映射的逆变换回到原来的系统中。例如，在图像处理中通过傅里叶变换和傅里叶逆变换建立空间域和频率域间的一种转换关系，以实现噪声抑制、边缘增强、图像平滑、图像重建等效果。

注 当$A\cong B$时，它们之间的同构映射可能不唯一。

【例 7.6.4】 设代数系统$<A, +>$、$<B, *>$、$<C, \Delta>$，其中$A=\{a, b\}$，B={偶，奇}，$C=\{0°, 180°\}$，二元运算+、*、Δ的定义见表 7.17。证明：$A\cong B$，$A\cong C$。

表 7.17 例 7.6.4 中的三个运算

(a) 运算+

+	a	b
a	a	b
b	b	a

(b) 运算*

*	偶	奇
偶	偶	奇
奇	奇	偶

(c) 运算Δ

Δ	0°	180°
0°	0°	180°
180°	180°	0°

证明 定义映射

$$f: A\to B，f(a)=偶，f(b)=奇$$

$$g: A\to C，g(a)=0°，g(b)=180°$$

于是

$$f(a+b)=f(b)=\text{奇}=\text{偶}*\text{奇}=f(a)*f(b)$$

同理可证，$f(a+a)=f(a)*f(a)$，$f(b+b)=f(b)*f(b)$，$f(b+a)=f(b)*f(a)$。因此，f是同态映射。

显然，f是双射，所以 $A\cong B$。

类似地，证明 $A\cong C$。

注 例 7.6.4 说明，形式上不同的代数系统，若同构，则它们的集合的基数相同，运算关系保持不变，即它们在结构上完全一致，就可将其视为同一个代数系统，所不同的仅仅是元素和运算使用的符号不同。

定理 7.6.1 设$<G, *>$是由 a 生成的循环群，

(1)若 a 的周期为 n，则$<G, *>\cong<Z_n, \oplus_n>$，其中$<Z_n, \oplus_n>$为模 n 剩余类加群。

(2)若 a 的周期无限，则$<G, *>\cong<\mathbf{Z}, +>$，其中$<\mathbf{Z}, +>$为整数加群。

定理 7.6.1 说明，循环群只有两类，掌握了$<Z_n, \oplus_n>$和$<\mathbf{Z}, +>$的性质，就掌握了所有的循环群。

定义 7.6.3 设$<A, *>$是代数系统，

(1)若 f 是$<A, *>$到$<A, *>$的同态，则称 f 为自同态。

(2)若 f 是$<A, *>$到$<A, *>$的同构，则称 f 为自同构。

在群的研究中，自同构和自同态是一种重要手段。

7.6.2 同态和同构的性质

同态和同构映射能够保持两个代数系统间的运算，然而运算的性质是否仍然保持？

定理 7.6.2 设 f 是代数系统$<A, *>$到$<B, \Delta>$的满同态，

(1)若$*$在 A 中可交换，则Δ在 B 中也可交换。

(2)若$*$在 A 中可结合，则Δ在 B 中也可结合。

(3)若 e 是$<A, *>$的幺元，则 $f(e)$是$<B, \Delta>$的幺元。

(4)若θ是$<A, *>$的零元，则 $f(\theta)$是$<B, \Delta>$的零元。

(5)若 a 是$<A, *>$的幂等元，则 $f(a)$是$<B, \Delta>$的幂等元。

(6)若 a^{-1} 是 a 在$<A, *>$中的逆元，则 $f(a^{-1})$是 $f(a)$在$<B, \Delta>$中的逆元，且 $f(a^{-1})=(f(a))^{-1}$。

证明 只证(3)和(6)，其余可以类似证明。

(3)对$\forall x\in B$，因为 f 是满射，所以$\exists a\in A$，使得 $f(a)=x$。因为 e 是$<A, *>$的幺元，$e*a=a*e=a$，于是

$$x\Delta f(e)=f(a)\Delta f(e)=f(a*e)=f(a)=x$$

$$f(e)\Delta x=f(e)\Delta f(a)=f(e*a)=f(a)=x$$

所以 $x\Delta f(e)=f(e)\Delta x=x$，即 $f(e)$是$<B, \Delta>$的幺元。

(6)设 e 是$<A, *>$的幺元，由(3)知，$f(e)$是$<B, \Delta>$的幺元，于是

$$f(a)\Delta f(a^{-1})=f(a*a^{-1})=f(e)$$

$$f(a^{-1})\Delta f(a)=f(a^{-1}*a)=f(e)$$

所以 $f(a)\Delta f(a^{-1})=f(a^{-1})\Delta f(a)=f(e)$，即 $f(a^{-1})$是 $f(a)$在$<B, \Delta>$中的逆元，且$(f(a))^{-1}=f(a^{-1})$。

【例 7.6.5】 设f和g都是群$<G_1, +>$到群$<G_2, *>$的同态映射，令$C=\{x|x\in G_1 \wedge f(x)=g(x)\}$。证明：$<C, +>$是$<G_1, +>$的子群。

证明 设e_1、e_2分别是群$<G_1, +>$和群$<G_2, *>$的幺元，由定理 7.6.2(3)知，$f(e_1)=e_2=g(e_1)$，所以$e_1\in C$，即$C\neq\varnothing$。

对$\forall x, y\in C$，因为$f(x+y^{-1})=f(x)*f(y^{-1})=f(x)*(f(y))^{-1}=g(x)*(g(y))^{-1}=g(x)*g(y^{-1})=g(x+y^{-1})$，所以$x+y^{-1}\in C$，由定理 7.3.3 可知，$<C, +>$是$<G_1, +>$的子群。

定理 7.6.2 说明两个代数系统间若存在满同态，则它们的许多性质都能保留，但这种性质的保留是单向的。若不是满同态，则有关性质只能在同态象中保留。

定理 7.6.3 设f是代数系统$<A, *>$到代数系统$<B, \Delta>$的同态映射。

(1)若$<A, *>$是半群，则同态象$<f(A), \Delta>$也是半群。

(2)若$<A, *>$是独异点，则同态象$<f(A), \Delta>$也是独异点。

(3)若$<A, *>$是群，则同态象$<f(A), \Delta>$也是群。

证明 只需证明运算Δ在$f(A)$上封闭，其余由定理 7.6.2 可得。

设$<A, *>$是半群，$<B, \Delta>$是代数系统，f是$<A, *>$到$<B, \Delta>$的同态映射，则$f(A)\subseteq B\neq\varnothing$。

对$\forall a, b\in f(A)$，存在$x, y\in A$，使得$f(x)=a$，$f(y)=b$。因为$<A, *>$是半群，所以存在$z\in A$，使$x*y=z$，于是$a\Delta b=f(x)\Delta f(y)=f(x*y)=f(z)\in f(A)$，故$\Delta$在$f(A)$上封闭。

同构的代数系统具有完全相同的性质，从而$<A, *>$中的性质可以通过同构映射转化为$<B, \Delta>$中的性质，只要掌握了其中任何一个，另一个也就完全能够掌握。因此，对于复杂的代数系统往往用一些简单的代数系统去研究，或者把未知的代数系统转化为已知的代数系统来研究。

在同构意义下，有下列结论：

(1)1、2、3、5 阶群仅各有一个。

(2)4、6 阶群仅各有两个。

定义 7.6.4 设f是群$<G, +>$到群$<G', *>$的同态映射，e'是G'中关于运算$*$的幺元，记

$$\mathrm{Ker}(f)=\{x|x\in G \wedge f(x)=e'\}$$

则称$\mathrm{Ker}(f)$为同态映射f的核，简称f的同态核。

【例 7.6.6】 (1)群$<\mathbf{N}, +>$与群$<N_k, \oplus_k>$的同态映射为$f(n)=n(\mathrm{mod}\ k)$，$\forall n\in\mathbf{N}$，若$f(n)=0$，即$n(\mathrm{mod}\ k)=0$，则$n=mk$(m为整数)，故$\mathrm{Ker}(f)=\{mk|m\in\mathbf{N}\}$。

(2)$<M_n, *>$与$<\mathbf{R}, \times>$的同态映射为$f(\boldsymbol{A})=\det(\boldsymbol{A})$，$\forall \boldsymbol{A}\in M_n$，则

$$\mathrm{Ker}(f)=\{\boldsymbol{A}|\boldsymbol{A}\in M_n \wedge \det(\boldsymbol{A})=1\}$$

利用同态核可以构造其正规子群。

定理 7.6.4 设f是群$<G, +>$到群$<G', *>$的同态映射，则f的同态核$\mathrm{Ker}(f)$构成的系统$<\mathrm{Ker}(f), +>$为$<G, +>$的子群，且是正规子群。

7.6.3 同余关系

在代数系统的集合中，元素之间可以具有某种等价关系，运算是否会影响这种等价关系？

定义 7.6.5 设$<A, +>$是代数系统，R是A上的等价关系。若对$\forall <a_1, a_2>\in R, <b_1, b_2>\in R$，必有$<a_1+b_1, a_2+b_2>\in R$，则称$R$为$A$上关于运算+的同余关系，此同余关系将$A$划分成的等价类称为同余类。

注 (1)同余关系是代数系统的集合中元素间的一种等价关系，并且代数系统的运算不会改变这种等价关系。反之不然，等价关系不一定是同余关系。

(2)任何代数系统都存在同余关系。因为恒等关系和全域关系都是同余关系。

【例 7.6.7】 对代数系统$<\mathbf{Z}, +, \times>$，其中+和×是普通加法与乘法，在 **Z** 上定义关系 R：$<x, y>\in R$ 当且仅当$|x|=|y|$。R 关于运算+和运算×是否是同余关系？说明理由。

证明 不难验证 R 是等价关系。

R 关于运算+不是同余关系。因为$<2, 2>\in R$，$<2, -2>\in R$，而$<2+2, 2-2>=<4, 0>\notin R$。

R 关于运算×是同余关系。因为若$\forall <x_1, x_2>\in R, <y_1, y_2>\in R$，有$|x_1|=|x_2|$，$|y_1|=|y_2|$，于是$|x_1y_1|=|x_1||y_1|=|x_2||y_2|=|x_2y_2|$，即$<x_1y_1, x_2y_2>\in R$。

【例 7.6.8】 设 $A=\{a, b, c, d\}$，定义 A 上的二元运算$*$和+，分别见表 7.18。

表 7.18 例 7.6.8 的运算∗和+

(a) 运算∗

∗	*a*	*b*	*c*	*d*
a	*a*	*a*	*d*	*c*
b	*b*	*a*	*c*	*d*
c	*c*	*d*	*a*	*b*
d	*d*	*d*	*b*	*a*

(b) 运算+

+	*a*	*b*	*c*	*d*
a	*a*	*a*	*d*	*c*
b	*b*	*a*	*d*	*a*
c	*c*	*b*	*a*	*b*
d	*c*	*d*	*b*	*a*

定义 A 上的等价关系

$$R=\{<a, a>, <a, b>, <b, a>, <b, b>, <c, c>, <c, d>, <d, c>, <d, d>\}$$

容易验证 R 是 A 上关于运算$*$的同余关系，该同余关系将集合 A 划分为同余类$\{a, b\}$和$\{c, d\}$。但 R 不是 A 上关于运算+的同余关系，因为$<a, b>\in R, <d, d>\in R$，而$<a+d, b+d> = <c,a>\notin R$。

同余关系与同态有以下联系。

定理 7.6.5 设$<A, +>$是代数系统，R 是 A 上的同余关系，$B=\{A_1, A_2, \cdots, A_r\}$是由 R 诱导的 A 的划分，则必存在新的代数系统$<B, *>$，它是$<A, +>$的同态象。

定理 7.6.6 设 f 是$<A, +>$到$<B, *>$的同态映射，若在 A 上定义二元关系 R：

$$<a, b>\in R \Leftrightarrow f(a)=f(b) \quad (\forall a, b\in A)$$

则 R 为 A 上的同余关系。

注 此定理说明，象相同的元素属于同一个同余类。

7.7 环 与 域

讨论了带有一个二元运算的代数系统——半群和群，科学研究和生产实践中，常常需要研究带有两个或多个独立运算的代数系统，如数集、多项式集合、命题公式集合等，其中的运算常称为加法“+”和乘法“×”，而减法和除法可以归结为加法和乘法运算，故不是独立的运算。例如，实数集 **R**，研究其上的普通加法和乘法，则$<\mathbf{R}, +>$是群，$<\mathbf{R}, \times>$是独异点，而加法和乘法之间有某种联系，如乘法对加法是可分配的等，用群的理论无法研究这样的系统。

本节讨论、定义有联系的两个二元运算的代数系统——环和域，其在编码理论和自动机理论中有重要应用。

7.7.1 环及其性质

1. 环的定义及性质

定义 7.7.1 设$<A, +, *>$是代数系统，+和*是二元运算，若满足以下条件：

(1) $<A, +>$是阿贝尔群。

(2) $<A, *>$是半群。

(3) 运算*对运算+可分配，即对$\forall a, b, c\in A$，都有

$$a*(b+c)=(a*b)+(a*c), \qquad (b+c)*a=(b*a)+(c*a)$$

则称代数系统$<A, +, *>$为环，其中+称为加法，*称为乘法。

注 (1) 环是由加法交换群$<A, +>$和乘法半群$<A, *>$，通过乘法运算对加法运算的分配律结合起来的一种代数系统。

(2) 环中的加法和乘法是区分两种运算的称谓，并非通常意义下数的普通加法和乘法运算。

【例 7.7.1】 (1) 整数集、有理数集、实数集和复数集，关于普通加法和乘法构成环，分别称为整数环$<\mathbf{Z}, +, \times>$、有理数环$<\mathbf{Q}, +, \times>$、实数环$<\mathbf{R}, +, \times>$和复数环$<\mathbf{C}, +, \times>$。

(2) 实系数多项式组成的集合 $P[x]$，关于多项式的加法和乘法构成多项式环。

(3) n 阶实矩阵的集合 M_n，关于矩阵的加法和乘法构成矩阵环。

(4) 设 n 是自然数，$Z_n=\{[0], [1], \cdots, [n-1]\}$是模 n 剩余类集，则$<Z_n, \oplus_n, \otimes_n>$称为模 n 剩余类环，其中 $\oplus_n$ 和 $\otimes_n$ 分别为模 n 加法和乘法。

(5) 闭区间$[0, 1]$上的实值连续函数集 F 关于函数的加法和乘法构成实值连续函数环。

定理 7.7.1 设$<A, +, *>$是环，则对$\forall a, b, c\in A$，有

(1) $a*\theta=\theta*a=\theta$，其中θ是关于+运算的幺元。

(2) $a*(-b)=(-a)*b=-(a*b)$，其中$-a$ 是 a 关于+运算的逆元。

(3) $(-a)*(-b)=a*b$。

(4) $a*(b-c)=(a*b)-(a*c)$，其中 $b-c$ 表示 $b+(-c)$。

(5) $(b-c)*a=(b*a)-(c*a)$。

证明 (1) 因为$\theta+(\theta*a)=\theta*a=(\theta+\theta)*a=\theta*a+\theta*a$，而$<A, +>$是群，+运算具有消去律，则$\theta=\theta*a$。

同理可证 $a*\theta=\theta$。

(2) 因为$(a*b)+(a*(-b))=a*(b+(-b))=a*\theta=\theta$，同理$(a*(-b))+(a*b)=\theta$，即 $a*b$ 关于+运算的逆元为 $a*(-b)$，所以$-(a*b)=a*(-b)$。

同理可证$-(a*b)=(-a)*b$。

(3) 因为 $(a*(-b))+((-a)*(-b))=(a+(-a))*(-b)=\theta*(-b)=\theta$，而 $(a*(-b))+(a*b)=a*((-b)+b)=a*\theta=\theta$，所以由消去律，得$(-a)*(-b)=a*b$。

(4) $a*(b-c)=a*(b+(-c))=(a*b)+(a*(-c))=(a*b)+(-(a*c))=(a*b)-(a*c)$。

(5)类似(4)的证明。

一般地，在环$<A, +, *>$中，加法的幺元θ是乘法的零元，并称其为环的零元，常表示为0。若关于乘法运算有幺元，则用1表示，称为环的幺元。环中元素a关于加法的逆元用$-a$表示，称为a的负元。若a关于乘法运算的逆元存在，则用a^{-1}表示，称为a的逆元。

【例 7.7.2】 在环中计算$(a+b)^2$及$(a+b)*(a-b)$。

解 $(a+b)^2=(a+b)*(a+b)=a*a+a*b+b*a+b*b=a^2+a*b+b*a+b^2$

$$(a+b)*(a-b)=a*a-a*b+b*a-b*b=a^2-a*b+b*a-b^2$$

注 实数集中的加法和乘法运算不能直接推广到一般环中。

2. 特殊环

根据环中关于乘法运算的不同性质，将环进行初步分类。

定义 7.7.2 设$<A, +, *>$是环，θ为乘法$*$的零元。

(1)若A关于乘法$*$可交换，则称环$<A, +, *>$为交换环。

(2)若A关于乘法$*$有幺元，则称环$<A, +, *>$为含幺环。

(3)若A中存在非零元的元素a、b，使得$a*b=\theta$，则称环$<A, +, *>$为含零因子环，a称为左零因子，b称为右零因子；否则称为无零因子环。

(4)若环$<A, +, *>$是交换环、含幺环、无零因子环，则称为整环。

【例 7.7.3】 (1)整数环**Z**、有理数环**Q**、实数环**R**、复数环**C**，关于普通加法和乘法都是交换环、含幺环、无零因子环，因而都是整环。

(2)矩阵环$<M_n, +, \bullet>$是含幺环，有零因子环，不是交换环，因而不是整环。

(3)模6整数环$<Z_6, \oplus_6, \otimes_6>$是交换环、含幺环，但不是无零因子环，因而不是整环。因为零元为0，$3\otimes_6 4=0$，3和4都是零因子。

【例 7.7.4】 设**Z**是整数集，$A=\{<a, b>|a, b\in \mathbf{Z}\}$，定义$A$上的二元运算$\oplus$和$\otimes$：对$\forall<a_1,b_1>$，$<a_2, b_2>\in A$，有

$$<a_1, b_1>\oplus<a_2, b_2>=<a_1+a_2, b_1+b_2>,\ <a_1, b_1>\otimes<a_2, b_2>=<a_1\times a_2, b_1\times b_2>$$

其中，+和×是普通加法和乘法。证明：$<A, \oplus, \otimes>$是环，但不是整环，并求其所有零因子。

证明 由运算$\oplus$和$\otimes$的定义知，运算$\oplus$和$\otimes$在A上封闭、可交换、可结合。运算$\oplus$的幺元为$<0, 0>$，$<a, b>\in A$的负元为$<-a, -b>$，于是$<A, \oplus>$是阿贝尔群，$<A, \otimes>$是半群。

对$\forall<a_1, b_1>, <a_2, b_2>, <a_3, b_3>\in A$，有

$$<a_1, b_1>\otimes(<a_2, b_2>\oplus<a_3, b_3>)=<a_1\times a_2+a_1\times a_3, b_1\times b_2+b_1\times b_3>$$

$$(<a_2, b_2>\oplus<a_3, b_3>)\otimes<a_1, b_1>=<a_1\times a_2+a_1\times a_3, b_1\times b_2+b_1\times b_3>$$

所以运算$\otimes$对运算$\oplus$可分配，于是$<A, \oplus, \otimes>$是环。

对$\forall<a_1, b_1>, <a_2, b_2>\in A$，若$<a_1, b_1>\otimes<a_2, b_2>=<a_1\times a_2, b_1\times b_2>=<0, 0>$，则必有$a_1\times a_2=0$且$b_1\times b_2=0$，于是$<a, 0>$和$<0, b>$是其零因子。因此，$<A, \oplus, \otimes>$不是整环。

一个环是否有零因子与消去律是否成立有密切关系。

定理 7.7.2 环$<A, +, *>$无零因子当且仅当$<A, +, *>$中乘法满足消去律，即对$\forall a, b, c\in A$且$c\neq\theta$，若$a*c=b*c$或$c*a=c*b$，则$a=b$。

证明 若无零因子，即对$\forall a, b\in A$且$a*b=\theta$，则$a=\theta$或$b=\theta$。

由$a*c=b*c$，得$(a-b)*c=a*c-b*c=\theta$。而$c\neq\theta$，则必有$a-b=\theta$，即$-b$的负元$-(-b)$等于a，所以$a=b$。

反之，若乘法满足消去律，设$a\neq\theta$且$a*b=\theta$，则$a*b=a*\theta$，由消去律得$b=\theta$。

交换环$<A, +, *>$中乘法幂运算不仅满足第一、第二指数律，还满足第三指数律：

$$(a*b)^n=a^n*b^n \quad (n\in\mathbf{Z}^+，第三指数律)$$

7.7.2 域及其性质

环中元素可以进行加法和乘法运算，但“除法”并不是总可行，即使在整环上消去律成立，但也并不总是可以用其中的非零元素“除以”另一个元素，因为环中元素关于乘法运算不一定有逆元。若环中每个不等于乘法零元的元素均有乘法逆元，则可以定义乘法的逆运算“除法”，于是形成一种新的代数系统。

定义 7.7.3 设$<A, +, *>$是环，且$<A-\{\theta\}, \bullet>$是阿贝尔群，则称$<A, +, *>$为域，其中θ是运算+的幺元，运算$*$的零元。

域是由两个阿贝尔群——加法群$<A, +>$和乘法群$<A-\{\theta\}, *>$，通过乘法运算对加法运算的分配律结合起来的。

【例 7.7.5】 (1)$<\mathbf{Q}, +, \times>$、$<\mathbf{R}, +, \times>$、$<\mathbf{C}, +, \times>$都是域，其中+、×分别是普通加法和乘法。

(2)$<\mathbf{Z}, +, \bullet>$是整环，但不是域。

注 整环不一定是域。

定理 7.7.3 域一定是整环。

定理 7.7.4 有限整环一定是域。

7.8 代数系统的应用——纠错码

字母表是由字母、数字及其他符号组成的非空有限集合，其元素称为字母或码元。字母表中的字母组成的序列称为字，字中所有字母的个数称为字长。表示不同信息的字组成的集合称为码，码中的字也称为码字，不在码中的字称为废码，由相同长度的字组成的码称为等长码。

计算机和数据通信中，最常用的字母表是二进制数字表$B=\{0, 1\}$，每个信息是由0和1组成的二进制序列表示的字，如01100、111，而$\{01100, 10, 111, 110, 0111, 111\}$是码，$\{111, 110, 111\}$是等长码。

信息在传输过程中会受到各种干扰，产生失真现象。为避免信号的传递错误，通常有两种解决方法：一是提高设备和信号的抗干扰能力，二是采用纠错码方法。第二种方法是在发送端发送二进制信号时，先将其按规定转换成具有抗干扰能力的纠错码，然后再进行发送。接收端先检验收到的纠错码是否失真，若失真则进行纠正，经纠正后的二进制信号送入二进制信号接收器，完成整个传输过程。

纠错码中的一致校验矩阵是基于代数系统中的群概念设计的，群码的校正中，也用到了代数系统中的陪集概念。

7.8.1 纠错码的纠错能力

当 $n>m$ 时，$B^m \to B^n$ 的单射函数称为 (m, n) 编码函数。由于 $n>m$，B^n 中的字位数更多，用这些多余的数字检验和纠正传输中的错误。

长度为 2 的字组成码 $S_2=\{00, 01, 10, 11\}$，若传输码字 00 时受到干扰接收到的是 10，由于 10 也是 S_2 中的字，无法判断信号是否失真，这种编码不具有抗干扰能力。若选 $C_2=\{00, 11\}$ 作为编码，则 10 为废码。在只有一位码元出现错误时，码字 00 和 11 都能变为 01、10，因此这种编码能够判断信号失真但无法纠正错误。

在字长为 3 的码 $S_3=\{000, 001, 010, 011, 100, 101, 110, 111\}$ 中，选 $C_3=\{001, 110\}$ 作为编码，001 只能变成 000、011、101，码字 110 只能变成 111、100、010，这些都是废码，而这两组废码没有相同的，于是可以判断信号失真并能纠正错误。但是这种编码只能发现并纠正单个错误。

不同的编码具有不同的纠错能力，利用代数系统设计具有发现和纠错能力的编码系统。

设长度为 n 的码 $S_n=\{s_1s_2\cdots s_n | s_i=0$ 或 $1, i=1, 2, \cdots, n\}$，定义 S_n 上的二元运算 $\oplus$：对 $\forall X, Y\in S_n$，$X=x_1x_2\cdots x_n$，$Y=y_1y_2\cdots y_n$，$Z=X\oplus Y=z_1z_2\cdots z_n$，其中 $z_i=x_i\oplus y_i$，运算 $\oplus$ 为按位加。

显然运算 $\oplus$ 在 S_n 上封闭，具有结合律，有幺元 $\underbrace{00\cdots0}_{n个}$，每个元素的逆元都是其本身，于是 $\langle S_n, \oplus\rangle$ 是群。

定义 7.8.1 设 $\langle C, \oplus\rangle$ 是 $\langle S_n, \oplus\rangle$ 的任一子群，称码 C 为群码。

定义 7.8.2 设 $X=x_1x_2\cdots x_n$，$Y=y_1y_2\cdots y_n$ 是 S_n 的元素，称 $H(X, Y)=\sum_{i=1}^{n}(x_i\oplus y_i)$ 为 X 与 Y 的汉明距离。码 C 中所有不同码字的汉明距离的极小值称为码 C 的最小距离，记作 $d_{\min}(C)$，即

$$d_{\min}(C)=\min_{\substack{X,Y\in C\\ X\neq Y}} H(X,Y)$$

由定义 7.8.2 可知，X 与 Y 的汉明距离是 X 和 Y 中对应位码元不同的个数，$H(001,010)=2$，$H(101, 010)=3$。

编码的最小距离反映编码方式与纠错能力的关系。

定理 7.8.1 码 C 能检查出不超过 k 个错误的充要条件是 $d_{\min}(C)\geqslant k+1$，码 C 能纠正 k 个错误的充要条件是 $d_{\min}(C)\geqslant 2k+1$。

例如，$C_2=\{00, 11\}$，$d_{\min}(C_2)=2$，只能查出单个错误；$C_3=\{001, 110\}$，$d_{\min}(C_3)=3$，能纠正单个错误；对编码 S_2 和 S_3，因为 $d_{\min}(S_2)=d_{\min}(S_3)=1$，所以既不能检查错误又不能纠正错误。由此可知，若码中包含某长度的所有码，则此码必无抗干扰能力。

常用的纠错码还有奇偶校验码，由信息位和校验位两部分组成。信息位是位数不限的二进制代码，校验位仅有一位，可以放在信息位前面或后面。校验位的编码方式有以下两种：

(1) 使每个码字中信息位和校验位所含 1 的个数为奇数，称为奇校验。

(2) 使每个码字中信息位和校验位所含 1 的个数为偶数，称为偶校验。

例如，由 S_2 得到的奇偶校验码 $S_2'=\{000, 011, 101, 110\}$，$d_{\min}(S_2')=2$，只需检查各码字中 1 的个数是奇数还是偶数，所以能查出单个错误，但不能确定是哪一位出错，没有纠错

能力。但其编码简单，且传输中一位码元出错的概率最大，所以普遍使用奇偶校验码。

7.8.2 纠错码的选择

常用的纠错码还有汉明码，其能发现并纠正一位错误。

在编码 S_4 中每个码字形如 $a_1a_2a_3a_4$，增加三位校验位 a_5、a_6、a_7，得到长为 7 的码字 $a_1a_2a_3a_4a_5a_6a_7$，其中校验位 a_5、a_6、a_7 满足条件

$$\begin{cases} a_1 \oplus a_2 \oplus a_3 \oplus a_5 = 0 \\ a_1 \oplus a_2 \oplus a_4 \oplus a_6 = 0 \\ a_1 \oplus a_3 \oplus a_4 \oplus a_7 = 0 \end{cases} \tag{7.8.1}$$

即

$$\begin{cases} a_5 = a_1 \oplus a_2 \oplus a_3 \\ a_6 = a_1 \oplus a_2 \oplus a_4 \\ a_7 = a_1 \oplus a_3 \oplus a_4 \end{cases} \tag{7.8.2}$$

利用方程组(7.8.2)，由 S_4 得到的长为 7 的编码 C，见表 7.19。

表 7.19　S_4 得到的编码 C 的码表

a_1	a_2	a_3	a_4	a_5	a_6	a_7	a_1	a_2	a_3	a_4	a_5	a_6	a_7
0	0	0	0	0	0	0	1	0	0	0	1	1	1
0	0	0	1	0	1	1	1	0	0	1	1	0	0
0	0	1	0	1	0	1	1	0	1	0	0	1	0
0	0	1	1	1	1	1	1	0	1	1	0	0	1
0	1	0	0	1	1	0	1	1	0	0	0	0	1
0	1	0	1	1	0	1	1	1	0	1	0	1	0
0	1	1	0	0	1	1	1	1	1	0	1	0	0
0	1	1	1	0	0	0	1	1	1	1	1	1	1

编码 C 能发现一个错误，并能纠正一个错误。若 C 中码字发生单错，则方程组(7.8.1)中必定至少有一个等式不成立，不同的字位错误会使不同的等式不成立，方程组的八种组合对应 a_1~a_7 的七个码元每个码的错误及一个正确的码字。将三个等式分别用谓词表示为

$$P_1(a_1a_2\cdots a_7):\ a_1 \oplus a_2 \oplus a_3 \oplus a_5 = 0$$

$$P_2(a_1a_2\cdots a_7):\ a_1 \oplus a_2 \oplus a_4 \oplus a_6 = 0$$

$$P_3(a_1a_2\cdots a_7):\ a_1 \oplus a_3 \oplus a_4 \oplus a_7 = 0$$

由 P_1、P_2、P_3 的真值情况，得到表 7.20 所示的纠错对照表。

表 7.20　纠错对照表

P_1	P_2	P_3	出错码元
1	1	1	无
1	1	0	a_7
1	0	1	a_6

续表

P_1	P_2	P_3	出错码元
1	0	0	a_4
0	1	1	a_5
0	1	0	a_3
0	0	1	a_2
0	0	0	a_1

若设 $\boldsymbol{X}=(x_1, x_2, x_3, x_4, x_5, x_6, x_7)$，$\boldsymbol{O}=(0, 0, 0)$，方程组(7.8.1)的矩阵形式为

$$\boldsymbol{H}\boldsymbol{X}^{\mathrm{T}}=\boldsymbol{O}^{\mathrm{T}}$$

其中，$\boldsymbol{X}^{\mathrm{T}}$和$\boldsymbol{O}^{\mathrm{T}}$分别为$\boldsymbol{X}$与$\boldsymbol{O}$的转置矩阵，

$$\boldsymbol{H}=\begin{pmatrix}1 & 1 & 1 & 0 & 1 & 0 & 0\\ 1 & 1 & 0 & 1 & 0 & 1 & 0\\ 1 & 0 & 1 & 1 & 0 & 0 & 1\end{pmatrix}$$

于是，一个编码可由矩阵$\boldsymbol{H}$确定，其纠错能力由$\boldsymbol{H}$的特性决定。

定义 7.8.3 一个码字$\boldsymbol{X}$中 1 的个数称为此码字的重量，记作$W(\boldsymbol{X})$。

容易验证下列结论。

(1) 对码C中的任意码字$\boldsymbol{X}$、$\boldsymbol{Y}$，都有$\boldsymbol{H}(\boldsymbol{X}, \boldsymbol{Y})=\boldsymbol{H}(\boldsymbol{X}\oplus\boldsymbol{Y}, \boldsymbol{O})=W(\boldsymbol{X}\oplus\boldsymbol{Y})$。

(2) 群码C中非零码字的最小重量等于此群码的最小距离，即

$$\min_{\substack{\boldsymbol{Z}\in C\\ \boldsymbol{Z}\neq\boldsymbol{O}}} W(\boldsymbol{Z})=d_{\min}(C)$$

(3) 已知$\boldsymbol{H}$是$k\times n$矩阵，$\boldsymbol{X}=x_1x_2\cdots x_n$，设$G=\{\boldsymbol{X}\mid\boldsymbol{H}\boldsymbol{X}^{\mathrm{T}}=\boldsymbol{O}^{\mathrm{T}}\}$，则$<G, \oplus>$是群，即$G$是群码。

由此，汉明码是群码。

定义 7.8.4 称$G=\{\boldsymbol{X}\mid\boldsymbol{H}\boldsymbol{X}^{\mathrm{T}}=\boldsymbol{O}^{\mathrm{T}}\}$为由$\boldsymbol{H}$生成的群码，$G$中每个码字称为由$\boldsymbol{H}$生成的码字，矩阵$\boldsymbol{H}$称为一致校验矩阵。

群码的最小距离与一致校验矩阵$\boldsymbol{H}$的列向量间有下列联系：

(1) 一致校验矩阵$\boldsymbol{H}$生成一个重量为p的码字的充要条件是在$\boldsymbol{H}$中存在p个列向量，它们的按位加为$\boldsymbol{O}$。

(2) 由$\boldsymbol{H}$生成的群码的最小距离等于$\boldsymbol{H}$中列向量按位加为$\boldsymbol{O}$的最小列向量数。

于是，一个码的纠错能力由其最小距离决定，同时可由其一致校验矩阵$\boldsymbol{H}$中列向量按位加为$\boldsymbol{O}$的最小列向量数决定，只要选择适当的$\boldsymbol{H}$就可以使其生成的码达到预定纠错能力。

例如，前面提到的汉明码的一致校验矩阵$\boldsymbol{H}$的列向量是互异的非零向量，第二、三、四列向量按位加为$\boldsymbol{O}$，于是该码的最小距离为 3，能够纠正单个错误。

将此汉明码推广到一般情况，码C的每个码字$\boldsymbol{X}$由信息位$x_1x_2\cdots x_m$及附加校验位$x_{m+1}x_{m+2}\cdots x_{m+k}$组成，即

$$X=x_1x_2\cdots x_m x_{m+1}x_{m+2}\cdots x_{m+k}$$

X的信息位和校验位关系如下：

$$x_{m+i}=q_{i1}x_1\oplus q_{i2}x_2\oplus\cdots\oplus q_{im}x_m \quad (i=1, 2, \cdots, k)$$

其中，$q_{ij}\in\{0, 1\}(i=1, 2, \cdots, k;\ j=1, 2, \cdots, m)$。

设矩阵$H=(Q_{k\times m}\ I_{k\times k})$，其中$Q_{k\times m}=(q_{ij})_{k\times m}$，$I_{k\times k}$为$k$阶单位矩阵，则码$C$的每个码字均满足方程$HX^{\mathrm{T}}=O^{\mathrm{T}}$。设$n=m+k$，此码也称为$(n, m)$码。

要使码C能纠正单个错误，要求H的各列向量互异且非零，就能够保证C的最小距离大于2。而Q的m个列向量是k维的，因此Q只能从除$I_{k\times k}$中的k个列向量及零向量以外的2^k-k-1个不同的列向量中选择m个，即$m\leqslant 2^k-k-1$，于是$k\geqslant\log_2(n+1)$。

因此，只要码C中校验位位数k满足$k\geqslant\log_2(n+1)$，总可以在2^k-k-1个列向量中任选m个组成Q，使C具有纠正单个错误的能力。

【例 7.8.1】 设$n=7$，$k\geqslant\log_2(7+1)=3$，取$k=3$，则$m=4$，Q有4个3维列向量，从2^3个列向量中去掉单位向量及零向量，得$\begin{pmatrix}0\\1\\1\end{pmatrix}$，$\begin{pmatrix}1\\0\\1\end{pmatrix}$，$\begin{pmatrix}1\\1\\0\end{pmatrix}$，$\begin{pmatrix}1\\1\\1\end{pmatrix}$，于是$H=\begin{pmatrix}1&1&1&0&1&0&0\\1&1&0&1&0&1&0\\1&0&1&1&0&0&1\end{pmatrix}$。正是前面介绍的汉明码的一致校验矩阵。

【例 7.8.2】 设$n=6$，$k\geqslant\log_2(6+1)=\log_2 7\approx 2.8$，取$k=3$，则$m=3$，$Q$有3个3维列向量，从$2^3$个列向量中去掉单位向量及零向量，再选出3个列向量组成一致校验矩阵

$$H=\begin{pmatrix}1&1&0&1&0&0\\1&0&1&0&1&0\\1&1&1&0&0&1\end{pmatrix}$$

于是校验位为$a_4=a_1\oplus a_2$，$a_5=a_1\oplus a_3$，$a_6=a_1\oplus a_2\oplus a_3$。

H生成的群码C={000000, 001011, 010101, 011110, 100111, 101100, 110010, 111001}。因为H的各列向量互异且非零，$h_1\oplus h_3\oplus h_4=O$，所以$H$生成的群码$C$能纠正单错。

7.8.3 群码的校正

选取适当的一致校验矩阵能够设计具有一定要求的纠错码，发现错误并输出错误码元的位置，在陪集等理论基础上，介绍纠正错误的一种简单方法——查表译码法。

设群码C的字长为n，其信息位长为m，校验位长为k。重量为1的所有码字为$e_1=100\cdots0$，$e_2=010\cdots0$，$\cdots$，$e_n=000\cdots1$。

查表译码法的具体做法如下。

(1)构造左陪集。构造群$\langle S_n, \oplus\rangle$的子群$\langle C, \oplus\rangle$关于$e_i$的左陪集$e_iC(i=1, 2, \cdots, n)$。

(2)扩大左陪集。由拉格朗日定理知，C在S_n中的左陪集有$|S_n|/|C|=2^{n-m}=2^k$个。由前面的讨论知$2^k\geqslant n+1$，若$2^k=n+1$，(1)中的n个左陪集e_iC互不相交且完全覆盖S_n；若$2^k>n+1$，继续构造$p=2^k-(n+1)$个左陪集。

构造方法如下：任选取$z_1\in S_n$，$z_1\notin C$且$z_1\notin e_iC$ $(i=1, 2, \cdots, n)$，构造左陪集z_1C；再选取$z_2\in S_n$，$z_2\notin C$，$z_2\notin e_iC$ $(i=1, 2, \cdots, n)$且$z_2\notin z_1C$，构造左陪集z_2C；重复此步骤，直到构造出

第 p 个左陪集 z_pC。于是，$C, e_1C, e_2C, \cdots, e_nC, z_1C, z_2C, \cdots, z_pC$ 互不相交且完全覆盖 S_n。

(3) 构造译码表。由 C 的元素 $c_i(i=1,2,\cdots,2^m)$，左陪集 $e_iC(i=1,2,\cdots,n)$、$z_iC(i=1,2,\cdots,p)$ 的元素构造译码表见表 7.21。

表 7.21　译码表

C	c_1	c_2	$\cdots$	c_{2^m}
e_1C	$e_1\oplus c_1$	$e_1\oplus c_2$	$\cdots$	$e_1\oplus c_{2^m}$
e_2C	$e_2\oplus c_1$	$e_2\oplus c_2$	$\cdots$	$e_2\oplus c_{2^m}$
$\vdots$	$\vdots$	$\vdots$		$\vdots$
e_nC	$e_n\oplus c_1$	$e_n\oplus c_2$	$\cdots$	$e_n\oplus c_{2^m}$
z_1C	$z_1\oplus c_1$	$z_1\oplus c_2$	$\cdots$	$z_1\oplus c_{2^m}$
z_2C	$z_2\oplus c_1$	$z_2\oplus c_2$	$\cdots$	$z_2\oplus c_{2^m}$
$\vdots$	$\vdots$	$\vdots$		$\vdots$
z_pC	$z_p\oplus c_1$	$z_p\oplus c_2$	$\cdots$	$z_p\oplus c_{2^m}$

(4) 按译码表校正单错。设 $X\in C$ 在传输过程中有一位发生错误变成 X'，在译码表中找到 X' 所在的行数 i 和列数 j，则 $X'=e_i\oplus c_j$，于是 X' 的正确码为 c_j，出错位为第 i 位。

【例 7.8.3】　在例 7.8.2 中的群码 C 中，$n=6$，$m=3$，$k=3$，$p=2^k-(n+1)=2^3-(6+1)=1$，选 $z=000110$ 构造译码表见表 7.22。

表 7.22　例 7.8.2 中的群码 C 译码表

C	000000	001011	010101	011110	100111	101100	110010	111001
e_1C	100000	101011	110101	111110	000111	001100	010010	011001
e_2C	010000	011011	000101	001110	110111	111100	100010	101001
e_3C	001000	000011	011101	010110	101111	100100	111010	110001
e_4C	000100	001111	010001	011010	100011	101000	110110	111101
e_5C	000010	001001	010111	011100	100101	101110	110000	111011
e_6C	000001	001010	010100	011111	100110	101101	110011	111000
zC	000110	001101	010011	011000	100001	101010	110100	111111

设接收到的 $X'=110110$，查译码表得到 $i=4$，$j=7$，则它的正确码为第 7 列的首行，即 110010，第 4 位出错，即 000100。

7.9　典型例题分析

【例 7.9.1】　下列运算是否是相应集合上的运算？如果是，判断各运算是否有封闭性、交换律、结合律、幺元、零元、可逆元。

(1) $x*y=x\div y$，$x, y\in\mathbf{N}$，其中 $\mathbf{N}$ 是自然数集。

(2) $x*y=\sqrt{x^2+y^2}$ ，$x, y\in\mathbf{R}^+$，其中 $\mathbf{R}^+$是正实数集。

(3) $x*y=x+2y$，$x, y\in\mathbf{R}$。

(4) $x*y=xy$，$x, y\in A=\{a+\sqrt{3}\,b|a, b\in\mathbf{Q}-\{0\}\}$。

相关知识 运算的判断、运算性质、运算的特异元

分析 根据给定集合中的每个元素是否都能参加运算及运算结果是否唯一，判断是否是运算。集合上的运算主要讨论其封闭性、交换律、结合律、幂等律等，多个运算时还需讨论吸收律和分配律。掌握运算性质和特异元的定义，容易判断。

解 (1)因为 0 不能作除数，所以运算不是 $\mathbf{N}$ 上的运算。

(2) $*$是 $\mathbf{R}^+$上的封闭运算，具有交换律、结合律，没有幺元、零元。

对$\forall x, y, z\in\mathbf{R}^+$，因为 $\sqrt{x^2+y^2}=\sqrt{y^2+x^2}$ ，所以 $x*y=y*x$，即$*$是可交换的。

$(x*y)*z=(\sqrt{x^2+y^2})*z=\sqrt{x^2+y^2+z^2}$ ，　　　$x*(y*z)=x*(\sqrt{y^2+z^2})=\sqrt{x^2+y^2+z^2}$

所以$(x*y)*z=x*(y*z)$，即$*$是可结合的。

设 e 为幺元，若 $x*e=\sqrt{x^2+e}=x$ ，得 $e=0$，但 $0\notin\mathbf{R}^+$，所以$*$没有幺元。同理，$*$也没有零元。

(3) $*$是 $\mathbf{R}$ 上的封闭运算，没有交换律、结合律，有右幺元 0，没有零元。

对 $1, 2\in\mathbf{R}$，$1*2=1+2\times2=5$，而 $2*1=2+2\times1=4$，所以$*$没有交换律。

对 $1, 2, 3\in\mathbf{R}$，$(1*2)*3=5*3=5+2\times3=11$，而 $1*(2*3)=1*(2+2\times3)=1*8=1+2\times8=17$，所以$*$没有结合律。

对$\forall x\in\mathbf{R}$，因为 $x*0=x+2\times0=x$，而 $0*x=0+2x=2x$，所以 0 是$*$的右幺元，没有左幺元。

不存在θ，使得 $1*\theta=1+2\times\theta=\theta$，或$\theta*1=\theta+2\times1=\theta$，所以没有零元。

(4) $*$是 A 上的封闭运算，有交换律、结合律，没有幺元、零元。

对$\forall x, y, z\in A$，$\exists a, b, c, d, p, q\in\mathbf{Q}-\{0\}$，有 $x=a+\sqrt{3}\,b$，$y=c+\sqrt{3}\,d$，$z=p+\sqrt{3}\,q$，于是

$$x*y=y*x=(a+\sqrt{3}\,b)(c+\sqrt{3}\,d)=ac+3bd+\sqrt{3}\,(ad+bc)\in A$$

即运算封闭，且可交换。

$(x*y)*z=acp+3bdp+3adq+3bcq+\sqrt{3}\,(adp+bcp+acq+3bdq)=x*(y*z)$，即运算可结合。

设 $e=c+\sqrt{3}\,d$ 为幺元，若 $x=x*e$，有 $(a+\sqrt{3}b)*(c+\sqrt{3}d)=a+\sqrt{3}b$ ，得 $c=1$，$d=0$，即 $e=1\notin A$，所以$*$没有幺元。

同理，$*$也没有零元。

【例 7.9.2】 设 A 是集合，$A^A=\{f|f\colon A\to A\}$，$\circ$是函数的复合运算。试判断$<A^A, \circ>$是哪类代数系统？

相关知识 代数系统的类型

分析 根据代数系统中运算的性质及特异元，将代数系统分为半群、独异点、群、环和域等，因此判断运算的性质及特异元是将代数系统进行分类的关键。

解 由第 5 章的讨论可知，函数的复合运算$\circ$是封闭的、可结合的，不可交换。

设 I_A是 A 上的恒等映射，则对$\forall f\in A^A$，都有 $I_A\circ f=f\circ I_A=f$，故 I_A是运算$\circ$的幺元。

因为只有双射才有逆元，所以$<A^A, \circ>$是含幺半群，即独异点。

【例 7.9.3】 设 $E=\{x|x=2n, n\in\mathbf{Z}\}$，证明$<E, +>$是群$<\mathbf{Z}, +>$的子群，其中 $\mathbf{Z}$ 是整数集，运算+是普通加法。

相关知识 群、子群

分析 证明子群的方法有四种：①按群的定义证明运算在子集上封闭、可结合、有幺元、元素均可逆。②对$\forall x, y\in E$，证明 $x*y\in E$ 且 $x^{-1}\in E$。③对$\forall x, y\in E$，证明 $x*y^{-1}\in E$。④对有限子集，证明运算在子集上封闭。本题采用第一种方法证明。

证明 (1)封闭性。对$\forall x, y\in E$，$\exists n_1, n_2\in\mathbf{Z}$，使得 $x=2n_1$，$y=2n_2$，则

$$x+y=2n_1+2n_2=2(n_1+n_2)$$

而 $n_1+n_2\in\mathbf{Z}$，所以 $x+y\in E$，即运算+是封闭的。

(2)可结合性。对$\forall x, y, z\in E$，$\exists n_1, n_2, n_3\in\mathbf{Z}$，使得 $x=2n_1$，$y=2n_2$，$z=2n_3$，则

$$x+(y+z)=2n_1+(2n_2+2n_3)=2n_1+2n_2+2n_3=(2n_1+2n_2)+2n_3=(x+y)+z$$

所以运算+具有结合律。

(3)存在幺元。对$\forall x\in E$，$\exists n\in\mathbf{Z}$，使得 $x=2n$。因为 $0\in E$，则

$$x+0=2n+0=2n=x, \qquad 0+x=0+2n=2n=x$$

所以 0 是 E 中关于运算+的幺元。

(4)逆元。对$\forall x\in E$，$\exists n\in\mathbf{Z}$，使得 $x=2n$，于是$-x=-2n=2(-n)$，而$-n\in\mathbf{Z}$，所以$-x\in E$。又因为

$$x+(-x)=2n+2(-n)=0, \qquad (-x)+x=2(-n)+2n=0$$

所以$-x$ 是 x 的逆元。

综上所述，$<E, +>$构成群，且 $E\subset\mathbf{Z}$，故$<E, +>$是$<\mathbf{Z}, +>$的子群。

【例 7.9.4】 设$<H, *>$和$<K, *>$都是群$<G, *>$的子群，令 $HK=\{h*k|h\in H, k\in K\}$。证明：$<HK, *>$是$<G, *>$的子群当且仅当 $HK=KH$。

相关知识 群、子群、集合相等

分析 利用判断子群的第三种方法证明$<HK, *>$是子群。

证明 充分性。设群$<G, *>$的幺元为 e，因为$<H, *>$和$<K, *>$都是子群，则 $e\in H$ 且 $e\in K$，于是 $e*e=e\in HK$，即 $HK\neq\varnothing$。

对$\forall h*k\in HK$，有 $h\in H\subseteq G$，$k\in K\subseteq G$，则 $h*k\in G$，于是 $HK\subseteq G$。

对$\forall x=h_1*k_1\in HK$，$y=h_2*k_2\in HK$，其中 $h_1, h_2\in H$，$k_1, k_2\in K$，则

$$x*y^{-1}=(h_1*k_1)*(h_2*k_2)^{-1}=(h_1*k_1)*(k_2^{-1}*h_2^{-1})=h_1*(k_1*k_2^{-1})*h_2^{-1}$$

记 $k_1*k_2^{-1}=k_3$，则 $x*y^{-1}=h_1*k_3*h_2^{-1}$。

因为 $HK=KH$，所以存在 $h\in H$，$k\in K$，使得 $k_3*h_2^{-1}=h*k$，于是

$$x*y^{-1}=h_1*h*k=(h_1*h)*k\in HK$$

故$<HK, *>$是$<G, *>$的子群。

必要性。对$\forall x\in HK$，因为$<HK, *>$是子群，所以 $x^{-1}\in HK$，即存在 $h\in H, k\in K$，使得 $x^{-1}=h*k$，于是 $x=(x^{-1})^{-1}=(h*k)^{-1}=k^{-1}*h^{-1}$。

因为$<H, *>$和$<K, *>$都是子群，所以 $k^{-1}\in K$，$h^{-1}\in H$，故 $x\in KH$，即 $HK\subseteq KH$。

同理可证 $KH \subseteq HK$，于是 $HK=KH$。

【例 7.9.5】 设$<G, *>$是群，e 是$*$的幺元。若$\forall x \in G$，都有 $x^2=e$，则$<G, *>$是阿贝尔群。

相关知识 群、阿贝尔群

分析 根据阿贝尔群的定义，只需证明运算$*$是可交换的。

证明 方法一：

对$\forall a, b \in G$，有 $a*b=a*e*b=a*(a*b)^2*b=a*(a*b)*(a*b)*b=a^2*b*a*b^2=b*a$，即运算$*$可交换，故$<G, *>$是阿贝尔群。

方法二：

对$\forall x \in G$，都有 $x^2=e$，则 $x^{-1}=x$，所以对$\forall a, b \in G$，有 $a*b=(a*b)^{-1}=b^{-1}*a^{-1}=b*a$，即运算$*$可交换，故$<G, *>$是阿贝尔群。

方法三：

对$\forall a, b \in G$，有 $(a*b)*(a*b)=(a*b)^2=e=e*e=(a*a)*(b*b)$，由定理 7.4.1 知，$<G, *>$是阿贝尔群。

【例 7.9.6】 设$<G, *>$是群，对$\forall x, y \in G$，有 $y*x*y^{-1}=x^2$，其中 e 为幺元，$x \neq e$，y 是 2 阶元，求 x 的阶。

相关知识 群、元素的阶

分析 由群中元素阶的定义，计算元素 x 的各次幂，找出满足 $x^n=e$ 的最小正整数即 x 的阶。

解 因为 y 是 2 阶元，所以 $y^2=e$，$y^{-2}=e$。由 $x^2=y*x*y^{-1}$，得

$$x^4=x^2*x^2=(y*x*y^{-1})*(y*x*y^{-1})=y*x^2*y^{-1}=y*(y*x*y^{-1})y^{-1}=y^2*x*y^{-2}=x$$

由于群中运算具有消去律，故 $x^3=e$。

又因为 $x \neq e$，所以 x 的阶为 3。

【例 7.9.7】 设 $G=<Z_{12}, \oplus_{12}>$是模 12 整数加群，求 G 的生成元及所有子群。

相关知识 生成元、子群

分析 由 Z_{12} 的定义知，与 12 互质的数都是 G 的生成元。由拉格朗日定理得，G 的子群的阶是 G 的阶的因子，又由于循环群的子群仍然是循环群，其子群的元素的阶整除该子群的阶，从而确定子群的元素。

解 $<Z_{12}, \oplus_{12}>$的幺元为 0，因为 $\phi(12)=4$，小于 12 且与 12 互质的数有 1、5、7、11，所以 G 的生成元是 1、5、7、11。

12 的正因子有 1、2、3、4、6、12，于是 G 的子群有

$(0)=\{0\}$　　1 阶子群

$(6)=\{0, 6\}$　　2 阶子群

$(4)=\{0, 4, 8\}$　　3 阶子群

$(3)=\{0, 3, 6, 9\}$　　4 阶子群

$(2)=\{0, 2, 4, 6, 8, 10\}$　　6 阶子群

$(1)=\{0, 1, 2, 3, 4, 5, 6, 7, 8, 9, 10, 11\}$　　12 阶子群

【例 7.9.8】 证明：代数系统间的同构关系是等价关系。

相关知识 同构关系、等价关系

分析 按照等价关系的“三部曲”证明同构关系具有自反性、对称性和传递性。

证明 设 G 是代数系统的集合。

(1) 对 $\forall <A, *>\in G$，定义 f: $A\to A$，$f(x)=x$，$\forall x\in A$，则对 $\forall x, y\in A$，有

$$f(x*y)=x*y=f(x)*f(y)$$

所以 f 为同态映射。又因为恒等函数是双射，所以 f 为同构映射，即 $A\cong A$，故同构关系具有自反性。

(2) 对 $\forall <A, *>\in G$，$<B, +>\in G$，设 $A\cong B$，相应的同构映射为 f。因为 f 是 A 到 B 的双射，所以 f 存在逆映射 f^{-1}：$B\to A$，也为双射，且对 $\forall x, y\in A$，有

$$f^{-1}(f(x)+f(y))=f^{-1}(f(x*y))=x*y=f^{-1}(f(x))*f^{-1}(f(y))$$

所以 f^{-1} 是 $<B, +>$ 到 $<A, *>$ 的同态映射，且为同构映射，即 $B\cong A$，故同构关系具有对称性。

(3) 对 $\forall <A, *>\in G, <B, +>\in G, <C, \Delta>\in G$，设 $A\cong B$，$B\cong C$，相应的同构映射分别为 f 和 g。因为 f: $A\to B$ 为双射，g：$B\to C$ 为双射，所以 $g\circ f$: $A\to C$ 也为双射。对 $\forall x, y\in A$，有

$$g\circ f(x*y)=g(f(x*y))=g(f(x)+f(y))=g(f(x))\Delta g(f(y))=g\circ f(x)\Delta g\circ f(y)$$

所以 $g\circ f$ 是 A 到 C 的同态映射，且为同构映射，即 $A\cong C$，故同构关系具有传递性。

综上所述，代数系统间的同构关系是等价关系。

【例 7.9.9】 设 $<H, *>$ 是群 $<G, *>$ 的正规子群，证明：G 上的关系 $R=\{<a, b>|a\in G, b\in G$ 且 $b\in aH\}$ 是 $<G, *>$ 上的同余关系。

相关知识 陪集、正规子群、同余关系

分析 因为同余关系是代数系统上的保持运算的等价关系，所以先证明 R 是 G 上的等价关系，再利用正规子群的定义证明运算 $*$ 保持元素间的该等价关系。

证明 由 7.5.1 节的讨论知 R 是 G 上的等价关系。对 $\forall a_1, a_2, b_1, b_2\in G$，

$$<a_1, b_1>\in R\wedge <a_2, b_2>\in R\Leftrightarrow b_1\in a_1H\wedge b_2\in a_2H$$

$$\Leftrightarrow \exists h_1\exists h_2(h_1\in H\wedge h_2\in H\wedge b_1=a_1*h_1\wedge b_2=a_2*h_2)$$

而

$$b_1*b_2=(a_1*h_1)*(a_2*h_2)= a_1*(h_1*a_2)*h_2$$

由 $<H, *>$ 是正规子群，即 $aH = Ha$，于是 $\exists h_3\in H$，使得 $h_1*a_2=a_2*h_3$，因此

$$b_1*b_2=a_1*(a_2*h_3)*h_2=(a_1*a_2)*(h_3*h_2)$$

所以 $b_1*b_2\in(a_1*a_2)H$，即 $<a_1*a_2, b_1*b_2>\in R$，故 R 是 $<G, *>$ 上的同余关系。

【例 7.9.10】 设 $A=\{0, 1\}$，定义 A 上的运算+和•见表 7.23，试问 $<A, +, \bullet>$ 是否是环或域？

表 7.23 {0, 1}上的运算+和•

(a) 运算+

+	0	1
0	0	1
1	1	0

(b) 运算•

•	0	1
0	0	0
1	0	1

相关知识 环、域

分析 先判断$<A, +, \cdot>$是否是环。因为 A 是有限集，而整环一定是域，所以只需判断$<A, +, \cdot>$是否是整环。

解 (1) 对$<A, +>$而言，显然运算+封闭，并具有结合律、交换律。运算+的幺元为 0，0 和 1 的负元均为其本身。因此，$<A, +>$是阿贝尔群。

(2) 对$<A, \cdot>$，显然运算 · 封闭，且具有结合律。因此，$<A, \cdot>$是半群。

(3) 对$\forall x, y, z \in A$，若 $z=0$，则$(x+y)\cdot 0=0=0+0=x\cdot 0+y\cdot 0$。若 $z=1$，则

$$(0+0)\cdot 1=0\cdot 1=0=0+0=0\cdot 1+0\cdot 1, \qquad (0+1)\cdot 1=1\cdot 1=1=0+1=0\cdot 1+1\cdot 1$$

$$(1+0)\cdot 1=1\cdot 1=1=1+0=1\cdot 1+0\cdot 1, \qquad (1+1)\cdot 1=0\cdot 1=0=1+1=1\cdot 1+1\cdot 1$$

所以对$\forall x, y, z \in A$，有$(x+y)\cdot z=(x\cdot z)+(y\cdot z)$。

同理可证 $z\cdot(x+y)=(z\cdot x)+(z\cdot y)$。

所以运算 · 对+可分配，因此$<A, +, \cdot>$是环。

(4) 因为$<A, +, \cdot>$是有限环，所以只需证明$<A, +, \cdot>$是整环。

因为运算 · 的运算表是对称的，所以 · 可交换，即$<A, +, \cdot>$是交换环。

由运算 · 的运算表可知，1 是其幺元，即$<A, +, \cdot>$是含幺环。

因为 0 是运算 · 的零元，$1\cdot 1=1\neq 0$，所以$<A, +, \cdot>$是无零因子环。

因此，$<A, +, \cdot>$是整环，于是$<A, +, \cdot>$是域。

小　　结

代数系统是一种特殊的数学结构，是由集合及定义在其上的若干运算组成的。从本质上说，人类生产活动、科学研究都是大大小小的代数系统。生产力的不断组合、变换，推动着社会和科学的永远前进与发展。本章侧重于研究非空集合上的运算(实质上是函数)。首先介绍一般代数系统的概念和性质及代数系统中的特殊元素，然后重点讨论群(含半群、独异点)、环、域等特殊的代数系统，以及代数系统上的同态和同构问题。本章知识较为抽象，学习时要注意基本概念和基本定理的掌握与理解。

1. 基本内容

(1) n 元运算、代数系统、运算的性质、代数系统中的特殊元素。

(2) 半群、独异点、群的概念及相应性质。

(3) 特殊群(交换群、循环群、子群)。

(4) 陪集及拉格朗日定理。

(5) 环的概念、性质及类型。

(6) 域的概念及性质。

(7) 代数系统的同态和同构。

2. 基本要求

(1) 掌握运算和代数系统的概念，重点掌握运算的性质(交换律、结合律、分配律、吸收律等)。

(2)掌握代数系统中特殊元(幺元、零元、逆元)的概念、性质及判断。

(3)掌握广群、半群、独异点的相关概念。

(4)掌握群、子群的定义、基本性质及判断方法。

(5)特殊群(交换群、循环群)的判定。

(6)掌握陪集的概念、性质和拉格朗日定理及相应推论的应用。

(7)掌握代数系统的同态、同构的概念及判断方法。

(8)掌握同态核的概念，理解群同态基本定理。

(9)掌握环的概念及基本性质，了解环的运算性质；掌握子环的概念及判别方法。

(10)理解交换环、含幺环、无零因子环、整环等特殊环。

(11)掌握域的概念及判别方法 。

3. 重点和难点

重点：运算及运算规律，代数系统的特殊元，群与子群的讨论及判定，代数系统间的同态和同构，环和域的概念及判断。

难点：运算(函数)的建立与确定，结合律、分配律的验证，群与子群的判定，陪集及拉格朗日定理，同态和同构的判定，特殊群的概念。

上 机 练 习

1. 根据代数系统的运算表，编写程序，判断其具有的运算性质。

2. 根据代数系统的运算表，编写函数，判断其是否有零元、幺元、幂等元、逆元等。若存在，求出这些元素。

3. 利用代数系统的运算表，编程判断其是否是半群、独异点、群、阿贝尔群、循环群。

4. 设计判断两个群同构的算法。

5. 给定两个代数系统间的关系 R，判断 R 是否是同余关系。

习 题 7

1. 定义在下列集合上的运算*是否封闭？并说明理由。对于封闭的二元运算，判断其是否具有交换律、结合律、等幂律，在存在的情况下求其幺元、零元、所有可逆元的逆元。

(1) A 是整数集，$x*y=|x-y|$，$\forall x, y\in A$。

(2) $A=\mathbf{Q}$，$x*y=x+y-xy$，$\forall x, y\in A$。

(3) $A=\mathbf{R}$，$x*y=x$，$\forall x, y\in A$。

(4) $A=\{x|x>0\}$，$x*y=\dfrac{\ln x+\ln y}{x+y}$，$\forall x, y\in A$。

2. 设 $\mathbf{Q}$ 是有理数集，定义 $A=\mathbf{Q}\times\mathbf{Q}$ 上的二元运算*，对 $\forall\langle x, y\rangle, \langle u, v\rangle\in A$，有 $\langle x, y\rangle*\langle u, v\rangle=\langle xu, xv+y\rangle$。运算*在 A 上是否具有交换律、结合律、等幂律、消去律？

3. 设*是实数集 $\mathbf{R}$ 上的运算，定义如下：$a*b=a+b+2ab$。

(1)求 $2*3$，$3*(-5)$ 和 $7*0.5$。

(2) $\langle\mathbf{R}, *\rangle$ 是半群吗？*是否可交换？

(3)求 $\mathbf{R}$ 中关于*的幺元，哪些元素有逆元？逆元是什么？

4. 判断下面各题，并说明理由。

(1) 定义集合 $\mathbf{Q}\times\mathbf{Q}$ 上的二元运算$*$：$\forall<a, b>, <c, d>\in\mathbf{Q}\times\mathbf{Q}$，有$<a, b>*<c, d>=<a-c, ad-b>$，$<\mathbf{Q}\times\mathbf{Q}, *>$是否是半群？

(2) 若$<S, *>$是半群，$a\in S$，在 S 上定义二元运算Δ：$\forall x, y\in S$，有 $x\Delta y=x*a*y$，$<S, \Delta>$是否是半群？

(3) 设 $\mathbf{R}$ 上的二元运算$\circ$定义为$\forall x$，$y\in\mathbf{R}$，$x\circ y=x|y|$，试问$<\mathbf{R}, \circ>$是否为半群？

5. 设 $S=\{a, b\}$，如$<S, *>$是半群且 $a*a=b$，证明：$*$满足交换律，且 b 是幂等元。

6. 若$<A, *>$是可交换独异点，B 是 A 中所有幂等元的集合，则$<B, *>$是$<A, *>$的子独异点。

7. 设 $\mathbf{Z}$ 是整数集，代数系统$<\mathbf{Z}, *>$对下列运算哪些是半群？独异点？群？并说明理由。

(1) $a*b=ab-1$。

(2) $a*b=b$。

(3) $a*b=(a+1)(b+1)-1$。

(4) $a*b=a+b-2$。

8. 设在 $S=\mathbf{R}-\{1\}$上定义运算$*$：$\forall a$，$b\in S$，$a*b=a+b-a\times b$，其中$+$、$-$、$\times$是普通加法、减法与乘法。

(1) 证明$<S, *>$是群。

(2) 解群方程 $2*x*2=2$。

9. 设 $A=\{<a, b>|a, b\in\mathbf{R}, a\neq0\}$，定义 A 上的二元运算$*$：对$\forall<a, b>, <c, d>\in A$，有$<a, b>*<c, d>=<ac, ad+b>$。

(1) 证明$<A, *>$是群，并试求其幺元、可逆元及其逆元。

(2) 设 $B=\{<1, b>|b\in\mathbf{R}\}$，证明$<B, *>$是$<A, *>$的子群。

10. 设 $N_k=\{0, 1, \cdots, k-1\}$，$k\in\mathbf{N}$ 且 $k\geqslant2$，定义 G 上运算 $\otimes_k$ 和 $\oplus_k$：$\forall x, y\in G$，有 $x\otimes_k y=(xy) \bmod k$，$a\oplus_k b=(x+y) \bmod k$。试问：

(1) $<N_k, \oplus_k>$和$<N_k, \otimes_k>$是否是群？说明理由。

(2) $\otimes_k$ 对 $\oplus_k$ 是否可分配？

11. 设$<H, *>$和$<K, *>$都是群$<G, *>$的子群，证明：$<H\cap K, *>$也是$<G, *>$的子群。试问$<H\cup K, *>$是否也是$<G, *>$的子群？

12. 设$<G, *>$是循环群，生成元为 a，设$<A, *>$、$<B, *>$均为$<G, *>$的子群，且 a^i 和 a^j 分别是$<A, *>$、$<B, *>$的生成元。

(1) 证明$<A\cap B, *>$是$<G, *>$的子群。

(2) $<A\cap B, *>$是循环群吗？说明理由。若是，写出其生成元。

13. 设 $G=\{1, 3, 4, 5, 9\}$，$\otimes_{11}$ 为模 11 乘法，$<G, \otimes_{11}>$为群。

(1) 写出运算 $\otimes_{11}$ 的运算表。

(2) $<G, \otimes_{11}>$是循环群吗？若是，写出其生成元及每个元素的阶。

14. 判断下面命题是否成立？并说明理由。

(1) 设$<G, *>$是群，$x\in G$，则 x 与 x^{-1} 有相同的阶。

(2) 设$<G, *>$是有限半群且有幺元，若关于运算$*$满足消去律，则$<G, *>$一定是群。

(3) 设 f 是群$<G_1, *>$到群$<G_2, \Delta>$的同态映射，若$<G_1, *>$是交换群，则$<G_2, \Delta>$也是交换群。

(4) $<\mathbf{N}, \times>$与$<\mathbf{Z}, \times>$同构，其中 $\mathbf{N}$ 与 $\mathbf{Z}$ 分别是自然数集和整数集，$\times$为普通乘法。

15. 求$<N_7-\{0\}, \otimes_7>$的所有生成元及所有 2 阶、3 阶子群，其中 $\otimes_7$ 为模 7 乘法。

16. 试写出模 6 加法群 $G=<N_6, \oplus_6>$的幺元、每个元素的逆元、所有子群及其左陪集。

17. 设 $A=\{a, b, c\}$，$f_1, f_2, \cdots, f_6$ 是 A 上的双射函数，其中

$$f_1=\{<a, a>, <b, b>, <c, c>\}, \qquad f_2=\{<a, b>, <b, a>, <c, c>\}$$

$f_3=\{<a, c>, <b, b>, <c, a>\}$，　　$f_4=\{<a, a>, <b, c>, <c, b>\}$

$f_5=\{<a, b>, <b, c>, <c, a>\}$，　　$f_6=\{<a, c>, <b, a>, <c, b>\}$

令 $G=\{f_1, f_2, \cdots, f_6\}$，$H=\{f_1, f_2\}$。

(1)证明 G 关于函数的复合运算$\circ$构成群。

(2)求 H 的所有右陪集。

18. 设$<G, *>$是群，定义 G 上的二元关系 $R=\{<x, y>|\exists a\in G$，使得 $y=a*x*a^{-1}\}$。证明：R 是 G 上的等价关系。

19. 设 $A=<\mathbf{R}-\{0\}, \times>$，判断下面哪些映射是 A 的自同态、单自同态、满自同态、自同构？并计算 A 的同态象和同态核。

(1) $f(x)=|x|$。　　(2) $f(x)=x+2$。

(3) $f(x)=x^2$。　　(4) $f(x)=1/x$。

(5) $f(x)=-x$。　　(6) $f(x)=ax$，$a\in\mathbf{R}$。

20. 设$<G, *>$是有限半群，且关于运算$*$满足右消去律，令 $A=\{f_a$：$G\to G|\forall x\in G, f_a(x)=a*x$ 且 $a\in G\}$，$\circ$是函数的复合运算，证明：

(1) $<A, \circ>$是半群；

(2) $<G, *>$与$<A, \circ>$同构。

21. 设 f 为群$<G_1, *>$到$<G_2, +>$的同态映射，e 是$<G_1, *>$的幺元，证明：f 为单同态的充要条件是 $\mathrm{Ker}(f)=\{e\}$。

22. 设 $G=\{5^m7^n|m, n\in\mathbf{Q}\}$，其中 $\mathbf{Q}$ 为有理数集，定义 G 上的映射 f，使得 $f(5^m7^n)=5^m$。证明：

(1) G 对于数的乘法构成群。

(2) f 是同态映射，并且求 f 的同态象、同态核。

23. 判断下列二元关系 R 是否是$<\mathbf{Z}, +>$上的同余关系。若不是，请给出反例。

(1) $<x, y>\in R$ 当且仅当 $(x=y=0)\vee(x\neq0\wedge y\neq0)$。

(2) $<x, y>\in R$ 当且仅当 $(x<0\wedge y<0)\vee(x\geqslant0\wedge y\geqslant0)$。

(3) $<x, y>\in R$ 当且仅当 $x\geqslant y$。

(4) $<x, y>\in R$ 当且仅当 $|x-y|<5$。

24. 设$<A, +, *>$是环，对$\forall x\in A$，都有 $x*x=x$。证明：

(1)对$\forall x\in A$，都有 $x+x=\theta$，其中θ是运算+的幺元。

(2) $<A, +, *>$是交换环。

25. 在整数环$<\mathbf{Z}, +, *>$上定义两个映射 f 和 g：$f(n)=0$，$g(n)=n$，则

(1) f 和 g 是否是环同态？是否是环同构？说明理由。

(2)若 f 和 g 是环同态，求其同态核。

26. 判断下列集合和给定运算是否构成环、整环和域？并说明理由。

(1) $A=\{a+bi|a, b\in\mathbf{Z}\}$，其中 $i^2=-1$，运算为复数加法和乘法，记作 $Z[i]=\{a+bi|a, b\in\mathbf{Z}\}$。

(2) $A=\{2x+1|x\in\mathbf{Z}\}$，运算为普通加法和乘法。

(3) $A=\{x|x\geqslant0\wedge x\in\mathbf{Z}\}$，运算为普通加法和乘法。

27. 设$<A, +, *>$是域，A_1、A_2都是 A 的子集，且$<A_1, +, *>$、$<A_2, +, *>$也是域，证明：$<A_1\cap A_2, +, *>$也是域。

第 8 章　格与布尔代数

在集合论中讨论了等价关系，这是一种条件较强的关系，关系中对称性使集合的所有元素处于对等地位，无法进行大小、前后的排序。而序关系具有反对称性，就能将集合中元素做一定的排序。格和布尔代数是基于偏序集的具有两个二元运算的代数系统，其中偏序关系具有重要意义。数理逻辑中的命题代数和集合论中的集合代数，都是布尔代数的特例。

布尔代数形成比较早，19 世纪取得相当大的发展，利用命题逻辑和布尔代数理论研究开关电路，建立了数字逻辑理论，对计算机的逻辑设计起了很大作用，在数据安全、有限自动机、保密学、计算机语义学、计算机硬件设计和通信系统设计等科学和工程领域中都有非常重要的应用。

8.1　格

8.1.1　格和子格

格是一种特殊的偏序集，同时又是具有两个二元运算的代数系统。

第 4 章介绍了偏序集 $<A, \preccurlyeq>$ 及上界、下界、最小上界和最大下界等概念，其中 A 是非空集合，关系 $\preccurlyeq$ 具有自反、反对称、传递的性质。偏序集的任一子集不一定存在最小上界和最大下界，但最小上界和最大下界若存在，则一定是唯一的。

例如，设 $B=\{2, 3, 4, 5, 6\}$，$\preccurlyeq$ 为小于等于关系，则偏序集 $<B, \preccurlyeq>$ 中有最大下界 2 和最小上界 6。若 $B=\{2, 4, \cdots, 2n, \cdots\}$，则 B 有最大下界 2，但没有最小上界。

定义 8.1.1 (偏序格)　设 $<L, \preccurlyeq>$ 是偏序集，若 L 中任意两个元素都有最小上界和最大下界，则称偏序集 $<L, \preccurlyeq>$ 为格。若 L 中元素有限，则称为有限格，否则称为无限格。

【例 8.1.1】　(1) 给定集合 S，$\wp(S)$ 是 S 的幂集，$\subseteq$ 是集合的包含关系，则偏序集 $<\wp(S), \subseteq>$ 是格。因为对 $\forall S_1, S_2 \in \wp(S)$，它们的最小上界为 $S_1 \cup S_2$，最大下界为 $S_1 \cap S_2$。$<\wp(S), \subseteq>$ 称为幂集格。

(2) 设 n 是正整数，S_n 是 n 的正因子集合，$\preccurlyeq$ 是整除关系，则偏序集 $<S_n, \preccurlyeq>$ 是格。因为对 $\forall x, y \in S_n$，x 与 y 的最小上界为 x 与 y 的最小公倍数，最大下界为 x 与 y 的最大公约数。$<S_n, \preccurlyeq>$ 称为正因子格。

因为格中任意两个元素都有最小上界和最大下界，所以在格中定义两种运算，构成一个代数系统。

定义 8.1.2　设 $<L, \preccurlyeq>$ 是格，在 L 上定义两个二元运算 $\vee$ 和 $\wedge$：对 $\forall a, b \in L$，

$$a \vee b = a \text{ 和 } b \text{ 的最小上界}, \qquad a \wedge b = a \text{ 和 } b \text{ 的最大下界}$$

则称$<L, \vee, \wedge>$为由格$<L, \preccurlyeq>$诱导的代数系统，二元运算$\vee$和$\wedge$分别称为并运算与交运算。

注 (1)由定义 8.1.1 和定义 8.1.2 可知，格是具有两个二元运算的偏序集。

(2)符号$\vee$和$\wedge$仅表示两个二元运算符。

利用偏序集的哈塞图可以得到格诱导的代数系统。

【例 8.1.2】 (1)设$\mathbf{Z}^+$为正整数集，$\preccurlyeq$是小于等于关系，则$<\mathbf{Z}^+, \preccurlyeq>$是格。由格$<\mathbf{Z}^+, \preccurlyeq>$诱导的代数系统为$<\mathbf{Z}^+, \cup, \cap>$，其中$a\cup b=\max(a, b)$，$a\cap b=\min(a, b)$。

(2)设$S=\{a, b\}$，则$\wp(S)=\{\varnothing, \{a\}, \{b\}, \{a, b\}\}$，格$<\wp(S), \subseteq>$可用图 8.1 的哈塞图表示。

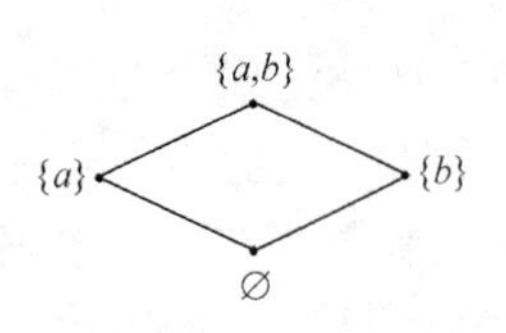

图 8.1 例 8.1.2 的哈塞图

由格$<\wp(S), \subseteq>$诱导的代数系统为$<\wp(S), \cup, \cap>$，称为集合代数，其中$\cup$和$\cap$是集合的并与交运算，其运算见表 8.1。

表 8.1 格$<\wp(S), \subseteq>$诱导的代数系统中的运算$\cup$和$\cap$

(a)运算$\cup$

$\cup$	$\varnothing$	$\{a\}$	$\{b\}$	$\{a, b\}$
$\varnothing$	$\varnothing$	$\{a\}$	$\{b\}$	$\{a, b\}$
$\{a\}$	$\{a\}$	$\{a\}$	$\{a, b\}$	$\{a, b\}$
$\{b\}$	$\{b\}$	$\{a, b\}$	$\{b\}$	$\{a, b\}$
$\{a, b\}$	$\{a, b\}$	$\{a, b\}$	$\{a, b\}$	$\{a, b\}$

(b)运算$\cap$

$\cap$	$\varnothing$	$\{a\}$	$\{b\}$	$\{a, b\}$
$\varnothing$	$\varnothing$	$\varnothing$	$\varnothing$	$\varnothing$
$\{a\}$	$\varnothing$	$\{a\}$	$\varnothing$	$\{a\}$
$\{b\}$	$\varnothing$	$\varnothing$	$\{b\}$	$\{b\}$
$\{a, b\}$	$\varnothing$	$\{a\}$	$\{b\}$	$\{a, b\}$

定义 8.1.3 设$<L, \preccurlyeq>$是格，由$<L, \preccurlyeq>$所诱导的代数系统为$<L, \vee, \wedge>$，设B是L的非空子集，若L中的运算$\vee$和$\wedge$在B上封闭，则称$<B, \preccurlyeq>$是格$<L, \preccurlyeq>$的子格。

显然，子格也是格。

【例 8.1.3】 设E^+是正偶数集合，$\preccurlyeq$是整除关系，则运算$\vee$和$\wedge$分别是任意两个元素的最小公倍数与最大公约数，于是运算$\vee$和$\wedge$关于E^+封闭，所以$<E^+, \preccurlyeq>$是$<\mathbf{Z}^+, \preccurlyeq>$的子格。

【例 8.1.4】 设$<L, \preccurlyeq>$是格，其中$L=\{1, 2, 3, 4, 5, 6, 7, 8\}$，偏序关系$\preccurlyeq$如图 8.2 所示。

设$L_1=\{1, 2, 4, 6\}$，$L_2=\{3, 5, 7, 8\}$，$L_3=\{1, 2, 3, 4, 5, 7, 8\}$，$L_4=\{1, 2, 4\}$。

由图 8.2 可看出，$<L_1, \preccurlyeq>$和$<L_2, \preccurlyeq>$都是$<L, \preccurlyeq>$的子格，$<L_3, \preccurlyeq>$也是格，但不是$<L, \preccurlyeq>$的子格，因为在L_3中 2 和 4 的最大下界是 6，即$2\wedge 4=6\notin L_3$，于是运算$\wedge$在L_3上不封闭。$<L_4, \preccurlyeq>$不是格，因为 2 和 4 没有最大下界。

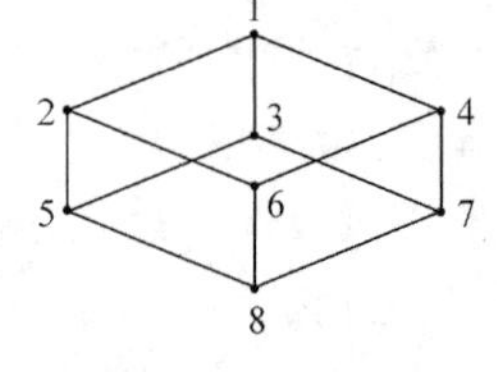

图 8.2 格和子格

8.1.2 格的对偶原理和性质

在命题逻辑和集合中，讨论了对偶问题，格中也有类似的对偶性。

设$<L, \preccurlyeq>$是偏序集，在L上定义$\preccurlyeq$的逆关系$\succcurlyeq$：

$$b \geqslant a \text{ 当且仅当 } a \leqslant b \quad (\forall a, b \in L)$$

不难证明$<L, \geqslant>$也是偏序集，称偏序集$<L, \leqslant>$和$<L, \geqslant>$互为对偶。

容易验证，若$<L, \leqslant>$是格，则$<L, \geqslant>$也是格。

格的对偶原理 设 P 是对任意格都为真的命题，若将$\leqslant$与$\geqslant$互换，$\vee$与$\wedge$互换，得到一个新命题 P'，则 P'对任意格也是真命题。

称 P'为 P 的对偶命题。

格具有以下基本性质，其中有些是成对出现的。

性质 8.1.1 格$<L, \leqslant>$中，对$\forall a, b \in L$，必有 $a \wedge b \leqslant a \leqslant a \vee b$，$a \wedge b \leqslant b \leqslant a \vee b$。

性质 8.1.2 格$<L, \leqslant>$中，对$\forall a, b, c, d \in L$，若 $a \leqslant b$ 且 $c \leqslant d$，则 $a \vee c \leqslant b \vee d$，$a \wedge c \leqslant b \wedge d$。

证明 由性质 8.1.1 知，$b \leqslant b \vee d$，$d \leqslant b \vee d$。而 $a \leqslant b$，$c \leqslant d$，由$\leqslant$的传递性，得 $a \leqslant b \vee d$，$c \leqslant b \vee d$，即 $b \vee d$ 是 a 和 c 的一个上界，而 $a \vee c$ 是 a 和 c 的最小上界，故 $a \vee c \leqslant b \vee d$。

类似地，证明 $a \wedge c \leqslant b \wedge d$。

推论（格的保序性） 在格$<L, \leqslant>$中，对$\forall a, b, c \in L$，若 $b \leqslant c$，则有 $a \vee b \leqslant a \vee c$，$a \wedge b \leqslant a \wedge c$。

注 (1)此性质说明运算$\vee$和$\wedge$保持原有的偏序关系不变。

(2)此不等式不满足对偶原理。

性质 8.1.3 设$<L, \leqslant>$是格，对$\forall a, b, c \in L$，都有

(1)交换律，$a \vee b = b \vee a$，$a \wedge b = b \wedge a$。

(2)幂等律，$a \vee a = a$，$a \wedge a = a$。

(3)结合律，$a \vee (b \vee c) = (a \vee b) \vee c$，$a \wedge (b \wedge c) = (a \wedge b) \wedge c$。

(4)吸收律，$a \vee (a \wedge b) = a$，$a \wedge (a \vee b) = a$。

性质 8.1.4 在格$<L, \leqslant>$中，对$\forall a, b, c \in L$，都有下列分配不等式：

$$a \vee (b \wedge c) \leqslant (a \vee b) \wedge (a \vee c)$$

$$(a \wedge b) \vee (a \wedge c) \leqslant a \wedge (b \vee c)$$

注 此性质表明，格中运算$\vee$和$\wedge$一般不满足分配律。

8.1.3 格的代数系统定义

由格$<L, \leqslant>$可以定义一个代数系统$<L, \vee, \wedge>$；反之，通过一个含有两个二元运算的代数系统$<L, \vee, \wedge>$，能否确定一个偏序关系$\leqslant$，使得$<L, \leqslant>$是格？

引理 8.1.1 设$<L, \vee, \wedge>$是代数系统，其中$\vee$、$\wedge$都是二元运算且运算封闭，满足吸收律，则$\vee$和$\wedge$都满足幂等律。

证明 因为$\vee$和$\wedge$满足吸收律，即对$\forall a, b \in L$，有 $a \vee (a \wedge b) = a$，$a \wedge (a \vee b) = a$。由 b 的任意性及$\vee$、$\wedge$运算的封闭性，用 $a \vee b$ 替代上式中的 b，于是 $a \vee (a \wedge (a \vee b)) = a$，所以 $a \vee a = a$。

同理可证 $a \wedge a = a$。

定理 8.1.1 设$<L, \vee, \wedge>$是代数系统，其中$\vee$和$\wedge$都是二元运算且运算封闭，满足交换律、结合律和吸收律，则 L 上存在偏序关系$\leqslant$，使得$<L, \leqslant>$是格。

证明　定义 L 上的二元关系≼：$a \preccurlyeq b$ 当且仅当 $a \wedge b=a$，$\forall a, b \in L$。

分析：先证明上述定义的关系≼是偏序关系，然后证明 $a \wedge b$ 是 a 和 b 的最大下界，$a \vee b$ 是 a 和 b 的最小上界。

证明留给读者。

由一个格 $<L, \preccurlyeq>$ 可以构造一个代数系统 $<L, \vee, \wedge>$，反之通过一个含有两个二元运算的代数系统 $<L, \vee, \wedge>$，只需满足运算∨、∧的封闭性，以及交换律、结合律和吸收律，就可以确定一个偏序关系≼，使得 $<L, \preccurlyeq>$ 是格。于是一个格与某一代数系统之间形成一一对应，下面给出格的另一个等价定义。

定义 8.1.4（代数格）　设 $<L, \vee, \wedge>$ 是代数系统，其中∨和∧都是二元运算且运算封闭，如果∨和∧满足交换律、结合律和吸收律，则称 $<L, \vee, \wedge>$ 是格。

偏序格和代数格可以不加以区分，统一称为格。当提及一个格时，根据需要既可以理解为偏序格，又可以理解为代数格。

8.1.4　格的同态和同构

将格看作代数系统，讨论格的同态和同构问题。

定义 8.1.5　设 $<L_1, \preccurlyeq_1>$ 和 $<L_2, \preccurlyeq_2>$ 是格，由它们分别诱导的代数系统为 $<L_1, \vee_1, \wedge_1>$ 和 $<L_2, \vee_2, \wedge_2>$。若存在映射 $f: L_1 \to L_2$，对 $\forall a, b \in L_1$，都有

$$f(a \vee_1 b)=f(a) \vee_2 f(b), \qquad f(a \wedge_1 b)=f(a) \wedge_2 f(b)$$

则称 f 为从 $<L_1, \vee_1, \wedge_1>$ 到 $<L_2, \vee_2, \wedge_2>$ 的格同态，并称 $<f(L_1), \preccurlyeq_2>$ 是 $<L_1, \preccurlyeq_1>$ 的格同态象。当 f 是双射时，称 f 为 $<L_1, \preccurlyeq_1>$ 到 $<L_2, \preccurlyeq_2>$ 的格同构，也称格 $<L_1, \preccurlyeq_1>$ 与格 $<L_2, \preccurlyeq_2>$ 同构。

定理 8.1.2　设 f 是格 $<L_1, \preccurlyeq_1>$ 到格 $<L_2, \preccurlyeq_2>$ 的格同态，对 $\forall x, y \in L_1$，若 $x \preccurlyeq_1 y$，则必有 $f(x) \preccurlyeq_2 f(y)$。

注　定理 8.1.2 说明：格同态是保序的，即格同态下的象依然保持原象具有的序关系。但其逆命题不一定成立。

定理 8.1.3　设 $<L_1, \preccurlyeq_1>$ 和 $<L_2, \preccurlyeq_2>$ 是格，f 是从 L_1 到 L_2 的双射，则 f 是 $<L_1, \preccurlyeq_1>$ 到 $<L_2, \preccurlyeq_2>$ 的格同构的充要条件是对 $\forall a, b \in L_1$，$a \preccurlyeq_1 b \Leftrightarrow f(a) \preccurlyeq_2 f(b)$。

在同构意义下，具有 1 个、2 个、3 个元素的格分别同构于含有相同元素个数的链，如图 8.3(a)所示。

4 元格必同构于图 8.3(b)所示的两个格之一。

5 元格必同构于图 8.3(c)所示的五个格之一。

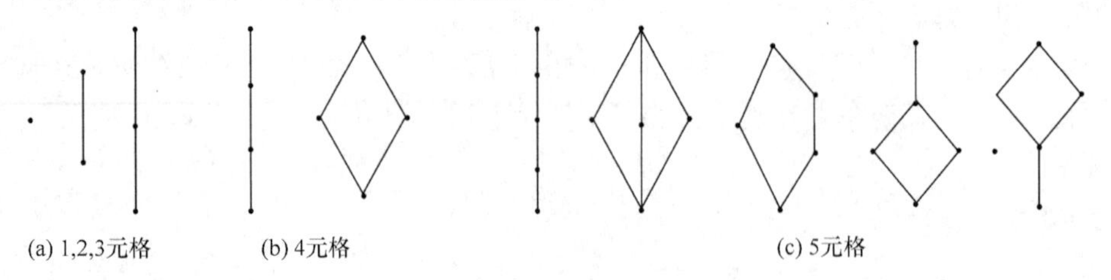

(a) 1,2,3元格　(b) 4元格　(c) 5元格

图 8.3　不同构的 1、2、3、4、5 元格

8.2 特　殊　格

8.2.1 分配格

格的性质 8.1.4 说明格中两个运算一般满足分配不等式。

【例 8.2.1】 在图 8.4(a)所示的格中，$b\wedge(c\vee d)\preccurlyeq b\wedge a=b$，而$(b\wedge c)\vee(b\wedge d)=e\vee e=e$，所以 $b\wedge(c\vee d)\neq(b\wedge c)\vee(b\wedge d)$。

在图 8.4(b)所示的格中，$c\wedge(b\vee d)=c\wedge a=c$，而$(c\wedge b)\vee(c\wedge d)=e\vee d=d$，所以 $c\wedge(b\vee d)\neq(c\wedge b)\vee(c\wedge d)$。

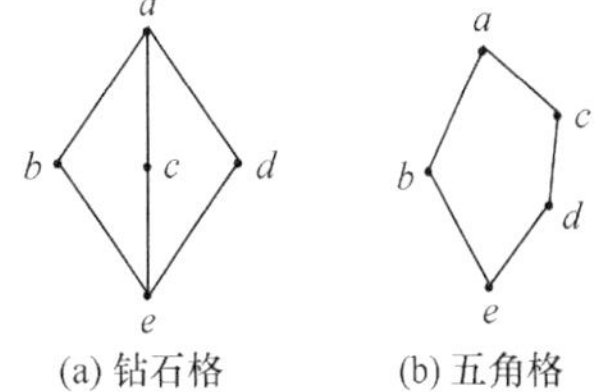

图 8.4　钻石格和五角格

这两个格中的运算都不满足分配律，是特殊的 5 元格，分别称为钻石格和五角格。

定义 8.2.1 设$<L, \vee, \wedge>$是由格$<L, \preccurlyeq>$所诱导的代数系统，若对$\forall a, b, c\in L$，满足以下条件：

$$a\wedge(b\vee c)=(a\wedge b)\vee(a\wedge c)\quad（交对并的分配律）$$

$$a\vee(b\wedge c)=(a\vee b)\wedge(a\vee c)\quad（并对交的分配律）$$

则称$<L, \preccurlyeq>$是分配格。

例如，幂集格$<\wp(S), \cap, \cup>$是分配格；$<P, \wedge, \vee>$是分配格，其中 P 是命题公式集合，$\wedge$、$\vee$分别为命题联结词中的合取、析取联结词。

定理 8.2.1 链都是分配格。

【例 8.2.2】 图 8.4 中的两个格都不是分配格，其中图 8.4(b)中，虽然有

$$d\wedge(b\vee c)=d\wedge a=d=e\vee d=(d\wedge b)\vee(d\wedge c)$$

$$b\wedge(c\vee d)=b\wedge c=e=e\vee e=(b\wedge c)\vee(b\wedge d)$$

但

$$c\wedge(b\vee d)=c\wedge a=c\neq(c\wedge b)\vee(c\wedge d)=e\vee d=d$$

利用例 8.2.1 中的两个 5 元格，可以判断一个格是否是分配格。

定理 8.2.2 格$<L, \preccurlyeq>$是分配格的充要条件是在格$<L, \preccurlyeq>$中没有任何子格与钻石格和五角格中的任何一个同构。

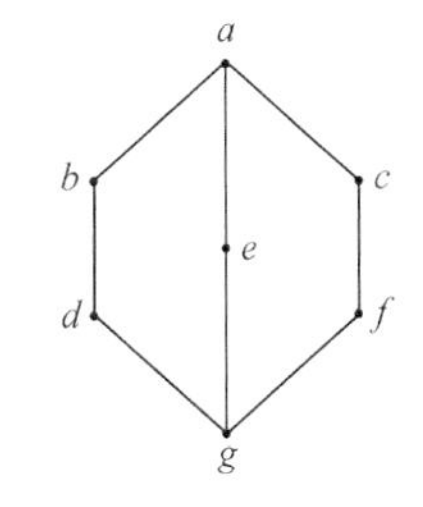

图 8.5　例 8.2.3 的格

【例 8.2.3】 在图 8.5 所示的格中，令 $A=\{a, b, c, d, e, f, g\}$，$B=\{a, b, d, e, g\}$，则$<B, \preccurlyeq>$是$<A, \preccurlyeq>$的子格，且$<B, \preccurlyeq>$与五角格同构，所以这个格不是分配格。

在分配格的定义中，两个分配恒等式互为对偶式，因此在判断分配格时只需满足其中一个即可。

定理 8.2.3 在格$<L, \preccurlyeq>$中，对$\forall a, b, c\in L$，有

$$a\wedge(b\vee c)=(a\wedge b)\vee(a\wedge c)\Leftrightarrow a\vee(b\wedge c)=(a\vee b)\wedge(a\vee c)$$

格一般不满足消去律，但满足某些条件的分配格具有消去律。

定理 8.2.4 设$<L, \preccurlyeq>$是分配格，对$\forall a, b, c\in L$，若 $a\wedge b=a\wedge c$ 和 $a\vee b=a\vee c$ 成立，则

必有 $b=c$。

证明 因为 $(a\wedge b)\vee c=(a\wedge c)\vee c=c$，而

$$(a\wedge b)\vee c=(a\vee c)\wedge(b\vee c)=(a\vee b)\wedge(b\vee c)=b\vee(a\wedge c)=b\vee(a\wedge b)=b$$

所以 $b=c$。

注 定理 8.2.4 的条件 $a\wedge b=a\wedge c$ 和 $a\vee b=a\vee c$ 缺一不可。

例如，设 $A=\{1, 2\}$，在幂集格 $<\wp(A), \cap, \cup>$ 中，$\varnothing\cap\{1\}=\varnothing\cap\{2\}$，但 $\{1\}\neq\{2\}$，$\{1, 2\}\cup\{1\}=\{1, 2\}\cup\{2\}$，但 $\{1\}\neq\{2\}$。

8.2.2 有界格

定义 8.2.2 设 $<L, \preccurlyeq>$ 是格，

(1) 若 $\exists a\in L$，对 $\forall x\in L$，都有 $a\preccurlyeq x$，则称 a 为格 $<L, \preccurlyeq>$ 的全下界，记作 0。

(2) 若 $\exists b\in L$，对 $\forall x\in L$，都有 $x\preccurlyeq b$，则称 b 为格 $<L, \preccurlyeq>$ 的全上界，记作 1。

(3) 若 L 中存在全下界和全上界，则称该格为有界格，记作 $<L, \preccurlyeq, 0, 1>$。

注 有限格一定是有界格，而无限格不一定是有界格。

【例 8.2.4】 (1) $\mathbf{Z}$ 是整数集，$\preccurlyeq$ 是小于或等于关系，则格 $<\mathbf{Z}, \preccurlyeq>$ 不是有界格。因为不存在最小整数和最大整数。

(2) 无论 A 是有限集还是无限集，在幂集格 $<\wp(A), \subseteq>$ 中，全下界为 $\varnothing$，全上界为 A，所以 $<\wp(A), \subseteq>$ 是有界格。

(3) 设 L 是 n 元格，其中 $L=\{a_1, a_2, \cdots, a_n\}$，则 $a_1\wedge a_2\wedge\cdots\wedge a_n$ 是 L 的全下界，$a_1\vee a_2\vee\cdots\vee a_n$ 是 L 的全上界，所以是有界格。

下面讨论有界格的性质。

定理 8.2.5 设 $<L, \preccurlyeq>$ 是有界格，对 $\forall a\in L$，都有

(1) 同一律，$a\wedge 1=a$，$a\vee 0=a$。

(2) 零律，$a\vee 1=1$，$a\wedge 0=0$。

注 此定理说明，1 是关于运算 $\vee$ 的零元，关于运算 $\wedge$ 的幺元；0 是关于运算 $\vee$ 的幺元，关于运算 $\wedge$ 的零元。

8.2.3 有补格

定义 8.2.3 设 $<L, \preccurlyeq>$ 是有界格，若对 $\forall a\in L$，都存在 $b\in L$，使得

$$a\vee b=1, \qquad a\wedge b=0$$

则称此格为有补格，b 称为 a 的补元。

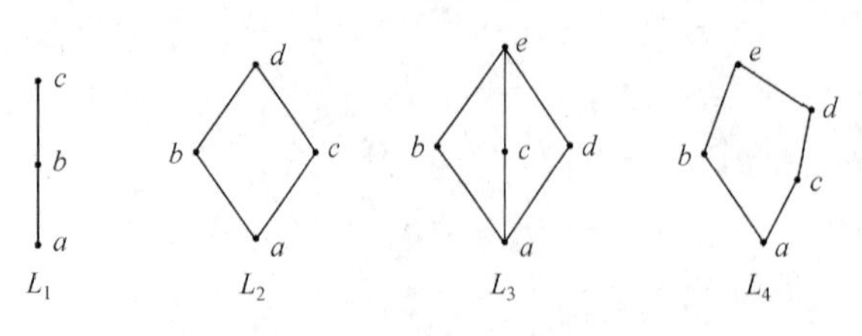

图 8.6 例 8.2.5 的有界格

显然，a 与 b 互为补元，0 的补元是 1，1 的补元是 0。

注 在有界格中元素可以有多个补元，也可以没有补元。

【例 8.2.5】 图 8.6 所示的各有界格中，L_2、L_3 和 L_4 是有补格，L_1 不是有补格。各元素的补元见表 8.2。

表 8.2　例 8.2.5 的有界格中的补元

格	全下界	全上界	补元
L_1	a	c	a 和 c 互为补元，b 没有补元
L_1	a	d	a 和 d 互为补元，b 和 c 互为补元
L_3	a	e	a 和 e 互为补元，b 的补元是 c 和 d，c 的补元是 b 和 d，d 的补元是 b 和 c
L_4	a	e	a 和 e 互为补元，b 的补元是 c 和 d，c 的补元是 b，d 的补元是 b

定理 8.2.6　在有界分配格中，若某元素有补元，则其补元必唯一。

定义 8.2.4　若$<L, \preccurlyeq>$既是有补格又是分配格，则称为有补分配格。有补分配格中，任意元素 a 的唯一补元，记作 $\overline{a}$ 。

容易验证下列性质。

定理 8.2.7　设$<L, \preccurlyeq>$是有补分配格，对$\forall a, b \in L$，有

(1) 对合律，$\overline{\overline{a}} = a$ 。

(2) 德·摩根律，$\overline{a \vee b} = \overline{a} \wedge \overline{b}$ ，$\overline{a \wedge b} = \overline{a} \vee \overline{b}$ 。

8.3　布 尔 代 数

布尔代数是英国数学家布尔在研究命题演算时，于 1854 年提出的一种抽象代数系统，于 1935 年左右形成了近代格论。从抽象代数的观点看，格附加一定的限制后就转化为布尔代数。1938 年，香农发表了 *A Symbolic Analysis of Relay and Switching Circuits*，为布尔代数在工艺技术中的应用开创了道路，从而出现了开关代数。为了给开关代数奠定基础，自然地形成了二值布尔代数，即逻辑代数。

人们应用布尔代数对电路做了大量研究，形成了网络理论，布尔代数在理论和实践中发挥了更大的作用。

8.3.1　布尔代数的定义及性质

有补格保证了补元的普遍性，但不能保证补元的唯一性，而分配格仅保证了补元的唯一性，但不能保证补元的普遍性，只有在有补分配格中，才能保证补元的普遍性，同时保证它的唯一性。

定义 8.3.1　有补分配格称为布尔格。

在分配格中，若元素存在补元，则其补元是唯一的，所以布尔格中每个元素都存在唯一的补元，于是可以将求补元运算看作布尔格$<B, \vee, \wedge>$中的一元运算，称为补运算，记作“$\overline{\ }$”，即对$\forall a \in B$，记 $\overline{a}$ 为 a 的补元。

定义 8.3.2　由布尔格$<B, \preccurlyeq>$诱导的代数系统$<B, \vee, \wedge, \overline{\ }>$称为布尔代数。若$|B|=n$，称为有限布尔代数，否则称为无限布尔代数。

布尔代数中的三种运算$\vee$、$\wedge$、$\overline{\ }$常称为 OR(或、布尔和)、AND(与、布尔积)、NOT(非、补)。

【例 8.3.1】 (1)设 $A=\{a, b\}$，则 $\wp(A)=\{\varnothing, \{a\}, \{b\}, \{a, b\}\}$，格$<\wp(A), \subseteq>$是布尔格，其诱导的布尔代数为$<\wp(A), \cup, \cap, \sim>$，其中∪、∩、～分别为集合的并、交、补运算，见表 8.3。

表 8.3 布尔代数$<\wp(A), \cup, \cap, \sim>$中的运算

(a)运算∪

∪	∅	{a}	{b}	{a, b}
∅	∅	{a}	{b}	{a, b}
{a}	{a}	{a}	{a, b}	{a, b}
{b}	{b}	{a, b}	{b}	{a, b}
{a, b}	{a, b}	{a, b}	{a, b}	{a, b}

(b)运算∩

∩	∅	{a}	{b}	{a, b}
∅	∅	∅	∅	∅
{a}	∅	{a}	∅	{a}
{b}	∅	∅	{b}	{b}
{a, b}	∅	{a}	{b}	{a, b}

(c)运算～

	～
∅	{a, b}
{a}	{b}
{b}	{a}
{a, b}	∅

一般地，若 A 是有限非空集合，则$<\wp(A), \subseteq>$是布尔格，其诱导的代数系统$<\wp(A), \cup, \cap, \sim, \varnothing, A>$为(有限)布尔代数或称为集合代数，且空集 ∅ 是全下界，A 是全上界，对 $\forall B \subseteq \wp(A)$的补元为 $A-B$。

(2)设 P 是所有命题公式的集合，∨、∧和¬分别是命题公式的析取、合取和否定联结词，则$<P, \vee, \wedge, \neg>$是布尔代数，称为命题代数。

布尔代数是一种特殊格，具有有界性、有补性、可分配性，所以有关有补格、分配格的性质，布尔代数也一样具有，如交换律、结合律、幂等律、吸收律、分配律、同一律、零律、互补律等。

定理 8.3.1 在布尔代数$<B, \vee, \wedge, {}^{-}>$中，对$\forall a, b \in B$，必有

(1)交换律，$a \vee b=b \vee a$，$a \wedge b=b \wedge a$。

(2)结合律，$(a \vee b) \vee c=a \vee (b \vee c)$，$(a \wedge b) \wedge c=a \wedge (b \wedge c)$。

(3)幂等律，$a \vee a=a$，$a \wedge a=a$。

(4)吸收律，$a \vee (a \wedge b)=a$，$a \wedge (a \vee b)=a$。

(5)分配律，$a \vee (b \wedge c)=(a \vee b) \wedge (a \vee c)$，$a \wedge (b \vee c)=(a \wedge b) \vee (a \wedge c)$。

(6)同一律，$a \wedge 1=a$，$a \vee 0=a$。

(7)零律，$a \vee 1=1$，$a \wedge 0=0$。

(8)互补律，$a \vee \overline{a}=1$，$a \wedge \overline{a}=0$。

(9)双重否定律，$\overline{(\overline{a})}=a$。

(10)德·摩根律，$\overline{a \vee b}=\overline{a} \wedge \overline{b}$，$\overline{a \wedge b}=\overline{a} \vee \overline{b}$。

8.3.2 布尔代数的同构

定义 8.3.3 设$<B_1, \vee_1, \wedge_1, {}^{-}, 0, 1>$和$<B_2, \vee_2, \wedge_2, \sim, p, q>$是两个布尔代数，若存在从 B_1 到 B_2 的映射 f：对$\forall a, b \in B_1$，都有

$f(a \vee_1 b)=f(a) \vee_2 f(b)$，　$f(a \wedge_1 b)=f(a) \wedge_2 f(b)$，　$f(\overline{a})=\sim f(a)$，　$f(0)=p$，　$f(1)=q$

则称$<B_1, \vee_1, \wedge_1, ^{-}>$和$<B_2, \vee_2, \wedge_2, \sim>$是布尔同态的。若$f$是双射，则称为布尔同构。

若映射f仅保持运算$\vee_1$、$\wedge_1$，则f是一个格同态，而不是布尔同态，但f是A到$f(A)$的布尔同态。

8.4 布尔表达式

8.4.1 布尔表达式的基本概念

计算机硬件、计算机网络及其他电子设置都是由许多电路组成的，这类电路设计常用到开关代数的布尔表达式与布尔函数的概念。

定义 8.4.1 在布尔代数$<B, \vee, \wedge, ^{-}>$上递归地定义布尔表达式如下：

(1) B中任何元素是布尔表达式。

(2) 任何变元是布尔表达式。

(3) 若e_1和e_2是布尔表达式，则$\overline{e_1}$、$(e_1 \vee e_2)$、$(e_1 \wedge e_2)$也是布尔表达式。

(4) 只有通过有限次运用规则(1)～(3)构造的式子才是布尔表达式。

含有n个互异变元$x_1, x_2, \cdots, x_n$的布尔表达式，称为n元布尔表达式，记作$E(x_1, x_2, \cdots, x_n)$。

布尔表达式的定义与命题公式、谓词公式的定义类似，它们之间有一定的联系。

【例 8.4.1】 (1) 设$<\{0, 1, 2, 3\}, \vee, \wedge, ^{-}>$是布尔代数，则0、$1 \wedge x$、$((\overline{2 \vee 3}) \wedge (\overline{x_1} \vee x_2)) \wedge (\overline{x_1 \wedge x_3})$都是布尔表达式。

(2) 设$B=\{0, 1\}$，0和1分别表示逻辑真和逻辑假，称为逻辑常量，$\vee$、$\wedge$和$\neg$分别是逻辑或、逻辑与和逻辑非，则$<B, \vee, \wedge, \neg>$是布尔代数，是最简单的布尔代数。

(3) 设$B=$\{断开, 闭合\}，$\vee$、$\wedge$和$\neg$分别为并联、串联和反向，则$<B, \vee, \wedge, \neg>$是布尔代数，常称为开关代数。

定义 8.4.2 设$E(x_1, x_2, \cdots, x_n)$是布尔代数$<B, \vee, \wedge, ^{-}>$上含有几个互异变元的布尔表达式，用B中的元素代替该表达式中相应的变元(即对变元赋值)，得到的值称为布尔表达式$E(x_1, x_2, \cdots, x_n)$的值。

最常用的布尔代数是二值布尔代数$<B, \vee, \wedge, ^{-}, 0, 1>$，其中$B=\{0, 1\}$，运算规则为

补运算：

$$\overline{0}=1, \qquad \overline{1}=0$$

布尔和：

$$0 \vee 0=0, \quad 0 \vee 1=1, \quad 1 \vee 0=1, \quad 1 \vee 1=1$$

布尔积：

$$0 \wedge 0=0, \quad 0 \wedge 1=0, \quad 1 \wedge 0=0, \quad 1 \wedge 1=1$$

【例 8.4.2】 设布尔代数$<\{0, 1\}, \vee, \wedge, ^{-}>$上的布尔表达式为

$$E(x_1, x_2, x_3)=((x_1 \wedge x_2) \vee (\overline{x_1} \wedge \overline{x_2})) \wedge (\overline{x_2 \wedge x_3})$$

若赋值$x_1=1, x_2=1, x_3=0$，则$E(1, 1, 0)=((1 \wedge 1) \vee (\overline{1} \wedge \overline{1})) \wedge (\overline{1 \wedge 0})=(1 \vee 0) \wedge 1=1$。

若赋值$x_1=1, x_2=1, x_3=1$，则$E(1, 1, 1)=((1 \wedge 1) \vee (\overline{1} \wedge \overline{1})) \wedge (\overline{1 \wedge 1})=(1 \vee 0) \wedge 0=0$。

定义 8.4.3 设$E_1(x_1, x_2, \cdots, x_n)$和$E_2(x_1, x_2, \cdots, x_n)$是布尔代数$<B, \vee, \wedge, ^{-}>$上的两

个布尔表达式，若对 n 个变元的任意一组赋值 $x_i=a_i$，$a_i\in B$，都有 $E_1(a_1, a_2, \cdots, a_n)=E_2(a_1, a_2, \cdots, a_n)$，则称这两个布尔表达式是等价的，记作 $E_1(x_1, x_2, \cdots, x_n)=E_2(x_1, x_2, \cdots, x_n)$。

如果能有限次地应用布尔代数公式，将一个布尔表达式化成另一个布尔表达式，就能判定这两个布尔表达式是等价的。

【例 8.4.3】 在布尔代数$<\{0, 1\}, \vee, \wedge, ^{-}>$上的两个布尔表达式为

$$E_1(x_1, x_2, x_3)=(x_1\wedge x_2)\vee(x_1\wedge \overline{x_3}),\qquad E_2(x_1, x_2, x_3)=x_1\wedge(x_2\vee \overline{x_3})$$

试验证它们是等价的。

证明 方法一：验证所有赋值下，两个公式的值相等。

$$E_1(0, 0, 0)=(0\wedge 0)\vee(0\wedge 1)=0\vee 0=0$$

$$E_2(0, 0, 0)=0\wedge(0\vee 1)=0\wedge 1=0$$

……

$$E_1(1, 1, 1)=(1\wedge 1)\vee(1\wedge 0)=1\vee 0=1$$

$$E_2(1, 1, 1)=1\wedge(1\vee 0)=1\wedge 1=1$$

所以 $E_1(x_1, x_2, x_3)=E_2(x_1, x_2, x_3)$。

方法二：因为布尔代数中分配律成立，所以对$\forall a, b, c\in\{0, 1\}$，有

$$E_1(a, b, c)=(a\wedge b)\vee(a\wedge \overline{c})=a\wedge(b\vee \overline{c})=E_2(a, b, c)$$

所以 $E_1(x_1, x_2, x_3)=E_2(x_1, x_2, x_3)$。

在此例的证明中，可以看出布尔表达式 $E(x_1, x_2, \cdots, x_n)$确定了一个由 B^n 到 B 的函数。

定义 8.4.4 设$<B, \vee, \wedge, ^{-}>$是布尔代数，由 B^n 到 B 的函数若能用$<B, \vee, \wedge, ^{-}>$上的 n 元布尔表达式表示，则称此函数为布尔函数。

类似命题公式，可以构造布尔函数的真值表。例 8.4.3 中两个布尔函数的真值表见表 8.4。

表 8.4 例 8.4.3 中布尔函数的真值表

x_1	x_2	x_3	$(x_1\wedge x_2)\vee(x_1\wedge \overline{x_3})$	$x_1\wedge(x_2\vee \overline{x_3})$
0	0	0	0	0
0	0	1	0	0
0	1	0	0	0
0	1	1	0	0
1	0	0	1	1
1	0	1	0	0
1	1	0	1	1
1	1	1	1	1

8.4.2 布尔表达式的范式

例 8.4.3 说明同一个布尔表达式可能具有不同的表示形式，尤其在逻辑电路设计中，复杂的组合电路经常需要用最简单的逻辑表达式表示，因此布尔表达式的简化及规范化具有十分重要的意义。

定义 8.4.5 含有 n 个变元 $x_1, x_2, \cdots, x_n$ 的布尔表达式 $E(x_1, x_2, \cdots, x_n)$，若

(1) $E(x_1, x_2, \cdots, x_n) = \tilde{x}_1 \wedge \tilde{x}_2 \wedge \cdots \wedge \tilde{x}_n$，则称 $E(x_1, x_2, \cdots, x_n)$ 为布尔小项。

(2) $E(x_1, x_2, \cdots, x_n) = \tilde{x}_1 \vee \tilde{x}_2 \vee \cdots \vee \tilde{x}_n$，则称 $E(x_1, x_2, \cdots, x_n)$ 为布尔大项。

其中，$\tilde{x}_i$ 为 x_i 或 $\overline{x}_i$ 中的任意一个。

定义 8.4.6 在 $<\{0, 1\}, \vee, \wedge, ^-\!>$ 上的布尔表达式 $E(x_1, x_2, \cdots, x_n)$，

(1) 若 $E(x_1, x_2, \cdots, x_n) = E_1 \vee E_2 \vee \cdots \vee E_k$，则称 $E(x_1, x_2, \cdots, x_n)$ 为析取范式，其中 $E_i (i=1, 2, \cdots, k)$ 为布尔小项。

(2) 若 $E(x_1, x_2, \cdots, x_n) = E_1 \wedge E_2 \wedge \cdots \wedge E_k$，则称 $E(x_1, x_2, \cdots, x_n)$ 为合取范式，其中 $E_i (i=1, 2, \cdots, k)$ 为布尔大项。

定理 8.4.1 对二元布尔代数 $<\{0, 1\}, \vee, \wedge, ^-\!>$，任意从 $\{0, 1\}^n$ 到 $\{0, 1\}$ 的函数都是布尔函数。

【例 8.4.4】 讨论表 8.5 所定义的函数 f 的析取范式和合取范式。

表 8.5 布尔函数 f 的值

$<x_1, x_2, x_3>$	$f(x_1, x_2, x_3)$	$<x_1, x_2, x_3>$	$f(x_1, x_2, x_3)$
$<0, 0, 0>$	1	$<1, 0, 0>$	0
$<0, 0, 1>$	0	$<1, 0, 1>$	0
$<0, 1, 0>$	1	$<1, 1, 0>$	0
$<0, 1, 1>$	0	$<1, 1, 1>$	1

解 (1) 函数值为 1 对应的三元有序组为 $<0, 0, 0>$、$<0, 1, 0>$、$<1, 1, 1>$，分别构造小项 $\overline{x}_1 \wedge \overline{x}_2 \wedge \overline{x}_3$、$\overline{x}_1 \wedge x_2 \wedge \overline{x}_3$、$x_1 \wedge x_2 \wedge x_3$，组成析取范式

$$(\overline{x}_1 \wedge \overline{x}_2 \wedge \overline{x}_3) \vee (\overline{x}_1 \wedge x_2 \wedge \overline{x}_3) \vee (x_1 \wedge x_2 \wedge x_3)$$

即 f 的析取范式。

(2) 函数值为 0 对应的三元有序组为 $<0, 0, 1>$、$<0, 1, 1>$、$<1, 0, 0>$、$<1, 0, 1>$、$<1, 1, 0>$，则 f 的合取范式为

$$(x_1 \vee x_2 \vee \overline{x}_3) \wedge (x_1 \vee \overline{x}_2 \vee \overline{x}_3) \wedge (\overline{x}_1 \vee x_2 \vee x_3) \wedge (\overline{x}_1 \vee x_2 \vee \overline{x}_3) \wedge (\overline{x}_1 \vee \overline{x}_2 \vee x_3)$$

可以将布尔代数 $<\{0, 1\}, \vee, \wedge, ^-\!>$ 上布尔表达式的析取范式和合取范式的概念扩充到一般的布尔代数上。

若布尔代数 $<B, \vee, \wedge, ^-\!>$ 上的布尔表达式 $E(x_1, x_2, \cdots, x_n)$ 能够表示成形如

$$C_{\delta_1\delta_2\cdots\delta_n} \wedge \tilde{x}_1 \wedge \tilde{x}_2 \wedge \cdots \wedge \tilde{x}_n$$

的并，则称 $E(x_1, x_2, \cdots, x_n)$ 为析取范式，其中 $C_{\delta_1\delta_2\cdots\delta_n}$ 是 B 中的一个元素，$\tilde{x}_i$ 为 x_i 或 $\overline{x}_i$ 中的任意一个。

类似地定义合取范式。

可以证明，任意布尔表达式可以化为析取范式和合取范式。

定理 8.4.2 设 $E(x_1, x_2, \cdots, x_n)$ 是布尔代数 $<B, \vee, \wedge, ^-\!>$ 上的布尔表达式，则它一定能够写成如下两种标准形式。

(1) 析取范式：

$$\begin{aligned}E(x_1, x_2, \cdots, x_n)=&[\overline{x}_1 \wedge \overline{x}_2 \wedge \cdots \wedge \overline{x}_n \wedge E(0, 0, \cdots, 0)]\\&\vee[\overline{x}_1 \wedge \overline{x}_2 \wedge \cdots \wedge \overline{x}_{n-1} \wedge x_n \wedge E(0, 0, \cdots, 1)]\\&\vee \cdots \vee \cdots\\&\vee[x_1 \wedge x_2 \wedge \cdots \wedge x_{n-1} \wedge \overline{x}_n \wedge E(1, 1, \cdots, 0)]\\&\vee[x_1 \wedge x_2 \wedge \cdots \wedge x_n \wedge E(1, 1, \cdots, 1)]\end{aligned}$$

其中，每一个方括号为一个小项，共有 2^n 个小项作 $\vee$ 运算。

(2) 合取范式：

$$\begin{aligned}E(x_1, x_2, \cdots, x_n)=&[x_1 \vee x_2 \vee \cdots \vee x_n \vee E(0, 0, \cdots, 0)]\\&\wedge[x_1 \vee x_2 \vee \cdots \vee x_{n-1} \vee \overline{x}_n \vee E(0, 0, \cdots, 0, 1)]\\&\wedge \cdots \wedge \cdots\\&\wedge[\overline{x}_1 \vee \overline{x}_2 \vee \cdots \vee \overline{x}_{n-1} \vee x_n \vee E(1, 1, \cdots, 1, 0)]\\&\wedge[\overline{x}_1 \vee \overline{x}_2 \vee \cdots \vee \overline{x}_n \vee E(1, 1, \cdots, 1, 1)]\end{aligned}$$

其中，每一个方括号为一个大项，共有 2^n 个大项作 $\wedge$ 运算。

布尔表达式的析取范式和合取范式的算法与命题公式主析取范式和主合取范式的算法相似，步骤如下：

(1) 将 B 上的变元看作常元，使用布尔代数的性质。

(2) 利用德 · 摩根律将补运算“¯”深入变元或常元前面。

(3) 利用分配律展开各式。

(4) 补充缺少的变元。

(5) 计算及合并各常元。

【例 8.4.5】 设布尔代数 $<\{0, 1\}, \vee, \wedge, ^{-}>$ 上的布尔表达式为

$$E(x_1, x_2, x_3)=(x_1 \wedge x_2) \vee (x_2 \wedge x_3) \vee (\overline{x}_2 \wedge x_3)$$

试写出其析取范式和合取范式。

解 由定理 8.4.2 知，析取范式为

$$\begin{aligned}E(x_1, x_2, x_3)=&[\overline{x}_1 \wedge \overline{x}_2 \wedge \overline{x}_3 \wedge E(0, 0, 0)] \vee [\overline{x}_1 \wedge \overline{x}_2 \wedge x_3 \wedge E(0, 0, 1)]\\&\vee[\overline{x}_1 \wedge x_2 \wedge \overline{x}_3 \wedge E(0, 1, 0)] \vee [\overline{x}_1 \wedge x_2 \wedge x_3 \wedge E(0, 1, 1)]\\&\vee[x_1 \wedge \overline{x}_2 \wedge \overline{x}_3 \wedge E(1, 0, 0)] \vee [x_1 \wedge \overline{x}_2 \wedge x_3 \wedge E(1, 0, 1)]\\&\vee[x_1 \wedge x_2 \wedge \overline{x}_3 \wedge E(1, 1, 0)] \vee [x_1 \wedge x_2 \wedge x_3 \wedge E(1, 1, 1)]\\=&(\overline{x}_1 \wedge \overline{x}_2 \wedge x_3) \vee (\overline{x}_1 \wedge x_2 \wedge x_3) \vee (x_1 \wedge \overline{x}_2 \wedge x_3)\\&\vee (x_1 \wedge x_2 \wedge \overline{x}_3) \vee (x_1 \wedge x_2 \wedge x_3)\end{aligned}$$

合取范式为

$$\begin{aligned}E(x_1, x_2, x_3)=&(x_1 \wedge x_2) \vee (x_2 \wedge x_3) \vee (\overline{x}_2 \wedge x_3)\\=&(x_1 \wedge x_2) \vee x_3 && \text{吸收律}\\=&(x_1 \vee x_3) \wedge (x_2 \vee x_3) && \text{分配律}\\=&[x_1 \vee (x_2 \wedge \overline{x}_2) \vee x_3] \wedge [(x_1 \wedge \overline{x}_1) \vee x_2 \vee x_3]\\=&(x_1 \vee x_2 \vee x_3) \wedge (x_1 \vee \overline{x}_2 \vee x_3) \wedge (\overline{x}_2 \vee x_2 \vee x_3)\end{aligned}$$

8.5　布尔表达式在数字逻辑设计中的应用

自然界中各种物理量可分为模拟量和数字量，模拟信号是表示模拟量的信号，数字信号是表示数字量的信号，处理模拟信号的电子电路为模拟电路，数字电路则是处理数字信号的电路。数字电路系统只能处理二进制数表示的数字信号，用高电平表示逻辑 1，低电平表示逻辑 0，利用逻辑函数描述数字电路的输入输出间的关系，有时也称数字电路为逻辑电路。

逻辑电路中有三种基本逻辑运算：与(AND)、或(OR)、非(NOT)，也称为逻辑乘、逻辑加、逻辑反，分别用“+”“·”“¯”表示，对应门电路如图 1.5～图 1.7 所示。

还有与非(NAND)、或非(NOR)、与或非(AND-OR-NOT)、异或(XOR)和同或(XNOR)等复合逻辑运算，与非运算逻辑表达式为$\overline{A\cdot B}$，或非运算逻辑表达式为$\overline{A+B}$，与或非运算逻辑表达式为$\overline{AB+CD}$，异或运算逻辑表达式为 $A\oplus B=A\overline{B}+\overline{A}B$，同或运算逻辑表达式为 $A\odot B=AB+\overline{A}\overline{B}$。

逻辑电路设计的主要任务是根据输入和输出确定对应的电路，而布尔代数描述的是事物间的逻辑关系。二值逻辑中，具有任何输入、输出关系的电路都可以采用布尔表达式描述，于是复杂的逻辑问题可以利用布尔代数转化为符号演算，通过化简布尔表达式，有效地简化电路设计，使逻辑电路中使用的逻辑器件的种类、数量和级数最少，降低成本，提高数字系统的可靠性。

【例 8.5.1】　三人表决器的逻辑设计。三名评委表决某场比赛，若有两张或以上赞成票即获通过。写出实现该过程的表决器的逻辑函数。

解　设 A、B、C 分别表示三个评委的表决情况，W 表示最终表决结果，则根据规定列出 W 的真值表见表 8.6，于是 W 的逻辑函数为

$$W=AB+BC+AC=\overline{\overline{AB}\cdot\overline{BC}\cdot\overline{AC}}$$

化简为

$$W=AB+BC+AC=A(B+C)+BC=(A+BC)(B+C)$$

表 8.6　表决器的真值表

A	B	C	W	A	B	C	W
0	0	0	0	1	0	0	0
0	0	1	0	1	0	1	1
0	1	0	0	1	1	0	1
0	1	1	1	1	1	1	1

用 4 个与非门实现的逻辑电路使用的逻辑器件种类和级数最少。

【例 8.5.2】　全加器是完成两个一位二进制数加法的部件，试设计一位全加器的逻辑电路。

解　当两个一位二进制数相加时，将本位上的数相加，同时还需考虑低位与高位间的

进位数，所以全加器应有 3 个输入端，2 个输出端。设 A、B 分别为被加数和加数，S 为本位和，C_1 为低位向本位的进位，C_2 为本位向高位的进位，则列出真值表见表 8.7。S 和 C_2 的逻辑函数的析取范式为

$$S=\overline{A}\overline{B}C_1+\overline{A}B\overline{C_1}+A\overline{B}\overline{C_1}+ABC_1,\qquad C_2=\overline{A}BC_1+A\overline{B}C_1+AB\overline{C_1}+ABC_1$$

化简为

$$S=(\overline{A}B+A\overline{B})\overline{C_1}+(\overline{A}\overline{B}+AB)C_1=(\overline{A}B+A\overline{B})\overline{C_1}+\overline{\overline{A}B+A\overline{B}}C_1=A\oplus B\oplus C_1$$

$$C_2=(\overline{A}B+A\overline{B})C_1+AB=(A\oplus B)\,C_1+AB$$

表 8.7　一位全加器的真值表

A	B	C_1	C_2	S
0	0	0	0	0
0	0	1	0	1
0	1	0	0	1
0	1	1	1	0
1	0	0	0	1
1	0	1	1	0
1	1	0	1	0
1	1	1	1	1

将多个一位全加器连接起来能够实现两个多位数相加，从而构成加法器。

【例 8.5.3】　数值比较器是用于比较两个正数的逻辑电路，有一位数值比较器和多位数值比较器等。在一位数值比较器中，比较两个一位二进制数 a 和 b 的大小时，有三种情况：$a>b$、$a<b$、$a=b$。该比较器有 2 个输入端(A_1、A_2)，3 个输出端(B_1、B_2、B_3)，其中 $B_1=1$ 表示 $a>b$，$B_2=1$ 表示 $a<b$，$B_3=1$ 表示 $a=b$。该比较器的真值表见表 8.8。

表 8.8　一位数值比较器的真值表

A_1	A_2	B_1	B_2	B_3
0	0	0	0	1
0	1	0	1	0
1	0	1	0	0
1	1	0	0	1

由表 8.8 得到 3 个输出信号的逻辑函数为

$$B_1=A_1\overline{A_2},\qquad B_2=\overline{A_1}A_2,\qquad B_3=\overline{A_1}\,\overline{A_2}+A_1A_2=\overline{A_1\oplus A_2}$$

8.6　典型例题分析

【例 8.6.1】　设 D_{90} 是 90 的所有正因数的集合，|是整除关系。

(1) 试画出格<D_{90}, |>的哈塞图。

(2) 计算 $6 \wedge 10, 6 \vee 10, 9 \wedge 30, 9 \vee 30$。

相关知识 偏序集、哈塞图、格

分析 格是任意两个元素都有最大下界和最小上界的偏序集，明确格中元素间的盖住关系，画出其哈塞图。利用哈塞图，容易求得元素间的最大下界、最小上界。

解 (1) $D_{90}=\{1, 2, 3, 5, 6, 9, 10, 15, 18, 30, 45, 90\}$，$<D_{90}, |>$的哈塞图如图 8.7 所示。

(2) $6 \wedge 10=2$，$6 \vee 10=30$，$9 \wedge 30=3$，$9 \vee 30=90$。

【例 8.6.2】 设 $A=\{1, 2, 4, 6, 9, 12, 18, 36\}$，|是整除关系。

(1) $<A, |>$是否是格？

(2) $<A, |>$是否是分配格？

(3) 求集合$\{2, 4, 6, 12, 18\}$的下界、最大下界、最小元及上界、最小上界、最大元。

相关知识 格、分配格

分析 判断偏序集是格可以利用哈塞图判断其中任意两个元素都有最大下界和最小上界，若运算$\vee$和$\wedge$满足分配律，则其是分配格。

解 (1) 偏序集$<A, |>$的哈塞图如图 8.8 所示，任意两个元素都有最大下界和最小上界，所以$<A, |>$是格。

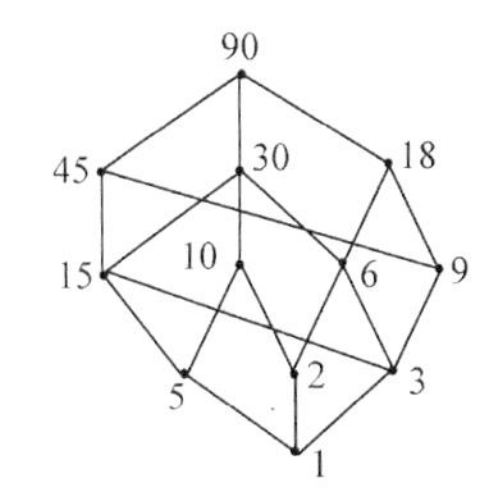

图 8.7 例 8.6.1 的哈塞图

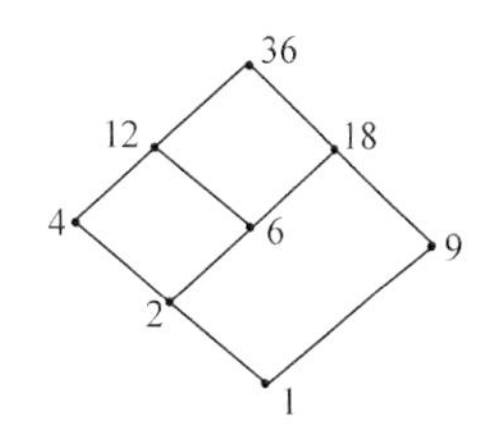

图 8.8 习题 8.6.2 的哈塞图

(2) 因为 $2 \vee (6 \wedge 9)=2 \vee 1=2$，$(2 \vee 6) \wedge (2 \vee 9)=6 \wedge 18=6$，所以 $2 \vee (6 \wedge 9) \neq (2 \vee 6) \wedge (2 \vee 9)$，于是$<A, |>$不是分配格。

(3) 集合$\{2, 4, 6, 12, 18\}$的下界有 1 和 2，最大下界为 2，最小元为 2，上界为 36，最小上界为 36，没有最大元。

【例 8.6.3】 设$<A, \leqslant>$是分配格，对 $a, b \in A$ 且 $a < b$，证明：$f(x)=(x \vee a) \wedge b$ 是 A 到 B 的同态映射，其中 $B=\{x | x \in A, a \leqslant x \leqslant b\}$。

相关知识 分配格、格同态

分析 先证明 f 是 A 到 B 的映射，再证明 $f(x) \vee f(y)=f(x \vee y)$，$f(x) \wedge f(y)=f(x \wedge y)$。

证明 对$\forall x, y \in A$，有 $a \leqslant x \vee a$，而 $a < b$，则 $a=a \wedge b \leqslant (x \vee a) \wedge b \leqslant b$，即 $a \leqslant f(x) \leqslant b$，故 $f(x)$ 是 A 到 B 的映射。

$$f(x \vee y)=((x \vee y) \vee a) \wedge b=((x \vee a) \vee (y \vee a)) \wedge b=((x \vee a) \wedge b) \vee ((y \vee a) \wedge b)=f(x) \vee f(y)$$

$$f(x \wedge y)=((x \wedge y) \vee a) \wedge b=((x \vee a) \wedge (y \vee a)) \wedge b=((x \vee a) \wedge b) \wedge ((y \vee a) \wedge b)=f(x) \wedge f(y)$$

综上所述，f 是 A 到 B 的同态映射。

【例 8.6.4】 在布尔代数$<B, \vee, \wedge, ^{-}>$上定义二元运算 $\oplus$：$a \oplus b=(a \wedge \overline{b}) \vee (\overline{a} \wedge b)$，$\forall a, b \in B$。证明：$<B, \oplus>$是阿贝尔群。

相关知识 布尔代数、阿贝尔群

分析 因为阿贝尔群是交换群，所以证明运算 $\oplus$ 封闭、可交换、可结合、有幺元、每个元素都有逆元即可。

证明 (1)因为运算 $\vee$、$\wedge$、$\bar{\ }$ 在 B 上封闭，所以 $\oplus$ 在 B 上也封闭。

(2)因为 $\vee$ 和 $\wedge$ 运算具有交换律，所以 $a\oplus b=b\oplus a$。

(3)对 $\forall a, b, c\in B$，因为

$$
\begin{aligned}
(a\oplus b)\oplus c&=((a\wedge \bar{b})\vee(\bar{a}\wedge b))\oplus c\\
&=(((a\wedge \bar{b})\vee(\bar{a}\wedge b))\wedge \bar{c})\vee(\overline{((a\wedge \bar{b})\vee(\bar{a}\wedge b))}\wedge c)\\
&=(a\wedge \bar{b}\wedge \bar{c})\vee(\bar{a}\wedge b\wedge \bar{c})\vee((\bar{a}\vee b)\wedge(a\vee \bar{b})\wedge c)\\
&=(a\wedge \bar{b}\wedge \bar{c})\vee(\bar{a}\wedge b\wedge \bar{c})\vee(a\wedge b\wedge c)\vee(\bar{a}\wedge \bar{b}\wedge c)
\end{aligned}
$$

$$
\begin{aligned}
a\oplus(b\oplus c)&=a\oplus((b\wedge \bar{c})\vee(\bar{b}\wedge c))\\
&=(a\wedge \overline{((b\wedge \bar{c})\vee(\bar{b}\wedge c))})\vee(\bar{a}\wedge((b\wedge \bar{c})\vee(\bar{b}\wedge c)))\\
&=(a\wedge(\bar{b}\vee c)\wedge(b\vee \bar{c}))\vee(\bar{a}\wedge b\wedge \bar{c})\vee(\bar{a}\wedge \bar{b}\wedge c)\\
&=(a\wedge \bar{b}\wedge \bar{c})\vee(a\wedge b\wedge c)\vee(\bar{a}\wedge b\wedge \bar{c})\vee(\bar{a}\wedge \bar{b}\wedge c)
\end{aligned}
$$

所以 $(a\oplus b)\oplus c=a\oplus(b\oplus c)$，即运算 $\oplus$ 满足结合律。

(4)对 $\forall a\in B$，因为 $a\oplus 0=a\oplus 0=(a\wedge \bar{0})\vee(\bar{a}\wedge 0)=(a\wedge 1)\vee 0=a$，所以 0 是运算 $\oplus$ 的幺元。

(5)对 $\forall a\in B$，因为 $a\oplus a=(a\wedge \bar{a})\vee(\bar{a}\wedge a)=0$，所以 a 的逆元为其本身。

综上所述，$\langle B, \oplus\rangle$ 是阿贝尔群。

小　结

偏序关系主导了格，特殊的格又引出了一个重要的运算——补运算，进而确定了含有三个运算的代数系统——布尔代数。本章紧紧围绕这样一条主线进行讨论，首先由偏序集引出格，讨论格的重要性质，再从特殊格导出特殊代数系统——布尔代数的相关讨论。

1. 基本内容

(1)偏序格的定义，格的哈塞图及格的对偶原理。

(2)格定义的代数系统的概念。

(3)格的性质，其中重要的是基本性和保序性。

(4)格的同态与同构，格保序映射的概念。

(5)特殊格的定义及其相互联系和判定。

(6)布尔格的概念及性质。

(7)布尔代数。

(8)布尔表达式与布尔函数的概念。

(9)布尔表达式的合取范式、析取范式。

2. 基本要求

(1)掌握格的两种等价定义(偏序格和代数格)，能够利用偏序集所确定的哈塞图判定其是否是格。

(2)掌握格中运算的基本性质(交换律、结合律、吸收律、幂等律等)，并会灵活运用。

(3)掌握格的同态与同构的概念，能判断两个格是否同态或同构。

(4)掌握分配格、有界格、有补格等的定义及判断方法，并理解它们之间的关系。

(5)掌握布尔代数的概念，熟记其性质，并能求布尔表达式的合取范式、析取范式。

3. 重点和难点

重点：格的定义及基本性质，特殊格及相互间的关系，布尔代数及布尔表达式，布尔表达式的合取范式、析取范式。

难点：格的两种定义及其相互关系，格的性质，两个 5 元格，格的同态与同构。

习　题　8

1. 判断下列集合是否是偏序集，是否是格，并说明理由。

(1) $<\mathbf{Z}, \leqslant>$，其中 **Z** 是整数集，$\leqslant$是整数间的小于等于关系。

(2) $<A, |>$，$A=\{1, 2, 4, 6, 8, 12, 18, 72\}$，$|$是 A 上的整除关系。

(3) $<A, |>$，$A=\{2, 3, 6, 12, 24, 36\}$，$|$是 A 上的整除关系。

(4) $<A, |>$，$A=\{1, 2, 2^2, \cdots, 2^n|n$ 为正整数$\}$，$|$是 A 上的整除关系。

2. 设偏序集$<L, \leqslant>$，$\leqslant$定义为对$\forall a, b\in L$，$a\leqslant b$ 当且仅当 a 是 b 的因子。下列集合$<L, \leqslant>$中哪些是格？并说明理由。

(1) $L=\{1, 2, 3, 4, 6, 12\}$。

(2) $L=\{1, 2, 3, 4, 6, 8, 12, 14\}$。

(3) $L=\{1, 2, 3, 4, 5, 6, 7, 8, 9, 10, 11, 12\}$。

3. 判断图 8.9 中的偏序集是否构成格，并说明理由。

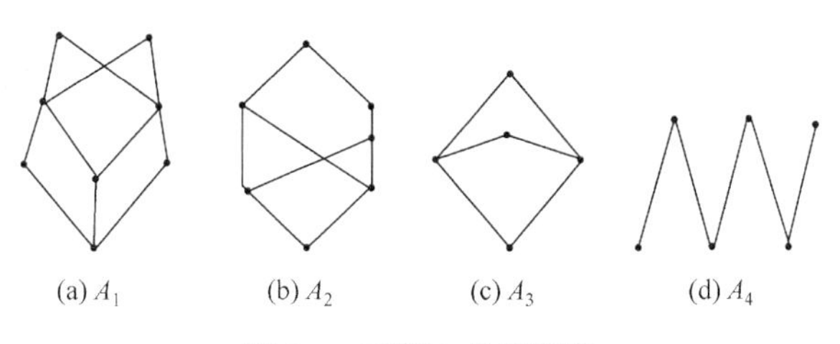

图 8.9　习题 3 的偏序集

4. 设$<L, \leqslant>$是格，对$\forall a, b\in L$ 且 $a<b$，构造集合 $B=\{x|x\in L, a\leqslant x\leqslant b\}$。证明：$<B, \leqslant>$是格。

5. 设集合 $A=\{a, b, c\}$，$\wp(A)$是 A 的幂集，A 及其上的包含关系构成偏序集合$<A, \subseteq>$。

(1) $<\wp(A), \subseteq>$是否为格？如果是，请给出由其诱导的格代数。

(2) 求$<\wp(A), \subseteq>$的子格。

6. 设格$<L, \leqslant>$的哈塞图如图 8.10 所示，$L_1=\{a, b, e, g\}$，$L_2=\{a, b, c, d\}$，$L_3=\{c, e, f, g\}$，$L_4=\{c, d, e, f\}$，$L_5=\{a, b, d, e, f\}$。

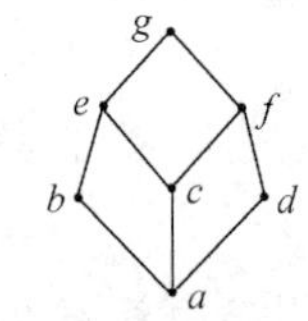

图 8.10　习题 6 的格

(1)判断$<L_1, \preccurlyeq>$、$<L_2, \preccurlyeq>$、$<L_3, \preccurlyeq>$、$<L_4, \preccurlyeq>$、$<L_5, \preccurlyeq>$中哪些是格？哪些是$<L, \preccurlyeq>$的子格？

(2)求$<L, \preccurlyeq>$的所有 5 元和 6 元子格。

7. 设$<L, \preccurlyeq>$是格，求下列公式的对偶式。

(1)$(a\wedge b)\vee b\preccurlyeq b$。

(2)$a\wedge 0=0$。

(3)$a\vee(\overline{a}\wedge b)=a\vee b$。

(4)$a\preccurlyeq(a\vee b)\wedge(a\vee c)$。

8. 设$<L, \preccurlyeq>$是格，若 $a, b, c\in L$ 且 $a\preccurlyeq b\preccurlyeq c$，证明下列各式。

(1)$a\vee b=b\wedge c$，$(a\wedge b)\vee(b\wedge c)=(a\vee b)\wedge(a\vee c)$。

(2)$(a\vee(b\wedge c))\vee c=(b\wedge(a\vee c))\vee c$。

9. 判断下列命题是否成立，并说明理由。

(1)设$<A, \wedge, \vee>$是格，$a, b\in A$，则 $a\vee b=a$ 和 $a\vee b=b$ 至少有一个成立。

(2)设$<A, \wedge, \vee>$是格，$a, b, c\in A$，若 $a\preccurlyeq c$，则 $a\vee(b\wedge c)\preccurlyeq(a\vee b)\wedge c$。

10. 设$<A, \vee, \wedge>$是格，f 是此格的自同态映射，证明：$f(A)$是$<A, \vee, \wedge>$的子格。

11. 判断下列格间的映射是否是同态映射、同构映射，并说明理由。

(1)$<S_{12}, |>$和$<S_{12}, \preccurlyeq>$，其中，S_{12} 是 12 的所有正因数集合，|为整除关系，$\preccurlyeq$为数的小于等于关系，映射 f：$S_{12}\to S_{12}$，$f(x)=x$。

(2)$<A_1, \preccurlyeq>$和$<A_2, \preccurlyeq>$，其中，$A_1=\{2n|n\in\mathbf{Z}^+\}$，$A_2=\{2n+1|n\in\mathbf{N}\}$，$\preccurlyeq$为数的小于等于关系，映射 f：$A_1\to A_2$，$f(x)=x+1$。

(3)$<A, \vee, \wedge>$是分配格，$a\in A$，映射 f：$A\to A$，$f(x)=x\wedge a$。

12. 设 $A=\{1, 2, 4, 6, 9, 12, 18, 36\}$，$\preccurlyeq$是 A 上的整除关系。

(1)求 $B=\{2, 4, 6, 12, 18\}$的下界、下确界、上界、上确界。

(2)$<A, \preccurlyeq>$中有多少个 5 元子格？

13. 设$<A, \vee, \wedge>$是分配格，对$\forall a, b, c\in B$，若$(a\vee b)=(a\vee c)$且$(a\wedge b)=(a\wedge c)$，则 $b=c$。

14. 设 S_{24} 是 24 的所有正因子集合，|是整除关系。

(1)画出偏序集$<S_{24}, |>$的哈塞图，并求其最大元、最小元。

(2)写出$<S_{24}, |>$诱导的格代数。

(3)$<S_{24}, |>$是否是有补格？

15. $<S_{30}, |>$、$<S_{45}, |>$、$<S_{72}, |>$是分配格、有补格吗？若是有补格，求其元素的补元。

16. 证明：在有界分配格中，所有有补元构成的集合是一个子格。

17. 设$<A, ^-, \vee, \wedge, 0, 1>$是有补分配格，试证明：对于$\forall a, b\in A$，下述四个条件等价。

(1)$a\preccurlyeq b$。

(2)$a\wedge\overline{b}=0$。

(3)$\overline{a}\vee b=1$。

(4)$\overline{b}\preccurlyeq\overline{a}$。

18. 设$<B, \vee, \wedge, ^-, 0, 1>$是布尔代数，对$\forall a, b, c\in B$，证明：

(1)若 $c\preccurlyeq a$，则$(a\wedge b)\vee c=a\wedge(b\vee c)$。

(2)若 $a\preccurlyeq b\preccurlyeq c$，则 $a\vee b=b\wedge c$。

(3) $a=b$ 当且仅当 $(a\wedge\bar{b})\vee(\bar{a}\wedge b)=0$。

19. 设 $<B, \vee, \wedge, \bar{}, 0, 1>$ 是布尔代数，在 B 上定义运算 $\oplus$ 和 $\otimes$ 如下：

$$a\oplus b=(a\wedge\bar{b})\vee(\bar{a}\wedge b),\qquad a\otimes b=a\wedge b$$

试证明：$<B, \oplus, \otimes>$ 是环，并求其幺元。

20. 设 $<B, \vee, \wedge, \bar{}, 0, 1>$ 是布尔代数，对 $\forall a, b, c\in B$，证明：

(1) $(a\vee b)\wedge(\overline{a\wedge b})=(\bar{a}\wedge b)\vee(a\wedge\bar{b})$。

(2) $(a\vee\bar{b})\wedge(b\vee\bar{c})\wedge(c\vee\bar{a})=(\bar{a}\vee b)\wedge(\bar{b}\vee c)\wedge(\bar{c}\vee a)$。

(3) $(a\vee b)\wedge(a\vee\bar{b})\wedge(\bar{a}\vee c)=a\vee c$。

21. 设 $<B, \vee, \wedge, \bar{}, 0, 1>$ 是布尔代数，$\forall a, b, c\in B$，化简下列各式。

(1) $(a\wedge b\wedge c)\vee(a\wedge b\wedge\bar{c})\vee(b\wedge c)\vee(\bar{a}\wedge b\wedge c)\vee(\bar{a}\wedge b\wedge\bar{c})$。

(2) $(a\wedge b)\vee(\overline{a\wedge b}\wedge c)\vee(b\vee c)$。

(3) $\overline{\overline{(a\wedge\bar{b})\vee(a\wedge b\wedge c)}\vee(a\wedge(b\vee(a\wedge\bar{b})))}$。

(4) $(a\wedge b)\vee(\bar{a}\wedge b)\vee(b\wedge c)$。

(5) $((a\wedge\bar{b})\vee c)\wedge(a\vee b)\wedge c$。

(6) $(a\vee\bar{b})\wedge(a\wedge b)$。

22. 求布尔代数 $<B, \vee, \wedge, \bar{}>$ 上的下列布尔表达式的析取范式和合取范式。

(1) $E(x_1, x_2, x_3, x_4)=(x_1\wedge x_2\wedge\bar{x}_3)\vee(x_1\wedge\bar{x}_2\wedge x_4)\vee(x_2\wedge\bar{x}_3\wedge\bar{x}_4)$。

(2) $E(x_1, x_2)=x_1\vee x_2$。

(3) $E(x_1, x_2, x_3, x_4)=(\bar{x}_1\wedge x_2)\vee x_4$。

(4) $E(x_1, x_2, x_3)=(\overline{x_1\wedge x_2})\vee(\bar{x}_1\wedge x_3)$。

(5) $E(x_1, x_2, x_3)=(x_1\wedge x_2)\vee(x_2\wedge x_3)\vee(\bar{x}_2\wedge x_3)$。

(6) $E(x_1, x_2, x_3)=\overline{\overline{(x_1\vee x_2)}\vee(\bar{x}_1\wedge x_3)}$。

23. 设计两个房间照明灯具的开关控制电路，使当灯具处于关闭状态时，按下任一开关都可打开此灯具。当灯具已打开时，按下任一开关都可关闭此灯具。试写出实现上述过程的组合电路的布尔表达式。

24. 一个全加(减)器的输入为 A、B、C、X，输出为 S、D，其中当 X 为 0 或 1 时分别完成加法和减法运算，S 表示和或差，D 表示进位或借位。试用与非门和异或门实现该电路。

25. 设计一个交通灯故障检测电路，当红、黄、绿三个灯仅有一个灯亮时情况正常，输出 $F=0$；若无灯亮或有两个及以上的灯亮，则均视为故障，输出 $F=1$。试用最少的非门和与非门实现该电路。

第五篇　组合与计数

组合数学也称为组合分析或组合学，是一门古老的数学分支，研究离散结构的存在、计数、分析和优化等问题。组合数学起源于人类早期的数学游戏，如洛水神龟献奇图、棋盘的完美覆盖等。17世纪到18世纪，莱布尼茨、雅可比(Carl Jacobi)和欧拉等建立了组合数学的基本原理。现代数学分为两大类：一类是研究连续对象的，如微积分和近代数学等；另一类是研究离散对象的离散数学和组合数学。微积分和近代数学的发展奠定了近代工业革命的基础，离散数学和组合数学的发展为计算机科学奠定了坚实的基础，随着计算机的出现，组合数学得到迅速发展，是算法设计与分析理论的重要数学工具。计算机科学研究各种算法，而算法的时间复杂度和空间复杂度至关重要，估计算法所需的运算量和存储单元、对算法用到的操作数计数等，都是计数问题。同时在一定条件下需要找出最优的算法，因而计数和优化问题是组合数学中研究得最多的内容。

本篇主要介绍组合数学的基本理论，包括计数原理、排列与组合、递推关系和生成函数、鸽巢原理等，这些都与集合、运算和关系有密切联系。

第9章　组合计数

9.1　基本计数法则

计数方法和原理是组合数学的主要内容之一。

9.1.1　枚举

枚举法是列出问题的所有可能结果，从中选取满足条件的结果。运用枚举法时，必须无一重复，无一遗漏。

【例9.1.1】 某汽车站每天均有三辆开往省城的分为上、中、下等级的客车各一辆。某天张先生准备从该汽车站前往省城办事，但他不知道客车的等级情况，也不知道发车顺序。为了尽可能乘上上等车，他采取如下策略：先放过第一辆，若第二辆比第一辆好则上第二辆，否则上第三辆。那么张先生乘上上等车有多少种可能？

解　枚举出每次发车的所有可能情况：①上、中、下；②上、下、中；③中、上、下；④中、下、上；⑤下、上、中；⑥下、中、上。因此，张先生能乘上上等车的情形只有③、⑤、⑥三种。

9.1.2 计数原理

基本计数原理有两个：加法原理和乘法原理，是研究计数问题最基本的思想。

加法原理 若完成一项任务有 k 类方法，每类方法分别有 $n_1, n_2, \cdots, n_k$ 种方法，并且各种方法相互独立，则完成该项任务共有 $n_1+n_2+\cdots+n_k$ 种方法。

集合语言描述为，设 $A_1, A_2, \cdots, A_n$ 是 n 个有限集合，满足 $A_i \cap A_j = \varnothing(1 \leqslant i \neq j \leqslant n)$，则 $\left|\bigcup_{i=1}^{n} A_i\right| = \sum_{i=1}^{n}|A_i|$。

注 各种方法相互独立，是指用其中任何一种方法都可以完成该任务。

乘法原理 若完成一项任务需要 k 个步骤，每一步分别有 $n_1, n_2, \cdots, n_k$ 种方法，则完成该项任务共有 $n_1 n_2 \cdots n_k$ 种方法。

集合语言描述为，设 $A_1, A_2, \cdots, A_n$ 是 n 个有限集合，则 $\left|\bigcap_{i=1}^{n} A_i\right| = \prod_{i=1}^{n}|A_i|$。

【例 9.1.2】 在所有 6 位二进制字符串中，至少有 4 位连续是 1 的二进制数有多少个？

解 满足条件的二进制字符串中，连续是 1 的情况可分为连续 4 位、5 位、6 位三类：

(1)恰有 4 位连续的 1，可能是 11110△、011110、△01111，其中△可取 0 或 1，共有 5 个不同的字符串。

(2)恰有 5 位连续的 1，只能是 111110、011111，共有 2 个不同的字符串。

(3)恰有 6 位连续的 1，只能是 111111，共有 1 个字符串。因此，由加法原理，共有 5+2+1=8 个满足条件的字符串。

【例 9.1.3】 若密码由英文字母和数字组成的 6 位字符串组成，但必须以英文字母开头且不考虑字母的大小写，则不允许出现重复字符的密码有多少个？若允许字符重复呢？

解 设 E 是 6 位字符构成的所有可能密码的集合，A 是允许字符重复的密码集合，则 $\overline{A}$ 表示字符不重复的密码集合。

设置密码的过程分六步完成，第一步从 26 个字母中任选一个，其余各步都从 26 个字母或 0, 1, ⋯, 9 中选一个字符。由乘法原理得 $|E|=26\times36^5=1572120576$，字符不重复的密码有 $|\overline{A}|=26\times35\times34\times33\times32\times31=1012851840$（个），字符可重复的密码有 $|A|=|E|-|\overline{A}|=559268736$（个）。

9.2 排列与组合

排列与组合统称为计数问题，是组合数学的最基本问题之一，是求解满足某些特定性质的个体个数，并将其完全列举出来。例如，统计不同的电话号码、各种账户密码等。利用集合中个体可重复或不可重复的有序或无序安排描述计数问题，这些安排称为排列和组合。

9.2.1 线排列、圆排列、单组合

定义 9.2.1 设集合 A 是 n 元集，$r(0 \leqslant r \leqslant n)$ 是自然数。

(1)从 A 中不重复地任选 r 个元素进行有序排列，称为 A 的 r 无重复(线)排列，简称排列，不同排列的总数记为 P_n^r 或 $P(n,r)$。当 $r=n$ 时，称为 A 的一个全排列。

(2)从 A 中不重复地任选 r 个元素排成一个圆圈的排列，称为 A 的 r 圆排列或环排列，其所有排列的个数记为 Q_n^r 或 $Q(n,r)$。

(3)从 A 中不重复地任选 r 个元素，不考虑排列顺序，称为 A 的 r 无重复组合或单组合，其所有组合的个数记为 C_n^r 或 $C(n,r)$。

定理 9.2.1 设 n 和 r 是自然数，则

(1) $P_n^r=\dfrac{n!}{(n-r)!}=n(n-1)(n-2)\cdots(n-r+1)$。当 $r=0$ 时，$P_n^0=1$；当 $r=n$ 时，$P_n^n=n!$。

(2) $C_n^r=\dfrac{P_n^r}{r!}=\dfrac{n!}{r!(n-r)!}$。当 $r=0$ 时，$C_n^0=1$；当 $r=n$ 时，$C_n^n=1$。

(3) $Q_n^r=\dfrac{P_n^r}{r}=\dfrac{n!}{r(n-r)!}$。当 $r=n$ 时，$Q_n^n=(n-1)!$。

组合数 C_n^r 恰好是二项式 $(x+y)^n$ 的展开式中 x^ry^{n-r} 项的系数，也称为二项式系数，记作 $\dbinom{n}{r}$。

性质 9.2.1 当 $2\leqslant r\leqslant n$ 时，

(1) $P_n^r=nP_{n-1}^{r-1}$，$P_n^r=rP_{n-1}^{r-1}+P_{n-1}^r$。

(2) $C_n^r=C_n^{n-r}$，$C_n^r=C_{n-1}^{r-1}+C_{n-1}^r$，$C_n^0+C_n^1+C_n^2+\cdots+C_n^n=2^n$。

其中，$C_n^r=C_{n-1}^{r-1}+C_{n-1}^r$ 是我国古代著名的杨辉三角形公式，也称为 Pascal 公式。

【例 9.2.1】 某学院举办趣味运动会，共有投篮、射门、夹乒乓球、六人绑腿、同心协力五个项目。

(1)共有多少种排法？

(2)若先安排投篮，有多少种排法？

(3)若夹乒乓球不能放在最后，有多少种排法？

(4)若射门和六人绑腿必须连着，有多少种排法？

(5)若同心协力必须排在投篮前，有多少种排法？

解 (1)将五个项目进行全排列，共有 $P_5^5=5!=120$(种)排法。

(2)先安排投篮，则其余项目进行全排列，共有 $P_4^4=4!=24$(种)排法。

(3)分两步完成，先排夹乒乓球，只能排在第一到第四，有 $P_4^1=4$(种)排法；再将其余的四个项目进行全排列，有 $P_4^4=4!=24$(种)排法。由乘法原理，共有 $P_4^1P_4^4=4\times24=96$(种)排法。

(4)先安排射门和六人绑腿，有 $P_2^1=2$(种)排法；再将它们看作一个项目，和其余三个项目进行全排列，有 $P_4^4=4!=24$(种)排法。由乘法原理，共有 $P_2^1P_4^4=2\times24=48$(种)排法。

(5)同心协力排在投篮前，有四种情况：

它们排在一起，有 $P_4^4=24$(种)排法。

它们间隔一个项目，采用插空法，有 $P_3^1\ P_3^3=18$(种)排法。

它们间隔两个项目，有 $P_2^2\ P_3^2=12$(种)排法。

它们间隔三个项目，有 $P_3^3=6$(种)排法。

由加法原理，同心协力排在投篮前，共有 24+18+12+6=60(种)排法。

【例 9.2.2】 任意选取 n 个人($n\leqslant 365$)，试问至少有两人生日在同一天的概率是多少？

解 n 个人生日的所有可能序列有 365^n 个，其中生日互不相同的排列有 $P_{365}^n=\dfrac{365!}{(365-n)!}$，于是 n 个人生日互不相同的概率为 $\dfrac{P_{365}^n}{365^n}$，而 n 个人中有相同生日的概率为

$$p(n)=1-\frac{P_{365}^n}{365^n}=1-\frac{365\times 364\times\cdots\times(365-n+1)}{365^n}$$

$p(23)\approx 0.5073$，$p(57)\approx 0.9901$，即任意 24 人中有相同生日的概率大于 50%，58 人中有相同生日的概率大于 99%。

【例 9.2.3】 (1)用 n($n>2$)个不同颜色的珠子穿成一个项链，有多少种项链？

(2)在不考虑可翻转的情况下，用 n 种颜色的珠子穿成一个项链，每个项链至少要由 2 种颜色的珠子穿成，则可以穿成多少种由 p 颗珠子组成的项链？其中 p 是质数。

解 (1) n 个不同颜色珠子的圆排列数为 $(n-1)!$，然而项链可以翻转，一个圆排列穿成的项链和以此圆排列的逆序穿成的项链是相同的，所以共有 $\dfrac{(n-1)!}{2}$ 种项链。

(2)从 n 种颜色的珠子里选 p 个穿成一串共有 n^p 种，其中有 n 种全是单色珠子，因此非单色串共有 n^p-n 种。再将此串圈起，得到 $\dfrac{n^p-n}{p}$ 种项链。

9.2.2 重排列、重组合

实际中经常需要对包含多个相同元素的集合进行排列，将有重复元素出现的集合称为多重集，一般表示为 $M=\{k_1\cdot a_1, k_2\cdot a_2,\cdots,k_n\cdot a_n\}$，其中 $a_1,a_2,\cdots,a_n$ 是互不相同的元素，称 a_i 为 k_i 重元素，k_i 为 a_i 的重数，表示 a_i 在 M 中出现的次数，$0<k_i\leqslant+\infty$ ($i=1,2,\cdots,n$)，$k_i=+\infty$ 表示有无限个 a_i。不同元素个数有限的多重集称为有限多重集。

定义 9.2.2 设有限多重集 $M=\{k_1\cdot a_1, k_2\cdot a_2,\cdots, k_n\cdot a_n\}$，$n=k_1+k_2+\cdots+k_n$ 为 M 中元素的总数。

(1)从 M 中有序地选取 r 个元素，称为 M 的一个 r-可重复排列。当 $r=n$ 时，称为 M 的一个全排列。

(2)从 M 中无序地选取 r 个元素，称为 M 的一个 r-可重复组合，其所有组合的个数记为 $F(n,r)$。

定理 9.2.2 (1)多重集 $M=\{k_1\cdot a_1, k_2\cdot a_2,\cdots,k_n\cdot a_n\}$ 的全排列数为 $\dfrac{(k_1+k_2+\cdots+k_n)!}{k_1!k_2!\cdots k_n!}$。

(2)多重集 $M=\{\infty\cdot a_1, \infty\cdot a_2,\cdots,\infty\cdot a_n\}$ 的 r-可重复排列数为 n^r，r-可重复组合数 $F(n,r)=C_{n+r-1}^r$。

例如，4 位二进制字符串的个数就是多重集$\{\infty\cdot 0, \infty\cdot 1\}$的 4-排列，共有 $2^4=16$(个)。

【例 9.2.4】 求不定方程 $x_1+x_2+\cdots+x_n=r$ 的非负整数解的个数。

解 方程 $x_1+x_2+\cdots+x_n=r$ 的一个非负整数解中有 r 个 1，若将这些 1 用 $n-1$ 个 0 分成 n 组，则方程的任一非负整数解可以用长度为 $n-1+r$ 的 0、1 序列表示。从左边开始，第一个 0 的左边有 x_1 个 1，第一个和第二个 0 间有 x_2 个 1，以此类推，最后一个 0 右边有 x_n 个 1，即 $\underbrace{11\cdots1}_{x_1\text{个}}0\underbrace{11\cdots1}_{x_2\text{个}}0\cdots0\underbrace{11\cdots1}_{x_n\text{个}}$，于是方程的一个非负整数解构成多重集$\{(n-1)\cdot 0, r\cdot 1\}$的一个 r-组合，则方程的非负整数解个数等于多重集$\{(n-1)\cdot 0, r\cdot 1\}$的组合数 C_{n+r-1}^{r}。

9.2.3 排列组合生成算法

生成排列的算法主要有字典序法、序数法、换位法，生成组合的算法主要有字典序法。结合程序设计，仅介绍字典序法。

设集合 $S=\{1, 2, \cdots, n\}$的两个 r-排列为 $a_1a_2\cdots a_r$ 和 $b_1b_2\cdots b_r$，若存在 $i\in S$，使得对$\forall j\,(1\leqslant j\leqslant i)$，有 $a_j=b_j$ 且 $a_{i+1}\leqslant b_{i+1}$，则称排列 $a_1a_2\cdots a_r$ 字典序小于排列 $b_1b_2\cdots b_r$，记作 $a_1a_2\cdots a_r<b_1b_2\cdots b_r$。若 $a_1a_2\cdots a_r<b_1b_2\cdots b_r$，且不存在排列 $c_1c_2\cdots c_r$，使得 $a_1a_2\cdots a_r<c_1c_2\cdots c_r<b_1b_2\cdots b_r$，则称 $b_1b_2\cdots b_r$ 是 $a_1a_2\cdots a_r$ 的下一个排列。

S 的全排列共有 $n!$个，第一个排列为 $12\cdots n$，最后一个排列为 $n(n-1)\cdots 321$。设 n 元集合 A 的一个 r-组合为 $c_1\ c_2\cdots c_r$，不妨设 $c_1<c_2<\cdots<c_r$，则有 $c_1\leqslant n-r+1$，…，$c_{r-1}\leqslant n-1$，$c_r\leqslant n$ 或 $c_i\leqslant n-r+i\,(i=1, 2, \cdots, r)$。

于是，已知一个排列或组合，生成下一个排列或组合的方法如下。

算法：已知 n 元集 S 的一个 r-排列 $p_1p_2\cdots p_r$，生成下一个排列。

输入：集合 S，$|S|=n$，r，排列 $p_1p_2\cdots p_r$。

输出：排列 $p_1p_2\cdots p_r$ 的下一个排列。

步骤 1 取出满足 $p_i<p_{i+1}\,(i=1, 2, \cdots, r-1)$的数的最大下标 i，记为 k，即

$$k=\max\{i\mid p_i<p_{i+1},\ i=1, 2, \cdots, r-1\}$$

步骤 2 取出满足 $p_k<p_h\,(h=1, 2, \cdots, r)$的数的最大下标 h，记为 λ，即

$$\lambda=\max\{h\mid p_k<p_h, h=1, 2, \cdots, r\}$$

步骤 3 将 p_k 和 p_λ 互换，得 $\overline{p}_1\overline{p}_2\cdots\overline{p}_k\overline{p}_{k+1}\cdots\overline{p}_r$。

步骤 4 将 $\overline{p}_1\overline{p}_2\cdots\overline{p}_k\overline{p}_{k+1}\cdots\overline{p}_r$ 中的 $\overline{p}_{k+1}\cdots\overline{p}_r$ 部分逆转，其余部分不变，得 $\overline{a}_1\overline{a}_2\cdots\overline{a}_k\overline{a}_r\cdots\overline{a}_{k+1}$，即下一个排列。

算法：已知 n 元集合 S 的一个 r-组合 $c_1\,c_2\cdots c_r$，生成下一个组合。

输入：集合 S，$|S|=n$，r，组合 $c_1\,c_2\cdots c_r$。

输出：排列 $c_1\,c_2\cdots c_r$ 的下一个组合。

步骤 1 从右向左找到第一个非最大值的元素，取满足 $c_j<n-r+j$ 的最大下标 j，记作 k，即 $k=\max\{j\mid c_j<n-r+j\}$。

步骤 2 取 $c_k=c_k+1$。

步骤 3 取 $c_i=c_{i-1}+1\,(i=k+1, k+2, \cdots, r)$，即下一个组合。

【例 9.2.5】 设 6 阶排列中 $p_1p_2p_3p_4p_5p_6=412653$，求下一个排列。

解 $k=3$，$\lambda=6$，将 p_3 与 p_6 互换得 413652，再将其中的 652 逆转得 256，则排列 412653 的下一个排列为 413256。

【例 9.2.6】 求{1, 2, ⋯, 15}上 1, 2, 4, 6, 8, 14, 15 的下一个 7-组合。

解 设此组合为 $c_1c_2c_3c_4c_5c_6c_7$，则有 $c_1<9$，$c_2<10$，$c_3<11$，$c_4<12$，$c_5<13$，$c_6\leqslant 14$，$c_7\leqslant 15$，于是 $c_j<n-r+j$（$j=1, 2, \cdots, 7$），故 $k=5$，则 $c_5=c_5+1=9$，$c_6=c_5+1=10$，$c_7=c_6+1=11$，于是下一个组合为 1, 2, 4, 6, 9, 10, 11。

9.3 鸽巢原理

鸽巢原理是解决组合数学中一些存在性问题基本又有力的工具，又称为抽屉原理，最早是德国数学家狄利克雷(Johann Dirichlet)提出的。

定理 9.3.1（鸽巢原理） $n+1$ 只鸽子飞回 n 个笼子，则至少有一个笼子里含有至少 2 只鸽子。

数学表述为，设 A 是有限集，$|A|\geqslant n+1$，$A_i\subseteq A$（$i=1, 2, \cdots, n$），且 $\bigcup_{i=1}^{m} A_i=A$，则必有正整数 k（$1\leqslant k\leqslant n$），使得$|A_k|\geqslant 2$。

例如，任意 367 个人中至少有 2 个人的生日相同；从 10 双手套中任取 11 只，其中至少有两只是成对的；在有 102 名同学的班上，至少有 2 个同学的同一门课程考试成绩相同。

定理 9.3.2（广义鸽巢原理） 如果 N 个物体放入 k 个盒子，那么至少有一个盒子包含至少$\left\lceil \frac{N}{k} \right\rceil$个物体(其中⌈ ⌉为向上取整函数)。

实际应用中经常遇到的问题是，把一些物体分到 k 个盒子，使得某个盒子至少含有 r 个物体，至少需要多少物体?

由广义鸽巢原理，当有 N 个物体时，要使某个盒子中至少有 r 个物体，只需$\left\lceil \frac{N}{k} \right\rceil\geqslant r$，于是 N 是满足$\left\lceil \frac{N}{k} \right\rceil>r-1$ 的最小正整数，即 $N=k(r-1)+1$。

【例 9.3.1】 设 X 和 Y 是有限集合，其中$|X|>|Y|$，且 f: $X\to Y$。令 $i=\left\lceil \frac{|X|}{|Y|} \right\rceil$，则 X 中至少存在 i 个元素 $d_1, d_2, \cdots, d_i$，使得 $f(d_1)=f(d_2)=\cdots=f(d_i)$。

【例 9.3.2】 某科研部门有 15 台服务器和 10 台端口，每 5min 某些服务器请求端口，但任意时刻都不会有超过 10 台的服务器同时需要端口。若以此种方式把每一个服务器和某些端口相连接，至少需要多少次连接，才能确保一台服务器有一个存取端口(一个端口一次至多被一个服务器使用)?

解 至少需要 60 次连接。如果连接少于 60 次，那么平均一个端口将至多连接[59/10]=5(向下取整)台服务器，则某个端口将与 5 台或更少的服务器连接。剩下的 10 个服务器同时使用，那么只有 9 个端口可供使用，就无法保证一台服务器使用一个端口。因此，至少需要 60 次连接。

定理 9.3.3（鸽巢原理的加强形式） 设 $q_1, q_2, \cdots, q_n$ 都是正整数，如把 $q_1+q_2+\cdots+q_n-n+1$ 个物品放入 n 个盒子，则或者第一个盒子中至少有 q_1 个物品，或者第二个盒子中至少有 q_2 个物品，…，或者第 n 个盒子中至少有 q_n 个物品。

数学表述为，设 A 是有限集，$q_1, q_2, \cdots, q_n$ 都是正整数，如果 $|A| \geqslant q_1+q_2+\cdots+q_n-n+1$，$A_i \subseteq A\ (i=1, 2, \cdots, n)$ 且 $\bigcup_{i=1}^{n} A_i = A$，则必有正整数 $k\ (1 \leqslant k \leqslant n)$，使得 $|A_k| \geqslant q_k$。

推论一 若将 $nr+1$ 个物品放入 n 个盒子，则至少有一个盒子中有不少于 $r+1$ 个物品。

推论二 设 n 个整数 $m_1, m_2, \cdots, m_n$，若 $\dfrac{m_1+m_2+\cdots+m_n}{n} > r-1$，则 $m_1, m_2, \cdots, m_n$ 中至少有一个不小于 r。

推论三 若将 m 个物品放入 n 个盒子，则至少有一个盒子中有不少于 $\dfrac{m-1}{n}+1$ 个物品。

【例 9.3.3】 设 $A=a_1a_2\cdots a_{20}$、$B=b_1b_2\cdots b_{20}$ 分别是由 10 个 0 和 10 个 1 组成的 20 位二进制数，现将 A、B 分别记入 (A)、(B) 两个 20 格，得到 (A)、(B) 两种图像，并把两个 (B) 连接，得 40 位的二进制数，其图像为 (C)，则存在某一配合可以使得图像 (C) 是某相连的 20 格，且正好和图像 (A) 的 20 格中至少 10 位的对应数字相同。

9.4 递推关系

递推思想是一种重要的数学思想，体现了许多现象变化所遵循的一种前因和后果的关系，在组合、概率、算法设计中有着广泛应用。

递推是按照一定的规律计算序列中的每一项，通过计算前面的一些项得到序列中指定项的值。其思想是把一个复杂的计算过程转化为简单过程的多次重复，该算法利用了计算机速度快和善于重复计算的特点。

9.4.1 递推关系的概念

定义 9.4.1 对序列 $\{a_n\}$，若存在整数 n_0，使得当 $n>n_0$ 时，将 a_n 与前面几个 $a_i\ (0 \leqslant i < n_0)$ 关联起来的方程称为递推关系或差分方程。从给定的初值出发，利用递推关系依次确定序列中的每一项，称为带初值的递推关系。通过寻找递推关系解决问题的方法称为递推方法。

许多与自然数有关的数学问题都常具有递推关系，利用递推公式表达它们的数量关系。建立递推关系的关键在于寻找第 n 项与前面几项的关系式，以及初始项的值。常用方法是“退”到问题最简单的情况，逐步归纳并猜想一般的递推公式。

【例 9.4.1】 斐波那契数列。

在一个笼子里有雌雄兔子一对，假设兔子出生两个月后成熟，此后每月生出雌雄各一的一对小兔。按此假设，过 n 个月后共有多少对兔子？

解 设第 n 个月时兔子的对数为 F_n，显然 $F_0=F_1=1$。

第 n 个月时，笼子里的兔子分两类：一类是第 $n-1$ 个月时的兔子对 F_{n-1}，另一类是当月新出生的兔子对，这些小兔对数恰好是第 $n-2$ 个月兔子对 F_{n-2}。因此，得到带初值的递推关系

$$\begin{cases}F_n = F_{n-1} + F_{n-2} \\ F_0 = 1, F_1 = 1\end{cases} \quad (n \geqslant 2)$$

由此递推关系得到斐波那契数列：1, 1, 2, 3, 5, 8, 13, 21, 34, 55, 89, 144, 233, … 。

斐波那契数列具有许多重要的奇特性质，在现代物理、准晶体结构、化学等领域都有直接的应用。

【例 9.4.2】 Hanoi 塔问题。

有 A、B、C 三根立柱，n 个大小不同的中空圆盘自大到小从下而上套在 A 柱上形成塔形。要把这 n 个圆盘从 A 柱全部移到 C 柱，并保持原来的顺序不变，如图 9.1 所示。每次只能移动一个圆盘，但不允许大盘压在小盘上。试问至少要移动多少次?

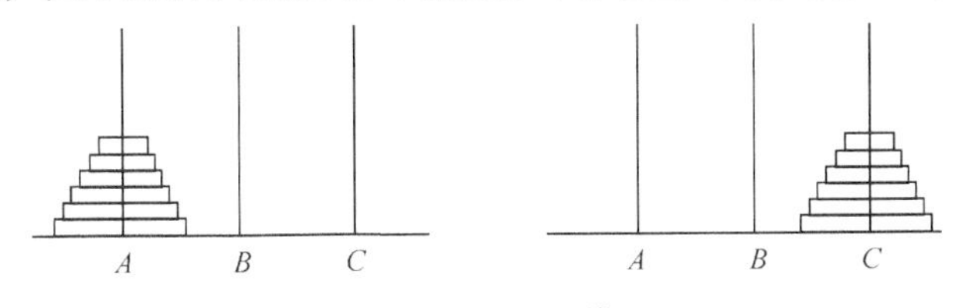

图 9.1　Hanoi 塔

解　设 h_n 为 n 个圆盘从 A 柱全部移到 C 柱所需的最小次数。显然，$h_1=1$，$h_2=3$。当 $n\geqslant 3$ 时，整个移动过程分成三个步骤：

(1) 把 A 柱上的 $n-1$ 个圆盘按要求移到 B 柱上，留下最大的圆盘，搬动次数为 h_{n-1}。

(2) 把 A 柱上最下面的那个圆盘移到 C 柱上，移动次数为 1。

(3) 把 B 柱上的 $n-1$ 个圆盘按要求移到 C 柱上，移动次数为 h_{n-1}。

由加法原理，共移动 $2h_{n-1}+1$ 次，于是得到带初值的递推关系为

$$\begin{cases}h_n = 2h_{n-1} + 1 \\ h_1 = 1\end{cases} \quad (n \geqslant 2)$$

Hanoi 塔问题是法国数学家卢卡斯(Édouard Lucas)于 1883 年提出的，该问题的算法时间复杂度为 $O(2^n)$。

9.4.2　递推关系的求解

求解递推关系的方法主要有迭代和归纳法、生成函数法、特征根法等。

1. 迭代和归纳法

【例 9.4.3】 Hanoi 塔问题的解。

解　因为 $h_1=1$，$h_2=2\times1+1$，$h_3=2\times(2\times1+1)+1=2^2+2+1$，…，不断迭代后得 $h_n=2^{n-2}+2^{n-3}+\cdots+2+1$，于是

$$h_n=2h_{n-1}+1=2^{n-1}+2^{n-2}+\cdots+2+1=2^n-1 \quad (n\geqslant 2)$$

2. 生成函数法

在求解递推关系、有限制条件的排列及组合个数问题时常用到生成函数，它是求解计数问题的简单、实用的一种数学方法，其基本思想是利用幂级数将一个有限或无限数列关联起来，通过幂级数的计算推导出该数列一般项的表达式。

定义 9.4.2 设 $a_0, a_1, a_2, \cdots, a_n, \cdots$是一个序列，若存在函数 $G(x)$，其幂级数展开式为

$$G(x)=a_0+a_1x+a_2x^2+\cdots+a_nx^n+\cdots$$

则称 $G(x)$是此序列的生成函数。

$G(x)$的幂级数展开既可以有限也可以无限。

例如，因为$(1+x)^n=\sum_{r=0}^{n}\mathrm{C}_n^r x^r$，所以 $G(x)=(1+x)^n$是序列 $\mathrm{C}_n^0,\mathrm{C}_n^1,\cdots,\mathrm{C}_n^n$ 的生成函数。

生成函数求解递推关系的思想是，解出 $G(x)$，然后将 $G(x)$展开为幂级数

$$G(x)=G(0)+G'(0)x+\frac{G''(0)}{2!}x^2+\cdots+\frac{G^{(n)}(0)}{n!}x^n+\cdots$$

则展开式中 x^n 的系数即 a_n 的表达式，记作 $G\{a_n\}$。

【例 9.4.4】 斐波那契数列的解。

解 设 $F(x)=\sum_{n=0}^{\infty}F_nx^n$ 是斐波那契数列的生成函数，则

$$\begin{aligned}F(x)&=\sum_{n=0}^{\infty}F_nx^n=F_0+F_1x+\sum_{n=2}^{\infty}F_nx^n=F_0+F_1x+\sum_{n=2}^{\infty}(F_{n-1}+F_{n-2})x^n\\&=1+x+x\sum_{n=1}^{\infty}F_nx^n+x^2\sum_{n=0}^{\infty}F_nx^n\\&=1+x+x(F(x)-1)+x^2F(x)\end{aligned}$$

解得

$$F(x)=\frac{1}{1-x-x^2}=\sum_{n=0}^{\infty}\frac{1}{\sqrt5}\left(\left(\frac{1+\sqrt5}{2}\right)^{n+1}-\left(\frac{1-\sqrt5}{2}\right)^{n+1}\right)x^n$$

于是

$$F_n=\frac{1}{\sqrt5}\left(\left(\frac{1+\sqrt5}{2}\right)^{n+1}-\left(\frac{1-\sqrt5}{2}\right)^{n+1}\right)\quad(n\geqslant2)$$

【例 9.4.5】 Hanoi 塔问题的解。

解 设 $H(x)=\sum_{n=0}^{\infty}h_nx^n$ 是 Hanoi 塔问题的生成函数，则

$$\begin{aligned}H(x)&=\sum_{n=0}^{\infty}h_nx^n=h_0+h_1x+\sum_{n=2}^{\infty}h_nx^n=x+\sum_{n=2}^{\infty}(2h_{n-1}+1)x^n=x+2x\sum_{n=1}^{\infty}h_nx^n+\sum_{n=2}^{\infty}x^n\\&=2xH(x)+\frac{x}{1-x}\end{aligned}$$

解得

$$H(x)=\frac{x}{(1-x)(1-2x)}=\frac{1}{1-2x}-\frac{1}{1-x}=\sum_{n=0}^{\infty}2^n x^n-\sum_{n=0}^{\infty}x^n=\sum_{n=0}^{\infty}(2^n-1)x^n$$

于是 $h_n=2^n-1\,(n\geqslant 2)$。

3. 特征根法

定义 9.4.3 递推关系

$$a_n=c_1a_{n-1}+c_2a_{n-2}+\cdots+c_ka_{n-k}+f(n)\quad(n\geqslant k) \tag{9.4.1}$$

称为 k 阶常系数线性递推关系，其中 $c_1, c_2, \cdots, c_k$ 都是常数且 $c_k\neq 0$。若 $f(n)=0$，称为齐次的；否则称为非齐次的。

类似常系数线性微分方程，常系数线性递推关系也有通解、特解、初始条件等概念，其求解方法与常系数线性微分方程在形式上是一致的。

1) 常系数线性齐次递推关系的求解

设齐次递推关系为

$$a_n=c_1a_{n-1}+c_2a_{n-2}+\cdots+c_ka_{n-k}\quad(c_k\neq 0) \tag{9.4.2}$$

称方程

$$\lambda^k-c_1\lambda^{k-1}-c_2\lambda^{k-2}-\cdots-c_k=0 \tag{9.4.3}$$

为齐次递推关系式(9.4.2)的特征方程，特征方程的 k 个根称为齐次递推关系式(9.4.2)的特征值。

情形一：特征方程有 k 个互不相同的实根。

若特征方程(9.4.3)的 k 个互不相同的实特征根为 $\lambda_1, \lambda_2, \cdots, \lambda_k$，则齐次递推关系式(9.4.2)的通解为

$$a_n=A_1\lambda_1^n+A_2\lambda_2^n+\cdots+A_k\lambda_k^n$$

其中，$A_1, A_2, \cdots, A_k$ 为任意常数。

情形二：特征方程有多重实根。

若特征方程(9.4.3)的一个 r 重实特征根为 λ，则齐次递推关系式(9.4.2)通解中的对应项为

$$(A_1+A_2n+\cdots+A_rn^{r-1})\lambda^n$$

其中，$A_1, A_2, \cdots, A_r$ 为任意常数。

情形三：特征方程有一对共轭复根。

若特征方程(9.4.3)的一对共轭复根为 $\alpha\pm\beta\mathrm{i}$，则齐次递推关系式(9.4.2)通解中的对应项为

$$(A\cos n\theta+B\sin n\theta)\rho^n$$

其中，$\rho=\sqrt{\alpha^2+\beta^2}$，$\theta=\arctan\dfrac{\beta}{\alpha}$，$A$、$B$ 为任意常数。

情形四：特征方程有多重共轭复根。

若特征方程(9.4.3)的一对 r 重共轭复根为 $\alpha\pm\beta\mathrm{i}$，则齐次递推关系式(9.4.2)通解中的对应项为

$$((A_1+A_2n+\cdots+A_rn^{r-1})\cos n\theta+(B_1+B_2n+\cdots+B_rn^{r-1})\sin n\theta)\rho^n$$

其中，$\rho=\sqrt{\alpha^2+\beta^2}$，$\theta=\arctan\dfrac{\beta}{\alpha}$，$A_1, A_2, \cdots, A_r, B_1, B_2, \cdots, B_r$ 为任意常数。

【**例 9.4.6**】 斐波那契数列的解。

解 特征方程为 $\lambda^2-\lambda-1=0$，特征值为 $\lambda_{1,2}=\dfrac{1\pm\sqrt{5}}{2}$，于是斐波那契数列的通解为

$$F_n=A_1\left(\frac{1+\sqrt{5}}{2}\right)^n+A_2\left(\frac{1-\sqrt{5}}{2}\right)^n$$

由初始值 $F_0=1$，$F_1=1$，得

$$\begin{cases}A_1+A_2=1\\ A_1\dfrac{1+\sqrt{5}}{2}+A_2\dfrac{1-\sqrt{5}}{2}=1\end{cases}$$

解得 $A_1=\dfrac{1}{\sqrt{5}}\cdot\dfrac{\sqrt{5}+1}{2}$，$A_2=-\dfrac{1}{\sqrt{5}}\cdot\dfrac{1-\sqrt{5}}{2}$，于是

$$F_n=\frac{1}{\sqrt{5}}\left(\left(\frac{1+\sqrt{5}}{2}\right)^{n+1}-\left(\frac{1-\sqrt{5}}{2}\right)^{n+1}\right)$$

【**例 9.4.7**】 求 $a_n=5a_{n-1}-7a_{n-2}+3a_{n-3}$，$a_0=1$，$a_1=2$，$a_2=7$ 的解。

解 特征方程为 $\lambda^3-5\lambda^2+7\lambda-3=0$，特征值为 $\lambda_1=3$，$\lambda_{2,3}=1$，得通解 $a_n=A_13^n+A_2+A_3n$。

由初始值得 $\begin{cases}A_1+A_2=1\\ 3A_1+A_2+A_3=2\\ 9A_1+A_2+2A_3=7\end{cases}$，解得 $A_1=1$，$A_2=0$，$A_3=-1$，于是 $a_n=3^n-n$。

2)常系数线性非齐次递推关系的求解

k 阶常系数线性非齐次递推关系形如

$$a_n=c_1a_{n-1}+c_2a_{n-2}+\cdots+c_ka_{n-k}+f(n)\quad (c_k\neq0,\ f(n)\neq0)\tag{9.4.4}$$

利用微分方程中类似的方法，将非齐次递推关系转化为齐次递推关系进行求解。

定理 9.4.1 k 阶常系数线性非齐次递推关系式(9.4.4)的通解等于对应齐次递推关系式(9.4.2)的通解加上非齐次递推关系式(9.4.4)的一个特解，即

非齐次的通解=齐次的通解+非齐次的特解

常系数线性非齐次递推关系式(9.4.4)没有一般的解法，只有在某些情况下，利用待定系数法求出递推关系式(9.4.4)的特解。

情形一：$\boldsymbol{f(n)=P(n)}$。

当 $f(n)=P(n)$ 时，其中 $P(n)$ 是 n 的 m 次多项式，非齐次递推关系的特解形如

$$\begin{cases} A_0 + A_1 n + \cdots + A_m n^m, & 1\text{不是特征根} \\ n^r(A_0 + A_1 n + \cdots + A_m n^m), & 1\text{是}r\text{重特征根} \end{cases}$$

其中，$A_0, A_1, \cdots, A_m$ 为待定系数。

情形二：$f(n)=P(n)d^n$。

当 $f(n)=P(n)d^n$ 时，其中 $P(n)$ 是 n 的 m 次多项式，d 是常数，非齐次递推关系的特解形如

$$\begin{cases} (A_0 + A_1 n + \cdots + A_m n^m)d^n, & d\text{不是特征根} \\ n^r(A_0 + A_1 n + \cdots + A_m n^m)d^n, & d\text{是}r\text{重特征根} \end{cases}$$

其中，$A_0, A_1, \cdots, A_m$ 为待定系数。

【例 9.4.8】 求 $a_n-a_{n-1}-6a_{n-2}=6\cdot 4^n$，$a_0=6$，$a_1=4$ 的解。

解 对应齐次方程的特征方程为 $\lambda^2-\lambda-6=0$，特征值 $\lambda_1=3$，$\lambda_2=-2$，得通解

$$a_n=3^n\cdot A_1+(-2)^n\cdot A_2$$

设原方程的特解为 $4^n\cdot A_3$，于是 $A_3=16$，所以原方程的通解为 $a_n=3^n\cdot A_1+(-2)^n\cdot A_2+16\cdot 4^n$。

由初始值得 $\begin{cases} A_1 + A_2 = -10 \\ 3A_1 - 2A_2 = -60 \end{cases}$，解得 $A_1=-16$，$A_2=6$，于是 $a_n=-16\cdot 3^n+6\cdot(-2)^n+16\cdot 4^n$。

9.5 典型例题分析

处理计数问题时，应仔细分析是排列问题还是组合问题，采用加法原理还是乘法原理。加法原理和乘法原理的区别是“分类”和“分步”。完成一件事若需“分类”思考，且各类办法是相互独立的，即任意一类办法中的任意一个方法都能单独完成这件事，则用加法原理。若完成这件事需分几个步骤，这些步骤连续发生，当且仅当每个步骤依次全完成后，这件事才完成，则用乘法原理。

对具体问题，在分类时要不重不漏，分步时合理设计步骤和顺序，使各步互不干扰。对于较复杂的问题，既要运用加法原理又要运用乘法原理，有时还要运用特殊元素优先安排、相邻问题捆绑处理、不相邻问题插空处理、反问题处理等方法。

【例 9.5.1】 求数 $n=2083725$ 的正因数的个数。

相关知识 正整数质因数分解、乘法原理

分析 先将给定的数进行质因数分解，然后确定每个质因数幂的各种可能情况。

解 由于 $n=2083725=3^5\times5^2\times7^3$，因为 3、5、7 都是质数，整数因数只有其本身，所以每个因数均形如 $3^i\times5^j\times7^k$，其中 $0\leqslant i\leqslant5$，$0\leqslant j\leqslant2$，$0\leqslant k\leqslant3$，即 i 有 6 种取法，j 有 3 种取法，k 有 4 种取法。由乘法原理，n 的正因数共有 $6\times3\times4=72$(个)。

一般地，若 $n=p_1^{\lambda_1}p_2^{\lambda_2}\cdots p_r^{\lambda_r}$，其中 p_i 为 n 的质因数且 $p_1<p_2<\cdots<p_r$，则 n 的正因数共有 $\prod_{i=1}^{r}(1+\lambda_i)$ 个。

【例 9.5.2】 用 n 种颜色为图 9.2 的两个画板着色，要求①、②、③、④区域中相邻(有公共边界)的区域不用同一种颜色。

(1)当 n=6，为甲着色时，共有多少种方法？

(2)若为乙着色时，共有 120 种方法，求 n 的值。

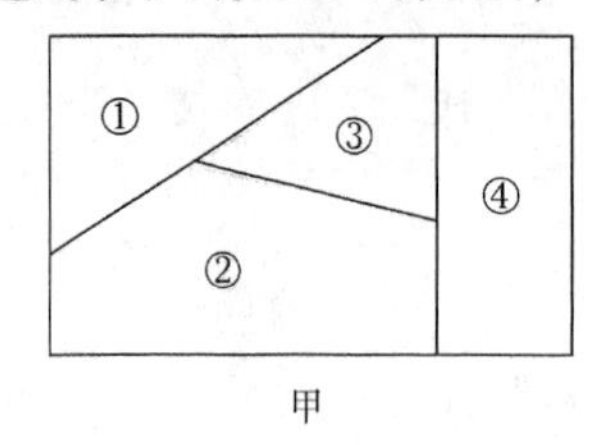

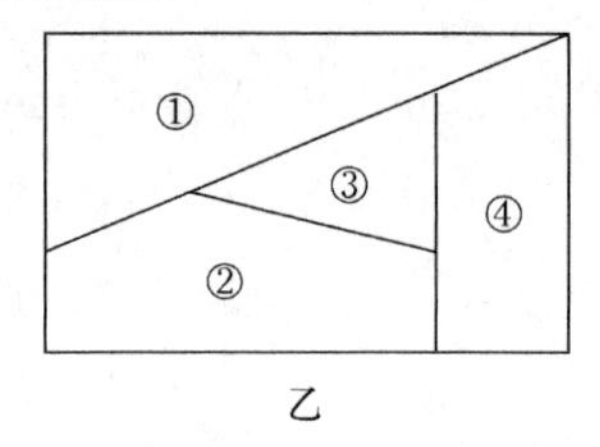

图 9.2 例 9.5.2 的画板

相关知识 计数原理

分析 确定各区域的相邻关系，对每个区域设计着色方案，将问题进行分步处理。

解 (1)按区域顺序分四步着色：区域①有 6 种着色法，区域②有 5 种着色法，区域③有 4 种着色法，区域④有 4 种着色法，所以由乘法原理，着色法共有 $6\times5\times4\times4=480$(种)。

(2)与(1)不同的是，区域④有三块相邻区域，则每块的着色法分别有 n、$n-1$、$n-2$、$n-3$ 种，于是由乘法原理有 $n\times(n-1)\times(n-2)\times(n-3)=120$，得 $n=5$。

【例 9.5.3】 设 A 为任意集合，且$|A|=n$。

(1)A 上的自反关系有多少个？

(2)A 上的对称关系有多少个？

(3)A 上的双射函数有多少个？

相关知识 关系的性质、关系矩阵、函数的性质、计数原理

分析 这是关系和函数的计数问题，涉及关系和函数的性质。前两个问题的关键是明确自反关系、对称关系的关系矩阵的特征，再由分步或分类确定各关系矩阵元素的取值情况。第三个问题需明确双射函数的概念。

解 (1)由自反关系的性质可知，其关系矩阵中，主对角线元素全为 1，其他元素可以为 0 或 1。因此，除主对角线元素外共有 n^2-n 个元素，每个元素均有 0 或 1 两种取法。由乘法原理，A 上的自反关系共有 $\underbrace{2\times2\times\cdots\times2}_{(n^2-n)个}=2^{n^2-n}$ 个。

(2)由对称关系的性质可知，其关系矩阵中，关于主对角线对称的元素相等。因此，将其关系矩阵的元素分为两类：第一类主对角线元素，每个元素都可取 0 或 1，由乘法原理共有 2^n 种取法。第二类主对角线上方元素，每个元素也可取 0 或 1，由乘法原理共有 $2^{\frac{n^2-n}{2}}$ 种取法。最后由加法原理，A 上的对称关系共有 $2^{\frac{n^2-n}{2}}+2^n=2^{\frac{n^2+n}{2}}$ (个)。

(3)双射函数既是单射又是双射，所以其定义域和值域中的元素是一一对应的。设 $A=\{x_1, x_2, \cdots, x_n\}$，于是 A 上的函数有 n^n 个，其形式为 $f=\{<x_1, y_1>, <x_2, y_2>, \cdots, <x_n, y_n>\}$，其中 $y_1, y_2, \cdots, y_n\in A$，且构成 A 中元素的一个全排列。因此，A 上的双射函数有 $n!$个。

注 求解此例的(2)时，先采用分类法将关系矩阵的元素分为主对角线上和主对角线

外两类，这种分类处理思想对应加法原理。而每一类计数时采用分步法确定每个元素的取法，对应乘法原理。许多计数问题都需要通过先进行分类处理，再进行分步处理来完成。

【例 9.5.4】 设 R 是集合 A 上的等价关系，且 $|A|=8$，R 诱导的 A 的划分有四块，试问不同的 R 有多少个?

相关知识 等价关系、划分、计数原理

分析 集合上的等价关系与集合的划分是一一对应的，A 有几种划分就有多少个等价关系，划分块即等价类，因此对每个划分块中元素个数进行计数。

解 四个划分块中元素个数有以下几种情况：

分别含 1、1、1、5 个元素，对应的等价关系有 $C_8^5=56$(个)。

分别含 1、1、2、4 个元素，对应的等价关系有 $C_8^4 \cdot C_4^2=420$(个)。

分别含 1、1、3、3 个元素，对应的等价关系有 $\dfrac{C_8^3 \cdot C_5^3}{2!}=280$(个)。

分别含 1、2、2、3 个元素，对应的等价关系有 $\dfrac{C_8^3 \cdot C_5^2 \cdot C_3^2}{2!}=840$(个)。

分别含 2、2、2、2 个元素，对应的等价关系有 $\dfrac{C_8^2 \cdot C_6^2 \cdot C_4^2}{4!}=105$(个)。

于是，不同的等价关系共有 56+420+280+840+105=1701(个)。

【例 9.5.5】 在 IPv4 网络协议中，每台计算机的 IP 地址是一个 32 位二进制数字组成的串，由网络 ID 和主机 ID 两部分组成，用于网络中唯一标识一台计算机。网络 ID 用于标识计算机所处的网段，主机 ID 用于标识计算机在网段中的位置。为方便 IP 寻址，将 IP 地址划分为 A、B、C、D 和 E 五类，每类 IP 地址对表示网络 ID 和主机 ID 的位数做了明确的规定。A 类地址用前 8 位表示网络 ID(其中第一位必须为 0)，后 24 位表示主机 ID。B 类地址用前 16 位表示网络 ID(其中前两位必须为 10)，后 16 位表示主机 ID。C 类地址用前 24 位表示网络 ID(其中前三位必须为 110)，后 8 位表示主机 ID。D 类用于多播使用，E 类地址保留实验用，不能直接配给计算机。

在实际应用中，只有 A、B 和 C 三类 IP 地址能够直接分配给主机。另外，A 类地址中网络 ID 不能全为 1，三类地址的主机 ID 都不能全为 0 和全为 1。按照 IPv4 网络协议，在网络中有多少个有效的计算机地址?

相关知识 计数原理

分析 先将所有地址分为 A、B 和 C 三类，进行分类处理，再分别对每类地址按网络 ID 和主机 ID，分两步利用乘法原理得到各类的有效地址数，最后利用加法原理得到所有的有效地址数。

解 设 N 为网络中有效的地址数，N_A、N_B、N_C 分别为 A、B 和 C 类的有效地址数。由加法原理得 $N=N_A+N_B+N_C$。

对于 N_A，有效的网络 ID 共有 $2^7-1=127$(个)，主机 ID 共有 $2^{24}-2=16777214$(个)，所以 $N_A=127 \cdot 16777214=2130706178$。

对于 N_B，有效的网络 ID 共有 $2^{14}=16384$(个)，主机 ID 共有 $2^{16}-2=65534$(个)，所以 $N_B=16384 \cdot 65534=1073709056$。

对于 N_C，有效的网络 ID 共有 2^{21}=2097152(个)，主机 ID 共有 $2^8-2=254$(个)，所以 $N_C=2097152\cdot 254=532676608$。

因此，在 IPv4 网络协议中，有效的地址数 $N=N_A+N_B+N_C=3737091842$(个)。

【例 9.5.6】 平面上用直线切割一个圆，圆内没有多于 3 条的直线相交于一点，则 5 条直线最多能把圆的内部分成几个区域？100 条直线呢？

相关知识 递推关系

分析 根据已知条件，确定每增加 1 条直线使圆内分成的区域最多时满足的条件及增加的区域数，得到区域数量的递推关系。

解 设 a_n 表示 $n(n=0, 1, 2, \cdots)$ 条直线将圆的内部分成的区域数。若已用 $n-1$ 条直线切割圆为 a_{n-1} 个区域，那么再加入第 n 条直线时，要想把圆内部分割的区域尽可能多，就应该和前面的其他 $n-1$ 条直线各有一个交点，则第 n 条直线在圆内被分为 n 段，而每段又把原来一个区域分为两个区域。于是，加入第 n 条直线后，圆内就增加了 n 个区域。因此，得到带初值的递推关系

$$\begin{cases} a_n = a_{n-1} + n \\ a_0 = 1, a_1 = 2 \end{cases} \quad (n \geqslant 2)$$

由迭代和归纳，得

$$a_n=a_{n-1}+n=a_{n-2}+(n-1)+n=a_{n-2}+(n-2)+(n-1)+n=a_0+1+2+\cdots+(n-2)+(n-1)+n$$

$$=1+1+2+\cdots+(n-2)+(n-1)+n=1+\frac{n(n+1)}{2}$$

于是，5 条直线最多把圆内分为 $a_5=1+\frac{5\cdot 6}{2}=16$ (个)部分，100 条直线最多能把圆的内部分成 $a_{100}=1+\frac{100(1+100)}{2}=5051$ (个)部分。

【例 9.5.7】 在通信信道上传输由 a、b、c 三个字母组成的长为 n 的字符串，若字符串中连续出现两个 a，则无法传输。试求信道允许传输的字符串的个数。

相关知识 计数原理、排列组合、递推关系

分析 优先考虑特殊元素 a 的可能位置。当连续出现两个 a 时字符串无法传输，所以长为 0 和 1 的字符串都能传输，而字符串的长度 $n\geqslant 2$ 时，考虑第一个字母是否是 a 两种情况，若不是，则允许传输的字符串的个数为右边长为 $n-1$ 的允许传输的字符串的个数；若是，则第二个字母只能是 b 或 c，允许传输的字符串的个数为右边长为 $n-2$ 的允许传输的字符串的个数，从而得到一个递推关系。

解 设 a_n 为信道可以传输的长为 n 的字符串的个数。首先有 $a_0=1$(空字符)，$a_1=3$。当 $n\geqslant 2$ 时，允许传输的字符串有以下两种情况：

(1) 当第一个字母是 b 或 c 时，该字符串有 a_{n-1} 种方法可以构成，此时允许传输的字符串的个数为 $\mathrm{C}_2^1 a_{n-1}$。

(2) 当第一个字母是 a 时，第二个字母只能是 b 或 c，该字符串有 a_{n-2} 种方法可以构成，于是允许传输的字符串的个数为 $\mathrm{C}_2^1 a_{n-2}$。

于是，得到常系数线性齐次递推关系：

$$\begin{cases} a_n = 2a_{n-1} + 2a_{n-2} \\ a_0 = 1, a_1 = 3 \end{cases} \quad (n \geqslant 2)$$

其特征方程为 $\lambda^2=2\lambda+2$，特征根为 $\lambda_{1,2} = 1 \pm \sqrt{3}$，于是通解为 $a_n=(1+\sqrt{3})^n A_1 + (1-\sqrt{3})^n A_2$。

由初始条件得 $\begin{cases} A_1 + A_2 = 1 \\ (1+\sqrt{3})A_1 + (1-\sqrt{3})A_2 = 3 \end{cases}$，解得 $\begin{cases} A_1 = \dfrac{\sqrt{3}+2}{2\sqrt{3}} \\ A_2 = \dfrac{\sqrt{3}-2}{2\sqrt{3}} \end{cases}$。

因此，允许传输的字符串的个数为 $a_n=\dfrac{2+\sqrt{3}}{2\sqrt{3}}(1+\sqrt{3})^n + \dfrac{-2+\sqrt{3}}{2\sqrt{3}}(1-\sqrt{3})^n$。

小　　结

本章讨论组合数学的基本知识，包括计数原理、排列组合、递推关系及鸽巢原理等。本章学习中，需要深刻理解分类计数和分步计数思想，以及排列与组合的区别，为“算法设计与分析”等后续课程的学习奠定基础。

1. 基本内容

(1) 计数原理(乘法原理、加法原理)。
(2) 单排列、单组合、重排列、重组合。
(3) 鸽巢原理。
(4) 递推关系。

2. 基本要求

(1) 掌握两个基本计数原理，能够使用乘法原理和加法原理进行计数。
(2) 掌握排列和组合的概念及性质，并理解它们之间的关系。
(3) 掌握鸽巢原理，并灵活运用。
(4) 掌握递推关系的定义及求解方法。

3. 重点和难点

重点：乘法原理和加法原理的运用，排列和组合，递推关系的建立与求解。
难点：乘法原理和加法原理的运用，排列和组合的计数问题。

上 机 练 习

1. 用枚举法求解“百元买百鸡”问题：已知公鸡每只 5 元，母鸡每只 3 元，小鸡每只 1 元。现用 100 元钱买鸡，能买公鸡、母鸡和小鸡各多少只？

2. 已知集合 $A=\{a_1, a_2, \cdots, a_n\}$，编写程序，实现 A 中 n 个元素的全排列。

3. 已知集合 $A=\{a_1, a_2, \cdots, a_n\}$，编写程序，实现从 A 中 n 个元素中取 r 个的不重复组合。

4. 求 n 个节点构成的不同二叉树的数目。

习 题 9

1. 在一幅数字图像中，若每个像素点用 8 位二进制数字进行编码，每个像素点有多少种取值？

2. 有一角、二角、五角人民币各 1 张，一元人民币 3 张，五元人民币 2 张，一百元人民币 2 张，由这些人民币可以组成多少种币值？

3. 从 1, 2, ⋯, 9 中选出不同的 7 个数组成七位数，要求 5 与 6 不相邻，共有多少种方法？

4. 从 1, 2, ⋯, 300 中任取 3 个数，使它们的和能被 3 整除，有多少种取法？

5. 设 A、B 是有限集合，且 $|A|=m$，$|B|=n$，

(1) 从 A 到 B 共有多少个不同的二元关系？

(2) 从 A 到 B 共有多少个不同的函数？

(3) 从 A 到 B 共有多少个不同的单射函数？

(4) 从 A 到 B 共有多少个不同的满射函数？

6. 设 G 是 3 阶简单无向完全图，G 有多少个子图？多少个生成子图？多少个不同构的子图？

7. 某学院举办迎新晚会，共报名 4 个舞蹈、7 个歌曲、2 个小品、5 个乐器演奏和 3 个武术表演。按下列要求，各有多少种出场顺序？

(1) 所有节目都表演。

(2) 每一类节目安排在一起。

(3) 每类节目安排 2 个。

(4) 舞蹈都表演，但不能连续表演，其余各类节目中安排 1 个。

(5) 共安排 10 个节目，每类节目都有，小品和武术各 1 个且不能连续表演。

8. (1) 按字典序求{1, 2, ⋯, 15}的 7-组合 1, 2, 4, 6, 8, 14, 15 的下一个组合。

(2) 按字典序求{1, 2, ⋯, 6}的 6-排列 1, 6, 3, 5, 4, 2 的下一个排列。

9. 20 个处理器连成网络，证明：至少有两个处理器与相同数目的处理器直接相连。

10. 在边长为 2 的等边三角形里任意放置 5 个点，证明：至少有 2 个点之间的距离不大于 1。

11. 平面上 10 个两两相交的圆最多能将平面分割成多少个区域？平面上 2017 个圆最多能将平面分割成多少个区域？

12. 对 n 位二进制数从左至右扫描，求最后 3 位是 010 的 n 位二进制数的个数。

13. 将 n 个数进行排序的算法中最简单、常用的是冒泡排序法，其原理是，先比较相邻元素，若第一个比第二个小，则交换它们的顺序。然后对每一对相邻元素做同样的工作，从开始第一对到结尾的最后一对。除最后一个外，将所有元素重复以上步骤。求利用冒泡排序法将 n 个数从小到大排序所需进行比较的次数。

14. 设有地址从 1 到 n 的单元存储随机数据，每一数据占两个连续的单元，而且存放的地址也是完全随机的，因而可能出现两个数据间留出的一个单元，不能存放其他数据的情况，求 n 个单元留下空单元的平均数。

15. 用生成函数求下列递推关系的解。

(1) $a_n+a_{n-2}=0$。

(2) $a_n=a_{n-1}+2a_{n-2}+2^n$，$a_0=4$，$a_1=12$。

(3) $a_n=8a_{n-1}+10^{n-1}$，$a_1=9$。

(4) $a_n=1+2^2+\cdots+n^2$。

16. 求下列递推关系的解。

(1) $a_n=-a_{n-1}+3a_{n-2}+5a_{n-3}+2a_{n-4}, a_0=1, a_1=0, a_2=1, a_3=2$。

(2) $a_n=a_{n-1}-a_{n-2}$。

(3) $a_n=4a_{n-1}-3a_{n-2}+3^n, a_0=1, a_1=2$。

(4) $a_n+a_{n-1}=(n^2+1)2^n$。

参 考 文 献

包世堂, 2011. 离散数学与算法. 北京: 中国水利水电出版社
曹晓东, 史哲文, 2013. 离散数学及算法. 2 版. 北京: 机械工业出版社
邓辉文, 2013. 离散数学. 3 版. 北京: 清华大学出版社
邓米克, 邵学才, 2014. 离散数学. 北京: 清华大学出版社
傅彦, 顾小丰, 刘启和, 2004. 离散数学. 北京: 机械工业出版社
高志华, 袁景凌, 贲可荣, 2012. 离散数学解题指导. 2 版. 北京: 清华大学出版社
GONZALEZ R C, WOODS R E, 2011. 数字图像处理. 3 版. 阮秋琦, 阮宇智, 等译. 北京: 电子工业出版社
古天龙, 常亮, 2012. 离散数学. 北京: 清华大学出版社
胡新启, 2002. 离散数学考点精要与解题指导. 北京: 人民邮电出版社
蒋慕蓉, 2011. 组合数学原理与方法. 昆明: 云南大学出版社
李明哲, 金俊, 石端银, 2010. 图论及其算法. 北京: 机械工业出版社
LIPSCHUTZ S, LIPSON M, 2002. 离散数学. 周兴和, 孙志人, 张学斌, 译. 北京: 科学出版社
刘承平, 2002. 数学建模方法. 北京: 高等教育出版社
毛晓光, 2003. 离散数学典型题解析与实战模拟. 长沙: 国防科技大学出版社
牛连强, 陈欣, 张胜男, 2017. 工科离散数学. 北京: 电子工业出版社
前沿考试研究室, 2003. 计算机专业专业研究生入学考试全真题解——离散数学分册. 北京: 人民邮电出版社
乔维声, 2004. 离散数学. 西安: 西安电子科技大学出版社
屈婉玲, 耿素云, 张立昂, 2005. 离散数学. 北京: 清华大学出版社
ROSEN K H, 2016. 离散数学及其应用. 7 版. 徐六通, 杨娟, 吴斌, 译. 北京: 机械工业出版社
孙兴华, 郭丽, 2012. 数字图像处理—编程框架、理论分析、实例应用和源码实现. 北京: 机械工业出版社
王海艳, 2004. 离散数学 学 · 练 · 考. 北京: 清华大学出版社
温武, 钟沃坚, 2010. 离散数学及应用. 广州: 华南理工大学出版社
徐凤生, 巩建闽, 宁玉富, 2009. 离散数学及其应用. 2 版. 北京: 机械工业出版社
徐洁磐, 朱怀宏, 宋方敏, 2008. 离散数学及其在计算机中的应用. 4 版. 北京: 人民邮电出版社
杨炳儒, 2006. 离散数学. 北京: 人民邮电出版社
杨颂华, 冯毛官, 孙万蓉, 等, 2009. 数字电子技术基础. 西安: 西安电子科技大学出版社
宗容, 施继红, 尉洪, 等, 2011. 数学实验与数学建模. 昆明: 云南大学出版社
邹阿金, 2003. 离散数学典型例题与解法. 长沙: 国防科技大学出版社
左孝凌, 李为鉴, 刘永才, 1982. 离散数学. 上海: 上海科学技术文献出版社
左孝凌, 李为鉴, 刘永才, 1988. 离散数学 理论 · 分析 · 题解. 上海: 上海科学技术文献出版社